W0261016

Die Bergwerksmaschinen

Eine Sammlung von Handbüchern
für Betriebsbeamte

Unter Mitwirkung zahlreicher Fachgenossen

herausgegeben von

Dipl.-Ing. Hans Bansen

Berg-Ingenieur, ord. Lehrer an der Bergschule
zu Peiskretscham

Dritter Band

Die Schachtfördermaschinen

Zweite, vermehrte und verbesserte Auflage

Bearbeitet von

Fritz Schmidt und Ernst Förster

Springer-Verlag Berlin Heidelberg GmbH
1927

Die Schachtfördermaschinen

Zweite, vermehrte und verbesserte Auflage

Zweiter Teil

Die Dampffördermaschinen

von

Dr. Fritz Schmidt
Professor an der Technischen Hochschule
Berlin

Mit 231 Abbildungen im Text

Springer-Verlag Berlin Heidelberg GmbH
1927

Ursprünglich erschienen bei Julius Springer, Berlin 1927

ISBN 978-3-662-34320-3 ISBN 978-3-662-34591-7 (eBook)
DOI 10.1007/978-3-662-34591-7

Vorwort zum zweiten Teil.

Das vorliegende Buch „Die Dampffördermaschinen“ schließt sich dem ersten Teile des Werkes „Die Schachtfördermaschinen“ engstens an. Ich habe mich bei der Niederschrift aber von dem Gedanken leiten lassen, dem Leser des Buches ein inhaltlich für sich abgeschlossenes Ganzes zu bieten.

Während nun der erste Teil einen grundlegenden Überblick über das Gesamtgebiet des Fördermaschinenwesens gibt, befaßt sich die vorliegende Arbeit mit der Kolbendampfmaschine in ihrer besonderen Verwendung als Antriebsmaschine bei den Hauptschachtförderanlagen. Hierbei ist aber weniger Wert darauf gelegt worden, dem entwerfenden Maschineningenieur Mittel für die bauliche Gestaltung dieser Maschinengattung aufzuzeigen. Das Buch will vielmehr in erster Linie dem berufstätigen Bergmann sowie dem Bergbaustudierenden Aufschluß über die Entwicklung, den Aufbau und die Wirkungsweise dieser besonders schwierigen Betriebsverhältnissen angepaßten Wärmekraftmaschine geben und die wissenschaftlichen Grundlagen für die sachgemäße Beurteilung der Dampffördermaschinen unter dem Gesichtspunkt der Betriebssicherheit, der Leistungsfähigkeit und Wirtschaftlichkeit vermitteln.

Zur Erleichterung des Verständnisses werden zunächst die inneren Vorgänge bei der Kolbendampfmaschine sowie ihre wichtigsten und unentbehrlichen Elemente wie Steuerungen, Umsteuerungen u. a. m. kurz besprochen, und es werden dann die Eigenarten und Einzelheiten der Dampffördermaschine unter besonderer Berücksichtigung jener technischen Mittel eingehend behandelt, die zur Bewältigung der bereits oben erwähnten erschwerteren Betriebsbedingungen erforderlich sind. Einen breiten Raum nehmen hierbei — ihrer Bedeutung entsprechend — naturgemäß die verschiedenartigen Sicherheits- und Regeleinrichtungen sowie Hemmittel ein.

Möge das Buch jedem, der sich beruflich mit dem Aufbau und dem Wesen der Dampffördermaschinen zu beschäftigen hat, reichen Nutzen bringen, und möge es insbesondere dem Bergbautreibenden die Liebe zu dieser Wärmekraftmaschine, die auch im Hinblick auf die neuzeitigen Grundlagen der Krafterzeugung und des Kraftbetriebes eines Bergwerkes nach wie vor ihren Platz behauptet, erhalten.

Berlin-Frohnau, im Dezember 1926.

Fritz Schmidt.

Inhaltsverzeichnis.

IX. Die Brenner

X. Die [illegible]

XI. Sicherheits- und Hilfsapparate . . . 159

XII. [illegible] Hauptdieselmaschinen . . . [illegible]

XIII. [illegible] der Hauptdieselmaschinen . . . [illegible]

XIV. [illegible]

Sachverzeichnis . . . [illegible]

I. Einleitung.

Bereits in dem ersten, die Grundlagen des Fördermaschinenwesens behandelnden Teile des vorliegenden Werkes ist ausführlich zum Ausdruck gebracht worden, daß die Dampffördermaschine wesentlich erschwertere Betriebsbedingungen zu erfüllen hat als ihre Schwester, die gewöhnliche Betriebsdampfmaschine. Es ist dort auch darauf hingewiesen worden, daß die Betriebsdampfmaschine in den weitaus meisten Fällen eine längere Zeit hindurch ununterbrochen mit einer gleichbleibenden Winkelgeschwindigkeit läuft, während die Antriebsmaschine für die Hauptschachtförderung ständig ihre Geschwindigkeit ändern, weiterhin auch ihre Bewegungsrichtung in kurzen, durch Pausen unterbrochenen Zeitabständen wechseln muß. Hierbei müssen aber auch noch recht beträchtliche Widerstände überwunden werden, weil ja innerhalb eines jeden Förderzuges nicht nur Lasten zu heben sind, sondern auch größere Massen beschleunigt werden.

Die aus jenen Betriebsbedingungen abzuleitenden Eigenschaften einer jeden Hauptschachtfördermaschine gipfeln darum in der Forderung, daß diese Antriebsmaschine ungeachtet ihrer teilweise gewaltigen Abmessungen einmal eine große Lenkbarkeit haben, zum anderen aber auch eine leichte Umsteuerbarkeit aufweisen muß. Daneben muß aber unter allen Umständen von ihr eine unbedingte Betriebssicherheit verlangt werden.

Diesen rein technischen Forderungen schließt sich noch eine ebenso wesentliche Bedingung an, nämlich die einer sehr großen Leistungsfähigkeit verbunden mit dem denkbar geringsten Energieaufwand.

Hatte so der erste Teil des vorliegenden Werkes die Grundlagen für die von der Hauptschachtfördermaschine zu bewältigenden Aufgaben umrissen, so bleibt für den vorliegenden Teil in der Hauptsache noch übrig, die Einzelheiten der Dampffördermaschine im allgemeinen aufzuzeigen, im besonderen aber die technischen Mittel zur Bewältigung der eben aufgezählten Schwierigkeiten plastisch hervortreten zu lassen.

II. Einteilung der Dampffördermaschinen.

Die ersten Ausführungsarten einer Dampfmaschine für die Hauptschachtförderung zeigen die Form der sog. „stehenden“ Maschine. Das wesentliche Merkmal dieser Maschinengattung ist in der aufrechtstehenden Achse des Zylinders zu erblicken. Freilich wurde in jener Zeit der Wasserdampf noch nicht unmittelbar zur Arbeitsleistung ausgenutzt. Der Dampf wurde vielmehr unter dem Kolben eingelassen und zur Erzielung eines Unterdruckes im Zylinder niedergeschlagen, wodurch der Druck der Außenluft (Atmosphäre) befähigt wurde, den Kolben wiederum in den Zylinder hineinzudrücken und so die eigentliche Arbeit zu verrichten („atmosphärische Dampfmaschine“). Aber auch nach Einführung der unmittelbar wirkenden Niederdruck- und Hochdruckdampfmaschine ist die stehende Bauart wegen ihrer verschiedenen Vorzüge zunächst beibehalten worden. Diese Vorzüge bestehen einmal in dem kleinen Grundflächenbedarf, dann aber auch in der geringen Abnützung des Kolbens und der Zylinderwandung, weil die Bewegung des Kolbens in nur senkrechter Richtung einen ziemlich gleichmäßigen und daher auch nur verhältnismäßig geringen Verschleiß der bewegten Teile zur Folge hat. Zudem gestaltet sich auch der Einbau sowie das Herausheben des Kolbens verhältnismäßig einfach. Ungeachtet dieser Vorteile ist aber die stehende Bauart nach und nach durch die Dampffördermaschine mit wagerecht liegender Zylinderachse völlig verdrängt worden. Es ist deutlich wahrnehmbar, wie etwa vom Jahre 1875 ab die stehende Antriebsmaschine nur noch vereinzelt für die Zwecke der Hauptschachtförderung ausgeführt wurde, u. a. ist noch im Jahre 1898 eine stehende Maschine auf der Zeche Preußen in Dortmund errichtet worden. Wir finden die Erklärung für diese Erscheinung darin, daß die liegende Maschine auch bei größeren Ausführungen in allen ihren Teilen übersichtlicher und leichter zugänglich ist. Das aber ist ein wesentlicher Vorteil für ihre Bedienung und Instandhaltung. Fernerhin wird infolge ihrer großen Auflagefläche auf einem verhältnismäßig umfangreichen Fundamentblock eine zuverlässigere Verlagerung erzielt, so daß Durchbiegungen und Erzitterungen der einzelnen Maschinenteile auch bei größeren Leistungen leichter vermieden werden können.

Unter Berücksichtigung der eben aufgezählten Ausführungsformen können wir die Dampffördermaschinen somit

1. nach ihrem Aufbau einteilen in:
   a) stehende Maschinen,
   b) liegende Maschinen.

Eine weitere Einteilung folgt noch aus der Größe der Füllung der Zylinder mittels Frischdampf. Bei den meisten älteren Dampffördermaschinen wurde nämlich der frische Kesseldampf während des ganzen oder nahezu ganzen Kolbenhubes hinter den Dampfkolben eingelassen. Eine Regelung der Maschinenleistung bei wechselnder Belastung wurde hierbei lediglich durch eine Veränderung der Spannung des Triebdampfes infolge einer entsprechenden Drosselung des eintretenden Frischdampfes, also bei immer gleichbleibender Füllung, herbeigeführt. Bei den neueren Dampffördermaschinen hingegen strömt der Frischdampf nur während eines Teiles des Kolbenhubes in den Zylinder ein. Für den Rest des Kolbenweges verrichtet die dem Frischdampf innewohnende Expansivkraft die Arbeit auf den Kolben. Eine Regelung der Maschine bei einer Leistungsänderung erfolgt hierbei durch eine Veränderung der Füllung bzw. der Expansion des Frischdampfes. Zusammenfassend läßt sich mithin auch sagen, daß der Dampf nach seiner Arbeitsverrichtung die Zylinder der mit Expansion arbeitenden Maschinen weitgehend entspannt verläßt, im Gegensatz zu den Maschinen mit Volldruckfüllung, die den Dampf wieder nahezu mit der vollen Eintrittsspannung aus den Zylindern entweichen lassen und darum sehr unwirtschaftlich arbeiten.

Es sind demnach zu unterscheiden:

2. nach der Frischdampffüllung:
   a) Volldruckmaschinen,
   b) Expansionsmaschinen.

Bei den Expansionsmaschinen, die in der Neuzeit mehr und mehr alle anderen verdrängt haben, kann nun die Ausdehnungsfähigkeit des Dampfes in einem Zylinder oder nacheinander in mehreren miteinander verbundenen Zylindern ausgenutzt werden (Verbundmaschinen). Das Wesentliche einer Verbundmaschine ist sonach darin zu erblicken, daß der Frischdampf zunächst in einen Zylinder, den sog. Hochdruckzylinder, einströmt, hier bei seiner Arbeitsleistung auf den Kolben expandiert und infolge dieser Ausdehnung naturgemäß einen Teil seiner ursprünglichen hohen Spannung verliert (erste Stufe der Dampfdehnung). Nachdem der Dampf dergestalt seine Arbeit in dem Hochdruckzylinder verrichtet hat, entweicht er durch einen Austrittskanal und geht über einen Zwischenbehälter, den „Aufnehmer" oder „Receiver", zu einem zweiten Zylinder, dem Niederdruckzylinder, wo der Dampf nunmehr einen weiteren Teil bzw. bei einer zweistufigen Dampfdehnung den Rest der ihm noch innewohnenden Spannung bei der Arbeitsleistung auf den Kolben des Niederdruckzylinders abgibt, also bis zur gewünschten Endspannung expandiert. Für Dampffördermaschinenzwecke werden bei einer Unterteilung des Spannungs- bzw. Temperaturgefälles lediglich Maschinen mit nur einer zweistufigen Dampfdehnung verwendet.

Es findet also auch hier eine Unterteilung der Fördermaschinen statt und zwar

3. nach der Art der Dampfdehnung in:
   a) Maschinen mit einstufiger Dampfdehnung,
   b) Maschinen mit zweistufiger Dampfdehnung.

Die Dampffördermaschinen mit einstufiger Dampfdehnung werden stets als sog. „Zwillingsmaschinen" ausgeführt (Abb. 1). Es sind dies zwei voneinander unabhängige, selbständige Einzylindermaschinen mit gleich großen Zylindern, die bei einer Versetzung der Kurbeln um 90° (Abb. 2) auf die gleiche Kurbelwelle arbeiten. Durch diese Zwillingsanordnung wird erreicht, daß niemals beide Maschinen gleichzeitig im Totpunkt stehen; die Maschinen laufen vielmehr in jeder Stellung an. Weiterhin haben die Zwillingsmaschinen noch den Vorteil der leichten Umsteuerbarkeit sowie des gleichmäßigen Ganges. Das sind Vorzüge, die von einer einkurbeligen Maschine gleicher Leistung nicht erreicht werden.

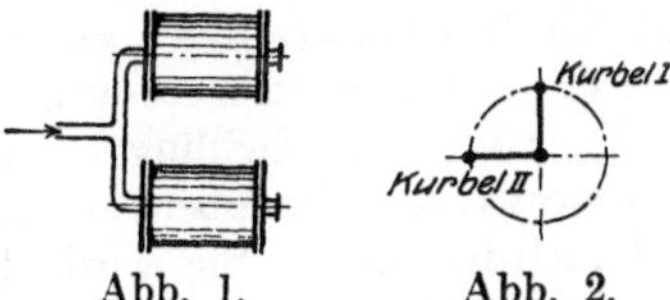

Abb. 1. Abb. 2.

Als Maschine mit zweistufiger Dampfdehnung kommt in neuerer Zeit nur die Dampffördermaschine in der Form von ,,Zwillings-Reihenverbundmaschinen" vor (Abb. 3). Wohl könnte auch eine Zwillings-Verbundmaschine mit nur zwei Zylindern nach Abb. 4 für die Zwecke der Hauptschachtförderung Verwendung finden. Der Dampf strömt hier erst in den kleinen Zylinder (Hochdruckzylinder) und dann über den Aufnehmer in den in Zwillingsanordnung daneben gelagerten Niederdruckzylinder. Diese Bauart hatte man auch früher vereinzelt für die Fördermaschinen angewandt, um einen möglichst geringen Dampfverbrauch zu erzielen. Sie zeigt aber im Förderbetrieb die weiter unten angeführten Schwierigkeiten und kommt darum heute für diese Zwecke nicht mehr ernstlich in Betracht. Diese Nachteile sind darin zu erblicken, daß zunächst einmal der Frischdampf bei einer zweistufigen Dampfdehnung ja nicht gleichzeitig in beide Zylinder eintritt. Steht nun aber der Hochdruckkolben beim Anfahren in seiner Totlage, so könnte die Maschine aus dieser Stellung ohne besondere verwickelte Anfahrvorrichtungen (Zuführen von Frischdampf in den Niederdruckzylinder, Verminderung der Dampfspannung im ,,Aufnehmer" durch Ablassen des Dampfes) nicht anlaufen. Dies erfordert nicht nur besondere Handgriffe, es bedeutet auch einen Verlust an Dampf. Zum anderen ist auch zu bedenken, daß bei den Fördermaschinen die Zeitdauer der jedesmaligen Arbeit des Dampfes im Zylinder nur eine verhältnismäßig kurze ist. Ehe also der Vorteil der Verbundwirkung voll erreicht werden kann, muß die Dampfzufuhr wieder unterbrochen werden (Gefahr ungleichmäßiger Drehmomente der beiden Maschinenseiten und demzufolge Auftreten von mehr oder weniger heftigem Schlagen der Förderseile).

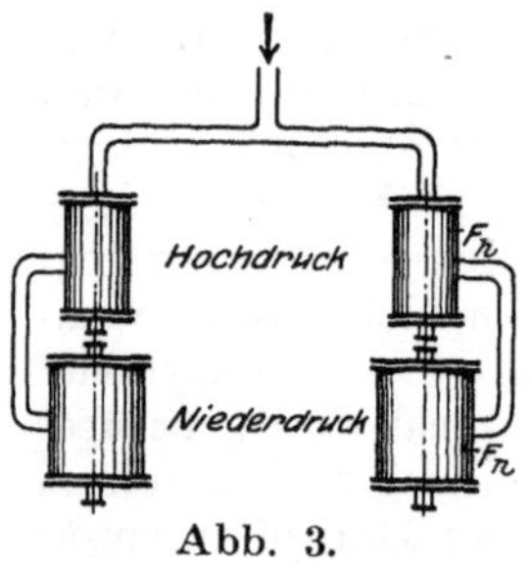

Abb. 3.

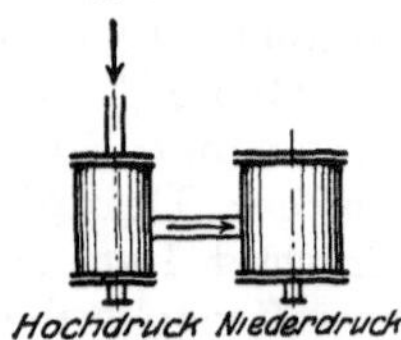

Abb. 4.

Bei einer Zwillings-Reihenverbundmaschine nach Abb. 3, die der reinen Zwillings-Verbundmaschine im Verlaufe der Weiterentwicklung der Dampffördermaschine folgte, greift an jeder der gegeneinander um 90° versetzten Kurbeln der gemeinsamen Kurbelwelle eine vollständige Verbundmaschine mit hintereinandergeschaltetem Hochdruck- und Niederdruckzylinder an, so daß auf beiden Maschinenseiten eine stets gleiche Arbeitsverteilung vorliegt. Diese Bauart vereinigt sonach die Vorzüge der Zwillings- und der Verbundwirkung und vermeidet im besonderen die oben angeführten Nachteile der reinen Zwillings-Verbundmaschine. Sie wird darum namentlich für größere Schachttiefen und größere Lasten bei höheren Dampfdrücken in Verbindung mit einem Kondensator vielfach ausgeführt. Je weitgehender hierbei der Unterdruck im Kondensator ist, um so mehr nimmt der Vorteil der Stufenteilung zu. Gegenüber der einfachen Zwillingsmaschine hat die Zwillings-Reihenverbundmaschine noch den besonderen Vorteil eines ruhigen Fahrens und einer guten Steuerbewegung beim Umsetzen der Förderkörbe, da ja nur der kleinere (Hochdruck-)Zylinder den vollen Frischdampfdruck während des Umsetzens erhält.

Im Sinne der vorstehenden Begriffsbestimmungen sind demnach zu unterscheiden:

4. nach der Art der Arbeitsweise des Dampfes
   a) Zwillingsmaschinen,
   b) Zwillings-Reihenverbundmaschinen.

Eine weitere Einteilung der Dampffördermaschinen ergibt sich noch:

5. nach dem Wege des Abdampfes in
   a) Auspuffmaschinen,
   b) Kondensationsmaschinen.

Bei den mit Auspuff arbeitenden Dampfmaschinen geht der Dampf nach Verlassen des Zylinders durch die Abschlußteile der Steuerung ins Freie, eine Anordnung, wie sie nur noch ältere Fördermaschinen aufweisen. Bei neueren Maschinen wird der Abdampf zur weiteren Verwertung und damit zur Erhöhung der Wirtschaftlichkeit der Gesamtanlage zu Heizzwecken ausgenutzt oder aber in nachgeschaltete Wärmespeicher und angeschlossene Abdampfturbinen bezw. neuerdings unmittelbar in Zweidruck-Dampfturbinen geleitet. Die Kondensationsmaschinen lassen dagegen den Abdampf unmittelbar in den Kondensator strömen, in dem er durch Wärmeentziehung zu Wasser niedergeschlagen wird. Durch das Niederschlagen des Abdampfes sinkt die Spannung des austretenden Dampfes bis zu einem Unterdruck und damit auch der von dem Abdampf erzeugte Gegendruck auf den Kolben (Gewinn an Dampfarbeit).

Schließlich können die Dampffördermaschinen auch noch eingeteilt werden:

6. nach der Kraftübertragung
   a) in Vorgelegemaschinen,
   b) in Dampffördermaschinen ohne Zahnradvorgelege.

Die als einfache Zwillingsmaschinen mit einem Zahnradvorgelege (zwei gleiche Räderpaare) zwischen der Maschinen- und der Seilträgerwelle ausgebildeten Dampffördermaschinen sind im allgemeinen nur für kleinere Fördergeschwindigkeiten (etwa bis zu 5 m/sek) und für Zylinderabmessungen bis zu rund 350 mm anwendbar. Sie haben wohl den Vorteil einer höheren minutlichen Umlaufzahl und erfordern darum geringere Abmessungen als die langsamlaufenden Antriebsmaschinen ohne Zahnradübersetzung von gleicher Leistung. Sie sind daher in der Anschaffung billiger als diese. Doch arbeiten sie mit großen Füllungen (Drosselregulierung) und haben sonach einen hohen Dampfverbrauch. Hinzu kommt noch der Dampfverbrauch für die Überwindung der Reibungswiderstände im Vorgelege und die Einbuße an Wärmeenergie infolge des ungünstigen Verhältnisses des kleinen Zylinderraumes zur großen schädlichen Oberfläche des Zylinders der nur zeitweise laufenden Maschine. Ferner arbeiten die beiden Zahnräderpaare geräuschvoll und vermindern die Betriebssicherheit der Anlage.

Bei größeren Zylinderabmessungen und höheren Fahrgeschwindigkeiten haben die Dampffördermaschinen stets einen unmittelbaren Maschinenantrieb, arbeiten also ohne Zahnräderübersetzung. Ihre normale minutliche Umlaufszahl beträgt im allgemeinen 60—70 (doch finden sich auch Fördermaschinen mit einer Umlaufszahl bis zu 150 in der Minute).

Betrachten wir noch einmal rückschauend die bisherigen Erläuterungen, so können wir grundsätzlich feststellen, daß die Arbeitsleistung des Dampfes in den Dampffördermaschinen sich von jener in einer gewöhnlichen Betriebsmaschine nicht wesentlich unterscheidet. Von überragender Bedeutung ist die Steuerung bzw. die Umsteuerung, weil sie es ist, die die Antriebsmaschine der Hauptschachtförderung befähigt, den eingangs erwähnten schwierigen Betriebsbedingungen bei möglichst großer Wirtschaftlichkeit, also bei denkbar geringsten Betriebskosten zu genügen.

Eine einfache Überlegung führt auch weiterhin zu der Erkenntnis. daß gerade die Dampffördermaschine für das Anfahren eine große Füllung des Zylinders mit Frischdampf erfordert, um die sehr hohen Anfahrwiderstände in jedem Förderzuge zu überwinden. Dafür ist eine Füllung von 85—95 vH des vom Dampfkolben bestrichenen Zylinderraumes, also nahezu eine Vollfüllung, erforderlich. Diese Füllung genügt auch für das Anfahren der Antriebsmaschine von der ungünstigsten Stellung aus. Während der Fahrt muß dann die Frischdampffüllung zum Zwecke einer Energieersparnis auf eine Verteilung des Dampfes mit weitgehender Ausnutzung seiner Ausdehnungsfähigkeit hinarbeiten.

III. Die Steuerung.

1. Zweck und Einteilung der Steuerung.

Die Steuerung hat den Zweck, in dem Zylinder einer Dampfmaschine die gewünschte Dampfverteilung herbeizuführen. Damit wird der Maschine sowohl die Gangart wie auch die Gangrichtung (vorwärts und rückwärts) zwingend vorgeschrieben. Diese Regelung der Maschinentriebkräfte wird dadurch erreicht, daß man die beiden Seiten des Dampfkolbens im Zylinder rechtzeitig und abwechselnd mit den Dampfeintritts- und Dampfauslaßkanälen in Verbindung bringt.

Bei einer jeden Dampfmaschinensteuerung hat man die innere und die äußere Steuerung zu unterscheiden.

Die innere Steuerung bilden die eigentlichen Abschlußteile, die in die zum Zylinderraum führenden Dampfkanäle eingebaut sind. Diese Abschlußteile bestehen im allgemeinen entweder aus Flach- bzw. aus Kolbenschiebern oder aus Ventilen. Das unterscheidende Merkmal jener beiden Arten ist darin zu erblicken, daß die Schieber sich auf ihren Unterlagen, den „Schieberspiegeln“, verschieben und damit die Dampfeintritts- und Dampfaustrittskanäle öffnen und schließen, während die Ventile durch ein Heben und Senken des Ventilabschlußteiles in senkrechter Richtung die Dampfregelung vornehmen.

Nach der Art der inneren Steuerung sind mithin zu unterscheiden:

a) Schiebersteuerungen mit deren Unterabteilungen, nämlich
 α) den Flachschiebern,
 β) den Kolbenschiebern;

b) Ventilsteuerungen.

Neben diesen beiden Hauptarten von Steuerungen sind noch zu erwähnen:

c) die Hahn- oder Drehschiebersteuerungen.

Bei diesen Drehschiebersteuerungen schwingt der hahnförmig ausgebildete Abschlußteil um eine Drehachse hin und her (in England und Amerika vielfach verwendet).

Die Abschlußteile können nun derart ausgebildet sein, daß entweder ein Abschlußteil gleichzeitig den Eintritts- und den Austrittskanal beider Zylinderseiten oder jeder Kolbenseite bedient, oder aber es erhält jeder Ein- und Austrittskanal einer jeden Kolbenseite einen besonderen Abschlußteil. Zu der ersten Art gehören hauptsächlich die Flach- und Kolbenschiebersteuerungen, seltener die Hahnsteuerungen, zu der anderen vor allem die Ventilsteuerungen.

Unter der äußeren Steuerung versteht man die Antriebsvorrichtung, mit der die innere Steuerung in Tätigkeit gesetzt wird. Es sind dies demnach jene Maschinenteile, welche von der Hauptwelle der Maschine oder einer mit dieser verbundenen Steuerwelle aus die Bewegung der eigentlichen Abschlußteile bewirken und dadurch das rechtzeitige Öffnen und Schließen der Dampfkanäle herbeiführen. Für Dampffördermaschinen kommt sowohl der Antrieb der Abschlußteile durch Exzenter (einer baulichen Abänderung der Kurbel) und schwingende Hebel, in neuerer Zeit vor allem aber durch unrunde Scheiben bzw. Hülsen mit Erhebungen („Knaggen" oder „Nocken") und Übertragungshebeln zur Anwendung.

Die Steuerungen der Dampffördermaschinen können somit nach der Art ihres Antriebes eingeteilt werden:

α) in Exzentersteuerungen,

β) in Knaggen- oder Nockensteuerungen.

a) Die Schiebersteuerungen.

α) Flachschieber.

Flachschieber ohne Überdeckungen. Den einfachsten Abschlußteil stellt der „Flachschieber ohne Überdeckung" dar, seiner Form wegen auch „Muschelschieber" genannt (Abb. 5). Dieser Schieber S besitzt vier steuernde Kanten: a, b, c, d, von denen zwei (a und d) für den Dampfeinlaß und zwei (b und c) für den Dampfaustritt bestimmt sind.

Abb. 6 zeigt einen Muschelschieber, der seitlich vom Zylinder in senkrechter Ebene über dem Spiegel dreier Kanäle angebracht ist. nämlich den beiden seitlichen Frischdampfkanälen K und K_1, die zum Zylinderinnern führen, und dem mittleren, mit der Abdampfleitung A in Verbindung stehenden Abdampfkanal. Die Lappen p

sind genau so breit wie die Seitenkanäle K und K_1, überdecken diese also in der Mittelstellung des Schiebers nicht (siehe auch Abb. 5). In der Mittellage des Schiebers S sind die Kanäle K und K_1 sowohl vom Frischdampfraum F wie auch von der Abdampfleitung A abgeschlossen. Wird nun der Muschelschieber S seitlich verschoben, so kann durch den freigegebenen einen Seitenkanal, beispielsweise K, Frischdampf aus dem Raum F in den Zylinder gelangen, während der andere, gleichzeitig geöffnete Zylinderkanal K_1 durch den Hohlraum m, die „Muschel" (Abb. 5), mit der Abdampfleitung A verbunden ist, so daß also durch ihn der Abdampf aus dem Zylinderkanal K_1 entweichen kann.

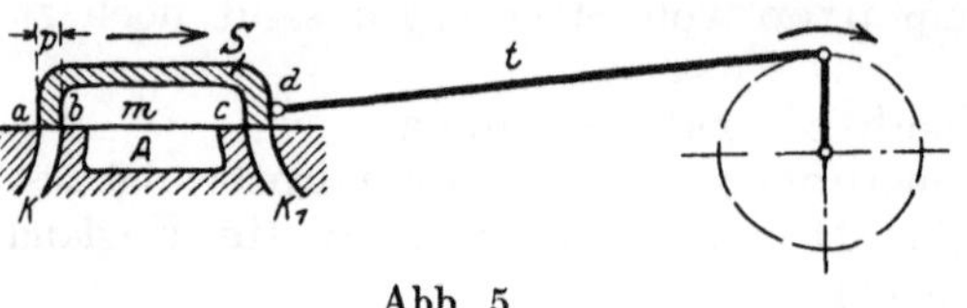

Abb. 5.

Der Muschelschieber S in Abb. 6 wird mittels der Schieberstange t und der Exzenterstange l durch das Exzenter e angetrieben. Bei der Mittelstellung des Schiebers, wie sie die Abb. 6 zeigt, steht der Kolben in einer seiner beiden Totlagen, hier in der linken Endlage, so daß die Exzenterkurbel der Hauptkurbel M um 90^0 im Drehungssinn vorauseilt, mit anderen Worten: beide Kurbeln stehen senkrecht aufeinander. In den Kolbenendstellungen wird nun der eine Seitenkanal mit dem Frischdampfraum F, der andere Seitenkanal dagegen mit der Abdampfleitung A verbunden, und zwar herrscht beim Kolbenrechtsgang auf der linken Zylinderseite Frischdampfeinströmung, auf der rechten Seite Abdampfausströmung, während beim Rückgang des Kolbens der Strömungsvorgang ein umgekehrter ist. Auf dem ganzen Hin- und Rückgang des Kolbens wirkt mithin der Dampf nahezu mit seiner vollen Spannung, die Maschine arbeitet mit „Vollfüllung". Der Dampfverbrauch der mit Flachschiebern ohne Überdeckung ausgerüsteten Maschinen ist daher — vor allem wegen der Nichtausnutzung der Ausdehnungsfähigkeit des Dampfes — ein recht großer. Ihr besonderer Vorzug besteht jedoch darin, daß sie eine einfache Umsteuerung der Maschine gestatten. Sie wurden aus diesem Grunde in früherer Zeit

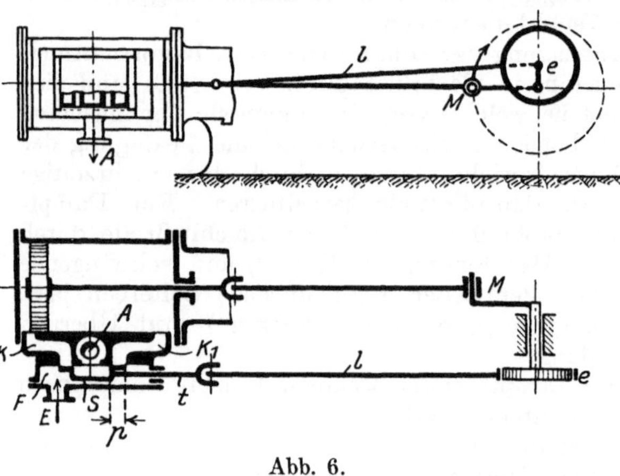

Abb. 6.

bei den Dampffördermaschinen häufig angewendet, während sie heute nur noch in kleinere Dampf- und Lufthaspeln eingebaut werden.

Flachschieber mit Überdeckungen. Sind die Lappen des Schiebers breiter als die Zylinderkanäle, so spricht man von einem „Muschelschieber mit Überdeckung." Die Abb. 7 zeigt einen solchen Schieber mit der Lappenbreite $p = e + a + i$, wobei — von der Mittelstellung des Schiebers aus betrachtet — „e" die äußere oder Einlaß- und „i" die innere oder Auslaßüberdeckung darstellt; „a" bedeutet die Breite des Einströmungskanales K bzw. K_1. Soll nun beispielsweise bei der linken Totlage des Kolbens der „Muschelschieber mit Überdeckung" den linken Seitenkanal K für den Dampfeintritt zu öffnen beginnen, so muß er in diesem Augenblick schon um die äußere Überdeckung e von seiner Mittelstellung aus nach rechts verschoben sein.

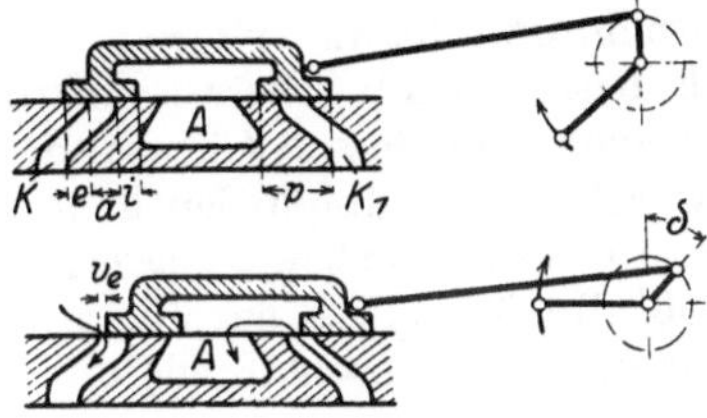

Abb. 7 und 8.

Weil aber stets noch mit einer Voreinströmung gearbeitet werden soll, damit einmal der Dampf bei Beginn des Kolbenhubes bereits seine volle Eintrittsspannung erreicht hat, zum anderen aber auch möglichst nur der erste Teil des Kolbenhubes zur Frischdampffüllung, der übrige Teil aber zur Dampfdehnung ausgenutzt werden kann, so müssen bei der Totlage des Kolbens die Eintrittskanäle und aus ähnlichen Erwägungen heraus auch die Austrittskanäle bereits um eine entsprechende Größe — die „lineare" Vorein- bzw. Vorausströmung (v_e bzw. v_i) — geöffnet sein (Abb. 8). Damit nun der „Muschelschieber mit Überdeckung" bei der Totlage des Kolbens bereits um die Strecke $e + v_e = i + v_i$ verschoben ist, muß die Exzenterkurbel der Hauptkurbel nicht nur um 90^0, sondern um einen größeren Winkel — $90^0 + \delta$ — im Drehungssinn der Hauptkurbel voreilen. Der Winkel δ heißt deshalb der Voreilwinkel (Abb. 8). Aus diesen Überlegungen folgt, daß die „Schieber mit Überdeckungen" ein Arbeiten der Maschine sowohl mit Vorein- und Vorausströmung wie auch mit Dampfdehnung und Dampfverdichtung gestatten. Ist nun die innere und äußere Überdeckung gleich groß, d. h. ist e gleich i, dann fällt sowohl das Öffnen des Dampfeinströmungskanales auf der einen wie auch die Ausströmung auf der anderen Zylinderseite zeitlich zusammen. Entsprechend gestaltet sich beim Rückgang des Kolbens ein Abschluß des betreffenden Eintritts- und Austrittskanales. Automatisch tritt also der Beginn der Dampfdehnung auf der einen Seite des Zylinders mit dem der Verdichtung auf der anderen Seite zusammen. Und daraus ergibt sich der große Nachteil aller „Einschieber-" oder — allgemeiner — aller „Einexzentersteuerungen", daß das sonst sehr wirtschaftliche Arbeiten mit kleinen Frischdampffüllungen stark unter der hohen Dampfverdichtung auf der Gegenseite zu leiden hat. Bei älteren Dampffördermaschinen tritt dieser Übelstand weniger in Erscheinung, weil diese während des ganzen

Förderzuges meist mit großen Füllungen arbeiten, bei neueren Maschinen für kleine Füllungen sind darum aber zur Vermeidung dieses Nachteiles besondere Vorrichtungen vorgesehen.

β) Kolbenschieber.

Bei allen Flachschiebersteuerungen liegt der besondere Übelstand vor, daß die Schieber infolge des auf ihrer Oberfläche lastenden Frischdampfdruckes stark auf ihre Gleitbahn drücken. Bei höheren Dampfspannungen (etwa von 8 at an) ist der gesamte Flächendruck bereits sehr beträchtlich. Die Auswirkung ist in einer starken Reibung zwischen Schieber und dessen Gleitbahn, dem Schieberspiegel, zu erblicken, weil das Schmieröl durch den hohen Druck der Schieber fortgepreßt wird. Die zur Schieberbewegung erforderlichen Kräfte werden nunmehr sehr groß, die Maschine hat einen schweren Gang, es tritt eine starke Abnutzung der Abschlußteile ein („Fressen“ des Schiebers). Es leuchtet

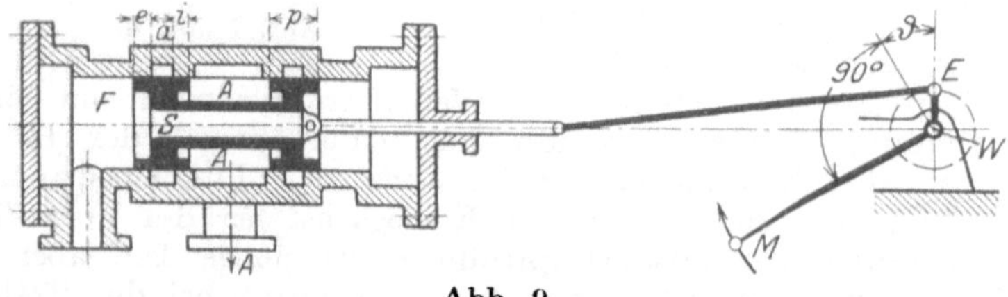

Abb. 9.

ein, daß diese Nachteile bei größeren Flachschiebern mit ihrem erhöhten Gesamtdruck recht ungünstig wirken. Man ging darum zu der Anordnung eines „entlasteten“ Schiebers, z. B. eines zylindrischen Kolbenschiebers, über. Die Abb. 9 zeigt einen solchen Kolbenschieber. Er entsteht dadurch, daß der Querschnitt eines Flachschiebers als erzeugende Fläche eines Umdrehungskörpers benutzt wird. Die Lauffläche des Schiebers erhält dann die Form eines Zylinders. Bei diesem Abschlußteil ist eine einseitige Dampfpressung auf seine zylindrische Gleitbahn unmöglich, weil er allseitig von gleichgespanntem Dampf umgeben ist, also gewissermaßen im Dampfe schwimmt. Die auf allen Seiten wirkenden Dampfdrücke heben sich nunmehr gegenseitig auf, so daß man dergestalt bei einem dichten Anliegen des Kolbenschiebers eine nahezu vollkommene Entlastung erzielen kann.

Schiebersteuerungen kommen nur noch bei kleineren Dampffördermaschinen mit einem Kolbenhube bis zu $\sim$ 1000 mm — und zwar vornehmlich mit Kolbenschieber — vor. Sie sind durch die Ventilsteuerungen verdrängt worden, weil diese auch bei stark wechselndem Leistungsbedarf eine gute Dampfverteilung ergeben. Ein weiterer wesentlicher Vorteil der Ventilsteuerungen besteht darin, daß nur an der Spindel der Ventile eine gleitende Reibung auftritt. Als „entlastete“ Doppelsitzventile haben sie fernerhin einen leichten Gang und sind auch leicht einstellbar. Ihr Antrieb ist mannigfaltig; sie können vollkommen zwangläufig gesteuert oder aber freifallend ausgeführt werden.

b) Die Ventilsteuerungen.

Die **Dampfverteilung mittels Ventile** entspricht im Grundgedanken derjenigen der Schieber. Auch sie ist von der äußeren Steuerbewegung abhängig, doch gestalten sich hier ungeachtet des meist verwickelteren Aufbaues die Antriebsverhältnisse günstiger.

In Abb. 10 ist eine Ventilsteuerung mit einem Antrieb durch das Exzenter E, eine hin- und hergehende Stange s und schwingende Winkelhebel (v in Abb. 11) dargestellt. Sie weist vier Steuerungsöffnungen und dementsprechend auch vier besondere Abschlußteile auf, und zwar für jede Zylinderseite je ein Einlaß- und ein Auslaßventil. Es besteht bei dieser Steuerungsart daher die Möglichkeit, jeden Abschlußteil für sich allein anzutreiben, wie das beispielsweise bei den Dampffördermaschinen mit der „Knaggen"- oder „Nockenventilsteuerung" der Fall ist.

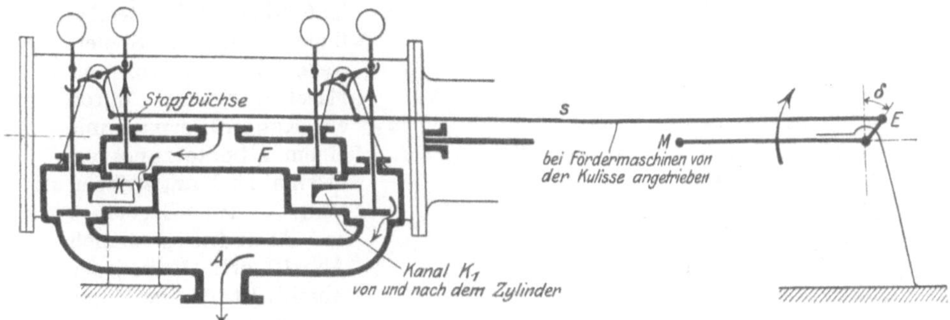

Abb. 10.

Bei der Ventilsteuerung nach Abb. 10 werden alle vier Ventile von **einem** Exzenter E angetrieben; es wird beispielsweise das linke Einlaßventil der einen Zylinderseite mit dem Auslaßventil der anderen Zylinderseite gleichzeitig angehoben und auch zur gleichen Zeit gesenkt, so daß hier die beim Schieber vorliegende Abhängigkeit von Beginn der Dampfdehnung auf der einen Zylinderseite und Beginn der Dampfverdichtung auf der anderen Seite des Zylinders in gleicher Weise vorliegt. In der Abb. 11 ist die Wirkung dieser Steuerungsart deutlicher erkennbar. In der Mittellage des Ventilhebels v sind die Hebelarme noch von den Anschlagspunkten m der Ventilstange entfernt, so daß die Eröffnung der Abschlußteile erst nach Zurücklegen der Abstände e beginnt. Geöffnet sind die Abschlußteile der Zylinderkanäle nur während des Hebelarmausschlages o, also nur während eines Teiles des Hubes. Um ein gewünschtes rechtzeitiges Öffnen der Ventile zu erreichen, muß der Kurbelarm des Exzenters E (Abb. 10) der Maschinenkurbel um 90^0 und einem entsprechenden Voreilwinkel δ voreilen. Die Abstände a und e in der Abb. 11 sind in ihrer Bedeutung den Überdeckungen e und i des Kolbenschiebers in Abb. 9 auf Seite 10 gleichzustellen.

Obwohl also ein Unterschied in der Wirkung zwischen der Ventilsteuerung — Abb. 10 zeigt nicht den Hauptvorteil der Ventilsteuerungen, nämlich die Unabhängigkeit der Bewegung der einzelnen Ventile voneinander, weil hier alle Ventile von dem gleichen Exzenter *E* in gleicher Weise bewegt werden — und der Schiebersteuerung nicht besteht, so hat die Ventilsteuerung doch den Vorzug, daß ihre Antriebsverhältnisse wesentlich günstiger sind. Denn bei der Bewegung des Schiebers ist die Reibungsarbeit ständig zu überwinden, während bei der Ventilsteuerung eine Arbeit nur während des Hubes *o* (Abb. 11) zu verrichten ist. Der größte Teil des Hubes geschieht ohne Ventilbewegung als Leerhub.

Wie die einen Längsschnitt durch die Ventilsteuerung zeigende Abb. 10, weist auch die Querschnittsdarstellung in der Abb. 12 eine seitlich vom Zylinder befindliche, nebeneinanderliegende Ventilanordnung auf. Der Antrieb der Abschlußteile erfolgt hier aber durch eine gleichlaufend zur Achse des Zylinders liegende Steuerwelle *W*, die von der Maschinenwelle durch ein Kegelräderpaar mit einem Übersetzungsverhältnis 1 : 1 angetrieben wird. Im Gegensatz zur Anordnung gemäß Abb. 10 erhält ein jeder Abschlußteil bei der Steuerung nach Abb. 12 einen besonderen Antrieb von der Welle *W* aus.

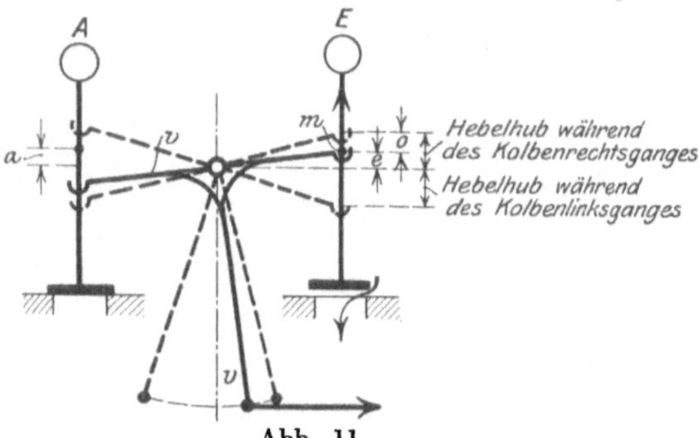

Abb. 11.

Bei den gewöhnlichen Betriebsmaschinen wird dieser Antrieb im allgemeinen durch Exzenter bewirkt, bei den Dampffördermaschinen neuerdings meist durch Knaggen oder Nocken und schwingende Hebel. Bei dieser „Knaggen- oder Nockensteuerung" gleitet der Hebelarm *1* des Ventilhebels *v* (siehe Abb. 12) auf der unrunden Hülse *H* der Steuerwelle *w*, so daß dieser beim Auflaufen auf die Erhebung zur Seite gedrückt wird und sein wagerechter Arm *2* das Ventil anhebt. Die Dauer der Ventiloffenhaltung hängt dabei von der Länge des Nockens ab. Diese kann beliebig groß gewählt werden, so daß die Nocken der Einlaß- und der Auslaßventile je nach dem Bedürfnis eine verschiedene Gestaltung annehmen. Im allgemeinen erhält aber der Nocken für das Einlaßventil eine geringere, jener für das Auslaßventil dagegen eine größere Länge. Damit wird erreicht, daß auch bei einer geringeren Füllung eine kleine Dampfverdichtung erzielt werden kann. Bei den Exzentersteuerungen hingegen würde ein vorzeitiges Schließen der Ventile bei kleinen Füllungen eine zu große Dampfverdichtung zur Folge haben. Dies kann aber den Anlaß zu Zylinderbrüchen geben, weshalb hier der Einbau von Sicherheitsventilen erforderlich ist. Die „Knaggen- oder Nockensteuerung" hat demnach den besonderen Vorzug, daß sie infolge der jeweiligen Nockenausbildung eine beliebige Dampfverteilung gestattet.

Das Schließen der Ventile erfolgt bei den „Knaggen- oder Nockensteuerungen" nicht zwangläufig, sondern wird entweder durch die Belastungsgewichte bei *A* und *E* gemäß Abb. 11 oder zweckmäßiger durch Schraubenfedern *F* gemäß Abb. 12 herbeigeführt. Ein weiterer Unterschied in der Ventilsteuerung nach Abb. 10 und 12 besteht darin, daß bei dem Exzenterantrieb nach Abb. 10 bzw. 11 der Ventilhebel nicht in einer festen Verbindung mit der senkrechten Ventilstange stehen darf, weil ja die ständige Bewegung des Steuergestänges dies verbietet. Bei der Anordnung nach der Abb. 12 dagegen

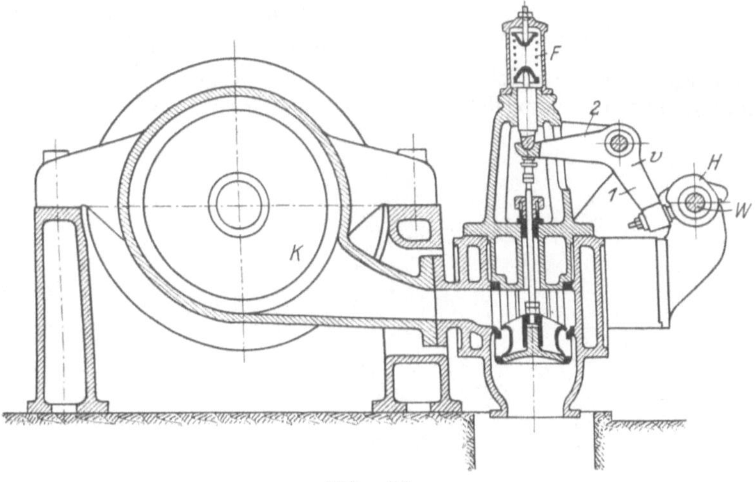

Abb. 12.

bleibt der Abschlußteil während des Gleitens des Ventilhebels auf dem erhebungsfreien Teil der unrunden Hülse geschlossen. Das Steuergestänge ist also während dieser Zeit in Ruhe. Der Ventilhebel kann darum mit der Ventilstange fest verbunden werden. Die Absperrung erfolgt in dem Augenblick, in dem die Ventilhebel bzw. die Steuerwelle die Abschlußteile freigegeben haben. Um eine größere Gewähr für ein sicheres Abschließen des Ventiles zu haben, wird zwischen dem erhebungsfreien Teil der unrunden Hülse und dem Ventilhebelanschlag ein kleiner Spielraum gelassen (etwa 0,5 mm).

In früherer Zeit wurden bei den Dampffördermaschinen die Ventile meist seitlich am Zylinder angeordnet (Abb. 12 und 13). Dies geschah vornehmlich aus dem Grunde, um eine möglichst bequeme, jederzeitige Beobachtung und Zugänglichkeit aller Ventile und damit verbunden eine erhöhte Betriebssicherheit zu erreichen. Ein Nachteil dieser Anordnung besteht aber darin, daß dabei der sog. „schädliche Raum" — das ist der Raum zwischen Kolben und Zylinderdeckel in der Endstellung des ersteren nebst dem Volumen der entsprechenden

Dampfkanäle — sehr groß wird (12 bis zu 15 vH des vom Dampfkolben bestrichenen Zylinderraumes), der Dampf also nach Durchströmung der Ventilöffnung bis zum Zylinderinnern stets noch einen verhältnismäßig langen Weg zurücklegen muß (Abb. 12). Insbesondere treten daher durch die den schädlichen Raum umgebende große „schädliche“ Oberfläche Dampfverluste dadurch auf, daß der durch den **gemeinsamen** Ein- und Auslaßkanal einströmende Frischdampf — siehe Abb. 10 und 12 — sich an den kühleren Wandungen des schädlichen Raumes niederschlägt („Eintrittskondensation“). Diese Wirkung der schädlichen Fläche hat einen hohen Dampf-

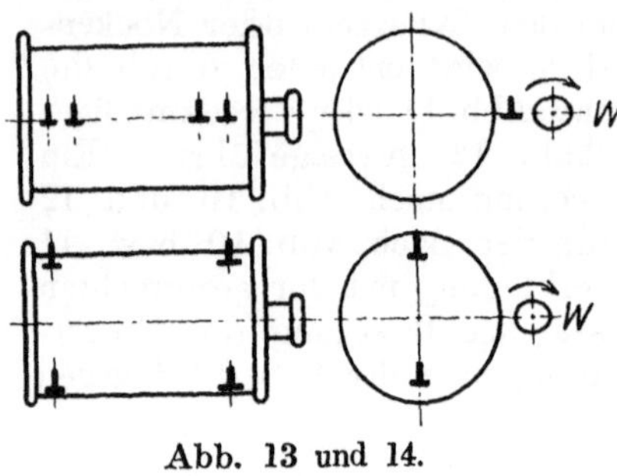

Abb. 13 und 14.

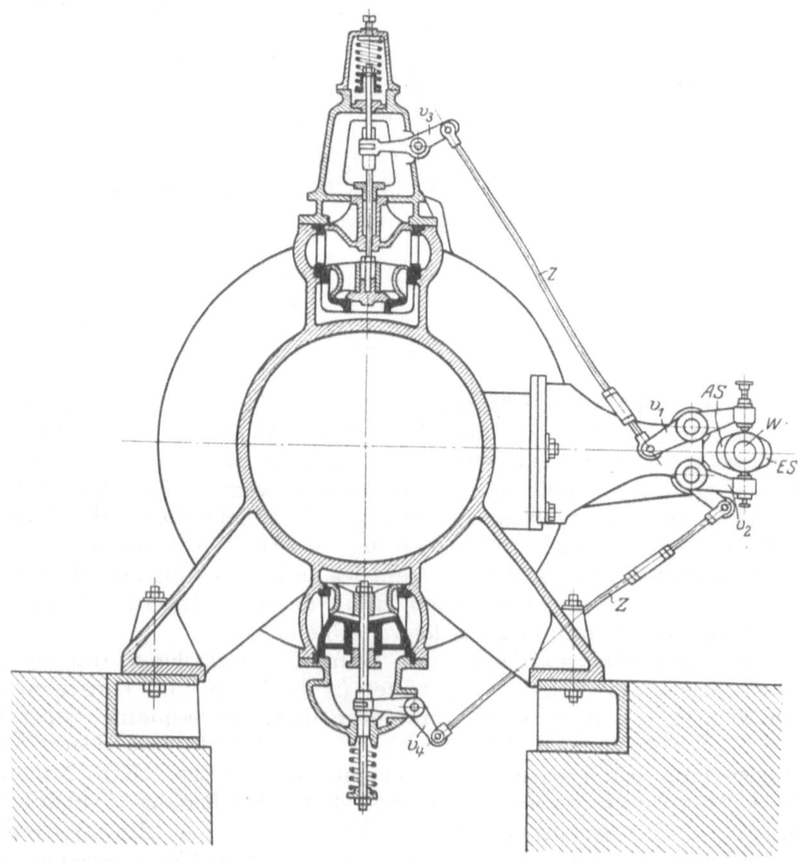

Abb. 15.

verbrauch zur Folge. Sie kann wohl durch die Anwendung von überhitztem Dampf vermindert, aber nicht vollständig beseitigt werden. Weiterhin liegt bei der Verwendung von hochgespanntem Heißdampf die Gefahr vor, daß infolge der starken Temperaturschwankungen in den Ventilgehäusen schädliche Wärmespannungen und Brüche auftreten können. Die seitliche Ventilanordnung ist deshalb nur noch bei älteren Dampffördermaschinen anzutreffen und durch den Einbau der Ventile nach Abb. 14 und 15 verdrängt worden. Bei dieser Bauart befinden sich die Ventile am Ende des Zylinders. Der „schädliche Raum" wird hierdurch auf etwa 5 bis 6 vH des Hubvolumens herabgemindert.

Die Einlaßventile sind hierbei oben, die Auslaßventile unten angeordnet, um ein bequemes Abfließen des sich gegebenenfalls im Zylinder bildenden Niederschlagwassers zu ermöglichen. Der Antrieb der Ventile erfolgt in der Regel von einer mit der Zylinderachse gleichlaufenden Steuerwelle W aus, von der die Bewegung der Abschlußteile in geeigneter Weise abgeleitet wird. Bei der Ausführung gemäß Abb. 15 erfolgt beispielsweise der Antrieb durch kleine Winkelhebel v_1 und v_2, die ihre durch unrunde Scheiben bzw. Hülsen mit Vorsprüngen eingeleitete Bewegungen mittels der Zugstangen z auf die am Ventilgehäuse verlagerten Ventilhebel v_3 und v_4 übertragen. Die unrunde Scheibe ES ist für das Einlaßventil, die auf der Steuerwelle neben ihr sitzende Scheibe AS für das Auslaßventil bestimmt.

Von den verschiedenen Ausführungsformen der Ventile für die Steuerungszwecke kommen bei den Dampffördermaschinen heutzutage fast ausschließlich die sog. „Rohrventile" („V" in Abb. 16 u. 17) — ältere Dampffördermaschinen weisen auch „Glockenventile" auf — zur Anwendung. Es sind dies zweisitzige, nahezu „entlastete" Hubventile, die in geschlossenem Zustande dem auf ihnen lastenden Dampf nur eine schmale Ringfläche darbieten, während sich auf dem übrigen Teile der Wandung die Drucke gegenseitig aufheben. Ihr Öffnen erfolgt stets in der Richtung von unten nach oben, weil der auf der Ringfläche lastende Dampf das Schließen der Ventile unterstützen soll. Man erkennt, daß eine volle Entlastung hierbei gar nicht erwünscht ist, daß vielmehr eine gewisse Belastung der Ringflächen zur Erzielung einer genügenden Abdichtung erstrebt wird. Da bei dem Öffnungsvorgang nur der Dampfdruck auf der Ringfläche zu überwinden ist, so beansprucht diese Arbeit verhältnismäßig wenig Kraft. Bei einem Tellerventil (vergleiche Abb. 11) von gleichem äußeren Durchmesser drückt dagegen der Dampf auf die ganze obere Kreisfläche, so daß zum Anheben ein erheblich größerer Kraftaufwand erforderlich ist. Um nun bei der Öffnung der Ventile eine verlustbringende Dampfdrosselung nach Möglichkeit zu vermeiden, sind die Rohrventile mit zwei Sitzflächen versehen, und damit erhält man gleichzeitig zwei größere Querschnitte für eine rasche Dampf-

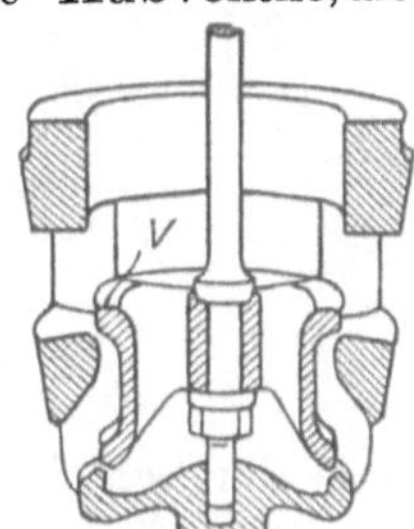

Abb. 16.

einströmung. Aus gleichen Erwägungen werden daher für größere Maschinenleistungen die Ventile auch viersitzig ausgeführt.

2. Vergleich der Schiebersteuerungen mit der Ventilsteuerung.

Die bisherigen Betrachtungen der Schieber- und der Ventilsteuerungen lassen die folgenden unterschiedlichen Eigenschaften jener beiden Steuerungsarten klar hervortreten. Der Schieber wird meist als ein ungeteilter Abschlußteil ausgeführt. Dadurch erscheint er einfacher als die Ventile mit ihrer verwickelten Hebelanordnung. Aber in dieser baulichen Durchbildung ist auch ein Nachteil zu erblikken. Dieser besteht darin, daß der ungeteilte Schieber keine Möglichkeit zur Erreichung einer beliebigen Dampfverteilung im Zylinder bietet, die aber durch die Ventilsteuerung erreicht werden kann. Hinzu kommt, daß die Ventile bei einem Undichtwerden leichter auszuwechseln bzw. nachzuschleifen sind als die Schieber.

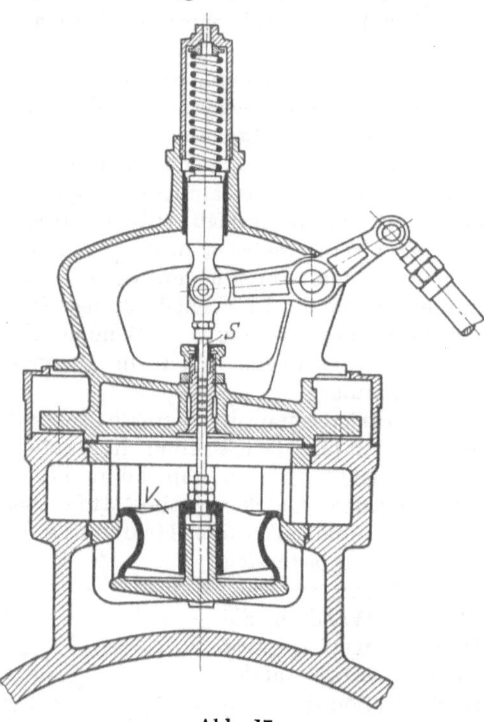

Abb. 17.

Der Schieber bedarf im allgemeinen größerer Antriebskräfte als das Ventil mit seinem geringeren Hub und seiner leichten Beweglichkeit. Insbesondere bietet der Schieber der Maschine einen größeren Widerstand beim Umsteuern. Andererseits ist er aber mit seiner Antriebsvorrichtung dauernd verbunden, und in dieser Anordnung liegt gegenüber der Ventilsteuerung eine größere Sicherheit.

Das Schließen der Ventile wird beim Rückgang der Hebelvorrichtung durch eine fremde Kraft bewirkt, nämlich durch Belastungsgewichte bei älteren Maschinen (Abb. 11) oder durch eine gespannte Schraubenfeder der neuzeitlichen Maschinen (Abb. 17). Diese Kräfte sind aber nur von beschränkter Größe, sie können darum bei größeren Bewegungswiderständen versagen, beispielsweise bei einer Abnützung der Ventilspindel innerhalb der Stopfbüchse, in der sich ja die Spindel hin- und herbewegt. Hier entsteht die Gefahr, daß nach einem Nachziehen der Stopfbüchsenbrille — wie auch bei gelegentlicher größerer Ventilerhebung — das geöffnete Ventil hängen bleiben kann. Ein Hängenbleiben des Einlaßventiles kann aber bei aufwärtsgehender Last, das Hängenbleiben des Auslaßventiles wiederum bei niedergehender Last eine Beschleunigung der Maschine bewirken. Diese Nachteile sind besonders im Auslaufabschnitt, dem schwierigsten Teile des Förderzuges, sehr gefährlich und darum niemals zu unterschätzen.

Es leuchtet ein, daß die Technik diese Gefahrenquelle zu unterbinden trachtet. Die Mittel hierzu bieten die „Zwangschlußsteuerungen" (Abb. 18 und 19), neuerdings auch die sog. „Labyrinthdichtung" der Ventilspindel (Abb. 17). Diese Anordnungen bieten eine gute Gewähr gegen ein Hängenbleiben der Ventile.

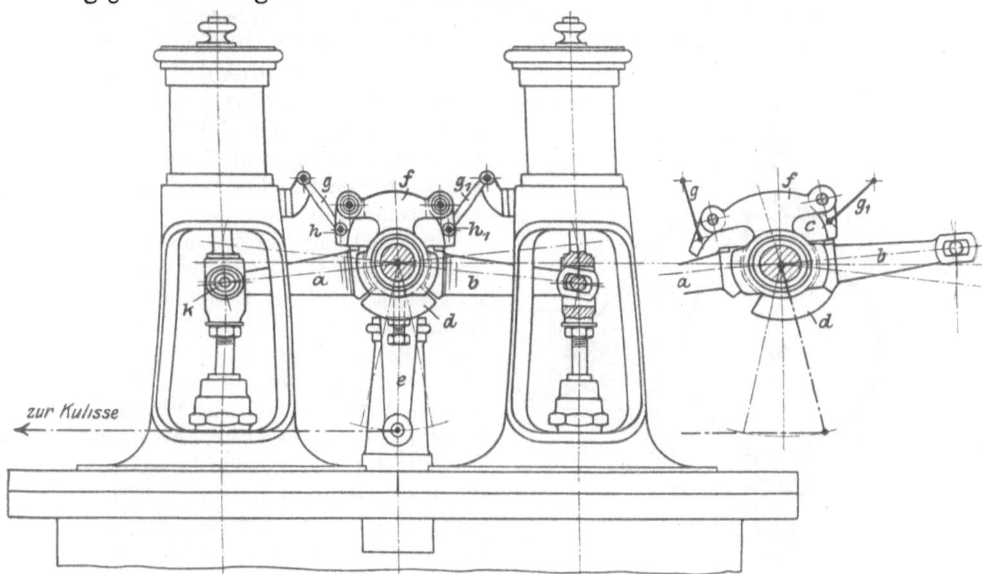

Abb. 18.

Labyrinthdichtung. Die Labyrinthdichtung besteht in der Hauptsache aus einer Ventilspindel S (Abb. 17), in die eine Anzahl von Rillen eingedreht ist. Die Ventilspindel liegt in einer Höhlung der Führungsbüchse. Die Höhlung ist dem Durchmesser der Spindel genau angepaßt. Dadurch wird erreicht, daß der hochgespannte Dampf, der aus dem Ventilraum durch den sehr engen Zwischenraum zwischen der Ventilspindel und der Führungsbüchse hindurchgedrungen ist und schon dadurch einen Teil seiner Spannung verloren hat, plötzlich in den verhältnismäßig großen ringförmigen Raum der Rille eintritt und durch die nun folgende Ausdehnung einen weiteren Teil seiner Spannung einbüßt. Der gleiche Vorgang wiederholt sich beim Vordringen in den zweiten ringförmigen Raum usw. Die Dampfspannung wird also immer geringer, bis sie schließlich zum weiteren Vordringen des Dampfes nicht mehr hinreicht.

Zwangschlußsteuerungen. Bei den Zwangschlußsteuerungen folgt in einer entsprechenden Entfernung hinter dem sich niedersenkenden Ventilhebel eine zweite Antriebsvorrichtung, die bei einem Hängenbleiben des Ventiles dieses auf seinen Sitz drückt, aber kurz vor Ventilschluß seitlich ausweicht, so daß der Leerlauf des weitergehenden Ventilhebels nicht gestört wird.

Die Abb. 18 zeigt eine derartige Vorrichtung von Ehrlich-Gleiwitz. Die Ventilhebel *a* und *b* sitzen lose auf ihrer Welle. Sie werden vom Hebel *e* durch Anschläge *d* gehoben. Der Hebel *e* hat einen oberen Fortsatz *f* mit zwei durch Lenkerstangen g, g_1 geführten Klinken h, h_1. Geht nun der Hebel *a* abwärts, dann folgt ihm die Klinke *h* nach, weicht aber gleichzeitig infolge der Lenkerführung seitlich nach außen aus, so daß sie beim Aufsitzen des Ventiles die Möglichkeit verliert, den entsprechend gestalteten Ventilhebel zu berühren (linke Seite der rechten Darstellung). Die Zwangschlußsteuerung von Ehrlich eignet sich im besonderen für Ventile, die seitlich am Zylinder nebeneinander angeordnet sind und einen Exzenterantrieb haben.

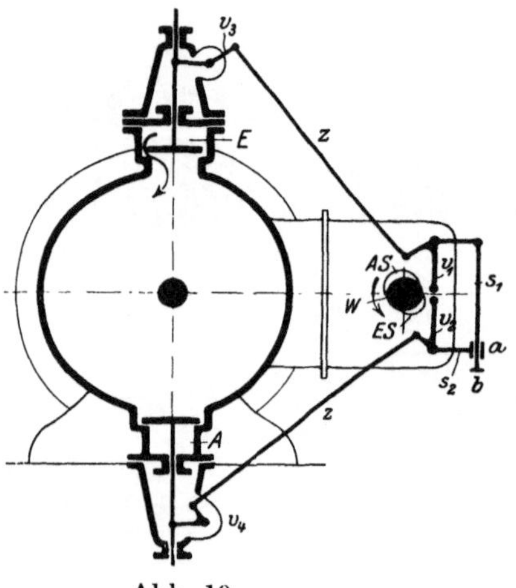

Abb. 19.

In Abb. 19 ist die Zwangschlußsteuerung von Richter für Ventile dargestellt, die am Ende des Zylinders oben bzw. unten sitzen und durch Nocken angetrieben werden. Von der Steuerwelle *W* aus werden die Ventile durch die Winkelhebel v_2 und v_1 bewegt. An dem Winkelhebel v_1 sitzt eine Stange s_1 für das Einlaßventil, an dem Winkelhebel v_2 eine wagerechte Stange s_2 mit einem Führungsstück *a* für das Auslaßventil. Die Stange s_1 geht durch das Führungsstück *a* frei hindurch. Wird nun am Ende des Kolbenhubes das Auslaßventil geöffnet, dann bewegt sich das Führungsstück *a* nach abwärts und nimmt den Bund *b* der Stange s_1 mit. Ist beispielsweise das mit der Hebelvorrichtung v_3, z, v_1 fest verbundene Einlaßventil hängen geblieben, so muß sich dieses infolge der zwangläufigen Bewegung des Bundes *b* nunmehr schließen. In ähnlicher Weise erfolgt auch ein zwangläufiges Schließen des Auslaßventiles durch das Einlaßventil.

Zwangschlußsteuerungen sind bisher wenig ausgeführt worden, dagegen hat die Labyrinthdichtung, die ein Hängenbleiben der Ventilspindel von vornherein unwahrscheinlich macht, fast ausschließlich Anwendung gefunden.

3. Die Steuerwirkung des Einexzenterantriebes.

Wir haben soeben gesehen, daß die Bewegung der eigentlichen Abschlußteile von dem auf der Hauptwelle sitzenden und von dieser angetriebenen Exzenter abgeleitet werden kann. Das Exzenter hat somit die gleiche Aufgabe wie eine Kurbel, und tatsächlich stellt es auch nichts anderes dar wie die bauliche Abart einer solchen (siehe Abb. 6 auf Seite 8). Der Einfachheit halber soll es daher auch stets als Kurbel angegeben werden.

Es soll nunmehr versucht werden, den auf die Abschlußteile übertragenen Bewegungsvorgang des Exzenters, also seine Steuerwirkung, an der Hand eines Beispiels klarzumachen.

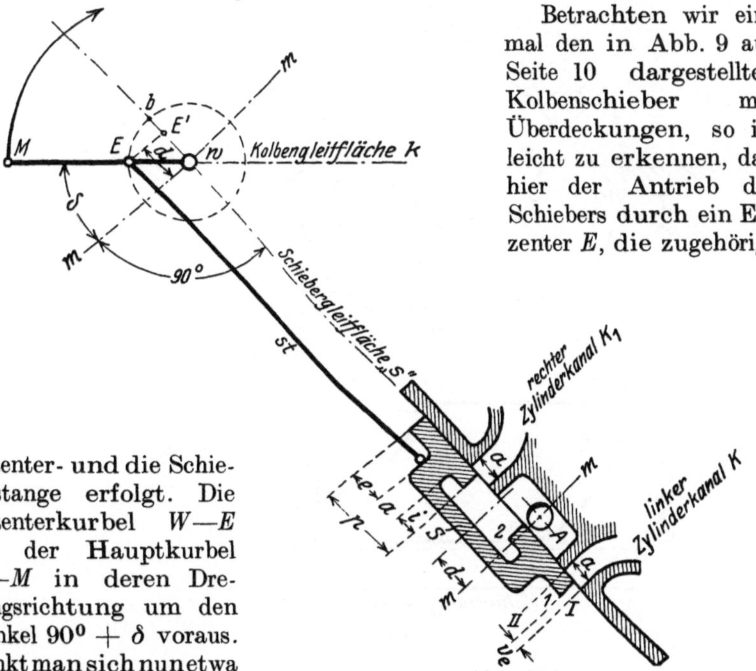

Betrachten wir einmal den in Abb. 9 auf Seite 10 dargestellten Kolbenschieber mit Überdeckungen, so ist leicht zu erkennen, daß hier der Antrieb des Schiebers durch ein Exzenter E, die zugehörige Exzenter- und die Schieberstange erfolgt. Die Exzenterkurbel $W—E$ eilt der Hauptkurbel $W—M$ in deren Drehungsrichtung um den Winkel $90^0 + \delta$ voraus. Denkt man sich nun etwa gemäß Abb. 20 die Gleitbahn s des Flachschiebers S derart um den Winkel $90^0 + \delta$ gegen die Kolbengleitfläche k gedreht, daß hierbei die Exzenter- und die Hauptkurbel — bei stets richtiger Lage zwischen Schieber und Kolben — zusammenfallen, sich also zueinander wie eine einzige Kurbel bewegen, dann würde offenbar in der Wirkung der Steuerung keine Änderung gegenüber jener in der Abb. 9 eintreten. Es läßt sich aber die Arbeitsweise des Schiebers gegenüber jener des Kolbens bzw. der Hauptkurbel an Hand der Abb. 20 einfacher darstellen. In der gezeichneten linken Endstellung der Hauptkurbel (linken Totlage des Kolbens) ist der Schieber S — wie erforderlich — aus seiner Mittellage $m—m$ um die Größe $e + v_e$ verschoben. Er hat sonach den linken Zylinderkanal K

Abb. 20.

für den Dampfeintritt zum Teil freigegeben und öffnet diesen fortschreitend mit der weiteren Bewegung der Exzenterkurbel w—E im rechten Drehsinne so lange, bis die Exzenterkurbel den Schieber von dem Dampfeinlaßkanal gänzlich abgezogen hat, um ihn dann beim Weiterlauf des Exzenters wieder allmählich zu schließen. Mit anderen Worten: der Schieber S bewegt sich von seiner Mittellage m—m aus hin und her, wobei die jeweilige Entfernung d seiner Mittelachse von der Mittellage m—m immer gleich ist der zugehörigen Projektion des um den Mittelpunkt der Hauptkurbelwelle w schwingenden Exzenter-

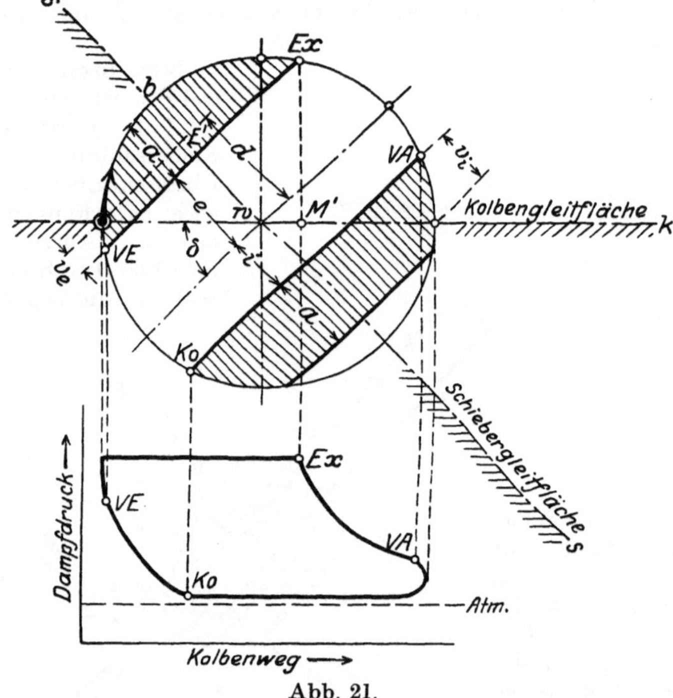

Abb. 21.

kurbelpunktes E auf die Schiebergleitfläche s. Will man weiterhin noch die jeweilige Kolbenstellung für die verschiedenen Kurbellagen ermitteln, so ist es nur erforderlich, von dem jeweiligen Hauptkurbelpunkt M aus Lote auf die Kolbengleitfläche k zu fällen (beispielsweise E_x—M' in Abb. 21, obere Darstellung).

Durch den Bewegungsvorgang des hin- und hergleitenden Schiebers S wird nun die Dampfverteilung im Zylinder nach bestimmten Gesichtspunkten geregelt. Dies wird uns sofort klar, wenn wir zunächst den Lauf der die Einströmung für die linke Zylinderseite regelnden Schieberkante *1* zur Kanalkante *I* und ebenso auch den Lauf der den Auslaßkanal steuernden Schieberkante *2* zur Kanalkante *II* in der Abb. 20 auf Seite 19 verfolgen.

Im oberen Teil der Abb. 21 sei mit Rücksicht darauf, daß es ja stets nur auf das Verhältnis des vom Kolben — von seiner Totlage ab — zurückgelegten Weges zum ganzen Kolbenhube ankommt, der Hauptkurbelkreis, d. i. der Weg, den die Hauptkurbel innerhalb einer Umdrehung zurücklegt, ebenso groß gewählt wie der Kreis der Exzenterkurbel. Der mit einem Halbmesser gleich der Größe der Exzenterkurbel, der sog. „Exzentrizität", um den Punkt w geschlagene Kreis gilt sowohl für die Exzenter- wie auch für die „reduzierte" Hauptkurbel. Der Durchmesser dieses Kreises wird meist zu 100 mm angenommen, um die einzelnen Strecken in vH bequem abgreifen zu können. Befindet sich nun der Kolben beispielsweise in der linken Totlage — Hauptkurbelstellung w—M in Abb. 20 —, dann hat der Schieber sich bereits um die Strecke $d = e + v_e$ aus seiner Mittellage m—m verschoben. Die Schieberkante *1* hat den linken Zylinderkanal K für die Einströmung bereits freigegeben. Wird nun in der Abb. 21 vom Mittelpunkt w aus im Abstande gleich der äußeren Überdeckung e eine zur Schiebergleitfläche „s" senkrechte, den Kreis in VE und E_x schneidende Linie, die sog. „Deckungslinie", gezogen und gleichlaufend zu dieser eine Gerade im Abstand der Kanalweite a nach außen hin abgetragen, dann sieht man, daß der die Stellung der Schieberkante *1* in Abb. 20 kennzeichnende Punkt E' um die Strecke v_e von der Geraden VE—E_x entfernt liegt. Mit anderen Worten: in der linken Totlage des Kolbens (linken Hauptkurbellage) hat der Schieber den Eintrittskanal K für die linke Zylinderseite bereits um die Größe der „linearen" Voreinströmung v_e freigelegt. Bewegt sich nun die Hauptkurbel aus der linken Totlage heraus im rechten Drehsinn weiter, dann nimmt die von der Schieberkante *1* freigegebene Kanalöffnung entsprechend der neuen Lage von E' zu, bis sie endlich bei der Hauptkurbelstellung im Punkte b den größten Wert erreicht hat. Der Dampfeinlaßkanal ist jetzt ganz geöffnet. Bei weiterem Drehen der Hauptkurbel nähert sich der Punkt E' wieder dem Mittelpunkte w, d. h. die Entfernung d nimmt ab. Der linke Kanal wird durch die Schieberkante *1* (Abb. 20) allmählich wieder verdeckt und ist in der Hauptkurbelstellung bei E_x (Abb. 21) vom Schieber völlig geschlossen oder anders ausgedrückt: die Füllung ist beendet. In dieser Stellung des Schiebers beginnt aber der in der linken Zylinderseite eingeschlossene Dampf sich auszudehnen (Beginn der Dampfdehnung, Punkt E_x im Schieberdiagramm Abb. 21). Der Dampfkolben befindet sich dann in der Stellung M' (Abb. 21), dem Projektionspunkt von E_x auf die wagerechte Kolbengleitfläche k. Die Dampfdehnung hält so lange an, bis die Schieberkante *2* (Abb. 20) nach Überschreiten der Kanalkante *II* den linken Zylinderkanal für die Abdampfleitung A freigibt und damit auch der Abdampf durch den Hohlraum der Muschel in die Leitung A entweicht. Um die hierzu erforderliche Hauptkurbellage zu ermitteln, wird in dem Schieberdiagramm Abb. 21 die „Deckungslinie" VA—K_0 im Abstande der inneren Überdeckung i von der Mittellinie durch w gleichlaufend zur Geraden V_e—E_x und von hier aus im Abstande der Kanalweite a

eine weitere parallele Linie gezogen. Man erkennt, daß in der Hauptkurbelstellung w—VA, d. h. kurz vor der rechten Totlage der Hauptkurbel, bereits das Öffnen des linken Zylinderkanales K durch die Kante *2* des Schiebers (Abb. 20) für den Dampfauslaß beginnt. Beim weiteren Bewegen der Hauptkurbel im rechten Drehsinn vergrößert sich der freigewordene Kanalquerschnitt für den Dampfaustritt, bleibt dann eine Zeitlang ganz geöffnet und nimmt darauf wieder ab. Bei der Hauptkurbelstellung w—K_0 (Abb. 21) ist der linke Zylinderkanal K durch den Schieber S wieder geschlossen. Der im Zylinder noch zurückgebliebene Dampf wird darauf auf dem Wege der Hauptkurbel von K_0 nach VE (Abb. 21) verdichtet. Vom Punkte VE ab beginnt wieder die Eröffnung des Schieberkanales K für die Voreinströmung. Der gleiche Vorgang spielt sich beim Rückwärtsgang des Kolbens auf der rechten Zylinderseite ab. Hier wird aber in ähnlicher Weise der rechte Zylinderkanal K_1 in Abb. 20 wirksam. Das Schieberdiagramm gestattet also die unmittelbare Verfolgung der Schieberbewegung im Zusammenhange mit der Exzenterbewegung. Die wagerechte, den Kolbenweg darstellende Mittellinie liegt bei diesem als Müller-Reuleauxsches Diagramm bekannte Schieberdiagramm gleichlaufend zur Grundlinie des Dampfdruckdiagrammes.

Nach diesen Ergebnissen ist es einfach, die das Dampfdruckdiagramm kennzeichnenden vier Punkte zu ermitteln, nämlich:

VE, darstellend den Beginn der Voreinströmung des Frischdampfes und den Schluß der Dampfverdichtung;

E_x, Beginn der Dampfdehnung, Schluß der Dampfeinströmung;

VA, Beginn der Dampfausströmung, Schluß der Dampfdehnung;

K_0, Beginn der Dampfverdichtung, Schluß des Dampfaustrittes.

Das zu dem Müller-Reuleauxschen Schieberdiagramm gehörige, über die Spannung des Dampfes vor und hinter dem Kolben für jede beliebige Kolbenstellung Aufschluß gebende Dampfdruckdiagramm ist aus der unteren Darstellung der Abb. 21 ersichtlich. Betrachtet man nun diese beiden Diagramme genauer, so erkennt man deutlich, daß kleinere Füllungen (größere Dampfdehnungsabschnitte) durch größere äußere Überdeckungen, durch größere Voreilwinkel oder auch durch Verkleinerung des Schieberweges bzw. der Exzentrizität erreicht werden können.

Aus diesen Erläuterungen geht aber auch weiterhin hervor, daß bei einem gegebenen Schieber eine Veränderung der Füllung in einfacher Weise durch die Änderung des Voreilwinkels bzw. die Größe der Exzentrizität möglich ist. Eine Vergrößerung des Voreilwinkels ergibt eine kleinere Füllung, weil die Dampfdehnung eine weitergehende ist, eine Verkleinerung des Voreilwinkels dagegen erfordert eine größere Füllung (verminderte Dampfdehnung), während eine Vergrößerung der Exzentrizität eine Füllungzunahme, eine Verkleinerung der Exzentrizität wiederum eine Verminderung der Füllung zur Folge hat. Da aber bei dieser Steuerungsart, wie wir gesehen haben, die einzelnen Dampfverteilungsabschnitte voneinander abhängig sind, so muß man stets vor Augen haben, daß bei einer Füllungsänderung auch gleichzeitig die übrigen Verteilungsabschnitte in einer zum Teil sehr unangenehmen

Weise verändert werden und hierdurch unter Umständen unzweckmäßige Größen erreichen können.

Bei einer durch ein Exzenter und Schwingungsnebel angetriebenen Ventilsteuerung (Abb. 10 und 11 auf Seite 11 bzw. 12) ist die Steuerwirkung in gleicher Weise nach dem Schieber und Dampfdruckdiagramm Abb. 21 zu beurteilen, jedoch mit der Einschränkung, daß hier an die Stelle der Kanalbreiten die Ausschläge des Ventilhebels gemäß Abb. 11 treten. Die Ventilhübe entsprechen dabei den Schieberwegen und die Überdeckungen den „Totgängen“ e und a der Ventilspindel.

Wird für den Antrieb der Abschlußteile ein Exzenter gewählt, das der Hauptkurbel w—M nicht im Sinne des Vorwärtsganges der Maschine, sondern umgekehrt zu der Drehrichtung der Maschinenkurbel um $90^0 + \delta$ voreilt, dann wird auch die Wirkung des Dampfes im Zylinder eine entgegengesetzte. Damit erhält man u. a. die Möglichkeit, durch die Anordnung von zwei im obigen Sinne gegen die Hauptkurbel versetzten Exzentern schon während des Maschinenganges eine augenblickliche hemmende Wirkung der Maschinenbewegung zu erreichen, wenn man nämlich den Antrieb von dem einen Exzenter auf das andere umschaltet. Man spricht dann von einem Arbeiten mit „Gegendampf“.

Wenden wir nun zum Schlusse das Ergebnis dieser Untersuchungen auf die Dampffördermaschine an, so ist festzustellen, daß der Steuerungsantrieb mittels eines Exzenters bei neuzeitlichen Fördermaschinen nicht mehr am Platze ist. Denn bei diesem einfachen Einexzenterantrieb ist eine wirtschaftlich vorteilhafte Änderung der Füllung nur in verhältnismäßig kleinen Grenzen möglich. Die Dampffördermaschine wechselt aber ihre Belastung und damit auch die Größe der Dampfleistung im Zylinder innerhalb eines jeden Förderzuges sehr stark. Der Einexzenterantrieb ist darum nur noch bei den älteren Dampffördermaschinen anzutreffen.

4. Die Steuerwirkung des Nockenantriebes.

Die neuzeitlichen Dampffördermaschinen weisen fast ausschließlich Ventilsteuerungen mit Antrieb durch Nocken und Übersetzungshebeln auf. Diese Monopolstellung der erstmalig von dem Oberingenieur Kraft für Dampffördermaschinen angewandten und daher auch als „Kraftsche Steuerungen“ bezeichneten Nockensteuerungen findet ihre Erklärung darin, daß sie gegenüber einer jeden anderen Steuerungsart den großen Vorzug aufweisen, jede gewünschte Dampfverteilung im Zylinder zu erreichen, wenn man nur die Nocken entsprechend gestaltet. Außerdem ermöglichen sie auch noch die Bewegungsumkehr der Maschine in einer verhältnismäßig leichten Weise, wie wir es später im Abschnitt über die Umsteuerungen auf S. 58 kennenlernen werden.

Die Bewegung der Ventile wird bei der Nockensteuerung von einer mit der Achse des Zylinders gleichlaufend angeordneten und von der Hauptwelle der Maschine durch ein Kegelräderpaar in Umdrehung versetzten Steuerwelle w (Abb. 22a) abgeleitet. Auf dieser Steuerwelle sitzt für ein jedes Ventil ein besonderer Nocken. Den Nocken kann man sich durch die Aneinanderreihung einer Anzahl unrunder Scheiben von wechselndem Umfange entstanden denken, die zu einem einheitlichen Ganzen verbunden sind, wobei die einzelnen Scheiben allmählich ineinander übergehen (Abb. 22a). Es entsteht derart eine zylindrische Hülse *a* und eine Erhebung *b*. Die Erhebung ist so geformt, daß die Anlaufkurve *x* in Abb. 22b — diese Abbildung stellt die abgewickelte Mantelfläche des Nockens für ein Einlaßventil dar — gleichlaufend zur Wellenachse liegt. Auf diese Weise wird für jede Stellung des auf der Steuerwelle in der Längsrichtung verschiebbaren Nockens das Ventil immer in derselben Kolbenlage geöffnet, die Voreröffnung des Ventiles also stets unverändert gelassen. Die Ablaufkurve *y* der Erhebung steht dagegen mehr oder weniger schräg zur Achse der Steuerwelle. Nimmt beispielsweise durch Verschieben des Einlaßventil-Nockens

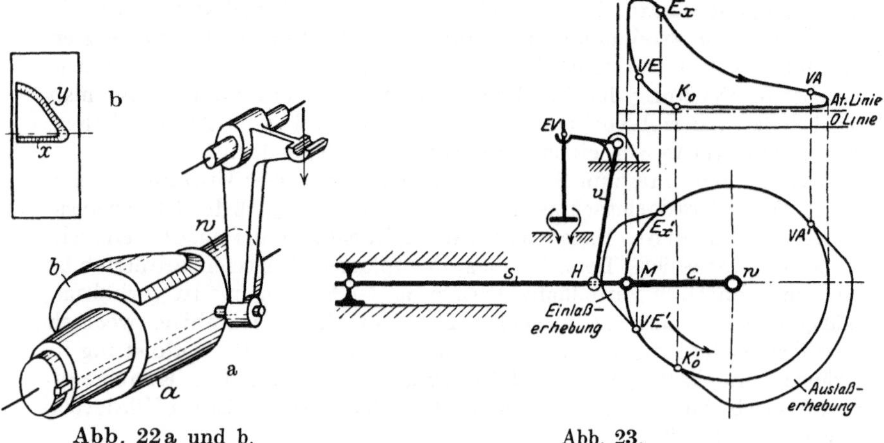

Abb. 22a und b. Abb. 23.

die Breite der Erhebung für den Eingriff des Hebelanschlages zu, dann wächst auch die Dauer der Ventileröffnung und damit die Größe der Frischdampffüllung.

Um nun ein klares Bild über die Steuerwirkung des aus einzelnen unrunden Scheiben gebildeten Nockens zu erhalten, wollen wir die Abb. 23 betrachten. Wir hatten anläßlich der Besprechung der Einexzentersteuerungen an dem Beispiel der Abb. 21 gezeigt, wie man zu einem vorhandenen Schieber mit Überdeckungen das zugehörige Dampfdruckdiagramm ermittelt. Wir wählen nunmehr den umgekehrten Weg, nehmen also die Dampfverteilung und somit das Dampfdruckdiagramm in der Abb. 23 als gegeben an und wollen für dieses die zugehörigen Abmessungen der Nockenerhebungen ableiten. Die kleinere Erhebung wirke auf das hier schematisch angedeutete Einlaßventil, die größere ist für das hinter dem Einlaßventil und gleichlaufend zu diesem liegende, in der Zeichnung mit dem Einlaßventil sich deckende Austrittsventil bestimmt. Die Schubstange *s* und die Kurbel *c* drehen die Steuerwelle *w* und damit auch die Nocken im linken Drehsinn, wobei die gegen den ruhenden Ventil-Winkelhebel v auflaufenden Erhebungen diesen zur Seite drücken und damit das Ventil öffnen.

In der gezeichneten Winkelhebelstellung ist das Einlaßventil entsprechend dem gegebenen Dampfdruckdiagramm und der Gestaltung der kleineren Erhebung eben ganz geöffnet worden, und im gleichen Zeitpunkt beginnt auch die volle Dampfeinströmung in den Zylinder. Dreht sich also die Kurbel c von der linken Totlage w—M aus in Richtung des eingezeichneten Pfeiles, so kommt schließlich der Punkt E'_x des Nockens unter dem Einlaßventilhebel v zu stehen. Während dieser Zeit hat das Einlaßventil Frischdampf in den Zylinder einströmen lassen („Füllungsabschnitt"). Sobald aber der Nockenpunkt E'_x den Anschlagspunkt des Einlaßventilhebels v erreicht hat, ist das Einlaßventil von dem Nocken frei gegeben worden, und es fällt auf seinen Sitz nieder. Die Dampfzufuhr ist unterbunden. Entsprechend dem Punkte E_x im Dampfdruckdiagramm beginnt nunmehr die Dampfdehnung. Diese hält so lange an, bis die Kurbel c auf ihrem weiteren Wege den Auslaßnocken für das Austrittsventil in Wirksamkeit bringt, d. h. bis der Nockenpunkt VA' des Auslaßnockens unter dem Anschlagspunkt des Auslaßventilhebels zu stehen kommt. (Beginn der Vorauströmung entsprechend dem Punkte VA im Dampfdruckdiagramm.) Das Auslaßventil bleibt nun so lange geöffnet, bis der Auslaßnocken den Ventilhebel im Punkte K'_0 wieder frei gibt. Im Nockenpunkte K'_0 ist das Auslaßventil also wieder geschlossen, die Dampfausströmung ist beendet. Es setzt nun der Verdichtungsabschnitt des im Zylinder zurückgebliebenen Dampfes ein (Punkt K_0 im Dampfdruckdiagramm). Die Dampfverdichtung hält bis zur Einwirkung des Nockenpunktes VE' auf den Hebelanschlag des Einlaßventiles an, entsprechend dem Punkte VE im Dampfdruckdiagramm. Von hier ab beginnt nun der Einlaßnocken den Hebelanschlag des Einlaßventiles an zu heben, womit die Voreinströmung des Dampfes in den Zylinder eingeleitet wird, bis in der linken Totlage der Kurbel das Einlaßventil wieder ganz geöffnet ist.

Aus dieser Betrachtung folgt, daß bei einem gegebenen Dampfdruckdiagramm die das Diagramm bestimmenden Punkte VE und E_x nur auf den Grundkreis heruntergelotet zu werden brauchen, um den Anfangs- und den Endpunkt für die Einlaßerhebung zu bestimmen. Ähnlich ergeben sich die Punkte VA' und K'_0 für die Auslaßerhebung durch entsprechendes Herunterloten der Punkte VA und K_0 des Dampfdruckdiagrammes auf den Grundkreis.

Damit nun aber auch die Ventile während des Gleitens der Hebelanschläge über den erhebungsfreien Teilen der Nocken, also während der Zeit, wo die Grundkreisfläche E'_x und VA' bzw. K'_0 und VE' den Hebelanschlag passieren, dicht bleiben bzw. die Hebelanschläge nicht auf der Grundkreisfläche schleifen, wodurch sie ja abgehoben werden könnten, ist bei geschlossenen Ventilen zwischen jedem Anschlag und dem erhebungsfreien Nockenteil ein Spielraum von etwa 0,5 mm vorgesehen.

Gegenüber dem Einlaßnocken in der Abb. 23 gestattet der in Abb. 24

dargestellte Nocken ein längeres Offenhalten der Ventile. Dadurch wird aber gemäß unseren früheren Erläuterungen eine größere Füllung des Zylinders mit Frischdampf ermöglicht. Für den Einlaßnocken (Abb. 24) ist eine kleinere Erhöhung gegenüber jener in der Abb. 23 gewählt, womit naturgemäß auch ein geringerer Ventilhub verbunden ist. Diese Maßnahme bewirkt eine starke Drosselung des durch das Ventil einströmenden Frischdampfes. Es kann sonach eine beliebige starke Dampfdrosselung durch eine entsprechende Verringerung der Erhöhung des Einlaßnockens herbeigeführt werden. Immerhin darf hierbei nicht übersehen werden, daß die Drosselung des Frischdampfes eine Verkleinerung der Fläche des Dampfdruckdiagramms zur Folge hat (vgl. das Dampfdruckdiagramm in Abb. 24). Da aber die Dia-

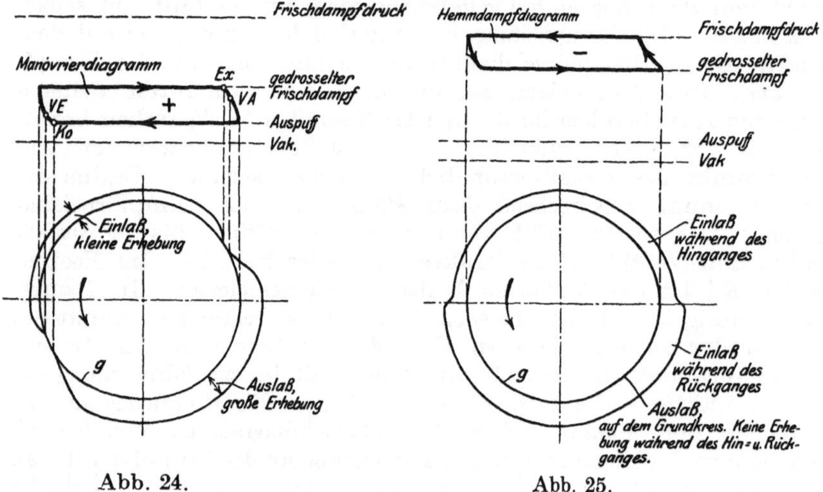

Abb. 24. Abb. 25.

grammfläche die für die Kolbenfläche als Einheit geleistete Arbeit eines Kolbenhubes darstellt, so ist leicht ersichtlich, daß durch solche Maßnahmen die Arbeitsfähigkeit des Dampfes im Zylinder in bequemer Weise vermindert werden kann. Nimmt also beispielsweise die Erhebung des Einlaßnockens in der Längsrichtung ab, dann kann durch ein einfaches Verschieben des Nockens auf der Steuerwelle die Dampfarbeit im Zylinder derart geändert werden, daß bei großen Frischdampffüllungen und sehr kleinen Einlaßöffnungen eine Verlangsamung des Maschinenganges herbeigeführt wird. Eine solche Arbeitsweise ist aber immer dann erwünscht, wenn die Fördermaschine nur kleinere Bewegungen auszuführen hat, wie es beispielsweise am Ende der Fahrt bei einem Überheben des beladenen Förderkorbes der Fall ist.

Bei dem Einlaßnocken gemäß Abb. 25 sind zwei Erhebungen angeordnet, eine kleinere und unmittelbar daran anschließend eine größere Erhebung. Der Hebelanschlag für das Auslaßventil läuft auf einer hinter dem Einlaßnocken liegenden erhebungsfreien Hülse — gemäß unserer früheren Erklärungen also auf dem Grundkreise —, so daß eine Eröffnung des Austrittsventiles hierbei nicht eintreten kann, das Auslaßventil vielmehr geschlossen bleibt. Gleitet nun der Hebelanschlag des Einlaßventiles auf der kleinen Erhöhung, dann kann während des Kolbenhinganges infolge der geringen Nockenerhebung nur gedrosselter Frischdampf in den Zylinder eintreten, auf dem Kolbenrückgange wiederum kommt die größere Nockenerhebung für das Eintrittsventil zur Wirkung. Das Ventil wird mithin ganz geöffnet und läßt nunmehr den Frischdampf mit vollem Druck in den Zylinder eintreten. Dieser arbeitet aber jetzt dem rückkehrenden Kolben entgegen und führt dadurch eine Hemmung der Maschinenbewegung herbei. Aber gerade diese Hemmung des Maschinenganges ist oftmals recht erwünscht, beispielsweise zur Erreichung eines möglichst schnellen Stillsetzens der Maschine.

Man sieht, daß die Nockensteuerung die verschiedenartigsten Dampfverteilungen im Zylinder, wie sie gerade den Bedürfnissen des Fördermaschinenbetriebes entsprechen, in einer verhältnismäßig einfachen Weise erzielen läßt. Die verschiedenen Ausführungsformen der Nocken sind in einem besonderen Abschnitt auf S. 65 behandelt.

IV. Die Umsteuerung.

1. Allgemeines.

Die Dampffördermaschine gehört zu den „umsteuerbaren“ Maschinen. Begrifflich versteht man unter einer Umsteuerbarkeit die Fähigkeit einer Dampfmaschine, je nach Bedarf mit der gleichen Dampfverteilung sowohl vorwärts wie auch rückwärts zu laufen. Diese Fähigkeit des Umlaufens in beiden Richtungen wird durch eine Verstellung der Steuerteile bewirkt. Damit nun auch diese Verstellung der Steuerteile von Hand aus geleistet werden kann, ist eine leichte und bequeme Handhabung erforderlich. Dazu bedürfen aber die bisher besprochenen Steuervorrichtungen einer entsprechenden Umgestaltung bzw. einer weiteren Ausbildung und werden dann als „Umsteuerungen“ bezeichnet.

Grundsätzlich ist festzustellen, daß sämtliche umsteuerbaren Dampfmaschinen mindestens zwei nebeneinanderliegende Zylinder mit je einem besonderen Kurbelgetriebe aufweisen müssen („Zwillingsanordnung“). Ihre Maschinenkurbeln müssen hierbei um 90° gegeneinander versetzt sein, damit die beiden gleichen Maschinenseiten niemals gleichzeitig in einer Totlage sich befinden. Die umsteuerbare Dampfmaschine muß vielmehr nach ihrer Stillsetzung durch einfaches Frischdampfgeben in der einen wie auch in der anderen Richtung in Bewegung gesetzt werden können.

2. Die „innere“ Umsteuerung.

In einfacher Weise kann die Bewegungsumkehr einer Dampfmaschine durch ein Vertauschen der Dampfeintritts- und Dampfaustrittskanäle erreicht werden. Ebenso einfach gestaltet sich die Richtungsänderung durch die Anordnung eines aus zwei Einzelschiebern bestehenden Doppelschiebers, von denen der eine Schieber beispielsweise beim Vorwärtsgang, der andere dagegen beim Rückwärtsgang der Maschine die Dampfverteilung an dem gemeinsamen Schieberspiegel regelt. Eine dritte Art der „inneren“ Umsteuerung besteht wieder darin, daß zwischen dem Steuerschieber und den Dampfkanälen zum Zylinder ein besonderer beweglicher Schieberspiegel angeordnet wird, durch dessen Verschieben in die eine oder andere Endstellung gewissermaßen die Zylinderseiten vertauscht werden können.

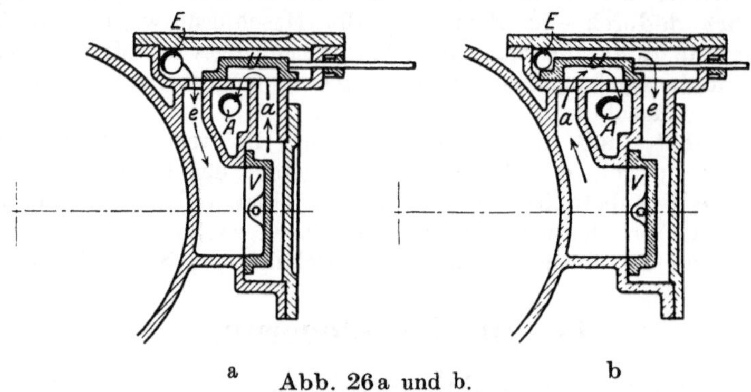

a Abb. 26a und b. b

Eine Anordnung der „inneren“ Umsteuerung mit vertauschten Dampfeintritts- und Dampfaustrittskanälen zeigen die Abb. 26a und 26b. Bei der in Abb. 26a gezeichneten Stellung des Umsteuer- oder Wechselschiebers U wird der aus der Öffnung E einströmende Frischdampf durch den Dampfeintrittskanal e dem Muschelraum des eigentlichen Steuerschiebers V zugeführt; der Schieber V arbeitet mit einer „inneren“ Einströmung. Der Raum über dem Steuerschieber V steht dagegen mittels des Dampfaustrittskanales a mit der Abdampfleitung A in Verbindung. Wird aber der durch einen Steuerhebel zu betätigende Wechselschieber U in die Lage der Abb. 26b verschoben, so strömt der aus der Öffnung E kommende Frischdampf nunmehr durch den rechten Seitenkanal e über den Steuerschieber V („äußere“ Einströmung),

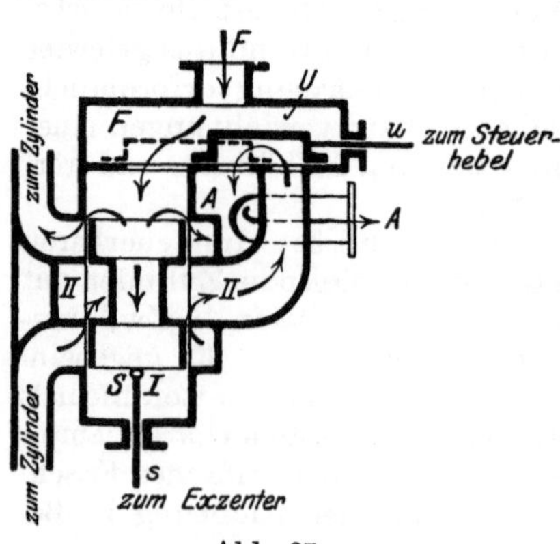

Abb. 27.

während die Muschel des Schiebers V jetzt über den Austrittskanal a mit dem Abdampfrohr A verbunden ist. Die Bewegungsrichtung der Maschine wird dadurch eine entgegengesetzte. Der Steuerschieber V

muß hierbei gegen ein Abdrücken von seiner Gleitbahn bei einer „inneren“ Einströmung zweckentsprechend gesichert sein. Aus diesem Grunde ist der in Abb. 27 dargestellte Steuerschieber S als entlasteter Kolbenschieber ausgebildet. U stellt den vom Steuerhebel zu betätigenden Wechsel- oder Umsteuerschieber dar, der in der gezeichneten Lage den Kolbenschieber mit „äußerer“, in der strichiert angedeuteten Stellung mit „innerer“ Einströmung (entgegengesetzte Bewegungsrichtung der Maschine) arbeiten läßt.

Ein Beispiel der zweiten Art der „inneren“ Umsteuerung, bei der der Steuerschieber aus zwei in ihrer Exzenterwirkung und damit in

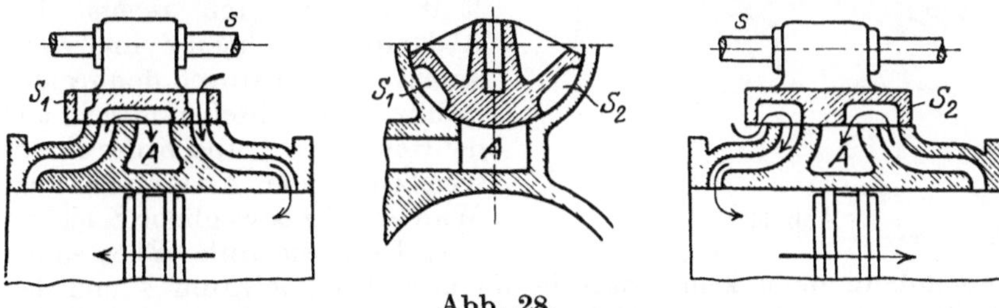

Abb. 28.

der Dampfverteilwirkung entgegengesetzten Einzelschiebern S_1 und S_2 besteht, zeigt Abb. 28 (Bauart **Danek**). Durch Drehen der Schieberstange s um 90^0 kann wahlweise entweder die eine Seite S_1, ein gewöhnlicher Muschelschieber (linke Darstellung), oder aber die andere Seite S_2 des Doppelschiebers, ihrer Form nach auch E-Schieber genannt, mit den Dampfkanälen des gemeinsamen Schieberspiegels in Zusammenhang gebracht werden (rechte Darstellung). Man ersieht aus dem Verlauf der eingezeichneten Pfeile, daß hierdurch eine entgegengesetzte Dampfverteilung und demnach eine Bewegungsumkehr des Kolbens herbeigeführt werden kann. Einen ähnlichen, aus zwei Einzelschiebern S_1 und S_2 bestehenden Doppelschieber mit gemeinsamem Schieberspiegel weist auch die Abb. 29 auf. Die Wirkung des Schiebers S_2 gegenüber jener des Schiebers S_1 ergibt sich aus den oberhalb strichiert angedeuteten Zylinderkanälen. Eine Umsteuerung der Maschine erfolgt hierbei ebenfalls durch ein Drehen der Schieberstange, wodurch der eine Einzelschieber durch den anderen für die Dampfverteilung ersetzt wird.

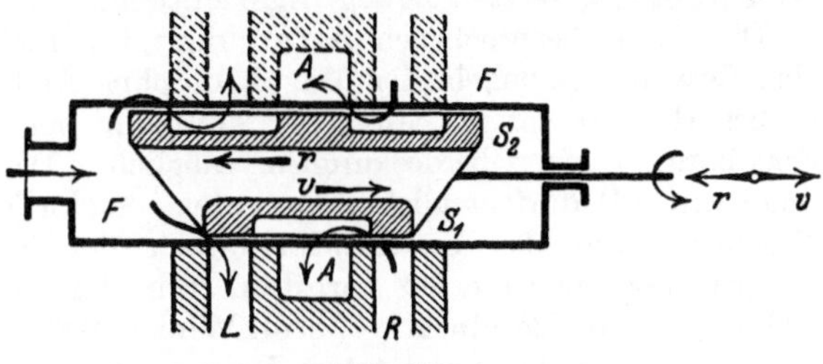

Abb. 29.

Abb. 30 zeigt ein Beispiel der dritten Anordnung einer „inneren“ Umsteuerung. Zwischen dem Flachschieber S und der Zylindergleitbahn G ist ein beweglicher Schieberspiegel E angeordnet. Der Flachschieber S hat fünf Hohlräume, von denen die beiden äußeren *1* und *2* an die innere Kammer *5* und dadurch an die Abdampfleitung A angeschlossen sind, während die Hohlräume *3* und *4* mit dem Frischdampfraum in Verbindung stehen. In der gezeichneten (rechten) Endstellung des beweglichen Schieberspiegels E (Abb. 30) kann der Frischdampf über den Hohlraum *3* des Flachschiebers S und die linke Öffnung l des Schieberspiegels G auf die linke Zylinderseite gelangen. Der Kolben läuft hierbei nach rechts. Der Abdampf der rechten Zylinderseite strömt dagegen durch den rechten Schlitz r des Schieberspiegels und die Hohlräume *2* und *5* des Flachschiebers in die Abdampfleitung. Wird aber der bewegliche Schieberspiegel E in die linke Endstellung verschoben, dann kann Frischdampf über den Hohlraum *4* und den Schlitz r auf die rechte Zylinderseite gelangen. Der Abdampf der linken Zylinderseite entweicht dann über die Öffnung l des Schieberspiegels und die Hohlräume *1* und *5* des Flachschiebers in die Abdampfleitung. Der Kolben geht nach links, die Maschine läuft nunmehr in der entgegengesetzten Bewegungsrichtung.

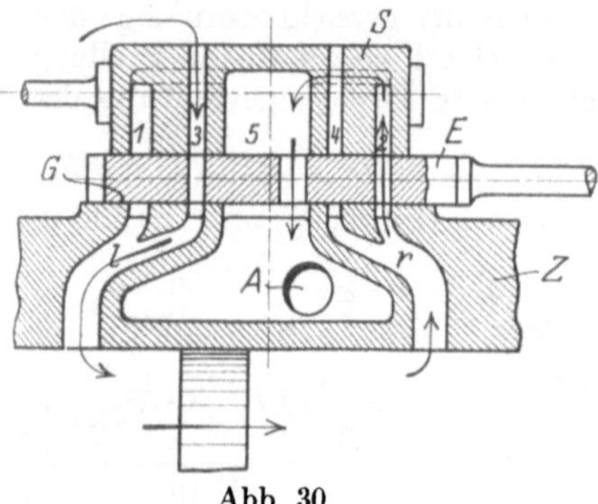

Abb. 30.

Die eben besprochenen Arten der „inneren" Umsteuerungen, die eine Bewegungsumkehr der Maschine ohne Änderung des äußeren Antriebes der Steuerung gestatten, sind nur bei der Verwendung eines Schiebers **ohne** Überdeckungen möglich. Die Schieberkurbel (Exzenterkurbel) darf nämlich wegen der verschiedenen Drehrichtung der Maschine und der Unveränderlichkeit der äußeren Steuerung der Hauptkurbel nur um 90^0 voreilen, d. h. der Voreilwinkel δ ist gleich Null zu setzen. Bei einem größeren Winkel $(90^0 + \delta)$ würde die Schieberkurbel in der entgegengesetzten Bewegungsrichtung der Maschine nicht mehr voreilen, sondern nacheilen. Dies würde aber eine sehr ungünstige Dampfverteilung zur Folge haben. Daraus folgt, daß die Maschinen mit „innerer" Umsteuerung weder eine Dampfdehnung noch eine Vorausströmung und Dampfverdichtung zulassen. Sie arbeiten vielmehr mit Vollfüllung und haben infolgedessen einen sehr großen Dampfverbrauch (ihr theoretisches Dampfdruckdiagramm ist ein Rechteck). Aus diesem Grunde wird die „innere" Umsteuerung nur noch da angewendet, wo man das Hauptaugenmerk weniger auf ein wirtschaftliches Arbeiten des Kraftmittels als auf eine große Einfachheit und Billigkeit der Maschine legt, im wesentlichen sonach nur bei kleineren Maschinen. Aber wegen der großen Einfachheit wurde die „innere" Umsteuerung früher in Dampffördermaschinen eingebaut. Heute dagegen findet sie nur noch bei kleineren Dampf- und Lufthaspeln Anwendung, die für eine nur gelegentliche Arbeitsleistung bestimmt sind.

Um auch bei dem Doppelschieber gemäß Abb. 29 ein sparsames Arbeiten des Kraftmittels durch eine teilweise Ausnutzung seiner Ausdehnungsfähigkeit zu ermöglichen, hat die Firma A. H. Meyer & Co., Hamm i. W., die nachfolgende Anordnung getroffen (Abb. 31 und 32).

Der die beiden für den Vorwärts- und Rückwärtsgang bestimmten Einzelschieber enthaltende Kolbenschieber ist mit Überdeckungen ausgebildet (Abb. 31). Sein Antrieb erfolgt durch ein auf der Maschinenwelle lose aufsitzendes Exzenter e, das durch die mit der Maschinenwelle fest verbundenen Anschläge v bzw. r mitgenommen wird (Abb. 32). Für den Vorwärtsgang V der Maschine, bei dem der Anschlag v das Exzenter antreibt, hat das Exzenter und damit auch der Einzelschieber S die erforderliche Voreilung $(90 + \delta_v)$. Soll nun umgesteuert werden, dann wird durch ein Drehen des Hebels s (Abb. 31) um 90^0 der zweite Einzelschieber für die Dampfverteilung wirksam gemacht. Das Exzenter e darf dann aber der Hauptkurbel nicht mehr um den Winkel $90^0 + \delta_v$ voreilen, es muß vielmehr um den Winkel $90^0 - \delta_v$ nacheilen, damit bei der Totlage des Kolbens der Schieber S zum Zwecke einer richtigen Dampfverteilung über seine Mittellage hinaus nach links in die Stellung S_1 gelangt (Abb. 32). Dies wird durch das auf der Maschinenwelle lose aufsitzende Exzenter e erreicht, das bei eingetretenem Rückwärtsgange R nunmehr durch den Anschlag r angetrieben wird.

Diese sog. „Kolbensparschieberumsteuerung“ hat ausschließlich bei den Lufthaspeln häufige Anwendung gefunden.

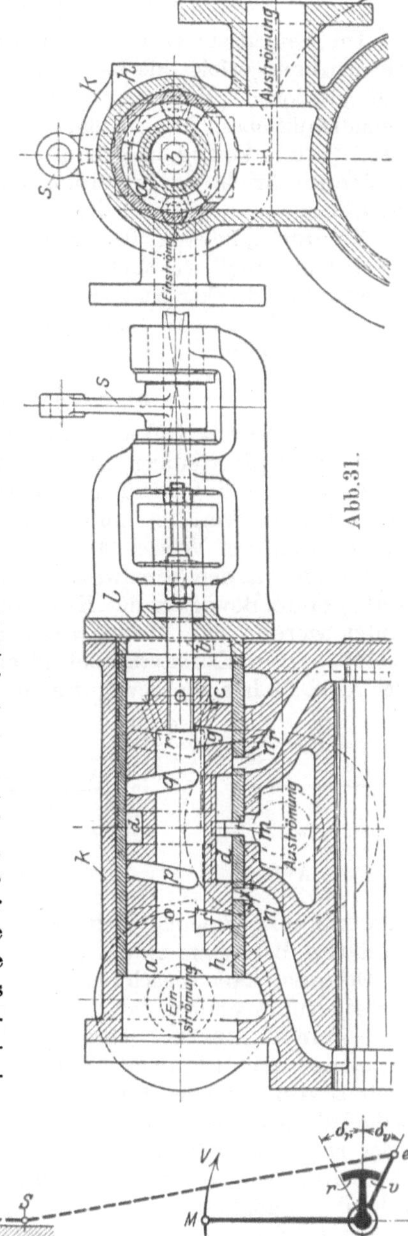

Abb. 32.

3. Die „äußere" Umsteuerung.

Im Gegensatz zu den Umkehrvorrichtungen bei den inneren Umsteuerungen erfolgt die Bewegungsumkehr einer Dampfmaschine durch die „äußeren" Umsteuerungen infolge einer Änderung des äußeren Steuerantriebes. Die „äußere" Umsteuerung hat gegenüber der „inneren" den Vorzug einer bequemen und leichten Umkehrung der Maschinendrehrichtung bei einer vielseitigeren und günstigeren Steuerwirkung.

Zu den „äußeren" Umsteuerungen gehören einmal die sog. „Kulissensteuerung" wie auch die „Lenkersteuerung", dann aber auch die vereinigte „Lenker-Kulissensteuerung" und schließlich die besonders in Deutschland bei den Dampffördermaschinen stark bevorzugte „Nockensteuerung".

a) Kulissensteuerungen.

Es ist bereits früher erwähnt worden, daß zur Erreichung einer guten Dampfverteilung bei den mit Überdeckungen arbeitenden Abschlußteilen der Steuerung das antreibende Exzenter der Maschinen-Hauptkurbel voreilen muß und zwar im Drehungssinn der Hauptkurbel um den Winkel $90^0 + \delta$. Die Exzenterkurbel muß also ihre Mittellage um den Voreilwinkel δ überschritten haben, wenn die einmal vorliegende Bewegung des Kolbens und der Hauptkurbel weiter unterstützt werden soll. Daraus folgt notwendigerweise, daß bei einer Maschine, deren Exzenterkurbel E eine Lage zur Hauptkurbel K gemäß der Abb. 33 hat, die Bewegung nur im rechten Drehsinn erfolgen kann,

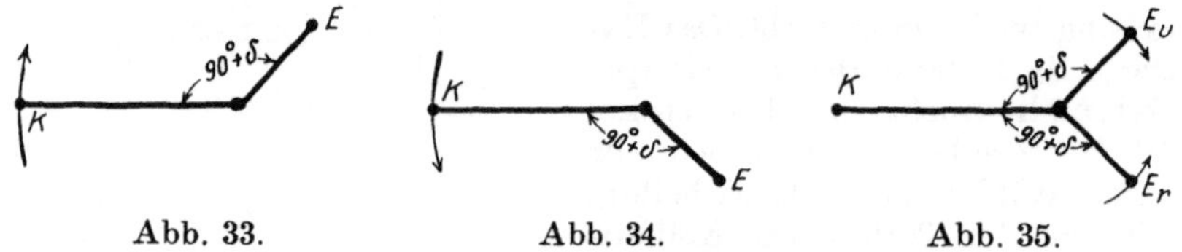

Abb. 33. Abb. 34. Abb. 35.

während eine Stellung nach Abb. 34 die Maschine zu einer entgegengesetzten Bewegung zwingt (linke Drehrichtung).

Offenbar kann sonach eine Bewegungsumkehr der Maschine dadurch herbeigeführt werden, daß die Exzenterkurbel E beispielsweise aus der Lage gemäß Abb. 33 (rechter Drehsinn) in jene nach Abb. 34 (linker Drehsinn) gebracht wird. Die unmittelbare Verschiebung des Exzenters von der einen Endstellung in die andere ist aber umständlich, während des Ganges der Maschine auch nicht leicht ausführbar. Bei einer regelmäßig in kurzen Zeitabschnitten sich wiederholenden Umsteuerung, wie es die Arbeit der Fördermaschinen erfordert, ist das nahezu unmöglich.

Setzt man dagegen an die Stelle des einen Exzenters auf die Maschinenwelle zwei dicht nebeneinander fest aufgekeilte Exzenter, die gegen die Hauptkurbel gemäß Abb. 35 im linken bzw. rechten Drehsinn um den Winkel $90^0 + \delta$ versetzt sind, so ist es jetzt nur noch notwendig, die Antriebsstange des eigentlichen Abschlußteiles der Steuerung mit dem einen Exzenter (etwa dem Vorwärtsexzenter E_v) oder mit dem anderen (dem Rückwärtsexzenter E_r) zu verbinden, um die Drehrichtung der Maschine in eine entgegengesetzte umzuwandeln. Dies kann beispielsweise durch die Befestigung der beiden Exzenterstangen an den Enden einer bogenförmig ausgebildeten Schwinge, deren Krümmungshalbmesser gleich der Exzenterstangenlänge ist, der sog. Kulisse, erreicht werden („K“ in Abb. 36). Die Befestigung erfolgt derart, daß sich die Endpunkte der Kulisse bei voller Einschaltung des einen oder anderen Exzenters mittels des Handhebels H nahezu entsprechend den betreffenden Exzenterausschlägen verschieben. Die Kulisse ist darum um einen festen Punkt, den sog. Kulissenstein P, drehbar gelagert, gleitet also bei entsprechenden Bewegungen des Hebels H

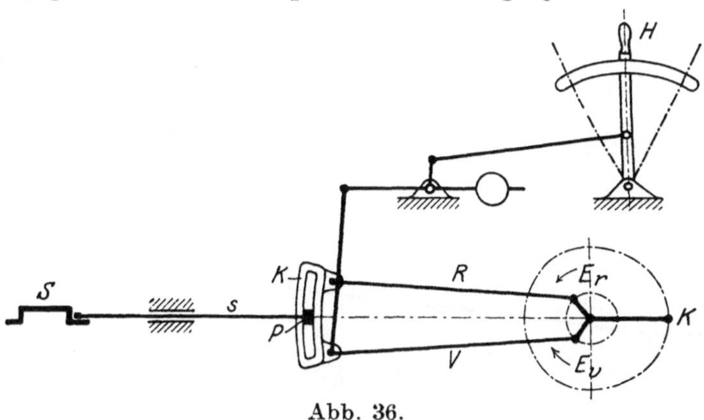

Abb. 36.

auf dem Kulissenstein auf und ab. Der Kulissenstein ist wiederum mit der Antriebsstange s des Abschlußteiles S fest verbunden. Man erkennt, daß bei einem Senken der Kulisse das Rückwärtsexzenter E_r bei einem Anheben dagegen das Vorwärtsexzenter E_v eingeschaltet und damit der Maschine die Bewegungsrichtung zwingend vorgeschrieben wird.

Je mehr nun die Kulisse von der Mittelstellung aus nach der einen oder anderen Seite verschoben wird, um so mehr wird der Abschlußteil S bei jeder Umdrehung des antreibenden Exzenters von dem Dampfkanal abgezogen, und entsprechend muß auch die Frischdampffüllung des Zylinders zunehmen und damit den Gang der Maschine beschleunigen. In den beiden äußeren Endstellungen der Kulisse hat daher die Füllung ihren größten Wert erreicht, oder anders ausgedrückt: die Maschine hat ihre rascheste Gangart eingeschlagen. Die Dampfverteilung ist dann eine regelrechte. In der der Abb. 36 entsprechenden Kulissentotstellung befindet sich dagegen der Stein in der Mitte der Kulisse, so daß die beiden Exzenter in gleicher Weise auf den Abschlußteil einwirken. Die Bewegungsrichtung des Abschlußteiles ist nunmehr eine unbestimmte, mit anderen Worten: die Dampfkanäle werden gar nicht oder nur geringfügig geöffnet, so daß die Maschine wegen der starken Dampfdrosselung in Verbindung mit einem langen Verdichtungsabschnitt und einer ungünstigen Vorausströmung zum Stillstand kommt. Wir erkennen damit deutlich, daß die Kulissensteuerung nicht nur eine Bewegungsumkehr der Maschine ermöglicht, sie gestattet zu gleicher Zeit auch eine bequeme Leistungsregelung der Maschine durch eine Füllungsänderung.

Während nun in den beiden äußeren Endlagen der Kulisse die Bewegung der jeweiligen Exzenterstange unter Ausschaltung der anderen, tot mitschwingenden Exzenterstange nahezu unverändert auf den

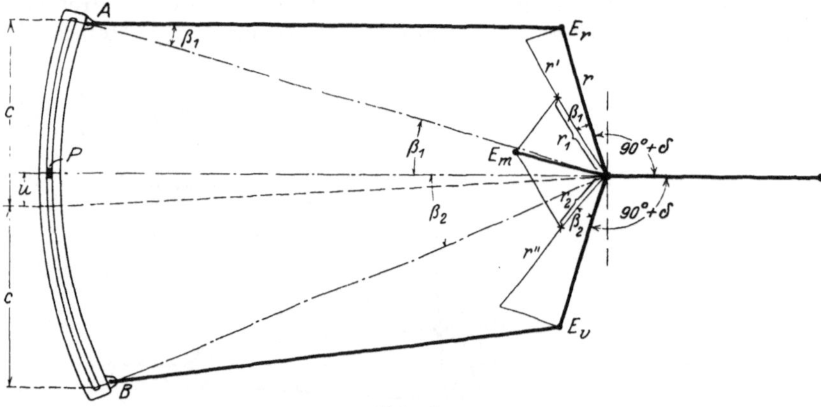

Abb. 37.

Abschlußteil der Steuerung übertragen wird, also in gleicher Weise wirksam ist wie bei dem Einexzenter, steht bei einem nicht völlig ausgelegten Steuerhebel, d. h. in allen Zwischenstellungen der Kulisse, der Abschlußteil unter dem Einfluß beider Exzenter. Hierbei wird entweder das eine oder das andere Exzenter einen stärkeren Einfluß auf die Dampfverteilung ausüben, je nachdem die Kulisse angehoben oder gesenkt wird. Ist beispielsweise die Kulisse gemäß Abb. 37 um die Größe u aus ihrer Mittellage nach unten verschoben, dann ist auch der Einfluß des Rückwärtsexzenters E_r größer als der des Vorwärtsexzenters E_v. Die Maschine läuft im Sinne des Rückwärtsganges um und zwar mit einer kleineren Füllung als in den beiden äußeren Stellungen der Kulisse. Nach dem Gesetz vom Parallelogramm der Kräfte kann man die gemeinsame Einwirkung der beiden Exzenter auf die Bewegung des Abschlußteiles ersetzen durch ein mittleres, die gleiche Dampfverteilung ergebendes Exzenter. Dieses „wirksame Ersatzexzenter" weist aber stets einen größeren Voreilwinkel δ und eine kleinere Exzentrizität r auf als die beiden vorhandenen Exzenter, was ja nach den früheren Betrachtungen kleinere Füllungen ergeben muß.

Zur Ermittelung dieses Ersatzexzenters werde der Einfachheit halber angenommen, daß die Exzenterstangen unendlich lang seien, und daß sich die Endpunkte A und B der Kulisse gradlinig in wagerechter Richtung bewegen.

Betrachtet man zunächst einmal die Arbeitsweise des Rückwärtsexzenters E_r und die durch dieses hervorgerufene Bewegung des Kulissenpunktes A, so erkennt man, daß die Bahn des Punktes A gegen die Wagerechte um den Winkel β_1 geneigt ist. Der Abschlußteil erscheint dann durch ein Ersatzexzenter angetrieben, aber nicht mehr von der Größe r, sondern $r' = \frac{r}{\cos \beta_1}$, wobei dieses dem Exzenter E_r um den Winkel β_1 voreilt. Die Größe r' des Ersatzexzenters wird dadurch gefunden, daß man im Endpunkte E_r auf r ein Lot errichtet. Diese senkrecht auf r stehende Linie schneidet auf dem freien Schenkel, dessen Richtung durch den Winkel β_1 bestimmt ist, die Größe r' ab (Abb. 37). Denkt man sich nun den Endpunkt B der Kulisse festgehalten, dann nimmt der Kulissenstein P an der Drehbewegung der Kulisse um B teil, so daß die durch das Ersatzexzenter r' auf den Punkt A übertragenen Bewegungen auf den Kulissenstein und somit auf den Abschlußteil nur im Verhältnis $\frac{c+u}{2c}$ übermittelt werden Unter Berücksichtigung dieser Übersetzung kann man sich den Abschlußteil demnach statt durch r und durch die Vermittlung der Kulisse auch unmittelbar durch das gedachte Exzenter $r_1 = \frac{r}{\cos \beta_1} \cdot \frac{c+u}{2 \cdot c} = r' \cdot \frac{c+u}{2 \cdot c}$ angetrieben denken. Die Größe von r_1 findet man dadurch, daß man r' im Verhältnis $\frac{c+u}{2c}$ teilt.

In ähnlicher Weise kann man sich den Antrieb des Abschlußteiles statt durch das Vorwärtsexzenter E_v und die Kulisse sowie unter Berücksichtigung des Übersetzungsverhältnisses $\frac{c-u}{2c}$ ebenfalls durch ein Exzenter $r_2 = \frac{r}{\cos \beta_2} \cdot \frac{c-u}{2c}$ ersetzt denken.

Tatsächlich wirken nun aber beide Ersatzexzenter r_1 und r_2 zu gleicher Zeit auf die Bewegung des Abschlußteiles ein, so daß sich dsa resultierende Ersatzexzenter, das sog. „Mittelexzenter“, als Diagonale des aus r_1 und r_2 gebildeten Parallelogramms ergibt. Die Endpunkte E_m des wirksamen Mittelexzenters für die verschiedensten Kulissenstellungen liegen auf der sog. „Scheitelkurve“. In dem vorliegenden Falle ist diese Kurve eine Parabel, die angenähert durch einen Kreisbogen ersetzt werden kann (Abb. 38). Dieser Kreisbogen geht dann durch die Endpunkte der beiden Exzenter r sowie den Endpunkt des Mittelexzenters E_m für die Kulissenmittellage ($\beta_1 = \beta_2$ und $u = 0$). Hieraus folgt, daß die größte wirksame Exzentrizität r und der kleinste Voreilwinkel δ bei dem Kulissenausschlag $u = c$ liegt, also nach völliger Einschaltung des einen oder des anderen wirklichen Exzenters (E_v bzw. E_r). Die Maschine arbeitet dann mit der größten Frischdampffüllung. Dahingegen wird mit einer Verkleinerung des Ausschlages u auch die wirksame Exzentrizität r_m kleiner, der wirksame Voreilwinkel δ_m nimmt jedoch zu. Für die Kulissentotlage ($u = 0$) hat r_m dann den kleinsten und δ_m den größten Wert erreicht. Mit anderen Worten: mit abnehmendem Kulissenausschlag u vermindert sich auch die Frischdampffüllung des Zylinders.

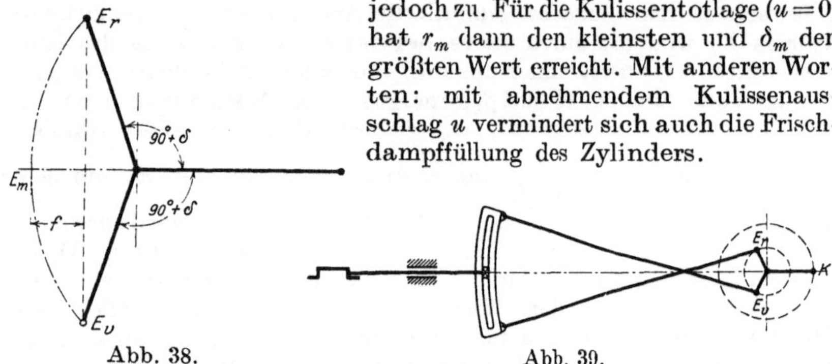

Abb. 38. Abb. 39.

Umsteuerungen nach dem Grundgedanken der bogenförmig gestalteten Schwinge (darum „Kulissensteuerung" genannt) kommen in verschiedenen Ausführungsarten zur Anwendung.

Die Abb. 36 zeigt beispielsweise die älteste Kulissensteuerung von Stephenson (1814) und zwar in der Ausführung mit „offenen"

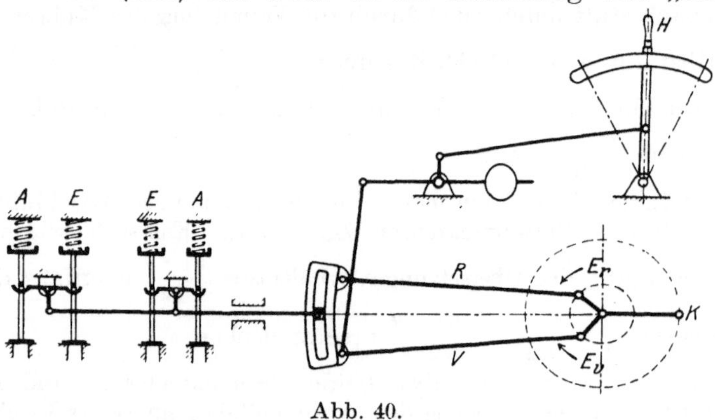

Abb. 40.

Exzenterstangen im Gegensatz zu jener mit „gekreuzten" Exzenterstangen (Abb. 39). Die Stephensonsche Kulissensteuerung ist namentlich in Verbindung mit einer Ventilsteuerung (Abb. 40) früher für Dampffördermaschinen vielfach verwendet worden. Sie ist auch heute noch bei älteren Fördermaschinen anzutreffen. In der Neuzeit wird sie wegen ihrer Einfachheit noch in Förderhaspel eingebaut.

Der parabelförmige Verlauf der Scheitelkurve bei der Kulissensteuerung von Stephenson bedingt, daß das „lineare Voreilen" des Abschlußteiles, d. i. die Voreröffnung des Dampfeintrittskanales in der

Totlage des Kolbens bzw. der Maschinenkurbel, sich mit der Kulissenstellung verändert. Mit abnehmender Füllung, also mit der Verkleinerung des Kulissenausschlages u, nimmt sie allmählich zu und erreicht ihren größten Wert in der Kulissentotlage (Abb. 38, Strecke f). Um nun bei kleinen Füllungen nicht eine zu große Voreinströmung zu erhalten, wird sie darum bei großen Füllungen, wie sie ja bei Fördermaschinen im Anfahrabschnitt vorliegen, von vornherein möglichst klein gewählt.

Diesen Übelstand des veränderlichen „linearen Voreilens“, d. h. der verschiedenen Lage des Abschlußteiles für die verschiedenen Kulissenstellungen bzw. Frischdampffüllungen vermeidet die Kulissensteuerung von Gooch.

Die Abb. 41 zeigt die schematische Darstellung einer solchen Kulissensteuerung von Gooch in Verbindung mit einem Muschelschieber

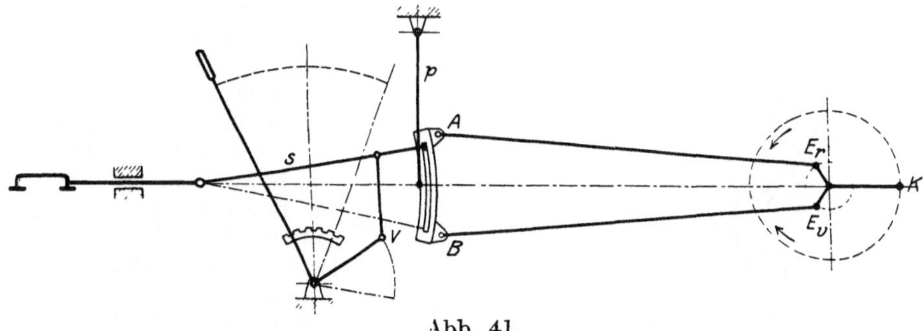

Abb. 41.

mit Überdeckungen. Im Gegensatz zu der Stephenson-Steuerung wird hier nicht die Schwinge verstellt, sondern es wird der mit einer besonderen beweglichen Schieberschubstange s verbundene Stein in der Kulisse verschoben. Dies hat wohl einen geringeren Raumbedarf der Steuerung in senkrechter Richtung zur Folge, bedingt aber eine größere Baulänge bzw. kürzere Exzenterstangen, erfordert auch mehr Gelenke als die Stephenson-Steuerung. Die Goochsche Kulisse ist drehbar aufgehängt und wird durch die Stange p in gleichbleibender Höhenlage unveränderlich geführt. An ihren äußeren Endpunkten greifen die beiden Exzenterstangen an, die ihre durch die Exzenter E_v und E_r eingeleiteten Bewegungen auf die Kulisse übertragen.

In der gezeichneten Lage der Schieberschubstange s wird die Bewegung des Schiebers durch das Rückwärtsexzenter E_r beeinflußt. Die Maschine läuft im linken Drehsinne um. Befindet sich die Schieberschubstange s dagegen in der strichiert angedeuteten Lage V, dann steht der Muschelschieber unter dem Einfluß des Vorwärtsexzenters E_v: die Maschine läuft rechts herum. In allen Zwischenstellungen des Kulissensteines wirken beide Exzenter mit verschieden großen Anteilen auf die Schieberbewegung ein und zwar dergestalt, daß der Einfluß des einen oder des anderen Exzenters überwiegt, je nachdem der Stein aus der

Mittellage der Schieberschubstange angehoben oder gesenkt wird. Es ist sonach auch bei dieser Kulissensteuerung, ähnlich wie bei der Stephenson-Steuerung, durch eine Verstellung des Steines innerhalb der Kulisse gegenüber den Angriffspunkten der Exzenterstangen eine Füllungsänderung möglich. Die kleinste Füllung erfolgt bei der Mittellage des Steines, die größte dagegen in den beiden äußersten Stellungen der Kulisse. Da die Höhenlage der Kulisse bei den Verstellungen des Steines stets die gleiche bleibt, ändert sich auch nicht der Neigungswinkel β der Bahn der Angriffspunkte A und B beider Exzenterstangen gegenüber der Wagerechten. Die beiden die Kulisse antreibenden Ersatzexzenter haben somit die Größe $r' = r'' = \dfrac{r}{\cos\beta}$ und werden wie in Abb. 37 durch Antragen des Winkels β an die Exzenter E_v und E_r nach vorwärts und durch Errichten eines Lotes in ihren Endpunkten gefunden. Die Endpunkte dieser beiden Ersatzexzenter sind dann gleichzeitig Punkte der Scheitelkurve. Bei der Ermittlung der resultierenden Ersatzexzenter — der wirksamen Mittelexzenter — sind infolge der gleichbleibenden Höhenlage der Kulisse ($\beta_1 = \beta_2 = \beta$) lediglich nur Hebelübersetzungen zu beachten. In der Mittellage der Schieberschubstange s bzw. des Steines in der Kulisse wirken beispielsweise beide Exzenter in gleicher Weise auf den Schieber ein. Die Ersatzexzenter erhalten die Größe $r_1 = r_2 = \dfrac{1}{2}\,\dfrac{r}{\cos\beta}$ (Abb. 42). Die Größe des resultierenden Exzenters erhält man dann als Diagonale des aus r_1 und r_2 gebildeten Parallelogramms zu O—E_m. Die aus den Endpunkten E_m der beiden verschiedenen Lagen des Kulissensteines wirksamen Mittelexzenter sich ergebende Scheitelkurve ist eine Gerade (Abb. 42). Dies besagt, daß das „lineare Voreilen" unveränderlich ist, oder anders ausgedrückt: die in der Kolbentotlage eintretende Voreröffnung des Dampfeintrittkanales bleibt für alle Steuereinstellungen stets die gleiche.

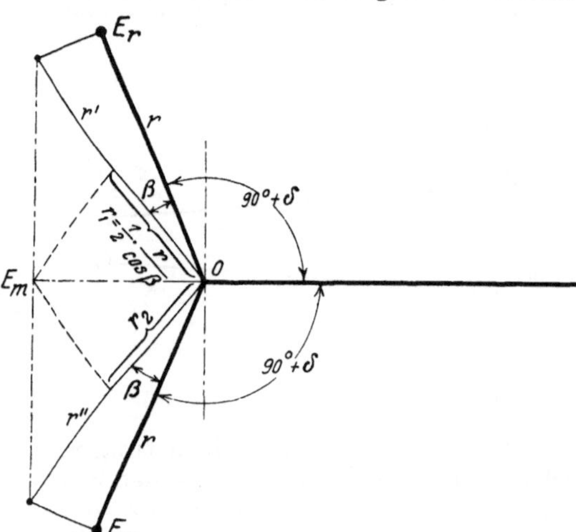

Abb. 42.

Die Kulissensteuerung von Gooch ist für die Dampffördermaschinen sehr häufig verwendet worden, vorwiegend jedoch bei größeren Maschinen in Verbindung mit einer Ventilsteuerung.

Die vorstehenden Darlegungen zeigen, daß die Steuerwirkung der Kulissensteuerungen die gleiche Dampfverteilung ergibt wie die bei dem früher besprochenen Einexzenterantrieb. Kleine Frischdampffüllungen haben sonach auch hier stets große Verdichtungsabschnitte und ein zu großes Vorausströmen, große Füllungen eine zu kleine Verdichtung und Vorausströmung samt deren schädlichen Auswirkungen bestehend in einem schweren und ungleichmäßigen Gang der Maschinen zur Folge. Diese Erscheinungen sind es, warum mit kleinen, sparsam arbeitenden Füllungen nicht gern gefahren wird, vielmehr vorgezogen wird, die Regelung der Maschinenleistung durch eine verlustbringende Drosselung des Frischdampfes zu erreichen. Ein weiterer Nachteil der Kulissensteuerung ist auch darin zu erblicken, daß große Füllungen ein völliges Auslegen des Steuerhebels, also bis in die Endlagen, bedingen. Bevor aber diese Endlagen erreicht sind, haben die Abschlußteile den Dampfeintrittskanal bereits weit geöffnet und lassen ungedrosselten Dampf in den Zylinder. Dadurch wird aber eine genaue und langsame Bewegung der Maschine, wie es beispielsweise beim Umsetzen der Förderkörbe notwendig ist, erschwert, wenn nicht gar unmöglich. Es wird darum verständlich, daß man auch aus dieser Erwägung heraus ein Arbeiten mit gedrosseltem Frischdampf vorzieht. Dies geschieht derart, daß das Fahr- oder Drosselventil erst bei völlig ausgelegtem Steuerhebel eingestellt wird. Diese unwirtschaftliche Arbeitsweise wird dann auch während der Fahrt beibehalten. Noch eins: Die Maschine soll bei einer entsprechend gekrümmten Scheitelkurve durch ein einfaches Ausrücken des Steuerhebels zum Stillstand gebracht werden. Dann entsteht die Gefahr, daß in der Nullage des Steuerhebels, bei der ja das Mittelexzenter E_m am kleinsten ist, also die geringste Exzentrizität r_m aufweist, der Abschlußteil den Austrittskanal immer noch frei gibt. Das hat aber ein Ansaugen von Luft und Dampf aus der Abdampfleitung und damit verbunden eine starke Abkühlung des Zylinders zur Folge. Schließlich muß auch darauf hingewiesen werden, daß bei den Kulissensteuerungen ein Arbeiten mit Gegendampf sehr ungleichartige Dampfdruckdiagramme ergibt, wodurch ein ungleichmäßiger Gang der Maschine hervorgerufen wird. Ein ungleichmäßiger Gang der Maschine löst aber stets eine starkes Schlagen der Förderseile aus.

Im folgenden möge noch eine Kulissensteuerung erwähnt werden. die ehemals bei den Dampffördermaschinen öfters anzutreffen war, nämlich die Kulissensteuerung von Krause. Wenn diese auch heute veraltet ist, so ist es immerhin lehrreich, auf jene Steuerungsart hinzuweisen. Denn sie spiegelt die Richtung wieder, die der technische Forschungsgeist einschlug, um die dem Bau einer brauchbaren und zuverlässig arbeitenden Umsteuerung im innigen Zusammenhang mit einer guten und wirtschaftlichen Leistungsregelung für die Dampffördermaschinen hemmend im Wege stehenden Hindernisse zu beseitigen.

Die Abb. 43 zeigt die schematische Darstellung der Kulissensteuerung von Krause (1878) in Verbindung mit einer Ventilsteuerung bei einer Maschine mit seitlich am Zylinder angeordneten Ventilen. Im Gegensatz zu der mit zwei Exzentern arbeitenden Kulissensteuerung von Stephenson und Gooch weist diese nur ein Exzenter c_g für den Kulissenantrieb auf. Das Exzenter c_g ist gegen die Hauptkurbel nur um 90⁰ ($\delta = 0$) versetzt und überträgt seine Bewegungen mittels der

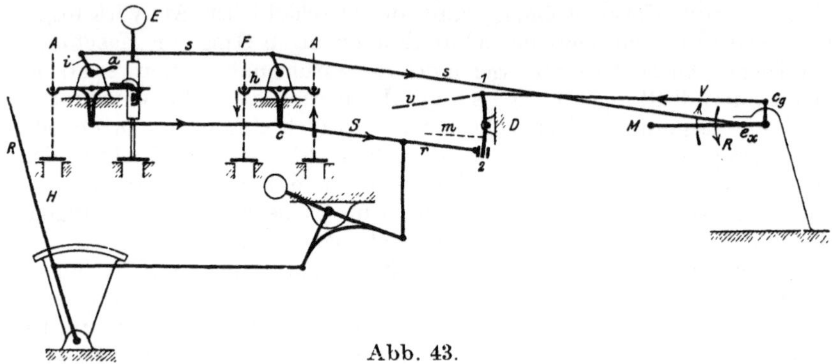

Abb. 43.

Exzenterstange auf die in gleicher Höhenlage um D drehbar aufgehängte, als zweiarmiger Hebel ausgebildete Kulisse. Von der Kulisse aus wird die Bewegung durch eine um c drehbare, besondere Ventilschubstange S auf die eigentliche Antriebsvorrichtung der Ventilspindeln weitergeleitet. In der gezeichneten Lage r der Ventilschubstange S wirkt das Exzenter vermittels der Kulisse mittelbar auf den Abschlußteil ein. Entsprechend den eingetragenen Pfeilen wird ein Rückwärtsgang R der Maschine herbeigeführt. Wird aber die Schieberschubstange S mittels des Steuerhebels H in die strichiert angedeutete Lage v verschoben, dann ist die Steuerwirkung des Exzenters eine unmittelbare, weil nunmehr die Ventilstange S gewissermaßen die Verlängerung der Exzenterstange darstellt. Die Bewegungsrichtung durch das Exzenter und die Kulisse wird jetzt eine entgegengesetzte; die Maschine läuft rechts um (Vorwärtsgang V). In der Zwischenstellung der Ventilschubstange S erfolgt eine Dampfverteilung im Sinne des Rückwärtsganges. Da aber hier der wirksame Hebelarm zwischen der Kulisse und der Ventilschubstange S kleiner ist als in der äußeren Endlage (2) der Ventilschubstange, so ist auch der Hub der Ventile ein geringerer. Die Maschine arbeitet infolgedessen bei gleicher Frischdampffüllung — und zwar mit Vollfüllung, weil ja das Grundexzenter c_g gegen die Hauptkurbel nur um 90⁰ versetzt ist, also keine Voreilung aufweist — mit einer Drosselung des Dampfes sowohl im Einlaß- wie auch im Auslaßventil. In der Mittelstellung der Ventilschubstange S endlich bleiben die Ventile geschlossen, weil in dieser Stellung weder die Schubstange V noch die Kulisse auf die Ventilstange S einzuwirken vermögen; die Maschine kommt zum Stillstand. Mit anderen Worten: sobald die Ventilschubstange S aus der Mittellage zum Zwecke des Vorwärts- oder des Rückwärtsganges der Maschine nach oben oder unten verschoben wird, erhält der Zylinder stets eine durch die Steuerwirkung des Exzenters c_g ($\delta = 0$) bedingte Vollfüllung. Während aber in den beiden äußeren Endlagen der Ventilschubstange ungedrosselter Frischdampf eingelassen wird, liegt in allen Zwischenstellungen der Stange S eine mehr oder weniger starke Dampfdrosselung vor. Diese Einexzenter-Kulissensteuerung gestattet also ebenfalls eine leichte und bequeme Bewegungsumkehr der Maschine bei gleichzeitiger Leistungsänderung. Die Regelung wird jedoch nicht durch eine Veränderung der Füllung, sondern bei stets gleichbleibender Vollfüllung durch eine Drosselung des Frischdampfes hervorgerufen. Das Verfahren der Leistungsregelung durch Dampfdrosselung ist aber, wie bereits mehrfach hervorgehoben wurde, sehr unwirtschaftlich. Um nun bei der vorliegenden Steuerwirkung diesen Übelstand zu vermeiden, d. h. die Leistung der Maschine ebenfalls durch eine Veränderung der Füllung zu regeln, weist die Kulissensteuerung von Krause noch eine sog. „Abschnappvorrichtung“ auf (Abb. 44). Das Einlaßventil wird hierbei nicht unmittelbar von dem Ventilhebel h angehoben, sondern durch die Vermittelung des Winkelhebels w—g. Der Winkelhebel w—g ist an dem eigentlichen Ventilhebel h drehbar befestigt und greift mit seinem rechten, senkrechten Arm g unter den Bund b der Ventilspindel v. Die gleichfalls an dem Ventilhebel h befestigte Flachfeder f führt hierbei den beweglichen Arm g stets in senkrechter Richtung. Der Arm g bleibt sonach mit dem Bund b so lange im Eingriff, bis bei aufwärtsgehendem Ventilhebel h der wagerechte Hebel w gegen den Anschlagarm a des Winkelhebels i—a stößt. Der von der Feder f auf den Hebel g ausgeübte Druck wird dabei überwunden, der Hebel g weicht nach rechts aus und gibt dadurch die Ventilspindel frei. Durch Vermittelung eines Belastungsgewichtes E oder auch infoge der Einwirkung einer Schraubenfeder geht nun das Ventil schnell auf seinen Sitz nieder, während der Ventilhebel h seiner durch das Exzenter c bestimmten Bewegung folgen kann. Je nach der Lage des Armes a wird also bei stets gleichbleibendem Ausschlage des Ventilhebels h das Ventil sich früher oder später schließen, und es wird dadurch mehr oder weniger Frischdampf in den Zylinder einströmen. Der Anschlagarm a bzw. der Winkelhebel i—a wird vermittels der Stange s von einem auf der Maschinenwelle besonders angeordneten Exzenter e_x (in der Abb. 43 durch die Hauptkurbel M verdeckt) angetrieben.

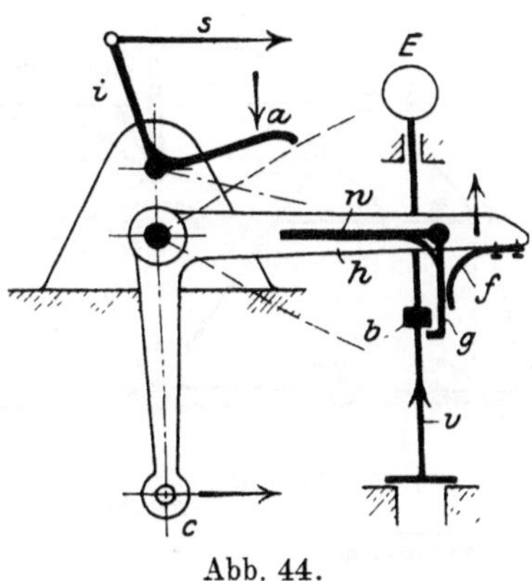

Abb. 44.

Die Steuerwirkung der „gesteuerten Abschnappvorrichtung“ lernen wir an Hand der nachfolgenden Überlegungen erkennen: Man denke sich zunächst den Anschlagsarm a in seiner Lage unveränderlich befestigt.

Für diesen Zustand kann man gemäß den Erklärungen auf S. 20 die einzelnen Kolbenstellungen im Zylinder aus den Projektionspunkten M'', M''' ... der umlaufenden Maschinenkurbel W—M auf die Wagerechte (Kolbengleitfläche) (Abb. 45) festlegen. In gleicher Weise lassen sich die Bewegungen des Einlaßventiles, die durch das um 90° gegen die Hauptkurbel versetzte Exzenter hervorgerufen werden, aus den Projektionen e_g'', e_g''' ... der Endpunkte des Exzenters auf die durch den Mit elpunkt W gehende Senkrechte bestimmen (Kurbelkreis = Exzenterkreis). Stellt nun beispielsweise die durch den Punkt *III* gehende wagerechte Linie a (Abb. 45) eine durch den Anschlagarm a (Abb. 44) gegebene feste Begrenzung für die Ventilspindelfreilassung dar, dann ist ersichtlich, daß in der Kurbelstellung *III* der aufwärtsgehende Ventilhebelarm h bzw. der Hebelarm w den festen Anschlag a erreicht. Der Anschlag a drückt nunmehr auf den Hebelarm w und bewegt diesen nach unten, wodurch der zugehörige Winkelhebelarm g seitwärts abgelenkt wird und den Bund b der Ventilspindel freigibt. In dieser Kurbellage *III* ist daher die Ventilerhebung beendet. Der Kolbenstellung M''' (0,2 des Kolbenhubweges) entsprechend erfolgt während eines Ventilhubes bei völlig ausgelegtem Steuerhebel H eine Zylinderfüllung von 20 vH.

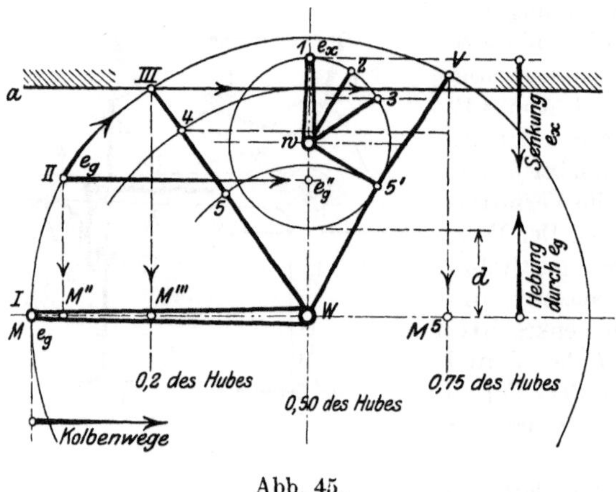

Abb. 45.

Bei einem geringeren Steuerhebelausschlage dagegen werden die Ventile infolge der Verkleinerung des wirksamen Hebelarmes zwischen der Kulisse und der Ventilschubstange durch ein kleineres Exzenter angetrieben, ein Zustand, der beispielsweise durch den den Punkt *4* schneidenden Kreis dargestellt wird. In diesem Falle erreicht der Winkelhebel w (Abb. 44) den Hebelarm a in der Mitte des Kolbenhubes (= 0,5 des Kolbenhubes, Abb. 45). Der Zylinder erhält dementsprechend eine Frischdampffüllung von 50 vH. Bei einer noch weiter nach der Mittellage zu liegenden Zwischenstellung der Ventilschubstange (etwa entsprechend dem Kreis durch den Punkt *5*) erreicht der Winkelhebel w den Anschlagarm a überhaupt nicht mehr, so daß hier die Ventilspindel in ihrer vollen Erhebung nicht behindert wird. Die Maschine arbeitet dann mit Vollfüllung und einer entsprechenden Dampfdrosselung ($\delta = 0$). Der Bereich der Füllungsregelung liegt also bei der Abschnappvorrichtung mit einem festen Anschlage a zwischen 20 und 50 vH. Er ist sonach ein ziemlich begrenzter.

Kehren wir nunmehr zu dem Ausgangspunkt unserer Erörterungen zurück und betrachten jetzt den wirklichen Zustand, bei dem ja die Abschnappvorrichtung durch das Exzenter e_x bewegt, also gesteuert wird, so erkennen wir, daß mit der beweglichen Abschnappvorrichtung ein wesentlich größerer Regelbereich erzielt werden kann. Die Wirkung einer derart gesteuerten Auslösevorrichtung erkennt man am einfachsten aus dem in der Abb. 45 dargestellten oberen kleinen Kreis.

Das den Winkelhebel *i—a* (Abb. 43) antreibende Exzenter e_x läuft gleichartig mit der Maschinenkurbel um, es überdecken sich also beide Kurbeln. Die Bewegungen des Exzenters müßten demnach ebenfalls durch Projektionen auf die Wagerechte festgelegt werden können. Weil nun aber die Bewegungen des Exzenters e_x mit den auf der Senkrechten in *W* erscheinenden Ventilerhebungen verglichen werden sollen, die von dem Exzenter hervorgerufen werden, so wollen wir sie zweckmäßiger durch eine entsprechend kleine, senkrecht zur Maschinenkurbel angeordnete Kurbel *w—1* darstellen. Läuft nun diese Kurbel *w—1* im gleichen Sinne mit der Hauptkurbel um, so stellen die Senkungen des Punktes *1* bzw. e_x Abwärtsbewegungen des Anschlagarmes *a* dar (Abb. 44). Die Lage des Exzentermittelpunktes *w* wird hierbei durch die Erwägung bestimmt, daß der Anschlagarm *a* in seiner tiefsten Stellung, die in der Mitte des Kolbenhubes liegt, eine bestimmte Entfernung *d* von der wagerechten Lage des Ventilhebels *h* hat (Abb. 45 bzw. 44).

In der Hauptkurbelstellung *W—III* hat der in Punkt *3* befindliche Anschlagarm *a* (*w—3* senkrecht auf *W—III*) bei völlig ausgelegtem Steuerhebel *H* die Bahn des Ventilhebels *h* eben gekreuzt. In dem gleichen Augenblick wird auch die Ventilspindel *v* von dem Winkelhebelarm *g* freigelassen. Das Ventil fällt auf seinen Sitz zurück und unterbindet die weitere Dampfzuführung in den Zylinder. Während der Dauer dieses Ventilhubes ist entsprechend der Kolbenstellung der Zylinder mit 20 vH seines Fassungsraumes gefüllt worden. Bei einem dem Kreise *4* entsprechenden (kleineren) Steuerhebelausschlage erfolgt dagegen in der Stellung *W—III* der Hauptkurbel noch keine Abschnappung, weil ja hier die Ventilerhebung kleiner ist als bei einem völlig ausgelegten Steuerhebel. Die Auslösung der Ventilspindel tritt vielmehr erst bei einer späteren Hauptkurbelstellung ein, bei welcher der Ventilhebel *h* höher und der Anschlaghebel *a* tiefer stehen. In einer noch weiter nach der Mittellage zu gelegenen Stellung des Steuerhebels *H* (beispielsweise dem Exzenterkreise durch den Punkt *5* entsprechend) wird der Ventilhebel *h* bzw. der Hebelarm *w* (Abb. 44) den Anschlagarm *a* noch später erreichen. Es liegt dann eine noch größere Füllung vor. Nach Abb. 45 tritt bei einer dem Exzenterkreis *5* entsprechenden Steuerhebelstellung eine Auslösung der Ventilspindel im Punkte *5'* bei der Hauptkurbellage *W—V* ein, bei der die Füllung 75 vH beträgt. Darüber hinaus, d. h. bei einem noch weniger weit ausgelegten Steuerhebel, erfolgt jedoch keine Auslösung mehr. Die Maschine arbeitet dann mit Vollfüllung und einer entsprechenden Dampfdrosselung. Der Regelbereich einer durch ein besonderes Exzenter „gesteuerten Abschnappvorrichtung" ist sonach wesentlich größer als der einer „nicht gesteuerten" Auslösung der Ventilspindel.

Die Bewegungen des Winkelhebels *i*—*a* durch das Exzenter e_x erfolgen für den Vorwärts- und den Rückwärtsgang in gleicher Weise, so daß eine Umkehr dieser Exzenterbewegung nicht erforderlich ist.

Die Abb. 46 stellt die „ungesteuerte Abschnappvorrichtung" von Hoppe (1898) dar. Sie erstrebt ebenfalls bei der Einexzenter-Kulissensteuerung eine zwangläufige Ausklinkung der Ventilspindel zum Zwecke einer Füllungsänderung.

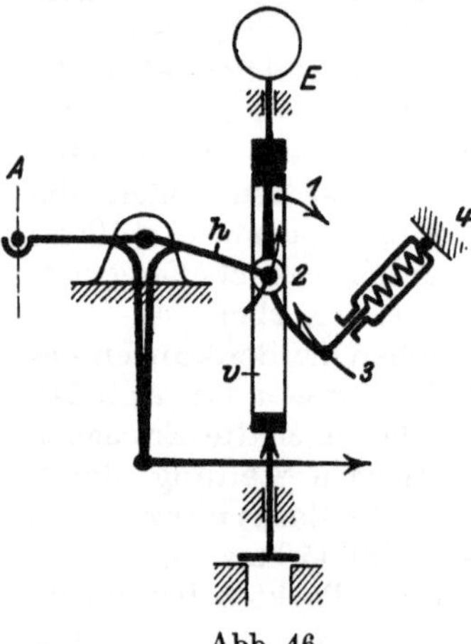

Abb. 46.

Der Ventilhebel *h* trägt in seinem rechten Endpunkte *2* eine drehbar angeordnete Klinke *1*—*3*. Diese Klinke greift mit ihrem oberen, geraden Teile *1* unter einen Bund der Ventilstange *v*, während der Endpunkt *3* des unteren, gekrümmten Armes durch einen Lenker *3*—*4* auf einem nach links aufwärtsgehenden Kreisbogen geführt wird. Der Drehpunkt *2* des Ventilhebels *h* bzw. der Klinke beschreibt dagegen einen nach rechts ansteigenden Bogen. Bewegt sich nun der Ventilhebel *h* aufwärts, dann hebt der grade Klinkenarm *1* zunächst die Ventilstange *v* an. Gleichzeitig vollführt er aber auch eine Drehung im rechten Sinne, weicht also allmählich nach rechts aus und gibt schließlich bei einer bestimmten Höhenlage des Ventiles die Ventilstange *v* frei. Durch Vermittlung des Belastungsgewichtes *E* geht das Ventil schnell auf seinen Sitz zurück, der Ventilhebel *h* dagegen bewegt sich — dem Exzenterantrieb entsprechend — ungehindert weiter aufwärts.

In Verbindung mit der Einexzenter-Kulissensteuerung gemäß Abb. 43 ergibt diese ungesteuerte Abschnappvorrichtung von Hoppe folgende Wirkung: Bei völlig ausgelegtem Steuerhebel *H*, d. h. in den äußersten Endlagen der Ventilschubstange *S*, findet infolge des großen Ausschlages des Ventilhebels *h* ein frühzeitiges Auslösen der Ventilstange *v* in Abb. 46 statt (kleine Füllung). In allen Zwischenstellungen der Ventilschubstange wird mit zunehmender Annäherung an die Mittellage die Erhebung des Ventilhebels *h* immer kleiner. Die Auslösung der Ventilstange erfolgt dementsprechend auch später. Die Füllung des Zylinders mit Frischdampf nimmt somit allmählich zu. Geht der Ventilhebel wieder abwärts, dann gleitet der gerade Arm *1* der Klinke *1*—*3* an der oberen rechten Seitenfläche der Ventilstange *v* so lange entlang, bis er durch die Einwirkung des federnden Lenkers *3*—*4* wieder unter den Bund der Ventilstange *v* eingreift. Der Regelbereich kann hierbei durch eine Verlegung der Bahn des Lenkerpunktes *3* geändert werden. Wird beispielsweise der Lenkerpunkt *4* etwas gesenkt, dann steigt die

Bahn des Punktes *3* steiler an, und die Auslösung der Ventilstange erfolgt später.

Die Einexzenter-Kulissensteuerung mit den gesteuerten und ungesteuerten Abschnappvorrichtungen, die übrigens auch noch durch einen Fliehkraftregler beeinflußt werden können, erstrebt also einmal eine Umsteuerung, dann aber auch noch eine Füllungsregelung der Dampffördermaschine mit verhältnismäßig einfachen Mitteln. Ihr besonderer Nachteil ist jedoch der größere Verbrauch an Frischdampf. Dieser hohe Dampfverbrauch ist auf die Steuerwirkung der eigentlichen Abschlußteile, die ja durch ein gegen die Maschinenkurbel lediglich um 90^0 ($\delta = 0$) versetztes Exzenter angetrieben werden, zurückzuführen. Ein solcher Antrieb ohne Voreilung hat, wie wir bereits früher erkannt haben, stets eine ungünstige Dampfverteilung zur Folge. Außerdem kann durch eine im Zylinder auftretende mangelhafte Dampfverdichtung infolge zu ungleichmäßiger Drehmomente auch ein unregelmäßiger Gang der Maschine mit seinen Nachteilen für den Förderbetrieb (Schlagen der Förderseile, das „Tanzen“ der Förderkörbe, dynamische Zusatzbeanspruchungen der Förderseile u. a. m.) hervorgerufen werden. Immerhin hat diese Einexzenter-Kulissensteuerung mit Abschnappvorrichtung die Grundlage für andere, brauchbare Umsteuerungen gegeben, wie sie in dem Abschnitt über die sog. „Lenker-Kulissensteuerungen“ des näheren aufgeführt sind (S. 51).

b) Lenkersteuerungen.

Die Betrachtungen der Kulissensteuerungen von Stephenson und Gooch haben gezeigt, daß die gemeinsame Einwirkung zweier Exzenter auf die Bewegung der Abschlußteile durch ein resultierendes, die gleichen Steuerverhältnisse ergebendes Mittelexzenter ersetzt werden kann. Jedes der beiden Exzenter hat hierbei einen bestimmten Anteil an der Steuerbewegung. Offenbar kann man auch umgekehrt die Bewegung eines jeden mit Voreilung arbeitenden Exzenters (z. B. e_1 in Abb. 47) in zwei senkrecht aufeinanderstehende Komponenten zerlegen: in die senkrechte Komponente e_g und in eine wagerechte e_v. Auch hierbei muß die gleichzeitige Einwirkung der beiden Komponentenbewegungen die gleiche Steuerwirkung auslösen wie durch das Exzenter e_1. Diese Erkenntnis führt zu der Folgerung, die Bewegung eines mit Voreilung arbeitenden Exzenters in zwei an sich einfache Bewegungsvorgänge zu zerlegen, nämlich in das die Grundbewegung erzeugende Grundexzenter e_g und in ein die Voreilbewegung regelndes, senkrecht auf e_g stehendes Voreilexzenter e_v.

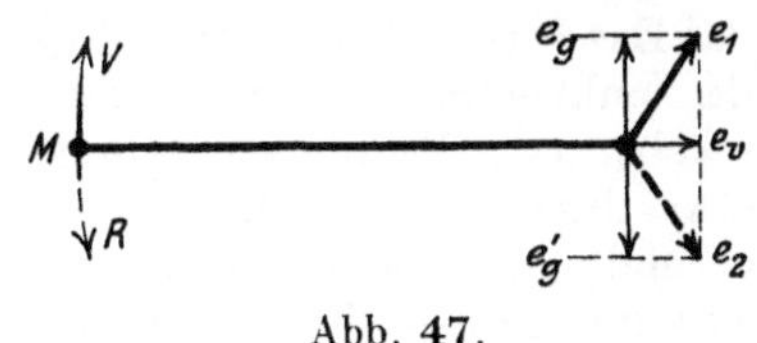

Abb. 47.

Diese Trennung in die beiden Bewegungsvorgänge e_g und e_v gibt uns nun die Möglichkeit, in die Grundbewegung eine Umsteuervorrichtung einzufügen, indem man beispielsweise zwischen dem Grundexzenter und dem Abschlußteil eine Kulisse nebst Kulissenstange gemäß

Abb. 43 einschaltet. Infolge dieser Umsteuerung wird aber das Grundexzenter e_g die Lage e_g' einnehmen (Abb. 47), während die Voreilbewegung e_v unverändert bleibt. Diese neue Stellung der beiden Exzenter e_g und e_v zueinander entspricht aber jetzt der Wirkung des strichiert eingezeichneten Ersatzexzenters e_2. Mit anderen Worten: die Maschine wechselt ihre Bewegungsrichtung, sie läuft nunmehr rückwärts.

Eine weitere Überlegung zeigt aber noch fernerhin, daß von dem die Grundbewegung regelnden Grundexzenter auch die Voreilbewegung abgeleitet werden kann, so daß in Auswirkung dieser Erkenntnis durch eine geeignete Zusammensetzung der beiden so erzeugten Bewegungen — der Grundbewegung und der Voreilbewegung — eine brauchbare Umsteuerung für die mit einem Exzenter arbeitenden Expansionssteuerungen erreicht werden kann.

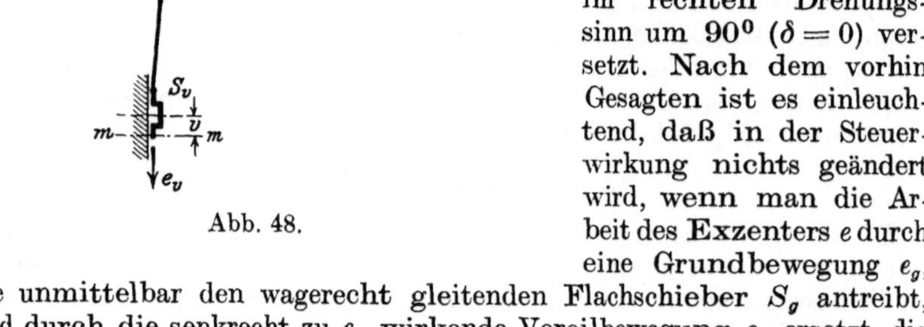

Abb. 48.

In Abb. 48 ist beispielsweise das Exzenter e gegen die Hauptkurbel im rechten Drehungssinn um 90^0 ($\delta = 0$) versetzt. Nach dem vorhin Gesagten ist es einleuchtend, daß in der Steuerwirkung nichts geändert wird, wenn man die Arbeit des Exzenters e durch eine Grundbewegung e_g, die unmittelbar den wagerecht gleitenden Flachschieber S_g antreibt, und durch die senkrecht zu e_g wirkende Voreilbewegung e_v ersetzt, die wiederum auf den in vertikaler Ebene sich bewegenden Schieber S_v übertragen wird.

Bei der zeichnerischen Darstellung in der Abb. 48 befindet sich das Exzenter e_g in der Mittellage, ebenso auch der Schieber S_g, während der senkrechte Schieber S_v aus seiner Mittellage um die Strecke v verschoben ist. Würde man nun die senkrechte Bewegung des Schiebers S_v etwa durch den Einbau eines Winkelhebels in das Exzentergestänge ebenfalls in eine wagerechte übertragen, dann kann man diese beiden Bewegungen — die Grundbewegung und die Voreilbewegung — durch ein entsprechend gestelltes äußeres Getriebe sich derart vereinigt denken, daß nunmehr ihre gemeinsame Steuerwirkung der eines mit Voreilung arbeitenden Exzenters entspricht. Abb. 49 zeigt ein Anwendungsbeispiel einer solchen Zusammenlegung beider Bewegungen für die Steuerwirkung. Der Endpunkt *2* der Exzenterstange *e—2* ist aber hier nicht an einen senkrecht sich bewegenden Schieber angeschlossen, sondern an eine Stange L, den sog. Lenker, der im Punkte *6* drehbar gelagert ist. Durch die Einfügung der Stange L wird aber der Exzenterstange *e—2* eine zwangläufige Bewegung vorgeschrieben. Diese kann jetzt nicht mehr in senkrechter Richtung sich auf und ab bewegen, sie schwingt vielmehr in der strichiert gezeichneten bogenförmigen Bahn des Punktes *2* um den Punkt *6* als Drehpunkt und einem Halbmesser von der Größe des Lenkers *L*. Gelangt nun der Exzenterkurbelpunkt *e* auf seinem Laufe in die Stellung *a*, dann bewegt sich auch der Punkt *2* in seiner Kreisbahn und ist eben in seiner tiefsten Lage, im Punkte *2a*, angelangt. Die Exzenterstange *e*—*2* hat hierbei die Stellung *a*—*2a* und der Lenker die Lage *6*—*2a*. Von dieser Stellung aus bewegt sich der untere Exzenterstangenpunkt mit fortschreitender Bewegung der Exzenterkurbel *e* in der gleichen Kreisbahn wieder zurück, bis er in der Kurbelstellung *e* am Ausgangspunkt *2* angelangt ist. Der Exzenterstangenpunkt *2* schwingt also innerhalb der beiden Punkte *2* und *2a* hin und her und erzeugt dabei eine wagerechte Bewegung e_v'' des Punktes *2*. Diese wagerechte Bewegung wird durch die Exzenterstange *e*—*2* im Punkte *3* als Voreilbewegung e_v' auf die Schieberstange bzw. den Flachschieber übertragen. Außerdem wird aber auch die Grundbewegung e_g des Exzenters *e* durch die Exzenterstange im Punkte *3* auf den Schieber geleitet. Wir erkennen, daß sich in der Antriebsstange des Schiebers die beiden Bewegungen, die Grundbewegung und die Voreilbewegung, vereinigen. So ergibt sich beispielsweise für die tiefste Stellung des Exzenterpunktes *e* im Punkte *a* eine nach links gerichtete wagerechte, aus der Grundbewegung und der Voreilbewegung sich zusammensetzende Gesamtbewegung des Punktes *3*, die eine entsprechende Verschiebung des Schiebers nach links zur Folge hat. Die Schieberstange hat dabei die strichpunktierte Lage *3a*—*4a*. Eine derartige Anordnung bietet einmal die Möglichkeit, durch die Einschaltung einer Kulisse in das Gestänge der Grundbewegung e_g eine Umsteuervorrichtung zu schaffen und damit eine Bewegungsumkehr der Maschine in leichter Weise herbeizuführen. Dann bietet sie aber auch den Vorteil der Füllungsregelung durch eine Veränderung der Voreilung. Die Größe der Voreilung ist, wie wir ja früher gesehen haben, durch die Neigung der schrägen Bahn des Exzenterstangenendpunktes *2* bestimmt. Wird daher die Lage des Lenkerdrehpunktes *6* verändert, dann ändert sich auch die Bahn des Punktes *2* und damit die Größe der Voreilung. Bei einem steileren Ansteigen der Bahn, d. h. wenn der Punkt *6* beispielsweise nach unten verlegt wird, wird auch die Voreilung kleiner,

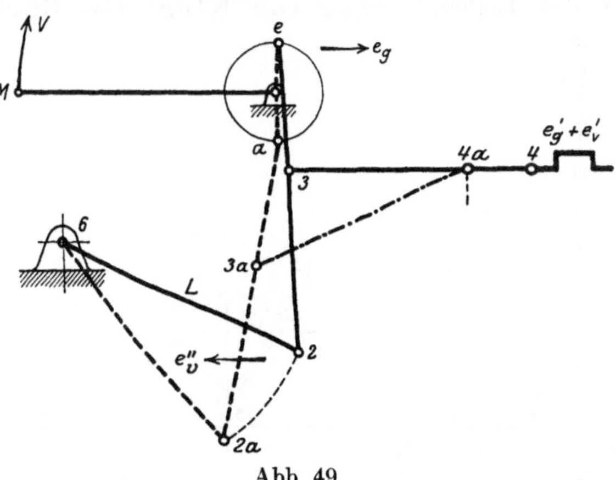

Abb. 49.

weil die wagerechte Bewegung e_v'' jetzt auch abnimmt, die Füllung wird also größer.

Umsteuerungen dieser Art — nach der verstellbaren Lenkerstange „Lenkersteuerungen" genannt — kommen in den verschiedenartigsten Ausführungsformen vor. Wegen ihres verhältnismäßig geringen Raumbedarfes finden sie fast ausschließlich bei den stehenden, hauptsächlich kleineren Schiffsmaschinen mit Schiebersteuerung Verwendung, sind aber auch vereinzelt im Dampffördermaschinenbau vorzufinden.

Die Abb. 50 zeigt das Schema einer anderen Ausführungsart, nämlich der Lenkersteuerung von **Klug**. Das Exzenter *e* ist bei dieser Umsteuerung ohne Voreilung auf der Maschinenwelle fest aufgekeilt. Der Aufhängepunkt *2* der Exzenterstange *e—3* wird durch den Lenker *L* in einem Kreisbogen geführt, so daß der Exzenterstangenendpunkt *3* eine ellipsenähnliche Kurve „*V*" durchläuft. Von diesem Exzenterstangenendpunkt *3* wird die vereinigte Grundbewegung

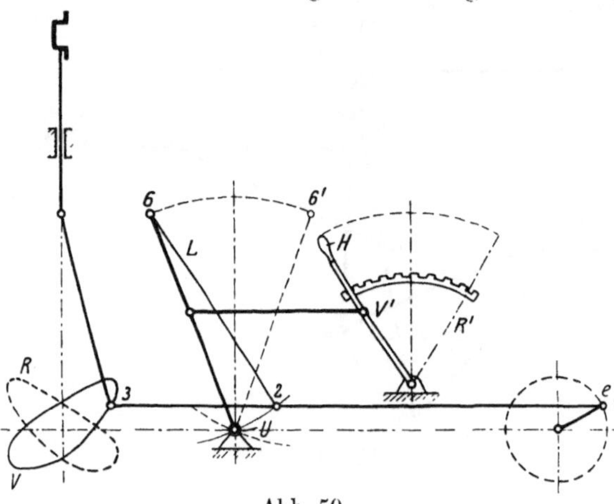

Abb. 50.

und Voreilbewegung auf den quer zur Exzenterstangenbewegung erfolgenden Schieberantrieb geleitet. Während aber bei der Lenkersteuerung gemäß Abb. 49 die senkrechte Voreilbewegung e_v durch den Lenker in die wagerechte Bewegung e_v'' bzw. e_v' übergeführt wurde, wird in der Abb. 50 die wagerechte Grundbewegung e_g durch den Lenker in die erforderliche senkrechte Bewegung umgewandelt. Bei einer Umsteuerung des Lenkers mittels des Hebels *H* wird nur die wagerechte, durch den Lenker in die senkrechte Richtung übergeführte Grundbewegung e_g umgesteuert. Die vertikale Voreilbewegung wird hierbei durch die hebelartig wirkende Exzenterstange *e—2—3* unmittelbar in die Schieberstange übergeleitet. Sie wird also durch eine Lenkerumstellung nicht verändert. Der Drehpunkt *6* des Lenkers *L* kann kreisförmig unter Vermittlung des Handhebels *H* um den Stützpunkt *U* bewegt werden. Damit wird bei einem unveränderlichen linearen Voreilen nicht nur eine Füllungsänderung erzielt, es wird auch durch ein Verstellen des Lenkers *L* in die Lage *U—6'* eine Bewegungsumkehr der Maschine herbeigeführt. Der Exzenterstangenendpunkt *3* beschreibt dann die strichiert angedeutete Kurve *R*. Der Lenker *L* hat also die Wirkung einer Kulisse auszuüben.

Die Abb. 51 veranschaulicht schematisch eine Anwendung der Klugschen Lenkersteuerung für liegende Dampfmaschinen mit Ventilsteuerung und einer gleichlaufend zur Zylinderachse angeordneten Steuerwelle *W*. Das Exzenter *e* ist hierbei ohne Voreilung auf der Steuerwelle *W* fest aufgekeilt. Die Führung der Exzenterstange *e*—*3* erfolgt in dem Endpunkte *2* des Lenkers *L*. An dem rechten Endpunkte *3* der Exzenterstange greift die Ventilstange *3*—*4* an. Die Bewegung des Dampfkolbens erfolgt senkrecht zur Zeichenebene, und demgemäß müßte auch die Maschinenkurbel in derselben Richtung liegen. Zum besseren Verständnis des Zusammenhanges zwischen der Ventilbewegung und dem Kolbenlauf ist es aber zweckmäßiger, sich die in der Zeichenebene liegende, strichiert dargestellte Hauptkurbel *M* mit der Steuerwelle *W* verbunden zu denken. In gleicher Weise wie bei der Klugschen Umsteuerung nach Abb. 50 wird auch hier der Aufhängepunkt *2* der Exzenterstange *e*—*3* durch den Lenker in einem Kreisbogen geführt, bei der Lenkerstellung *6*—*2* beispielsweise in dem ausgezogenen ansteigenden Bogen. Der Endpunkt *3* der Exzenterstange beschreibt dann gleichfalls eine ellipsenähnliche Kurve und überträgt dadurch die vereinigte Grundbewegung und Voreilbewegung auf die Ventilstange *3*—*4*. Wird der Lenker *L* durch die Umsteuerwelle *U* in die entgegengesetzte Endlage *6'*—*2* gebracht, dann durchläuft der Aufhängepunkt *2* der Exzenterstange den strichiert angedeuteten Kreisbogen. Die Umlaufrichtung der Maschine wird dadurch eine entgegengesetzte. Bei diesem Vorgang wird nur die wagerechte Grundbewegung, die ja, wie wir bereits weiter oben gesehen haben, durch den Lenker in die erforderliche senkrechte Richtung übergeleitet wurde, umgesteuert, die senkrechte Voreilbewegung e_v bleibt dagegen unverändert. Bei einer Verstellung des Lenkers *L* zum Zwecke einer Füllungsänderung innerhalb der beiden äußeren Endlagen *6* und *6'* herrscht in dem Abschnitt *m*—*6* Vorwärtsgang der Maschine und im Abschnitt *m*—*6'* Rückwärtsgang. Da aber der vom Punkte *2* beschriebene Kreisbogen nach der Mittellage des Exzenters zu allmählich flacher wird, so wird auch die Grundbewegung in einer entsprechend verminderten Größe auf das Ventil *V* übertragen (Dampfdrosselung). Damit nun hierbei das lineare Voreilen, also die Ventilstellung bei der Kolbentotlage, unverändert bleibt, muß der Aufhängepunkt *2* der Exzenterstange mit dem Mittelpunkt der Umsteuerwelle *U* zusammenfallen.

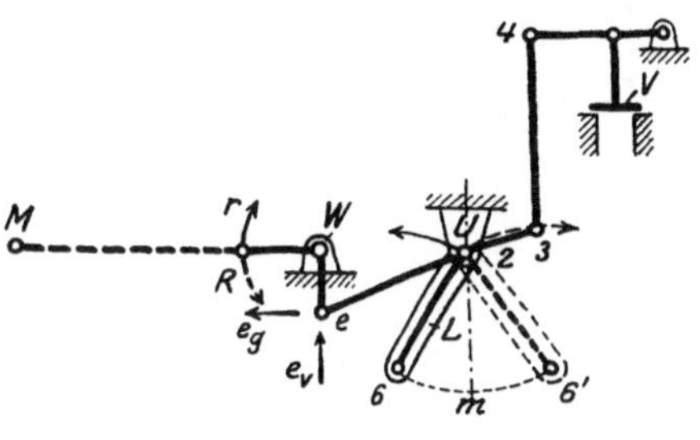

Abb. 51.

Um nun diese beiden Punkte, den Aufhängepunkt *2* der Exzenterstange und den Mittelpunkt der durchlaufenden Umsteuerwelle *U* miteinander zu verbinden, bzw. um bei einer jeden Stellung des Lenkers eine gleich große lineare Voreilung zu erhalten, hat Radovanovic die Exzenterstange im Kreisbogen um die Umsteuerwelle U gemäß Abb. 52 herumgeführt. Der Aufhängepunkt *2* fällt bei dieser Anordnung fort, es muß daher die Führung des Lenkers durch zwei benachbarte Punkte *2'* und *2''*, sowie durch zwei gleichlaufende und gleich lange Lenker L_1 und L_2 übernommen werden. Die Endpunkte *6'* und *6''* dieser beiden Lenker sind nun durch eine mit der Exzenterstange gleichlaufenden Querstange H_1 miteinander und durch den in ihrem Mittelpunkte *6* angreifenden und auf der Steuerwelle U fest aufgekeilten Umsteuerhebel H auch mit dieser verbunden. Der Umsteuerhebel H hat also die gleiche Länge wie die beiden Lenker L_1 und L_2. Durch das derart ausgebildete Gestänge-Parallelogramm wird die gleiche Führung der Exzenterstange wie in der Abb. 51 erreicht. Man erkennt, daß der Mittelpunkt des kreisbogenförmigen Teiles der Exzenterstange, um den der verlegbare Mittelpunkt *6* der Querstange H_1 schwingt, gleich ist dem Aufhängepunkt *2* in der Abb. 51. Das der Klugschen Lenkerumsteuerung nach Abb. 50 ähnliche Steuerungsschema der Umsteuerung von Radovanovic ist aus Abb. 53 zu ersehen. Es zeigt im besonderen den durch die Vereinigung der Grundbewegung und der Voreilbewegung hervorgerufenen ellipsenähnlichen Weg des Exzenterstangenendpunktes *3*, von dem der Ventilantrieb für die beiden äußersten Endlagen des Steuerhebels, also für den Vorwärts- bzw. Rückwärtsgang der Maschine, abgeleitet wird.

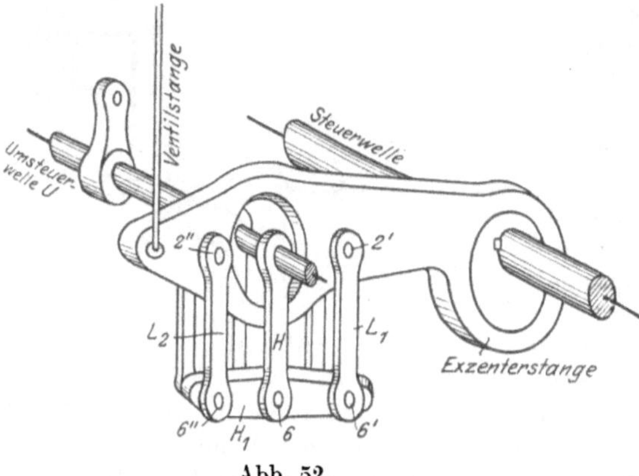

Abb. 52.

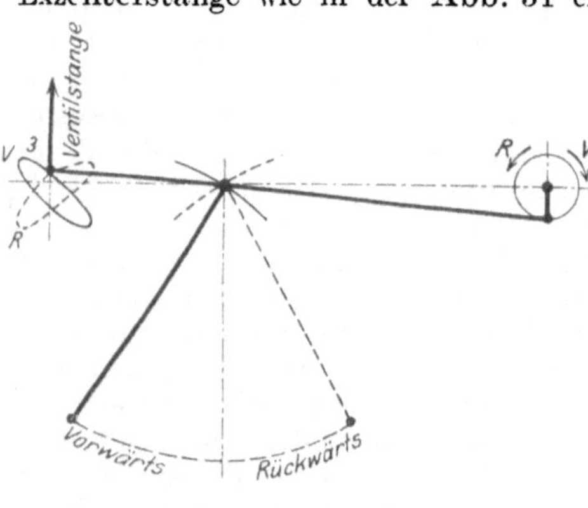

Abb. 53.

Die Abb. 54 zeigt ein Ausführungsbeispiel dieser, als eine Abart der Lenkersteuerung von Klug zu bezeichnenden Parallelogramm-Steuerung von Radovanovic. Gegenüber den Kulissensteuerungen von Stephenson und Gooch hat sie den Vorzug der vollkommen zentrischen Anordnung aller Teile. Sie weist demnach eine leichte Beweglichkeit sowie eine gleichmäßigere und daher auch eine verhältnismäßig geringe Abnutzung auf. Das Umsteuern erfolgt bei günstiger Dampfverteilung in

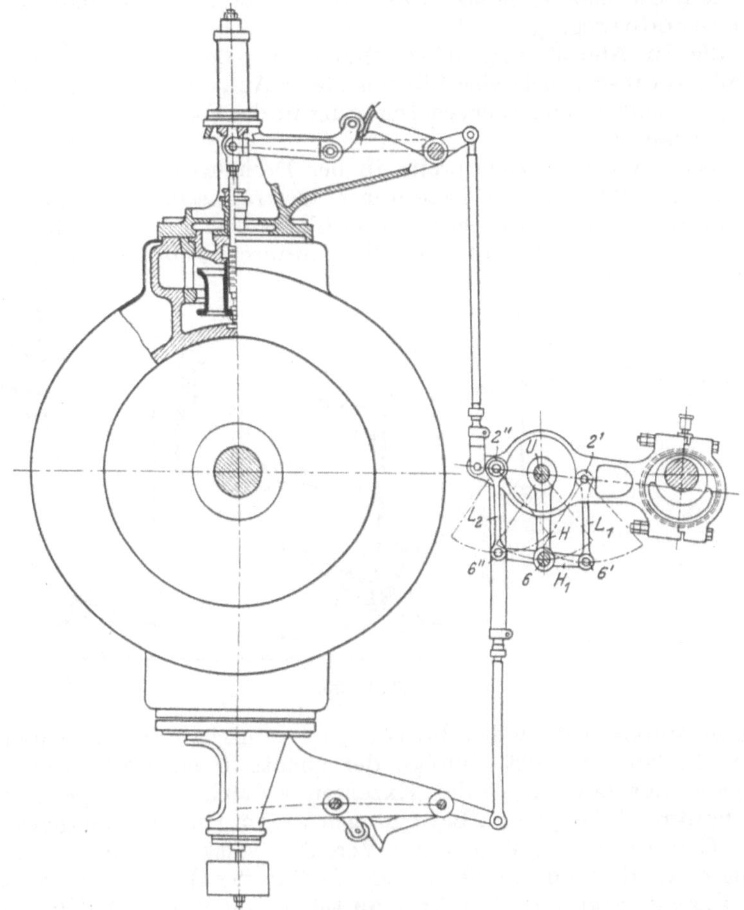

Abb. 54.

einer bequemen und leichten Weise. Namentlich ist dies bei höheren Drücken des Frischdampfes der Fall, bei denen der mit abnehmender Füllung anwachsende Verdichtungsdruck im Zylinder nicht sonderlich störend wirkt.

c) Vereinigte Lenker- und Kulissensteuerungen.

Die Möglichkeit einer Vereinigung der Lenker- mit der Kulissensteuerung ist bereits auf S. 46 an Hand der Abb. 49 hervorgehoben worden. Es ist dort gezeigt worden, daß die beiden, von einem Grundexzenter abgeleiteten einfachen Bewegungen, nämlich die Grundbewegung und die Voreilbewegung, für den Steuerantrieb vermittels einer Lenkervorrichtung zusammengesetzt werden können. Es ist auch des weiteren auf die bequeme Umsteuerbarkeit der Maschinen hingewiesen worden, die man durch das Einschalten einer Kulisse in das Gestänge der Grundbewegung erreichen kann.

Die in Abb. 55 dargestellte Bauart der Steuerung von Iversen (1906) veranschaulicht eine Lösung dieser Aufgabe. Sie zeigt eine vereinigte Lenker- und Kulissensteuerung in der Anwendung auf Ventilmaschinen.

Das auf der Maschinenwelle in der Drehungsrichtung der Hauptkurbel um 90° versetzte Exzenter e überträgt seine Bewegungen auf die Stange s. Diese ist gegen ein vertikales oder seitliches Ausweichen in ihrer Mitte durch eine senkrechte, in ihrem Fuß drehbar gelagerte

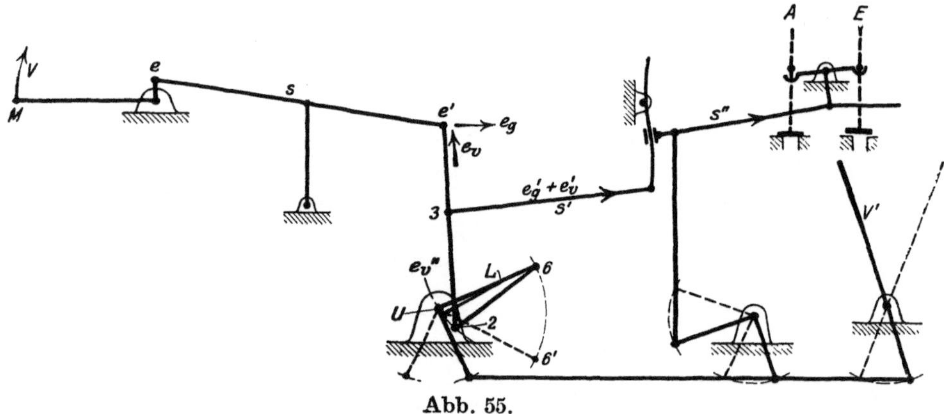

Abb. 55.

Stange unterstützt, so daß die Stange s nunmehr einem gleichseitigen Doppelhebel entspricht. Infolge der unmittelbaren gradlinigen Übertragung der Bewegungen des Exzenters e durch die Stange s werden im Punkte e' die gleichen Bewegungen wie im Punkte e ausgelöst, also eine Grundbewegung e_g und die Voreilbewegung e_v. Die Grundbewegung e_g wird nun durch die Stange e'—2 in der gleichen Weise, wie es die Exzenterstange e—2 in Abb. 49 tut, unmittelbar auf den Punkt 3 übertragen (Grundbewegung e_g'), während die senkrechte Voreilbewegung e_v durch den Lenker L zunächst eine wagerechte Voreilbewegung e_v' erzeugt, die dann mit der Grundbewegung e_g' zusammen im Punkt 3 in die Kulissenantriebsstange s' und von hier aus über die Kulisse in die Kulissenstange s'' geht. Weil nun aber sowohl die Kulissenstange s'' wie auch der Lenker L mittels des verbindenden Gestänges an den Steuerhebel V' angeschlossen sind, so müssen auch die Stange s'' und der Lenker L immer zu gleicher Zeit und auch in gleichem Sinne verstellt werden. Wird beispielsweise der Steuerhebel V' aus seiner gezeichneten linken Endlage in die Nähe der Mittelstellung gebracht, dann nähern sich in gleichem Ausmaße auch die Kulissenstange s'' und der

Lenker L ihren Mittellagen. Die durch die Kulissenantriebsstange s' auf die Stange s'' übertragene vereinigte Grund- und Voreilbewegung $(e_g' + e_v')$ erfährt nun infolge der eingetretenen Änderung des wirksamen Hebelarmes zwischen der Kulisse und der Kulissenstange s'' eine Verringerung. Ihre Auswirkung besteht in einer Verkleinerung der Ventilhebelbewegung, also in einer Hubverminderung der Ventile (Dampfdrosselung). Da nun aber auch der Lenker L seiner Mittelstellung nähergerückt ist, so hat naturgemäß auch die durch die Lenkerstellung bedingte Voreilbewegung e_v' nochmals eine entsprechende Verringerung erfahren. Dies hat zur Folge, daß die Grundbewegung an die Kulissenstange s'' im einfachen, die Voreilbewegung dagegen im quadratischen Verhältnisse zur Steuerhebelbewegung V' übertragen wird. Damit haben wir den wichtigen Satz bewiesen, wonach die Annäherung des Steuerhebels an seine Mittellage eine im Verhältnis zur Grundbewegung sehr kleine Voreilbewegung ergibt.

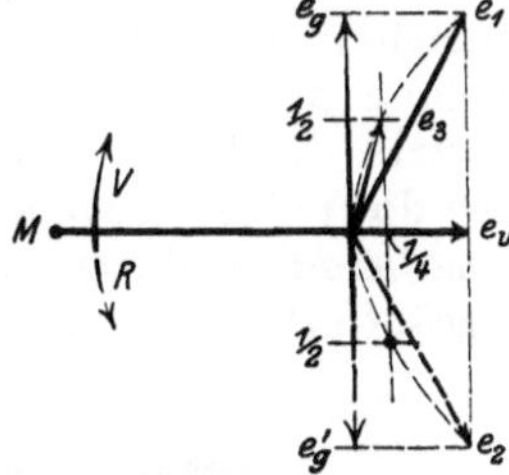

Abb. 56.

Wir wollen den eben bewiesenen Satz durch die Betrachtung des Steuerdiagramms der Abb. 56 plastischer in die Erscheinung treten lassen. Befindet sich der Steuerhebel in einer seiner äußersten Endstellungen, beispielsweise für den Vorwärtsgang, dann hat die Grundbewegung e_g und die Voreilbewegung e_v eine dem Übersetzungsverhältnis des Gestänges entsprechende bestimmte Größe. Die Steuerwirkung dieser beiden vereinigten Bewegungen ist dann aber gleich dem aus den beiden Exzentern e_g und e_v gebildeten resultierenden Ersatzexzenter e_1 in Abb. 56. Dieses mit Voreilung arbeitende Ersatzexzenter e_1 ergibt dann eine Dampfverteilung von einer bestimmten Größe der Frischdampffüllung, der Dampfverdichtung sowie der Vorein- und Vorausströmung. Verstellen wir nunmehr den Steuerhebel ebenfalls in der Richtung des Vorwärtsganges um den halben Weg zwischen seiner Endstellung und der Mittellage, so finden wir, daß die Grundbewegung ebenfalls auf die Hälfte, die Voreilbewegung aber auf den vierten Teil der ursprünglichen Größe vermindert wird. Die Zusammensetzung der beiden Teilbewegungen ergibt aber jetzt das resultierende Ersatzexzenter e_3 (Abb. 56) mit einer wesentlich kleineren Voreilung, also mit einer größeren Füllung als jener bei völlig ausgelegtem Steuerhebel. Das Verhältnis wird für die Voreilbewegung um so ungünstiger, je mehr sich der Steuerhebel seiner Mittellage nähert. Wir erkennen damit, daß die Voreilung in einem ungleichen Verhältnis zur Grundbewegung abnimmt, wenn der Steuerhebel V' von seiner äußersten Endlage nach der Mittelstellung hin wandert, wobei aber das Füllungsverhältnis derart anwächst, daß in der Nähe der Mittelstellung des Steuerhebels die Maschine nahezu mit Vollfüllung — jedoch bei gedrosseltem Frischdampf — arbeitet. Diese Arbeitsweise des Dampfes ist aber für eine langsame Bewegung der Maschine, wie sie beispielsweise beim „Überheben“ und „Umsetzen“

der Förderkörbe verlangt werden muß, überaus günstig. Sie ergibt ein ähnliches Dampfdruckdiagramm, wie das in der Abb. 24 auf S. 26 dargestellte sog. Manövrierdiagramm. Gegenüber den bisher besprochenen Kulissensteuerungen und Lenkersteuerungen hat also die Iversen-Steuerung den besonderen Vorzug einer besseren Manövrierfähigkeit der Maschine. Die Kulissensteuerung von Gooch ergibt beispielsweise in der Nähe der Mittelstellung kleinere Füllungen bei gedrosseltem Frischdampf (vgl. das Steuerungsdiagramm in Abb. 42 auf Seite 38) und daher auch eine für das Manövrieren der Fördermaschine wenig geeignete Arbeitsweise des Dampfes im Zylinder.

Bei der Iversen-Steuerung wird die Bewegungsumkehr der Maschine ebenfalls durch ein Umlegen des Steuerhebels in die entsprechend äußerste Endstellung erreicht. Doch wird hier im Gegensatz zu der einfachen Lenkersteuerung nicht nur die Grundbewegung e_g umgesteuert, sondern auch die Voreilbewegung e_v, es werden sonach beide einfachen Bewegungen umgesteuert. Weil aber mit der Kulissenumstellung auch gleichzeitig die Verlegung des Lenkers in die entgegengesetzte Stellung verbunden ist, so findet hierdurch gewissermaßen eine doppelte Umsteuerung der Voreilbewegung statt, die Voreilbewegung kommt daher in der Kulissenstange s'' — wie erforderlich — ungeändert zum Ausdruck (Abb. 55).

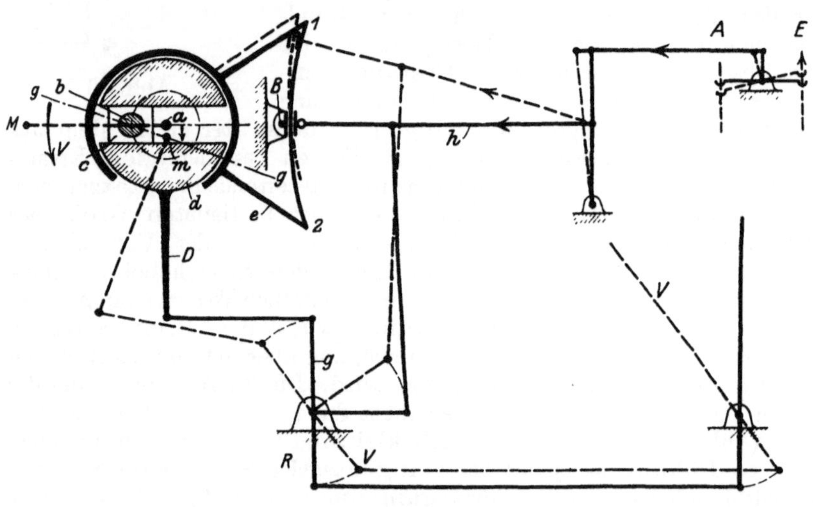

Abb. 57.

Die vereinigte Lenker- und Kulissensteuerung von Iversen ist bei den Dampffördermaschinen mit Ventilsteuerung angewendet worden und zwar meist in Verbindung mit einer gesteuerten „Abschnappvorrichtung", wie sie in ähnlicher Weise die Einexzenter-Kulissensteuerung von Krause (Abb. 43 auf Seite 40) aufweist. Diese Bauart der Iversen-Steuerung bietet die Möglichkeit wesentlich kleinerer

Frischdampffüllungen bei völlig ausgelegtem Steuerhebel, ein Vorteil. der durch das resultierende Ersatzexzenter e_1 nicht erreicht wird. Das Ersatzexzenter wird hierbei so gewählt, daß die Vorein- und Vorausströmung sowie die Dampfverdichtung in richtiger Weise erfolgen.

Eine bauliche Vereinfachung der vereinigten Lenker-Kulissensteuerung zeigt die in Abb. 57 dargestellte verbesserte Ausführungsform der Iversen-Steuerung. Auf einer von der Maschinenwelle durch Kegelräder gleichartig angetriebenen besonderen Steuerwelle *a* sitzt eine kleine Kurbel *a*—*b*, deren Kurbelzapfen *b* einen in dem Schlitz einer Scheibe *d* gleitenden Kulissenstein *c* trägt (Abb. 57 und 58). An ihrem äußeren zylindrischen Umfange ist die Scheibe *d* von einem entsprechend gestalteten Arm der Kulisse *e* derart umgeben, daß sie gleichzeitig ein Führungslager für die um den festen Punkt *B* in gleichbleibender Höhenlage drehbar aufgehängten Kulisse *e* bildet. Außerdem steht die Scheibe *d* durch den Arm *D* und das Gestänge *g* mit dem Steuerhebel in Verbindung. Sie kann daher durch ein Verstellen des Steuerhebels *V* nach beiden Richtungen hin um den Kurbelzapfen *b* gedreht werden. Da aber die Kulissenstange *h* auch mit dem Gestänge des Steuerhebels verbunden ist, so wird durch den Steuerhebel nicht nur die Scheibe *d*, sondern auch gleichzeitig die Kulissenstange *h* in gleichem Sinne wie die Scheibe *d* verstellt.

Befindet sich nun die Kulisse *e* in der gezeichneten Mittellage und beschreibt der Kurbelzapfenpunkt *b* während des Umlaufens der Welle *a* den strichiert angedeuteten kleinen Kreis, dann schwingt die Kulisse derart um ihren Aufhängepunkt *B*, daß die beiden Kulissenendpunkte *1* und *2* wagerechte Bahnen mit dem Charakter einer Exzenter-Grundbewegung e_g zurücklegen. Diese Grundbewegung wird bei einer geeigneten Lage der Kulissenstange *h* auf die Ventile übertragen. Bei der Stellung der Kulissenstange von der Mittellage aus nach dem Punkt *1* zu erfolgt hierbei ein Vorwärtsgang der Maschine, nach dem Endpunkt *2* hin dagegen ein Rückwärtsgang. Da nun aber bei einem Einschalten der Kulissenstange, beispielsweise in die äußerste Endlage des Punktes *1*, gleichzeitig auch der Arm *D* durch den Steuerhebel in die strichiert angedeutete linke Endstellung verstellt wird, so ist die Scheibe *d* um den Kurbelzapfen *b* ebenfalls im rechten Sinne um einen entsprechenden Betrag verdreht worden. Der Mittelpunkt der Scheibe *d* deckt sich dann also nicht mehr mit jenem der Welle *a*. Er ist vielmehr auch unten in die Stellung *m* verschoben worden, so daß die Kulisse *e* die strichiert angedeutete Lage einnimmt. Die Folge dieser Kulisseneinstellung ist das Auftreten einer Voreilwirkung, d. h. das Einlaßventil *E* weist gemäß Abb. 57 in der linken Hauptkurbellage *a*—*M* (linken Totlage des Kolbens) eine Voreröffnung auf. Bei dem Bewegen der Hauptkurbel aus der linken Totlage heraus im linken Drehsinne gleitet der Kulissenstein *c* mit dem Kurbelzapfen *b* nun nicht mehr in einer wagerechten, sondern entsprechend der neuen Stellung der Scheibe *d* in der schrägen Richtung *g*—*g*. Die wagerechte, einer Voreilbewegung e_v gleichkommende Komponente der Zapfenbewegung, die bei der ausgezogenen Mittellage des Scheibenschlitzes keinerlei Einwirkung auf die Scheibe und die Kulisse hat, die Kulisse vielmehr in einer reinen Grundbewegung e_g schwingen läßt, übt nun auf die Kulissenstange h auch noch eine gewünschte Voreilbewegung aus. Die Größe dieser

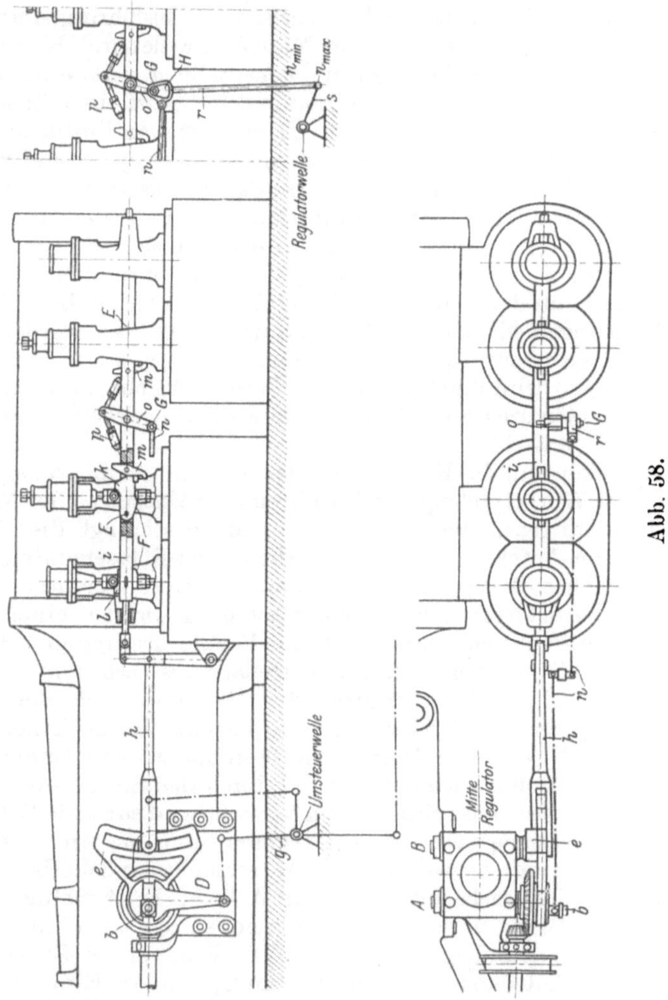

Abb. 58.

Voreilbewegung ist hierbei von der Neigung des Schlitzes abhängig. Je mehr die Kulissenstange h aus der Mittelstellung heraus verschoben wird, um so größer wird der Ausschlag des Scheibenarmes D und damit auch die Neigung des Schlitzes: die Voreilbewegung nimmt entsprechend zu. In der Nähe der Mittellage der Kulissenstange ist die Voreilbewegung demgemäß klein. Sie ist sogar verhältnismäßig sehr klein, weil zu der

Wirkung der geringen Neigung des Scheibenschlitzes auch noch die Hebelarmwirkung zwischen dem Kulissenangriffspunkt und der nahezu wagerecht liegenden Kulissenstange hinzukommt. Wird der Steuerhebel zum Zwecke einer Bewegungsumkehr der Maschine entsprechend verstellt, die Kulissenstange *h* also über ihre Mittellage hinaus auf die andere Seite gebracht, dann findet in ähnlicher Weise wie bei der älteren Bauart der Iversen-Steuerung eine doppelte Umsteuerung der Voreilbewegung statt, d. h. sie erscheint in der Antriebsstange für die Ventile ungeändert, wie das ja erforderlich ist.

Ein Ausführungsbeispiel dieser verbesserten Bauart der vereinigten Lenker- und Kulissensteuerung von Iversen zeigt die Abb. 58 bei einer Ventilmaschine. Die von der Maschinenwelle durch Kegelräder angetriebene Steuerwelle *A* überträgt ihre Bewegungen in gleicher Weise wie in Abb. 57 auf die Kulissenstange *h* sowie auf die Antriebsstange *i* für die Abschlußteile. Die eigentliche Ventilbewegung erfolgt hier aber nicht durch Winkelhebel, sondern durch besondere, auf der hin- und hergehenden Antriebsstange *i* sitzenden Schubkurventeile *k*. Durch diese Maßnahme wird erreicht, daß ungeachtet der durch den Exzenterantrieb bedingten schleichenden Bewegung der Antriebstange die Ventile sich verhältnismäßig schnell öffnen. Für die Einlaßventile ist außerdem noch eine gesteuerte Abschnappvorrichtung *p* vorgesehen, die auch bei der in der Nähe der Mittelstellung der Kulissenstange *h* vorliegenden geringen Voreilung eine kleinere Frischdampffüllung ermöglichen läßt. Die Auslösung der Ventilspindel, also das Schließen der Ventile, tritt jedesmal dann ein, wenn der Anschlag *p* der Abschnappvorrichtung gegen die auf der Antriebsstange *i* befestigten Klinke *m* stößt. Der um den Punkt *E* drehbare Schubkurventeil *k* wird dadurch nicht mehr geführt, weicht vielmehr aus, und das Ventil geht unter der Einwirkung einer Federbelastung schnell auf seinen Sitz. Der Antrieb der Abschnappvorrichtung *p* erfolgt ebenfalls von dem Kurbelzapfen *b* aus durch die Vermittlung des Gestänges *n*—*G*—*o*. Die Auslösung wird somit „gesteuert“. Der Doppelhebel *o* ist hierbei in der Ventilschubstange *i* drehbar gelagert und wird daher von dieser mitbewegt (vgl. Diagramm Abb. 45 auf Seite 42).

Außer der oberen, für den Eingriff der Ventilspindel bestimmten Kurve weist der Schubteil *k* auch noch eine untere Kurve *F* auf. Diese hat die Aufgabe, ein etwa hängengebliebenes Ventil beim Rückgang der Schubstange *i* zwangläufig zu schließen. Damit ist hier auch noch eine „Zwangschlußsteuerung“ der Ventile geschaffen worden.

Die Abschnappvorrichtung kann im übrigen auch noch durch einen Fliehkraftregler beeinflußt werden. In der oberen rechten Skizze der Abb. 58 ist dieser Reglereingriff schematisch dargestellt. Die gezeichnete Stellung der Abschnappvorrichtung entspreche einer zu hohen Umlaufgeschwindigkeit der Fördermaschine. Die mit dem Kurbelzapfen *b* in Verbindung stehende Antriebsstange *n* wirkt dann ohne einen „toten“ Gang auf die Abschnappklinke *p* ein, sie übt demnach eine sofortige Wirkung aus. Das Ergebnis ist eine schnelle Auslösung der Ventilspindel, also eine kleine Frischdampffüllung. Vermindert sich nun die Umlaufgeschwindigkeit der Maschine, dann wird die senkrechte Stange *r* durch den Regler angehoben. Die Stange *n* kommt dann erst nach Durchlaufen eines gewissen „toten" Ganges, d. h. mit einer entsprechenden Verzögerung, zur Wirkung. Und dies hat eine spätere Auslösung der Ventilspindel, also eine größere Frischdampffüllung zur Folge.

d) Die Umsteuerung mittels Nocken.

α) Allgemeines.

In dem Abschnitt über die Steuerwirkung des Nockenantriebes ist bereits hervorgehoben worden, daß diese Steuerungsart bei den neuzeitlichen Dampffördermaschinen in Deutschland mehr und mehr anzutreffen ist, weil mit ihr jede gewünschte Dampfverteilung in leichter Weise erreicht wird. Diese Möglichkeit muß aber vorhanden sein, um den Bedürfnissen des Förderbetriebes voll zu genügen. Es wurde des weiteren auch darauf hingewiesen, daß der Nockenantrieb noch einen anderen wesentlichen Vorzug aufweist, nämlich den einer im Grundgedanken sehr einfachen Art der Maschinenumsteuerung.

Wir hatten gesehen, daß bei der Nockensteuerung ein jedes Ventil von einer besonderen Nockenhülse mit einer darauf befindlichen, entsprechend geformten Erhebung bedient wird, während die Nockenhülsen ihrerseits auf einer Steuerwelle sitzen, die von der Hauptwelle angetrieben wird. Diese Erhebungen sind es also, die das Ventil zwingen, sich zur genau festgesetzten Zeit und in der gewünschten Weise zu öffnen und zu schließen. Weil nun die Erhebungen die gleichen drehenden Bewegungen der Steuerwelle bzw. der Nockenhülsen ausführen müssen, so muß auch der ruhende Ventilhebel bei einem jedesmaligen Auflaufen auf die Erhebung das Ventil öffnen und so den Dampfeinströmungskanal nach dem Zylinder frei geben. Entsprechend kann das Ventil den Dampfkanal erst dann schließen, wenn der Ventilhebel die Erhebung wieder verlassen hat. Es ist schließlich noch gezeigt worden, daß der Umfang der Erhebung die Größe der Füllung infolge des damit verbundenen längeren oder kürzeren Offenhaltens des Ventiles bestimmt, und daß daher zum Zwecke einer Füllungsänderung ein jeder Nocken sich aus einer Anzahl nebeneinanderliegender unrunder Scheiben wechselnden Umfanges derart zusammensetzt, daß hierbei die einzelnen Erhebungen allmählich ineinander übergehen und so durch eine Verschiebung der Nockenhülse auf der Steuerwelle jede gewünschte Füllungsgröße erreicht werden kann.

Geht man einen Schritt weiter und setzt nun auf die Nockenhülse seitlich neben der eben behandelten eine zweite, von der ersten durch einen Zwischenraum getrennte, vollkommen gleiche Erhebung derart auf, daß nunmehr die beiden Erhebungen umgekehrt zueinander stehen (Abb. 59), dann ist leicht erkennbar, daß bei einem umgekehrten Gange der Maschine und damit auch der Steuerwelle — beispielsweise beim Rückwärtsgange — eine genau gleiche Bewegung der Ventile erfolgt wie durch die erste Erhebung beim Vorwärtsgang der Maschine. Es ist sonach nur eine Längsverschiebung der Nockenhülse auf der Steuerwelle erforderlich, um eine Bewegungsumkehr der Maschine herbeizuführen. Die Dampfverteilung im Zylinder ist bei gleicher Form der Erhebungen für beide Bewegungsrichtungen naturgemäß die gleiche. In der Mittelstellung der Nockenhülse, also innerhalb der beiden Erhebungen, gleitet der Ventilhebel auf dem zylindrischen Teil, dem Grundkreis. Der Antriebshebel wird in dieser Stellung nicht betätigt, die Ventile bleiben mit-

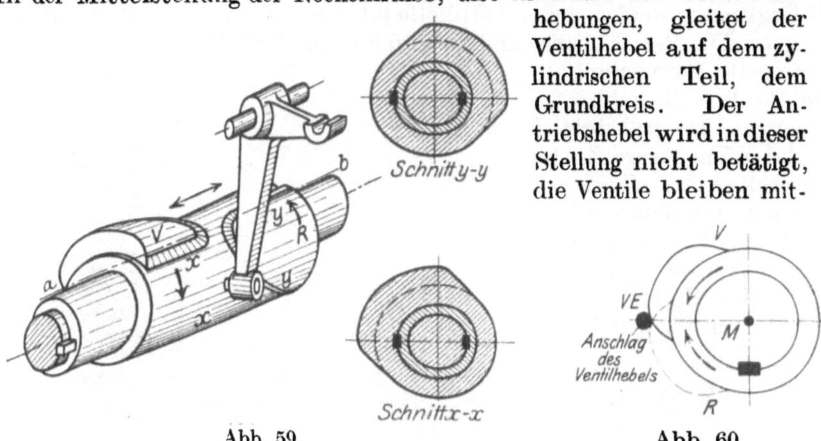

Abb. 59. Abb. 60.

hin geschlossen. Die Nockenumsteuerung erfordert im allgemeinen acht besondere Erhebungen und zwar für jede Drehrichtung der Maschine vier, nämlich je zwei Einlaß- und zwei Auslaßerhebungen. Die gegenseitige Lage der beiden Erhebungen auf der Nockenhülse erhält man durch die Erwägung, daß das Einlaßventil in der Kolbentotlage auf der betreffenden Zylinderseite für beide Drehrichtungen auf eine „lineare“

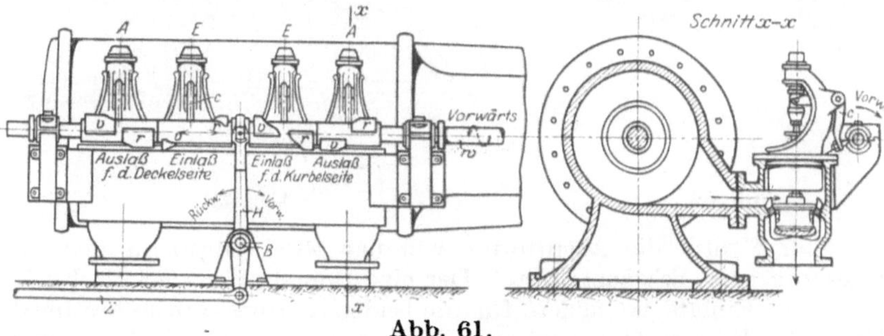

Abb. 61.

Voreilung eingestellt sein muß. Die gleiche Forderung gilt bezüglich des „linearen“ Vorauseilens auf der Auslaßseite des Zylinders. Hieraus ergibt sich eine Anordnung der beiden Erhebungen auf der Nockenhülse, wie sie etwa aus Abb. 60 zu ersehen ist. Bezogen auf die Verbindungslinie zwischen dem Mittelpunkt M der Steuerwelle und dem Punkte VE stellt die eine Erhebung das Spiegelbild der anderen dar.

Die Abb. 61 zeigt die Seitenansicht und den Querschnitt des Zylinders einer älteren Dampffördermaschine mit seitlich nebeneinanderliegenden Ventilen. Die Buchstaben E bezeichnen die Einlaß-, A die Austrittsventile. Diese Bauart ermöglicht die einfachste Anordnung einer Nockenumsteuerung. Ein jedes Ventil hat einen auf der Steuerwelle w sitzenden besonderen Doppelnocken mit den Erhebungen v für den Vorwärtsgang und r für den Rückwärtslauf der Maschine. Ihre Bewegungen werden durch Winkelhebel c auf die Ventilspindel übertragen. Die Verschiebung der Nockenhülse auf der Steuerwelle w erfolgt durch die Vermittlung des im Punkte B drehbar gelagerten Doppelhebels H und der Zugstange Z. Die neueren Dampffördermaschinen, bei denen sich die Einlaßventile oben und die Auslaßventile unten am Ende des Zylinders befinden, lassen für den Antrieb aller vier Ventile die Anordnung von nur zwei Doppelnocken mit insgesamt vier Erhebungen zu. Der eine Doppelnocken ist hierbei für die beiden Einlaß-, der andere für die beiden Austrittsventile bestimmt. Dieser Ausführungsform liegt die Erkenntnis zugrunde, daß ja sowohl für die rechte wie für die linke Zylinderseite, also für beide Zylinderseiten, eine an sich vollkommen gleiche, nur um 180° gegeneinander versetzte Steuerwirkung vorliegt. Es lassen sich somit die Bewegungen der beiden Einlaßventile — und aus gleichen Erwägungen auch der beiden Auslaßventile — durch eine Gegenüberstellung der entsprechenden Hebelanschläge der Ventilgestänge auf dem betreffenden Nocken, also durch eine Versetzung der Anschlagspunkte um 180°, ableiten. In Abb. 62 ist eine solche Antriebsvorrichtung beispielsweise für die

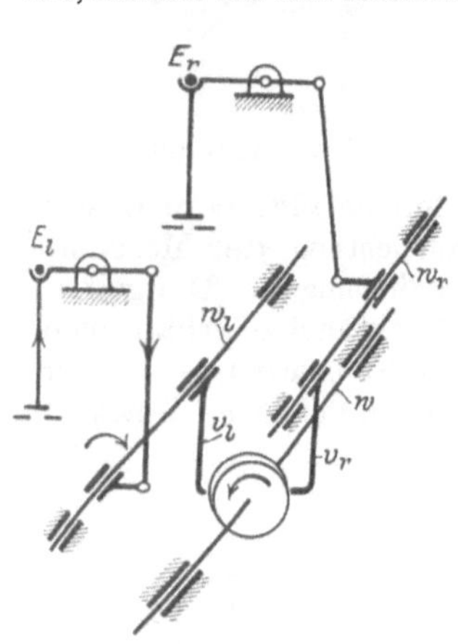

Abb. 62.

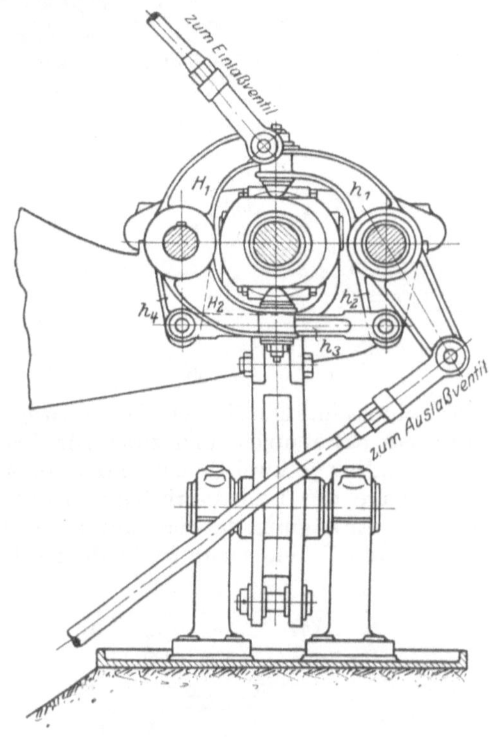

Abb. 63.

beiden Einlaßventile schematisch dargestellt. In der gezeichneten Stellung wirkt die Erhebung der Einlaßnocken für die eine Bewegungsrichtung grade auf den Antriebshebel v_l ein, der seine Bewegungen auf die Nebenwelle w_l und das linke Einlaßventil E_l überträgt. Bei einer Umdrehung der Steuerwelle w im linken Sinne um 180^0 — also nach einem Kolbenhube — wird der Antriebshebel v_r von derselben Erhebung betätigt und dadurch die Nebenwelle w_r und das Einlaßventil E_r bewegt. Die Abb. 63 zeigt für die beiden Einlaßventile die Ausführung eines ähnlichen Gestängeantriebes der Siegener Maschinenbau A.G. Das linke Einlaßventil wird hier durch die Hebel H_1 und H_2 unmittelbar bewegt, während das rechte Einlaßventil durch die Vermittlung des Gestänges h_2—h_3—h_1 bei einem um 180^0 versetzten Anschlagspunkte gesteuert wird. In der Abb. 64 ist die Gesamtanordnung eines Ventilantriebes mit nur zwei Doppelnocken für die beiden Einlaß- und Austrittsventile dargestellt. Die Anschlagspunkte der beiden gegenüberstehenden Antriebshebel liegen hier, wie auch in der schematischen Zeichnung der Abb. 62, in der wagerechten Ebene, während die Abb. 63 diese Berührungspunkte in der senkrechten Mittellinie der Nockenhülse zeigt. Die Lage der Anschlagspunkte kann im übrigen auch jede andere, beliebige sein.

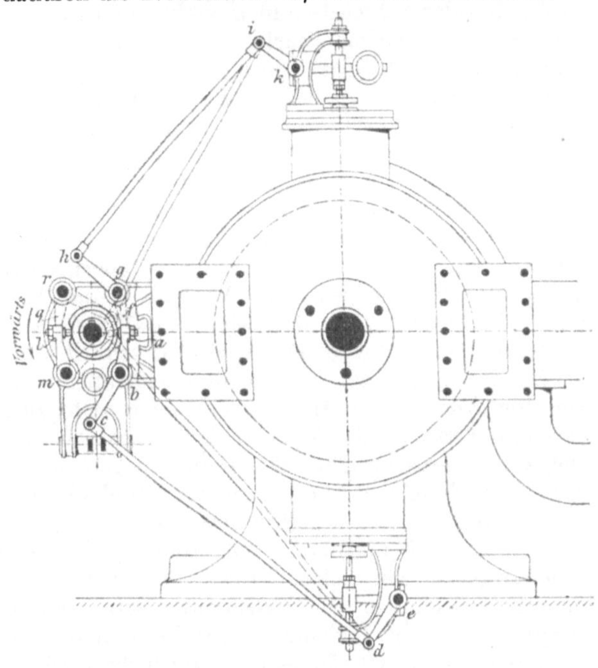

Abb. 64.

Die Gegenüberstellung der beiden Antriebshebel für die Einlaß- bzw. Austrittsventile erfordert bei den neuzeitlichen Dampffördermaschinen also die Anwendung von nur zwei Doppelnocken, im Gegensatz zu der Ausführungsform der älteren Fördermaschinen gemäß Abb. 61 mit vier Doppelnocken. Hierbei darf aber nicht übersehen werden, daß sich bei der Anordnung von insgesamt nur zwei Doppelnocken die Antriebsverhältnisse infolge des meist verwickelteren Ventilgestängeaufbaues wesentlich ungünstiger gestalten. Hinzu kommt, daß auch die Beanspruchung der Nocken durch die beiden um 180° versetzten Antriebshebel und demgemäß auch ihre Abnutzung größer ist. Jede geringe Abweichung von der ursprünglichen Nockenform hat aber, wie wir bereits gesehen haben, stets eine Veränderung der Dampfverteilung, also eine Verschlechterung der Arbeitsweise des Dampfes im Zylinder zur Folge. Aus diesem Grunde dürfen die Nocken nur aus gutem, widerstandsfähigem Baustoff hergestellt werden. Vielfach wird Stahlguß oder Schmiedestahl gewählt, und es werden die Nocken nach einer entsprechenden Bearbeitung noch gehärtet. Neuerdings verwendet man auch Nocken aus geschmiedetem Flußeisen, die entweder aus einem vollen Stück herausgefräst oder aber im Gesenk geschmiedet, von Hand nachgearbeitet und ebenfalls gehärtet werden. Zur Erzielung eines guten und stoßfreien Zusammenarbeitens der Nocken mit den Anschlaghebeln der Ventile ist hierbei auf eine möglichst glatte und blanke Oberfläche der Nocken zu achten.

Eine besondere Sorgfalt erfordert auch die Form der die Eröffnung und die Schlußbewegung der Ventile steuernden Anlauf- und Ablaufkurven der Erhebungen. Die Ausbildung der Anlaufkurven muß beispielsweise derart sein, daß sich die Ventile zur Vermeidung einer unnötigen Dampfdrosselung möglichst schnell öffnen. Die Anlaufseite der Erhebung müßte also entsprechend ansteigen. Andererseits darf aber der Anstieg der Anlaufkurve auch nicht zu steil ausfallen, weil sonst die Gefahr entsteht, daß der Anschlaghebel des Ventilgestänges infolge der anstrebenden Beschleunigungen der Gestängemassen sich gegen das Ende der Kurve von der Hubfläche abhebt. Dies hat aber ein nachfolgendes Zurückschnellen des Anschlaghebels auf den Nocken, also einen Stoß und damit verbunden einen starken Verschleiß der Steuerungsteile zur Folge. Diese Gefahr kann allerdings für schnelllaufende Maschinen von Bedeutung sein. Für die verhältnismäßig geringe minutliche Umlaufzahl der Fördermaschinen-Steuerwelle — im allgemeinen etwa 60—70 — tritt sie mehr zurück. Immerhin ist auch mit Rücksicht auf die zugelassenen Beschleunigungen der von dem Nocken bewegten Gestängemassen zu empfehlen, den einen guten Mittelwert ergebenden Neigungswinkel zwischen Tangente und Anlaufkurve von 30° nicht zu überschreiten, während ein solcher von 40° den Höchstwert darstellt. Ebenso ist darauf zu achten, daß die von dem Nocken zu bewegenden Massen ein geringes Gewicht ergeben, die noch zur Sicherheit mittels einer Feder gegen die Anhubkurve gedrückt werden sollen. Diese Ventilfeder übt beim Auflaufen des Anschlaghebels auf die Nockenerhebung einen genügend großen Widerstand aus und sichert dadurch den Hebelarm gegen ein Abspringen von der Auflauffläche.

Auch der Anstieg der Erhebungen in der Längsrichtung des Nokkens darf ebenfalls keinen zu großen Wert annehmen. Die Feinheit in der Einstellung der verschiedenen Dampfverteilungen erfordert vielmehr einen möglichst sanften Übergang von der einen Stellung des Anschlaghebels in die andere. Mit anderen Worten: Die Nockenlänge darf — bezogen auf die größte Ventilerhebung — nicht zu kurz bemessen werden.

Die Bewegung der Steuerwelle bzw. des Nockens wird, wie weiter oben dargelegt wurde, durch schwingende Hebel auf die Ventile übertragen. Zur Erzielung einer möglichst geringen Reibung zwischen dem Anschlagsarm und dem Nocken bzw. damit das Auflaufen des Ventilhebels auf den Nocken sowohl in dessen Längs- wie auch in der Querrichtung möglichst unbehindert vor sich geht, wird das Ende des Hebelarmes als Kugelkopf oder auch als ein halbkugelförmig gestalteter Stift ausgebildet, so daß der Ventilhebelarm nur mit einem Punkte auf dem Nocken schleift. Die aus gehärtetem Stahl bestehenden Kugeln bzw. Stifte werden hierbei in dem Hebelarm zweckmäßig nachstellbar angeordnet. Die Abb. 65 zeigt als Beispiel den mit einem Kugelkopf versehenen Winkelhebelarm in der Ausführungsform der Friedrich-Wilhelmshütte, Mühlheim-Ruhr. Die Stahlkugel ruht hier in einem besonderen Kugellager, wodurch noch die gleitende Reibung in eine rollende umgewandelt wird. In Abb. 66 sind zwei ähnlich ausgebildete Winkelhebelarme für Doppelnocken in der Ausführung der Dinglerschen Maschinenfabrik-Zweibrücken veranschaulicht.

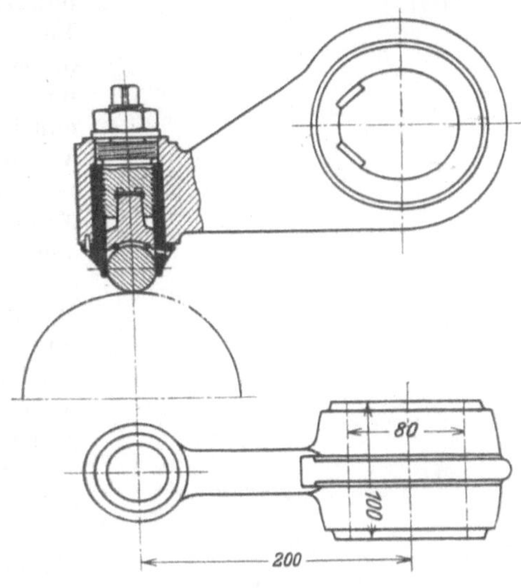

Abb. 65.

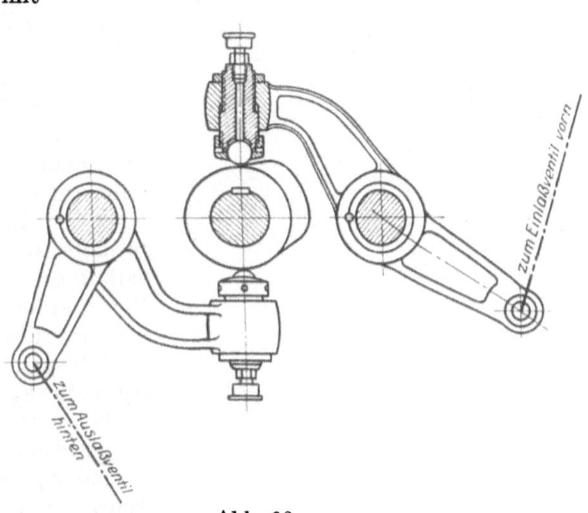

Abb. 66.

Wir wissen bereits, daß die die Nockenhülse tragende Steuerwelle von der Hauptwelle angetrieben wird. Es bleibt nur noch übrig, die

Mittel aufzuzeigen, durch welche die Übertragung erfolgt. Man bedient sich hierzu eines Zahnräderpaares mit einem Übersetzungsverhältnis 1 : 1, so daß also beide Wellen die gleiche minutliche Umlaufszahl haben. Das ist aber notwendig, da ja der die Hauptwelle antreibende Kolben nunmehr durch die den Dampfeintritt und Dampfauslaß regelnden Ventile diesen zu seiner Arbeit befähigen. In der Abb. 67 (Siegener Maschinenbau A. G., Siegen i.W.) sind daher zwischen die beiden senkrecht zueinander stehenden Wellen w und w_1 zwei Kegelräder K_1 und K_2 mit gleicher Zähnezahl eingeschaltet. Da die starke Maschinenwelle w naturgemäß auch einen größeren Durchmesser des auf ihr sitzenden Zahnrades K_1 bedingt, so fällt bei dieser Anordnung das auf der Steuerwelle w_1 aufgekeilte Gegenrad K_2 ebenfalls groß aus. Dies hat aber gemäß Abb. 67 eine unerwünschte Vergrößerung der Hauptwellenlänge L zur Folge. Bei dem Steuerwellenantrieb nach Abb. 68 wird dieser Übelstand durch die Einschaltung einer besonderen Vorgelegewelle w_1 zwischen der Haupt- und der Steuerwelle vermieden. Das nunmehr auf der Vorgelegewelle w_1 sitzende Kegelrad K_2 kann jetzt kleiner gewählt werden, beispielsweise nur halb so groß wie das Antriebsrad K_1. Die hierdurch im Verhältnis 1 : 2 hervorgerufene Veränderung der Umlaufsgeschwindigkeit der Vorgelegewelle w_1 gegenüber der Hauptwelle w wird durch ein weiteres Zahnradpaar, die beiden Stirnräder S und S_1, die mit einem umgekehrten Übersetzungsverhältnis 2 : 1 zwischen der Vorgelegewelle w_1 und der eigentlichen Steuerwelle w_2 eingefügt werden, wieder auf die richtige Größe gebracht. Die Anordnung eines besonderen Vorgeleges in die Antriebsvorrichtung der Steuerwelle w_2 bietet außerdem die Mög-

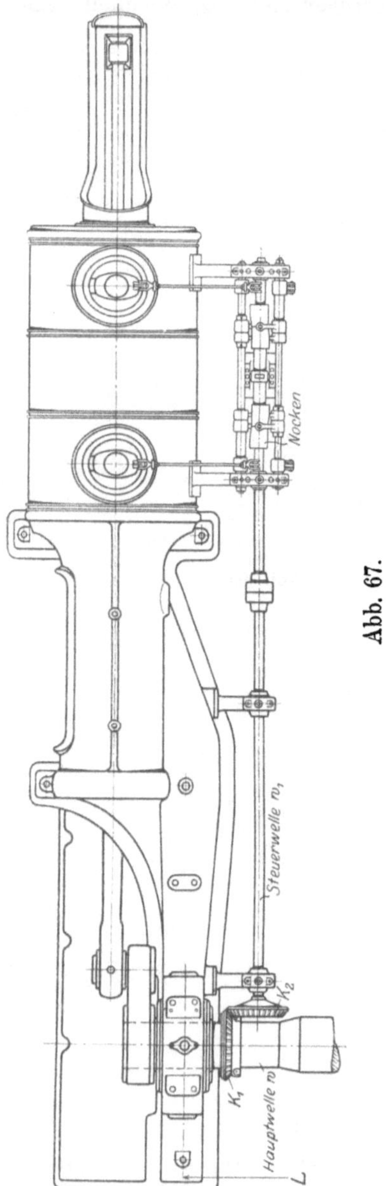

Abb. 67.

lichkeit, die Steuerwelle je nach Bedarf von den Dampfzylindern weiter abzurücken oder sie auch oberhalb der Zylindermitte zu verlegen

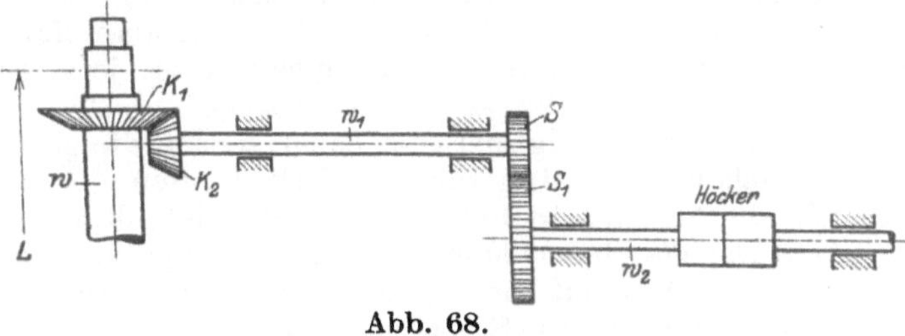

Abb. 68.

Immerhin darf nicht übersehen werden, daß nunmehr zwei Zahnräderpaare erforderlich sind.

β) Ausführungsformen der Nocken.

Die im Laufe der Zeit entstandenen verschiedenartigen Nockenformen für Dampffördermaschinen lassen sich in vier Gruppen zusammenfassen.

Die ältere, von dem Oberingenieur Kraft herrührende Nockenbauart bildet die erste Gruppe. Sie erstrebt eine ähnliche Steuerwirkung, wie wir sie bei der Besprechung der Kulissensteuerungen kennengelernt haben. Dort haben wir gesehen, daß von der Mittellage, der sog. Nulllage, aus wachsende Frischdampffüllungen sowohl im Vorwärts- wie auch im Rückwärtsgang der Maschine eingestellt werden können, so daß in den äußersten Endlagen des Steuerhebels die größte Füllung des Zylinders erreicht wird. In ähnlicher Weise ergibt auch die ältere Nockenbauart eine allmähliche Vergrößerung der Frischdampffüllung, wenn man den Steuerhebel von seiner Mittelstellung aus nach einem Ende hin bewegt. Der Höchstwert mit etwa 95 v. H. wird auch hier in einer der beiden Steuerhebelendlagen erreicht. Mit zunehmendem Steuerhebelausschlag wird aber gleichzeitig auch das Ventil mehr und mehr von seinem Sitz abgehoben. Der Ventilhub hat daher ebenfalls seinen größten Wert in der Endlage des Steuerhebels, so daß in dieser Stellung der Frischdampf ungedrosselt durch den gänzlich freigegebenen Dampfeintrittskanal in den Zylinder einströmt. Während aber bei den Kulissensteuerungen die kleinen Füllungen stets große Verdichtungsabschnitte mit ihren schädlichen Auswirkungen aufweisen, kann bei den Nockensteuerungen dieser Nachteil durch eine verschiedenartige Ausbildung der Ablaufkurven (Ausgleich der Füllungen und der Dampfverdichtungen für beide Zylinderseiten) vermieden werden. Dagegen hat aber die ältere Nockenform mit den Kulissensteuerungen den Übelstand gemein, daß große Füllungen mit ihren großen Kraftwirkungen ein Auslegen des Steuerhebels bis in die Endlagen bedingen. Dies hat wiederum zur Folge, daß genaue und langsame Bewegungen der Fördermaschinen, wie sie beispielsweise beim „Überheben“ der beladenen Förderkörbe am Ende der Fahrt auszuführen sind, zum mindesten sehr erschwert werden, wenn nicht gar unmöglich sind. Diese Nockenform gibt daher häufig Veranlassung, während der Fahrt mit ganz ausgelegtem Steuerhebel die volle Dampfleistung im Zylinder durch eine verlustbringende Drosselung des Frischdampfes herabzusetzen. Mit anderen Worten: die Maschine arbeitet jetzt ebenfalls mit Vollfüllung, aber bei gedrosseltem Frischdampf.

Eine in dieser Beziehung günstigere Bauart weisen die gegen Ende des vorigen Jahrhunderts eingeführten Nockenformen der zweiten Gruppe auf. Die Nocken sind hier derart ausgebildet, daß bereits ein geringer Ausschlag des Steuerhebels von seiner Nullage aus das Ventil bei einem kleinen Hube auf eine große Frischdampffüllung einstellt. Beim weiteren Auslegen des Steuerhebels verringert sich dann die Frischdampffüllung, wobei der Ventilhub allmählich bis zu seinem Höchstwerte ansteigt und hieran anschließend wieder abnimmt. Der besondere Vorteil dieser Nockenform ist also darin zu erblicken, daß in der Nähe der Nullage des Steuerhebels wohl große Füllungen des Zylinders mit Frischdampf erfolgen, daß aber dieser Frischdampf nur eine geringe Kraft entfaltet, weil ja der Dampf infolge der kleinen Ventilerhebung gedrosselt einströmt. Dies ist aber für eine gute Führung der Fördermaschine gegen Ende der Fahrt ungemein erwünscht. Die durch diese Nockenform ermöglichte gute Manövrierfähigkeit der Fördermaschine hat wesentlich zu der allgemeinen Verbreitung der Nockensteuerung im Fördermaschinenbau beigetragen.

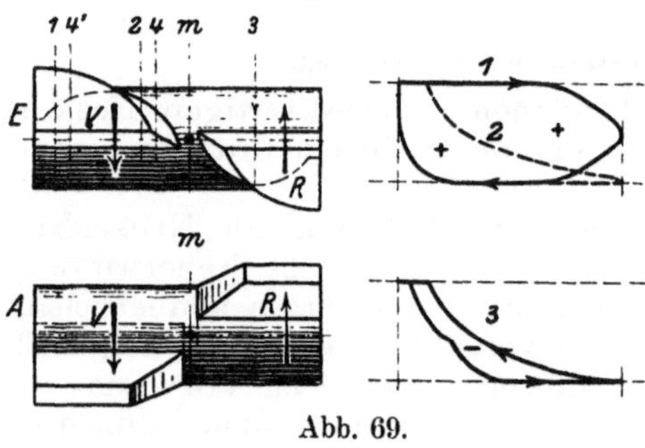

Abb. 69.

Gewissermaßen aus einer Vereinigung der ersten und zweiten Gruppe entstand dann um das Jahr 1910 eine weitere Nockenform. Bei dieser die dritte Gruppe umfassenden vereinigten Nockenbauart ist in unmittelbarer Nähe der Steuerhebel-Mittellage zunächst eine besondere schmale und niedrige Erhebung angeordnet, die bei kleinen Ventilhüben ein Arbeiten der Fördermaschine mit großen Frischdampffüllungen, also eine gute Manövrierfähigkeit der Maschine, ermöglicht. Diese besondere Erhebung führt darum auch die Bezeichnung „Manövrierknagge". An die Manövrierknagge schließt sich dann nach außen eine normale Erhebung der Bauart der ersten Gruppe, die sog. „Arbeits- oder Fahrknagge", an. Die vereinigte Bauart weist also den Vorteil der zweiten Nockengruppe auf, nämlich den einer guten Manövrierfähigkeit. Aber sie hat den Nachteil, daß die Steuerung an der Grenze zwischen den Manövrier- und den Arbeitsknaggen durch den hier eintretenden plötzlichen Wechsel von der etwa 95 v. H. betragenden Frischdampffüllung auf Nullfüllung schon durch eine kleine Längsverschiebung des Nockens auf der Steuerwelle stark beeinflußt wird. Die Steuerung wird dadurch etwas unsicher.

Die letzte, vierte Gruppe stellen schließlich die verschiedenartigsten Sonderausführungen von Nocken zur Erreichung der für eine Verkürzung des Auslaufabschnittes erwünschten Hemmwirkungen des Dampfes im Zylinder dar. Diese Sonderbauarten haben sich jedoch bisher keiner großen Beliebtheit erfreut.

Die Abb. 69 zeigt zunächst die von Kraft herrührende ältere Nockenform. Mit „*E*“ ist der Doppelnocken für das Einlaßventil, mit „*A*“ jener für das Auslaßventil bezeichnet. „*V*“ stellen die Erhebungen für den Vorwärtsgang, „*R*“ jene für den Rückwärtslauf der Maschine dar. Ihre Bewegungsrichtung ist durch Pfeile angedeutet.

Die zeichnerische Darstellung läßt ohne weiteres erkennen, daß die Lage des Ventilhebel-Anschlagspunktes in der Schnittebene *m—m* (Mittelstellung des Doppelnockens) eine Nullfüllung ergibt. Wird nun der Steuerhebel ausgelegt, dann wird der Nocken zunächst auf eine kleine Füllung und einen geringen Ventilhub eingestellt. Mit zunehmender Einschaltung des Steuerhebels werden sowohl die Füllung wie auch die Erhebung des Ventiles größer, bis die Frischdampffüllung in der äußersten Endlage des Steuerhebels ihren für das Anfahren der Maschine erforderlichen Höchstwert erreicht hat. Die Schnittebene durch „*1*“ kennzeichnet diese Anfahrstellung des Nockens beispielsweise für den Vorwärtsgang der Maschine. Das entsprechende Dampfdruckdiagramm ist aus dem oberen rechten ausgezogenen Schaubild ersichtlich. Um nun nach dem Anfahren das Einlaßventil auf eine kleine, sparsam arbeitende Füllung einzustellen, ist der Anschlagspunkt in die Stellung „*2*“ zu bringen. Das Dampfdruckdiagramm in der oberen rechten Abbildung läßt die dadurch hervorgerufene geänderte Arbeitsweise des Dampfes im Zylinder in der strichiert angedeuteten Dampfdehnungslinie erkennen.

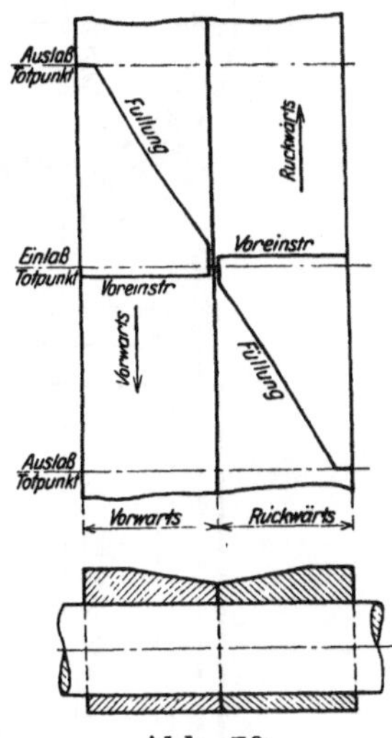

Abb. 70.

Gegen das Ende des Förderzuges wird bei einem freien Auslauf der Maschine der Anschlagspunkt in die Nullage *m—m* bzw. zur Erreichung einer Bewegungshemmung, also einer Verkürzung der Förderzeit, über die Mittelstellung *m—m* hinaus in die Stellung „*3*“ verschoben. Die treibende Dampfkraft wird hier also nicht nur abgestellt, es wird vielmehr noch „Gegendampf“ in den Zylinder gegeben und auf diese Weise eine hemmende Wirkung auf die sich bewegende Fördermaschine ausgeübt. Die Arbeitsweise des Gegendampfes im Zylinder zeigt das Schaubild der unteren rechten Abbildung „*3*“. Die für das Einfahren bzw. „Umsetzen“ oder „Überheben“ der beladenen Förderkörbe be-

m
k
h
f
d
b
Expansion
Voreinströmung
Voreinströmung
Expansion
Steuer-
welle
Nocken-
hülse
l
i
g
e
c
a
Füllung
(Ex)
Totpunkt
(V.E.)
Vorwärts
a-b
Ex
VE
c-d
Ex
VE
e-f
Ex
VE
g-h
Ex
VE
i-k
Ex
VE
l-m

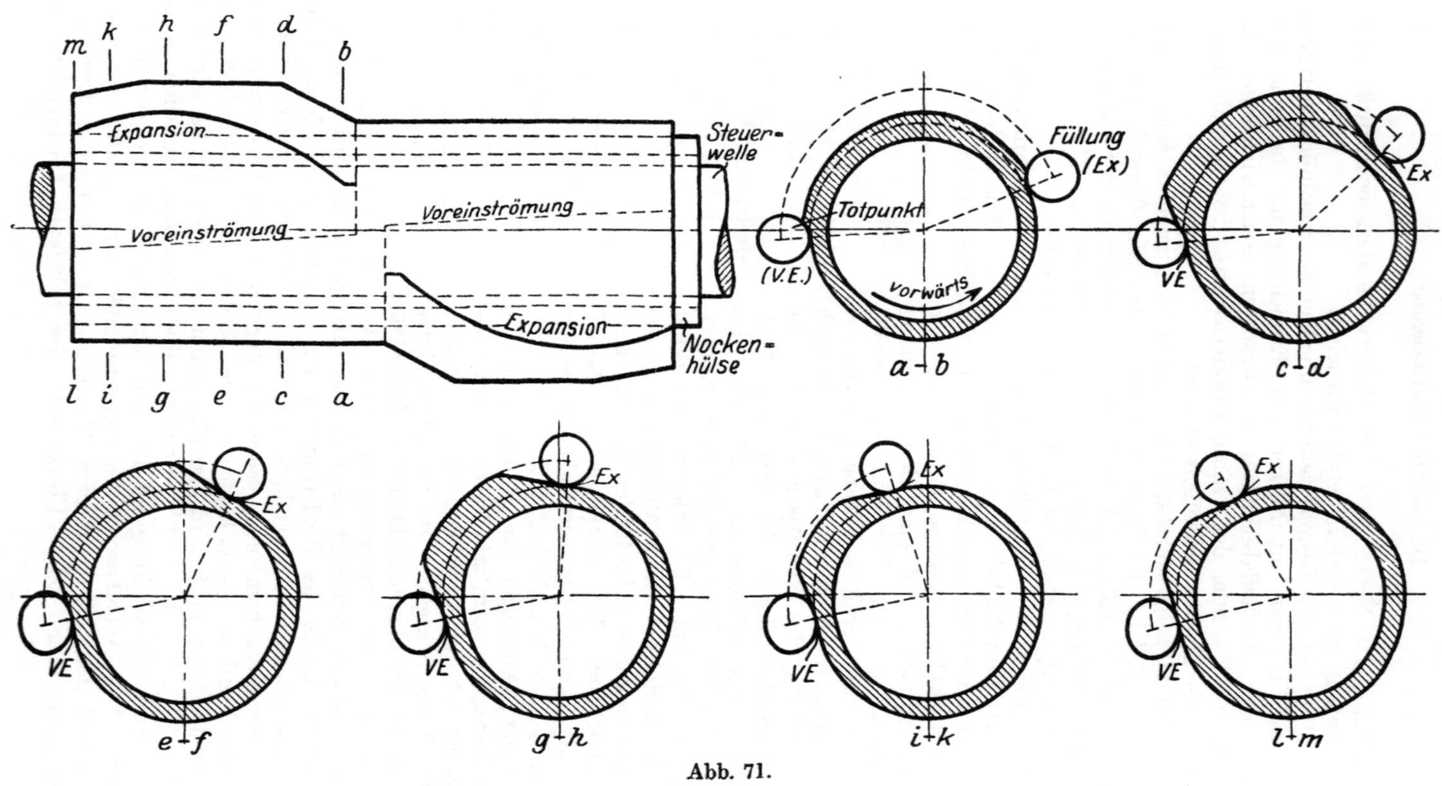

Abb. 71.

stimmten Stellungen des Hebelanschlages liegen zwischen den Schnittebenen *4* und *4'*, je nachdem die Kurbelstellung der Maschine eine kleinere oder größere Frischdampffüllung verlangt. Man erkennt, daß diese Art der Steuerung einmal eine verhältnismäßig umständliche und bedingt durch das vorsichtige Suchen der richtigen Steuerhebelstellung auch eine zeitraubende ist, zum andern folgt aus der großen Kraftentfaltung des mit vollem Druck in den Zylinder eintretenden Frischdampfes eine schwere und unsichere Führung der Fördermaschine. Hinzu tritt noch der Nachteil eines großen Dampfverbrauches, da vor dem endgültigen Stillsetzen der Maschine im allgemeinen nochmals Gegendampf gegeben wird.

Die Abb. 70 zeigt den Längsschnitt und die Abwicklung eines ähnlichen Einlaßnockens älterer Bauart der Siegener Maschinenbau A. G. Aus der Darstellung ist deutlich ersichtlich, daß die großen Frischdampffüllungen entsprechend den abgewickelten Trapezen der Erhebungen am Ende der Nocken liegen.

Ein Beispiel der zur zweiten Gruppe gehörenden Nockenformen zeigt Abb. 71 für ein Einlaßventil. Die Schnittebene *a—b* läßt die geringe Erhöhung des Nockens gegenüber den übrigen Schnittebenen erkennen. Sie entspricht einem Steuerhebelausschlag kurz hinter der Nullage. Entsprechend der kleinen Erhöhung des Nockens wird auch das Ventil durch den Ventilhebel nur wenig von seinem Sitz abgehoben, der Frischdampf wird mithin gedrosselt. Der im Verhältnis zu den Entfernungen der übrigen Schnittebenen längste Weg zwischen den Erhöhungsendpunkten des Nockens ($VE—E_x$), den der Ventilhebel ja bei jeder Umdrehung der mit der Nockenhülse verbundenen Steuerwelle passieren muß, bedingt ein entsprechend langes Offenhalten des Ventiles und damit eine große Frischdampffüllung des Zylinders. Wird der Steuerhebel weiter ausgelegt, so daß der Anschlagspunkt beispielsweise in die Lage der Ebene *c—d* kommt, dann hat die Ventilerhebung ihren Höchstwert erreicht. Die Füllung ist dagegen geringer geworden. In den Schnittebenen *e—f* und *g—h* wiederum hat bei dem gleichen Ventilhub wie in *c—d* die Füllung weiterhin abgenommen. Legt man den Steuerhebel noch weiter aus, beispielsweise bis zu den Ebenen *i—k* und *l—m* (Endlage des Steuerhebels), so erkennt man, daß hier sowohl die Füllung wie auch die Ventilerhebung kleiner geworden sind.

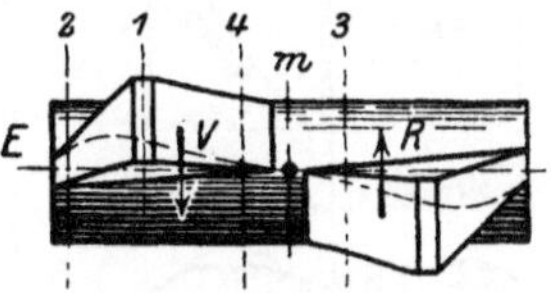

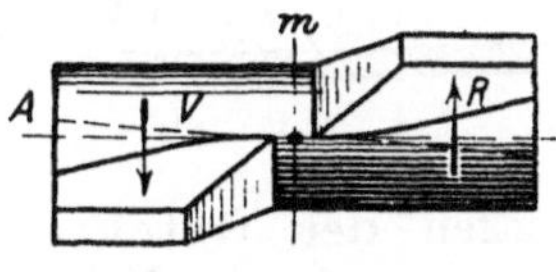

Abb. 72.

Ein anderes Beispiel derselben Nockenart für ein Einlaß- und Auslaßventil veranschaulicht die Abb. 72 (Friedrich-Wilhelmshütte, Mühlheim-Ruhr). Den kleinen Ausschlägen des Steuerhebels entsprechen die großen Füllungen bei gedrosseltem Frischdampf in der Nähe der Nullage *m—m*. Mit zunehmendem Auslegen des Steuerhebels werden die Frischdampffüllungen allmählich geringer, aber zunächst noch bei größer werdendem Ventilhub. Dieser erreicht seinen Höchstwert erst in der Ebene *1* und fällt von hier ab. Gegen Ende des Förderzuges muß der Steuerhebel wieder in die Nähe der Mittellage zurückgelegt werden, um je nach Bedarf mit Gegendampf bzw. beim „Umsetzen“ oder „Überheben“ wieder mit größerer Füllung und mit gedrosseltem Frischdampf arbeiten zu können.

In Abb. 73 ist ein Längsschnitt und die Abwicklung eines ähnlichen Einlaßnockens der **Siegener Maschinenbau A. G.** mit großen Frischdampffüllungen in der Nähe der Steuerhebelmittellage und Füllungsabnahme mit größer werdendem Hebelausschlag gemäß den abgewickelten Trapezen dargestellt. Die Trapeze zeigen im besonderen auch, daß in den der Mittellage benachbarten Stellungen die Voreinströmung gleich Null ist, und daß sie nach außen hin allmählich bis auf den Höchstwert anwächst (etwa 1,5—2,5 v. H.).

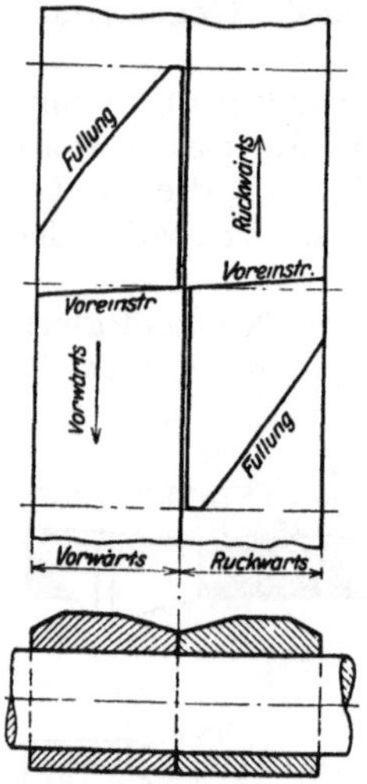

Abb. 73.

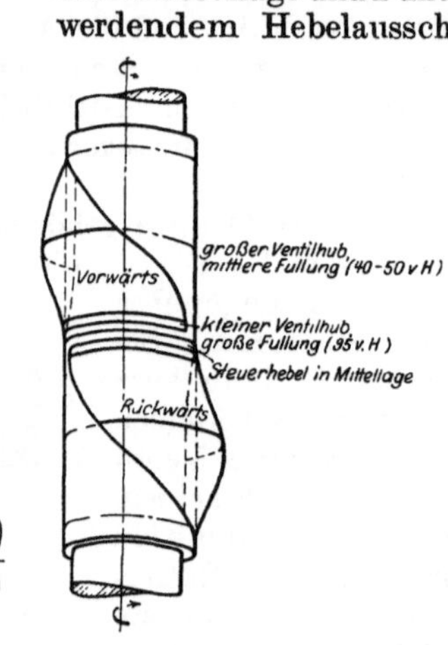

Abb. 74.

Eine ähnliche Bauart zeigt auch der in Abb. 74 veranschaulichte Einlaßnocken der **Gutehoffnungshütte**[1]). Man erkennt, daß die Erhebungen in der Nähe der Steuerhebelmittellage zunächst für kleine Ventilhübe bei großen Frischdampffüllungen bestimmt sind, daß aber die Frischdampffüllungen bei einem Auslegen des Steuerhebels nach außen hin immer kleiner werden, wobei der Ventilhub allmählich bis zu seinem bei einer Füllung von 40—50 v. H. liegenden Höchstwert anwächst und hieran anschließend wieder abnimmt. Gegen Ende der Nockenhülse gehen die Erhebungen schließlich in einen zylindrischen Teil über.

Die Nockenarten der **zweiten** Gruppe haben namentlich in Verbindung mit einem Fliehkraftregler häufig Anwendung gefunden. Der Fliehkraftregler hat hierbei die Aufgabe, den Nocken bei einem Überschreiten der höchsten Fördergeschwindigkeit nach außen, also auf eine kleinere Füllung zu verschieben, so daß nunmehr infolge der geringeren Frischdampfzuführung zwangläufig eine Verringerung der Dampfleistung im Zylinder herbeigeführt wird. Für eine Beeinflussung der Steuerung durch eine Sicherheitsvorrichtung bietet diese Nockenform

[1]) Glückauf, 1926, Nr. 13.

aber insofern Schwierigkeiten, als beim Zurückgehen des Steuerhebels aus seiner äußersten Endlage nach der Mittelstellung hin immer erst die großen Füllungen durchlaufen werden müssen. Dadurch wird aber die Steuerwirkung unstetig.

Die Abb. 75 zeigt schließlich eine Bauart der dritten Gruppe mit besonderen „Manövrier-" und „Arbeits-" oder „Fahrnocken". Beim Anfahren der Maschine muß der Ventilhebelanschlag zunächst das ganze Gebiet des Manövriernockens passieren. Da die ansteigende Fläche in der Längsrichtung des Manövriernockens jede gewünschte Dampfdrosselung und damit auch die gewünschte Kraftentfaltung ermöglicht, weiterhin auch der große Umfang der Erhöhung in der Querrichtung das Ventil lange offen hält, so erreicht man im Anfahrabschnitt eine große Füllung des Zylinders verbunden mit einem geringen und regelbaren Dampfdruck und damit die gewünschte Arbeitsweise des Frischdampfes, wie sie das Dampfdruckdiagramm *4* veranschaulicht. Die Erhebung des Auslaßnockens „*A*" weist in der Abb. 75 eine kleine Vorausströmung und eine mäßige Dampfverdichtung auf, um ein leichtes Manövrieren—wie es beispielsweise für eine genaue Korbeinstellung erforderlich ist — zu ermöglichen. Desgleichen ist auch die Voreinströmung im Gebiete der großen Anfahrfüllungen zum Zwecke eines leichteren Ingangsetzens der Maschine aus jeder Kurbelstellung niedrig gehalten. An die Manövriernocken schließen sich nach außen hin — wie wir bereits gesehen haben — die Arbeits- oder Fahrnocken an, deren Wirkungsweise auf S. 66 besprochen worden ist. Zum Zwecke der Erzielung eines möglichst ruhigen Maschinenganges während der Mittelfahrt wird der entsprechende Teil der Auslaßerhebung für eine größere Vorausströmung und Dampfverdichtung als im Bereiche des Manövriernockens bemessen.

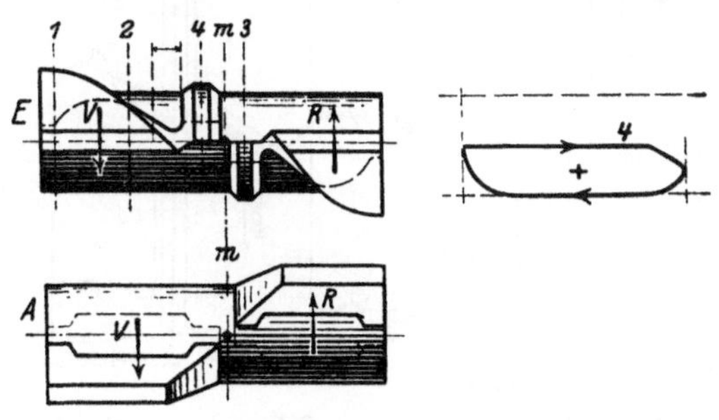

Abb. 75.

Eine neuere Ausführung eines Einlaßnockens für den Hochdruckzylinder einer Zwillings-Reihenverbundmaschine ist in Abb. 76 im Längsschnitt und in der Abwicklung dargestellt. (Siegener Maschinenbau A. G.) Wie bei der Nockenbauart gemäß Abb. 75 liegen die großen Füllungen bei der äußersten Endstellung des Steuerhebels. Außerdem sind in unmittelbarer Nähe der Mittellage des Steuerhebels besondere schmale Erhebungen für volle Füllungen und gedrosselten Frischdampf vorgesehen, die ein gutes Manövrieren der Maschine bei ihren Endbewegungen gewährleisten. Die Abb. 77 veranschaulicht den entsprechenden Auslaßnocken im Längsschnitt wie auch in der Abwicklung.

Die besonderen Nockenbauarten der vierten Gruppe erstreben eine ähnlich hemmende Dampfwirkung auf den Gang der Maschine, wie wir sie bereits bei dem Verfahren des Gegendampfgebens kennengelernt haben. Wir erinnern uns, daß bei den „normalen“ Nockenbauarten im allgemeinen nur dann eine Hemmwirkung mittels Gegendampf erreicht werden kann, wenn der Steuerhebel beispielsweise während des Vorwärtsganges der Maschine über die Mittelstellung hinaus auf Rückwärtsgang eingestellt wird. Diese Art der Bremsung durch Dampf ist aber schlecht regelbar und erfordert obendrein noch einen hohen Dampfverbrauch. Es ist darum angestrebt worden, eine Hemmwirkung der Maschine ohne jeglichen Dampfverbrauch dadurch herbeizuführen, daß man das Auslaßventil während des Hemmabschnittes geschlossen hält, so daß der auf dem Kolbenhingang in den Zylinder eingeströmte — und zwar gedrosselte — Frischdampf nicht mehr entweichen kann. Beim Kolbenrückgang wird dieser im Zylinder zurückgehaltene gedrosselte Dampf dann verdichtet und wirkt so hemmend auf den Gang der Maschine ein. Ist die Verdichtung so weit vorgeschritten, daß die Spannung des Abdampfes die des Frischdampfes erreicht bzw. überstiegen hat, dann wird ein Teil dieses Dampfes in die Frischdampfleitung übergeführt. Um nun die eben geschilderte Stauwirkung des Abdampfes im Zylinder zu erzielen, müssen vor allem die Auslaßnocken eine von der bisher besprochenen Bauart abweichende Gestaltung aufweisen. Diese Sonderbauarten der Nocken, die sog. „Staunocken“, sind erstmalig von Grunewald-Aachen (1907) vorgeschlagen worden. In der Abb. 78 ist ein als Staunocken ausgebildeter Auslaßnocken im Sinne Grunewalds dargestellt. Der Einlaßnocken hat hierbei die gleichen Erhebungen wie der entsprechende Nocken in Abb. 72. Das Wesentliche ist sonach in dem Auslaßnocken zu erblicken, dessen Besonderheit darin besteht, daß er in der Mitte einen größeren erhebungsfreien zylindrischen Teil aufweist. Dadurch wird erreicht, daß beispielsweise bei einer Lage des Anschlagpunktes in der Schnittebene *3* (Abb. 78) der Einlaßnocken wohl gedrosselten Frischdampf in größerer Füllung durch das Einlaßventil in den Zylinder einströmen läßt, daß aber bei

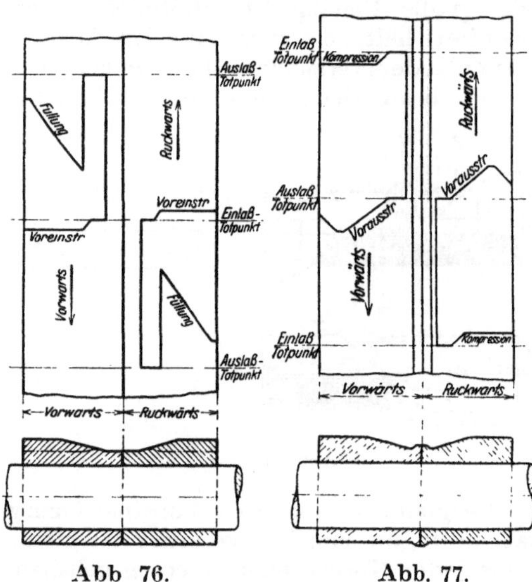

Abb 76. Abb. 77.

dem Kolbenrückgang das Austrittsventil geschlossen bleibt, weil ja jetzt der Anschlagspunkt über einen erhebungsfreien Teil gleitet. Der Dampf kann also nicht mehr aus dem Zylinder entweichen, er setzt vielmehr infolge seiner Stauung dem nachdrängenden Kolben auf dessen Rückweg einen Widerstand entgegen und übt damit die gewünschte Hemmwirkung auf den Gang der Maschine aus. Wird hierbei der Frischdampfdruck überschritten — vgl. die Dampfdruckdiagramme *3'* und *3''* der Abb. 78 —, dann geht ein Teil des verdichteten Dampfes über Sicherheitsventile in die Frischdampfleitung zurück. Eine Regelung der Hemmwirkung wird dadurch herbeigeführt, daß entsprechend der Stellung des Einlaßnockens das Einlaßventil den Frischdampf beim Kolbenhingange in den Zylinder mehr oder weniger gedrosselt einströmen läßt.

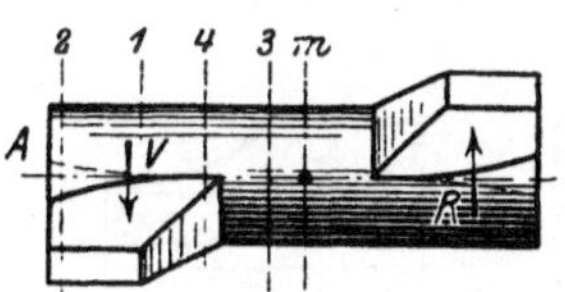

Abb. 78.

Um die während des Hemmabschnittes im Zylinder auftretenden hohen Verdichtungsdrücke, die ein genaues Einfahren der Förderkörbe in ihre Endstellungen erschweren, auf ein erträgliches Maß herabzumindern, wird der Staunocken (Auslaßnocken) gemäß Abb. 78 mit dem in Abb. 79 dargestellten Einlaß-Staunocken von Grunewald-Schönfeld in Verbindung gebracht. Dieser Einlaß-Staunocken weist nämlich in dem Gebiete des Hemmabschnittes neben der normalen, ansteigenden Erhebung für die eigentliche Eröffnung des Ventiles beim Kolbenhingange noch eine besondere, kleine und schmale Erhebung auf, die ebenfalls für das Einlaßventil zur Wirkung kommt, aber nur während eines Teiles des Kolbenrückganges. Die Folgewirkung ist, daß beim Rückgange des Kolbens — etwa nachdem der Staudampf den Frischdampfdruck erreicht hat — das Einlaßventil im Sinne einer großen Voreinströmung bereits geöffnet wird, so daß auf dem weiteren Kolbenwege entsprechend dem Dampfdruckdiagramm in Abb. 79 eine Spannungszunahme im Zylinder nicht mehr eintreten kann, der Frischdampf vielmehr jetzt den hemmenden Widerstand auf den Kolben ausübt.

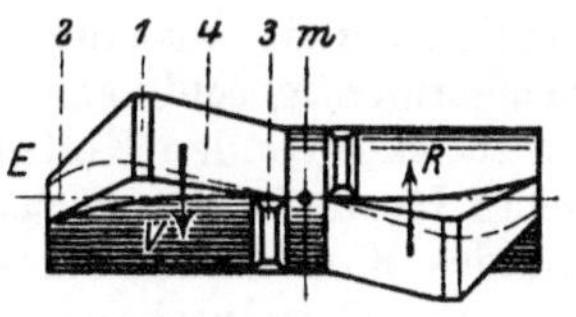

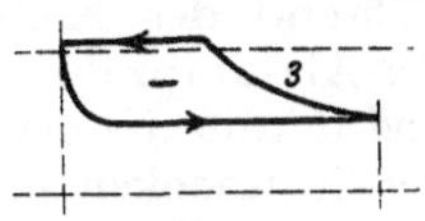

Abb 79.

Eine weitere Ausführung von Staunocken ist im Jahre 1909 von G. Schönfeld-Berlin angegeben worden (Abb. 80). Hierbei zeigt der Doppelnocken „*E*“ des Einlaßventils von der Mittellage *m* ausgehend sowohl für den Vorwärts- wie auch für den Rückwärtsgang zunächst die Manövrierknaggen „*4*“, an die sich dann nach außen hin schmale Stauknaggen „*3*“ und weiterhin normale Arbeits- oder Fahrknaggen anschließen. Die Auslaßnocken „A“ sind der beabsichtigten Wirkung entsprechend ausgebildet. Man findet in der Ebene „4“ zunächst die Auslaßerhebungen für die Manövrierknaggen „4“, dann folgt ein schmaler erhebungsfreier Teil in der Breite der Stauknaggen „3“ und schließlich die eigentlichen Knaggen für die Auslaßventile. Der Stauknaggen „3“ des Einlaßnockens „E“ hat nun ähnlich wie beim Nocken in der Abb. 79 sowohl eine Erhebung für den Hingang wie auch eine solche für den Rücklauf des Kolbens. Die Erhebung für den Kolbenhingang ist jedoch kleiner als jene für den Kolbenrücklauf, die zudem noch einen gewissen Anstieg aufweist. Die Erhebung für den Hingang des Kolbens schließt sich dagegen unmittelbar an den Manövrierknaggen „4“ an.

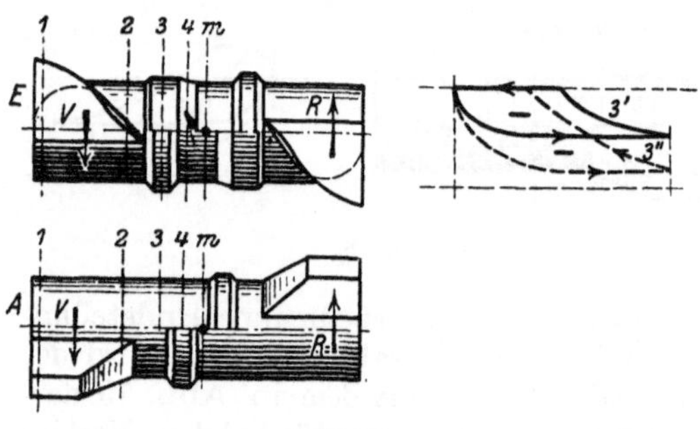

Abb. 80.

Die Wirkungsweise des Staunockens von Schönfeld besteht nun darin, daß bei einer Stellung des Anschlagspunktes in der Ebene „3“ infolge der hier vorhandenen geringen Erhebung der Stauknagge nur während des Kolbenhinganges gedrosselter Frischdampf in den Zylinder einströmen kann. Während dieser Frischdampffüllung ist das Auslaßventil geschlossen, weil ja der Auslaßnocken in der Ebene „3“ erhebungsfrei ist. Da aber das Austrittsventil aus den gleichen Ursachen auch während des Kolbenrückganges geschlossen bleibt, so wird zunächst der Abdampf durch den rückkehrenden Kolben im Zylinder verdichtet und damit die gewünschte Hemmwirkung ausgelöst. Gleichzeitig läßt der Staunocken während des Kolbenrücklaufes auch noch Frischdampf in den Zylinder einströmen. Hierdurch wird eine weitere Hemmwirkung durch den eingetretenen Frischdampf in ähnlicher Weise erzielt wie bei dem Staunocken der Abb. 79, d. h. ohne eine Überschreitung des Frischdampfdruckes. Um nun bei dieser Arbeitsweise des Stau- und Frischdampfes im Zylinder ein möglichst gleichmäßiges Drehmoment der in Zwillingsanordnung aufgebauten Fördermaschinen zu gewährleisten, erfolgt die Ausbildung der Stauknaggen derart, daß der verdichtete Abdampf etwa in der Mitte des Kolbenweges gemäß dem ausgezogenen Dampfdruckdiagramm *3'* in Abb. 80 den Frischdampfdruck erreicht hat. Die Regelung der Hemmwirkung geschieht gleichfalls durch eine Drosselung des beim Kolbenhingange einströmenden Frischdampfes (vgl. das strichiert angedeutete Dampfdruckdiagramm *3''* der Abb. 80).

Man erkennt, daß die Wirkungsweise des Staunockens von Schönfeld im wesentlichen die gleiche ist wie bei dem Staunocken von Grunewald-Schönfeld in Abb. 79.

Die Abb. 81 zeigt ebenfalls Nocken besonderer Bauart zur Erzielung von Hemmwirkungen. Diese von Dubbel angegebene Ausführung weist für den Einlaßnocken zunächst normale Erhebungen der zweiten Gruppe mit Füllungsabnahme bei Auslegung des Steuerhebels auf, an die sich dann nach außen noch besondere Gegendampfknaggen anschließen. Die entsprechenden Auslaßnocken haben im Bereiche der Gegendampfknaggen einen erhebungsfreien Teil. Die Wirkungsweise der Gegendampfknaggen besteht nun darin, daß während des Kolbenrückganges mehr oder weniger gedrosselter Frischdampf in den Zylinder eingelassen wird, der dem Kolben bei geschlossenem Austrittsventil entgegenarbeitet und dadurch die Maschinenbewegung hemmt. Nach der Bewegungsumkehr des Kolbens, also während seines Hinganges, dehnt sich dann der im schädlichen Raum verbliebene verdichtete Dampf aus, bis beim Kolbenrücklauf die Gegendampferhebung von neuem gedrosselten Frischdampf einströmen läßt.

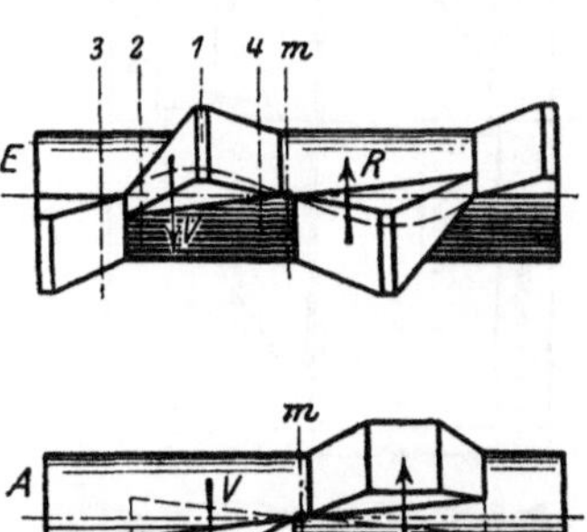

Abb. 81.

Bei einem Auslegen des Steuerhebels von seiner Mittellage aus werden somit nacheinander die folgenden Stellungen passiert: Anfahrstellung „*1*“, Fahrstellung mit kleiner Füllung „*2*“, Gegendampfstellung „*3*“ mit wachsender Hemmwirkung bei weiterer zunehmender Verschiebung nach der Endlage hin, Manövrierstellung „*4*“. Die Nockenverschiebung von der Anfahrstellung „*1*“ bis zum äußersten Ende der Gegendampferhebung ergibt sonach eine stetige Änderung des Frischdampfdruckes und zwar von der größtmöglichen Triebkraftwirkung bis zu seiner höchsten Hemmwirkung.

Einen ähnlichen Einlaßnocken mit besonderer Gegendampferhebung der Siegener Maschinenbau A. G. zeigt die Abb. 82 im Längsschnitt und in der Abwicklung (Bauart Strnad).

Eine nähere Betrachtung des Einlaßnockens der Abb. 81 zeigt uns, daß innerhalb der Ebenen *1* und *3* eine automatisch wirkende Steuerungsregelung etwa durch einen Fliehkraftregler wohl möglich ist. Denn zwischen den Nockenstellungen *1* und *3* wird durch fortlaufende, verhältnismäßig kleine Verschiebungen eine stetige Änderung der treibenden Kraft erreicht und zwar sowohl in positiver wie auch in negativer Wirkung. Es ist aber zu bedenken, daß gerade der Fördermaschinenbetrieb der steuernden Hand des Maschinenführers nicht entbehren kann; namentlich beim Fahrtbeginn und am Fahrtende. Ein Steuerregler kann darum nur einen Eingriff in die Handreglung darstellen, nicht aber die Stellung einer Regelung erlangen. Soll beispielsweise die Nockensteuerung gegen das Ende der Fahrt zwischen den Stellungen *2* und *3* gehalten werden, um eine Regelung in dem einen (positiven) oder in dem anderen (negativen) Sinne zwischen der wirklichen und der gewünschten Geschwindigkeit zu erreichen, dann ist die Kraftwirkung der an sich kleinen Frischdampffüllungen in der Nähe der Stellung *2* eine für die Endbewegung, also für die Manövrierfähigkeit der Maschine, wenig günstige. In diesem Falle sind auch die für diese Endbewegungen vorgesehenen Manövrierknaggen überflüssig und dienen nur dem Übergang zwischen *m* und *1*. Wird andrerseits der Steuerhebel gegen Ende der Fahrt in die Mittelstellung zurückverlegt, wobei zunächst die großen Füllungen durchlaufen werden müssen, dann verstellt der etwa einwirkende Regler bei zu hoher Geschwindigkeit auf eine größere Kraftentfaltung, was eine doppelte Einstellung der Steuerung in die Nullage zur Folge hat. Die doppelte Nulleinstellung der Steuerung in dieser Form muß aber für den Fördermaschinenbetrieb als bedenklich bezeichnet werden.

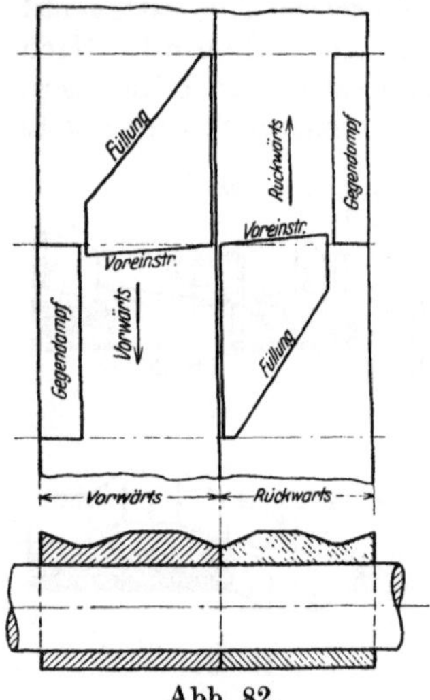

Abb. 82.

Die für eine Beeinflussung durch den Geschwindigkeitsregler am besten geeignete Nockenform weist im übrigen die ältere Bauart der ersten Gruppe mit ihren am Ende des Nockens liegenden großen Frischdampffüllungen auf. Wie keine andere Nockenform zeigt sie bei einer fortlaufenden Verstellung des Nockens die erforderliche Stetigkeit in der Änderung der treibenden Kraft. Andrerseits hat sie aber, wie wir ja gesehen haben, den Übelstand, daß die größeren Füllungen erst bei dem völlig ausgelegten Steuerhebel eingestellt werden, während in der Nähe der Steuerhebelmittellage eine für die Handsteuerung und die bequeme Manövrierfähigkeit der Maschine wenig geeignete Erhebung vorhanden ist.

Die Entwicklung der verschiedenen Nockenformen lassen die Bestrebungen deutlich erkennen, den Bedürfnissen des Fördermaschinenbetriebes in weitgehendem Maße gerecht zu werden. Sowohl in der leichten Umsteuerbarkeit mit einer gleichen Dampfverteilung für beide Umlaufrichtungen der Maschine wie auch in der gewünschten Dampfverteilung für die verschiedenen Fahrabschnitte entsprechen insbesondere die neueren Nockenbauarten den zu stellenden Anforderungen. Es sei in diesem Zusammenhange noch einmal darauf hingewiesen, daß für das Anfahren aus einer jeden Kurbelstellung große Frischdampffüllungen von 85—95 v. H. erforderlich sind, wobei zur Erzielung einer guten Manövrierfähigkeit der Fördermaschine die Voreinströmung sowie die Vorausströmung und auch die Dampfverdichtung nahezu bis zu dem Werte Null herabzusetzen sind (vgl. Abb. 76 und 77 auf Seite 72). Während der Fahrt im Anfahr- oder Beschleunigungsabschnitt sowie im Gleichlaufabschnitt muß der Nocken auf eine verminderte Energiezufuhr, also auf eine regelrechte Dampfverteilung mit veränderlicher Frischdampffüllung (weitgehender Dampfdehnung), Vorausströmung und Dampfverdichtung einstellbar sein, um ein dampfsparendes Arbeiten zu ermöglichen. Weiterhin ist das Streben nach einer Nockensteuerung wahrnehmbar, die neben den eben aufgezählten Eigenschaften auch noch hemmende Wirkungen zur Aufzehrung der lebendigen Kraft der auslaufenden bewegten Massen auslöst und damit zur Verkürzung der Förderzeit bzw. zur Erhöhung der Förderleistung wesentlich beiträgt. Über die Beeinflussung der Nocken durch einen Geschwindigkeitsregler ist auf S. 92ff. Näheres aufgeführt.

e) Hilfsvorrichtung für die Umsteuerung.

Wir hatten bisher gesehen, daß die Umsteuerung stets durch die Betätigung eines Handhebels eingeleitet wird. Es dürfte nicht schwer zu erkennen sein, daß bei der Bewegung dieses Steuerhebels stets ein mehr oder weniger großer Widerstand zu überwinden ist. So erfordert beispielsweise das Anheben und Senken der Kulisse einer größeren Maschine mit Flachschiebersteuerung und einem entsprechend hohen Dampfdruck einen nicht unbeträchtlichen Kraftaufwand, weil ja mit der Kulissenbewegung gleichzeitig eine Verstellung des Schiebers verbunden ist. Dieser Bewegung des Schiebers auf seiner Gleitbahn setzt die Reibung einen Widerstand entgegen, den der Maschinenführer bei der Steuerhebelbewegung mit überwinden muß. Aber auch die nahezu vollkommen entlasteten Rohrventile, die bei den neueren Dampfördermaschinen ausschließlich verwendet werden — und ähnlich auch die entlasteten Kolbenschieber, die in dieser Beziehung dem Flachschieber überlegen sind — erfordern immerhin zur Überwindung der übrigen Widerstände (Reibungswiderstände im Umsteuerungsgetriebe und ähnliches mehr) noch einen recht beträchtlichen Kraftaufwand, der einer leichten und schnellen Verstellung der Kulissen-, vor allem aber der Nockenumsteuerung mittels des gewöhnlichen Handhebels hinderlich ist. Eine einwandfreie und leichte Lenkbarkeit und Umsteuerbarkeit der Fördermaschine ist aber im Interesse einer vollkommenen Sicherheit des Förderbetriebes eine der wichtigsten Hauptforderungen.

Der größte Widerstand für die Bewegung des Steuerhebels tritt aber dann ein, wenn der Hebel aus der Nullage heraus nach einer Seite hin voll ausgelegt wird. Hier ist zunächst einmal der zur Erzielung einer genügenden Abdichtung auf der schmalen Ringfläche der zweisitzigen Hubventile lastende Dampfdruck zu überwinden. Weiterhin sind die Massen der Steuerungsteile aus dem Zustande der Ruhe in den der Bewegung überzuführen, d. h. zu beschleunigen, wobei die aufzuwendende Beschleunigungskraft sowohl von dem Gewichte der zu bewegenden Massen wie von der Größe der Beschleunigung abhängt. Schließlich sind auch noch die Reibungswiderstände zu bewältigen. Der Kraftbedarf wird aber bereits nach einem kleinen Ausschlage des

Steuerhebels, also nach einem geringen Öffnen der Ventile, wesentlich geringer.

Die Erschwernisse in der Betätigung des Hebels von Hand hatten darum bereits in der Vergangenheit zu der Anwendung eines Steuerhebels mit einer veränderlichen Übersetzung des Last- und Kraftarmes geführt, dergestalt, daß der Hebel bei einer Bewegung aus der Nullage zunächst ein großes Übersetzungsverhältnis aufweist. Beim weiteren Steuerhebelausschlag wird dann entsprechend dem veränderten Widerstand die Übersetzung automatisch verkleinert, so daß nunmehr die Hebelbewegungen verhältnismäßig leicht und ohne zu große Verstellwege ausgeführt werden können.

Die Abb. 83 zeigt den Steuerhebel von Benninghaus (1899) mit einem veränderlichen Übersetzungsverhältnis des Kraft- und Lastarmes. Die Veränderung der Übersetzung wird bei dieser Vorrichtung dadurch bewirkt, daß der um seinen unteren Drehpunkt schwingende Handhebel H mit zwei Schlitzen versehen ist, dem unteren Schlitze s und dem oberen s_1. Die Schlitze dienen zur Führung der beiden Bolzen b bzw. b_1 der kleinen Zugstange z. An dem untern Bolzen b greift gleichzeitig das mit den eigentlichen Steuerteilen in Verbindung stehende wagerechte Gestänge S, d. h. die zu bewegende Last an, während der obere durch den Hebelschlitz s_1 geführte Bolzen b_1 noch in einem zweiten schwach gekrümmten Schlitz s_2 des feststehenden Steuerbockes ruht. Die Zugstange z mit ihren beiden Bolzen b und b_1 und damit auch das Gestänge S ist also in ihrer durch die beiden Hebelschlitze s und s_1 begrenzten Höhenlage verstellbar.

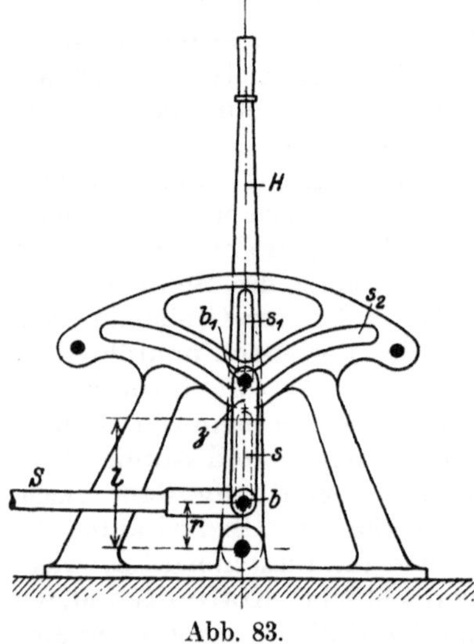

Abb. 83.

In der Mittellage des Steuerhebels H nimmt die Zugstange z, also auch das Gestänge S, die tiefste Lage ein. Die Entfernung des Bolzens b — des Angriffspunktes der Last — vom Drehpunkt des Handhebels H hat dann ihren kleinsten Wert r. Es liegt somit die größte Übersetzung von Kraft- und Lastarm vor, die den Steuerhebel verhältnismäßig leicht aus seiner Nullage heraus bewegen läßt. Bereits nach einem kleinen Hebelausschlag wird aber infolge der Führung des oberen Bolzens b_1 in dem ansteigenden Schlitz s_2 die Entfernung des unteren Bolzens b von dem Hebeldrehpunkt größer, bis sie in der äußersten Endlage des Steuerhebels ihren Höchstwert l erreicht hat. Mit anderen Worten: mit zunehmendem Hebelausschlag und kleiner werdendem Bewegungswiderstand der Steuerteile nimmt der Abstand des Angriffspunktes der Last vom Drehpunkt des Steuerhebels *H* aus allmählich zu, was eine Verminderung des Übersetzungsverhältnisses von Antriebskraft und Last und demgemäß auch des Verstellweges zur Folge hat.

Diese und ähnliche Steuerhebel, die auf einer Veränderung der Übersetzung von Kraft- und Lastarm beruhen, sind jedoch nur für eine verhältnismäßig eng begrenzte Verstellbarkeit zu verwenden und haben daher ausschließlich bei kleineren Maschinen Anwendung gefunden. Ihr besonderer Nachteil ist in einer schnellen und starken Abnutzung der einzelnen Teile zu erblicken.

Für größere Fördermaschinen, insbesondere aber für die mit einem höheren Dampfdruck arbeitenden Maschinen wird zweckmäßiger eine besondere Hilfssteuerung zwischen dem Handhebel und dem eigentlichen Steuergestänge eingeschaltet. Eine solche Hilfssteuerung besteht gemäß der schematischen Darstellung in Abb. 84 in der Hauptsache aus einem kleinen Dampfzylinder *D* mit dem Dampfkolben *K* und einer Schiebersteuerung *S*. Der Dampfkolben *K* ist einmal unmittelbar mit dem eigentlichen Steuergestänge, d. h. mit der zu bewegenden Last, dann aber auch im Punkte *a* mit dem Handhebel *H* verbunden, während die Schieberstange des Schiebers *S* an dem unteren Endpunkt *c* des Handhebels *H* angreift.

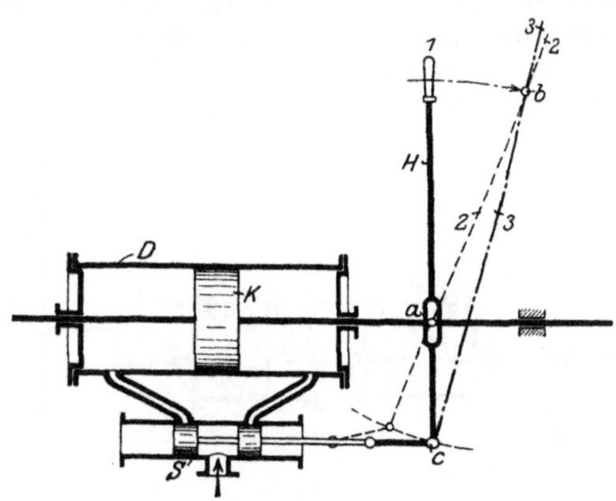

Abb. 84.

Soll nun das Steuergestänge von der Mittellage aus nach der einen oder anderen Seite hin bewegt werden, so ist mittels des im Punkte *a* drehbaren Handhebels *H* lediglich der nur einen kleinen Bewegungswiderstand verursachende Schieber *S* zu verstellen. Der Dampf kann dann auf der entsprechenden Kolbenseite in den Zylinder einströmen und den Kolben und damit auch das angeschlossene Steuergestänge in der gewünschten Weise verschieben. Wird der Handhebel *H* beispielsweise von der Stellung „*1*“ in die strichiert angedeutete Lage „*2*“ um den zunächst festliegenden Punkt „*a*“ gedreht, dann wird der mit „innerer“ Einströmung arbeitende Schieber *S* derart bewegt, daß der Dampf auf der linken Kolbenseite in den Zylinder eintreten kann. Der Kolben und das Steuergestänge gehen nach rechts. Da aber mit der Kolbenstange auch der Drehpunkt *a* in gleichem Sinne sich verschiebt, so wird zu gleicher Zeit der Handhebel *H* aus der Stellung „*2*“ in die strichiert-punktierte Lage „*3*“ gebracht. Dies hat aber eine Verlegung des unteren Steuerhebelpunktes *c*, des Angriffspunktes der Schieberstange, in die Ausgangsstellung *1* des Handhebels *H* zur Folge. Der

Schieber S wird dadurch in die Mittellage zurückgeschoben, so daß eine weitere Dampfzufuhr in den Zylinder unterbunden ist. Der Kolben sowie das Steuergestänge kommen zum Stillstand.

Die von einer jeden Fördermaschinensteuerung zu erfüllende Bedingung einer genauen Einstellung beliebiger Frischdampffüllungen erfordert für die vollkommene Beherrschung der auf den Kolben K einwirkenden Triebkräfte auch noch die Auslösung hemmender Kräfte für die Hilfssteuerung und zwar durch ein und denselben Hebel. Dies wird erreicht, wenn man gemäß Abb. 85 auf der verlängerten Kolbenstange des Triebkraftkolbens K einen zweiten Kolben K_1 anordnet, der in einem besonderen mit Öl gefüllten Zylinder, dem sog. Bremszylinder, arbeitet. Die beiden Seiten des Bremszylinders stehen durch eine Umlaufleitung miteinander in Verbindung. Das Öl kann sonach beim Hin- und Hergleiten des Kolbens K_1 in dem durch die Pfeile angedeuteten Sinne von der einen Seite des Bremszylinders auf die andere gelangen.

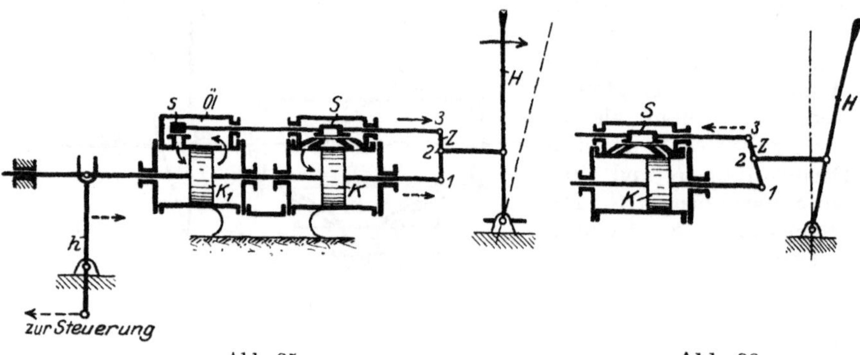

Abb. 85. Abb. 86.

Der Ölumlauf wird hierbei durch einen Drosselschieber s geregelt. Dieser Drosselschieber ist mit dem Schieber S des Triebkraftzylinders durch eine Stange verbunden, so daß beide Schieber mittels des Handhebels H gemeinsam betätigt werden. Die Lage der Schieber zueinander ist derart, daß beide zu gleicher Zeit die entsprechenden Zylinderkanäle öffnen und schließen. Bewegt nun beispielsweise der durch den geöffneten Schieber S in den Dampfzylinder einströmende Frischdampf den Triebkraftkolben, so muß auch der mit dem Triebkraftkolben verbundene Kolben K_1 in dem Bremszylinder die gleiche Bewegung ausführen. Dabei schiebt der Kolben K_1 das Öl vor sich her und, da ja beide Schieber gleichzeitig die betreffenden Zylinderkanäle öffnen, so strömt das Öl durch die offene Austrittsöffnung nach der anderen Kolbenseite hin.

In der in Abb. 85 gezeichneten Nullage des Steuerhebels H ist der Dampfzutritt zu dem Triebkraftzylinder durch den Schieber S abgesperrt, gleichzeitig aber auch der Ölumlauf des Bremszylinders durch den Drosselschieber s. Dem Triebkraftkolben wird dadurch jede weitere Bewegung verwehrt.

Der Handhebel H greift bei dieser Hilfssteuerung nicht unmittelbar an der Schieberstange an, er steht vielmehr durch den Zwischenhebel Z sowohl mit der Schieber- wie auch mit der Kolbenstange in Verbindung. Wird der Steuerhebel H beispielsweise nach rechts ausgelegt, dann bewegt sich der Zwischenhebel Z um den zunächst festliegenden Drehpunkt *1* an der Kolbenstange und damit auch der Schieber S sowie der Drosselschieber s in rechtem Sinne (vgl. den ausgezogenen Pfeil). Der Dampf tritt auf der linken Seite des Triebkraftzylinders ein und schiebt den Kolben K gleichfalls nach rechts. Das Öl in dem Bremszylinder strömt hierbei von der rechten Seite des Kolbens K_1 auf die linke Zylinderseite. Da aber durch die Bewegung der Kolbenstange gleichzeitig auch der Angriffspunkt *1* des Zwischenhebels Z nach rechts

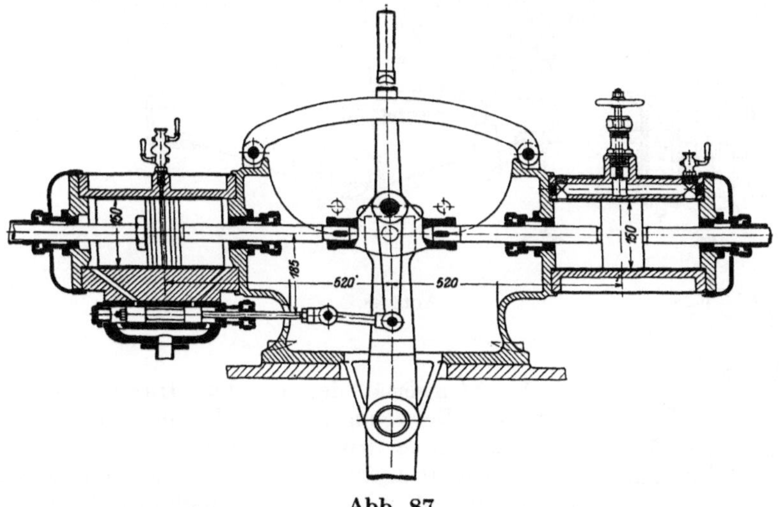

Abb. 87.

verschoben wird (vgl. den strichiert angedeuteten Pfeil), so dreht sich der Zwischenhebel Z gemäß der Darstellung in Abb. 86 nunmehr um den festliegenden Punkt *2*. Dies hat aber zur Folge, daß der Punkt *3* des Zwischenhebels Z wieder nach links in die Ausgangslage wandert. Die Schieber gehen sonach in ihre Mittellage zurück und unterbrechen damit die eingeleitete Bewegung der Kolben wie auch des Steuergestänges. Die Lage des Kolbens K im Triebkraftzylinder entspricht hierbei genau der Handhebelstellung. In der gezeichneten äußersten Endlage des Steuerhebels H der Abb. 86 ist auch der Kolben K in seinem rechten Totpunkt angelangt, der Schieber S befindet sich dagegen in seiner Mittellage. Mit anderen Worten: die beiden Kolben folgen den Bewegungen des Steuerhebels stets in gleichem Sinne und auch in gleichem Ausmaße.

Die unter dem Namen „Servomotor“ bekannte Hilfssteuervorrichtung ermöglicht also nicht nur eine leichte und bequeme Bedienung der schweren Teile der Umsteuerung, sie gestattet auch eine genaue und übersichtliche Einstellung einer jeden beliebigen Frischdampffüllung für die Fördermaschine bei verhältnismäßig kleinen Verstellungen des Handhebels. Gegenüber diesen Vorteilen weist sie jedoch den Übelstand auf, daß in dem Bremszylinder zeitweise sehr hohe Öldrücke auftreten. Zur Vermeidung eines Austretens von Öl muß daher die Schieberstangen-Stopfbüchse stark angezogen werden, wo-

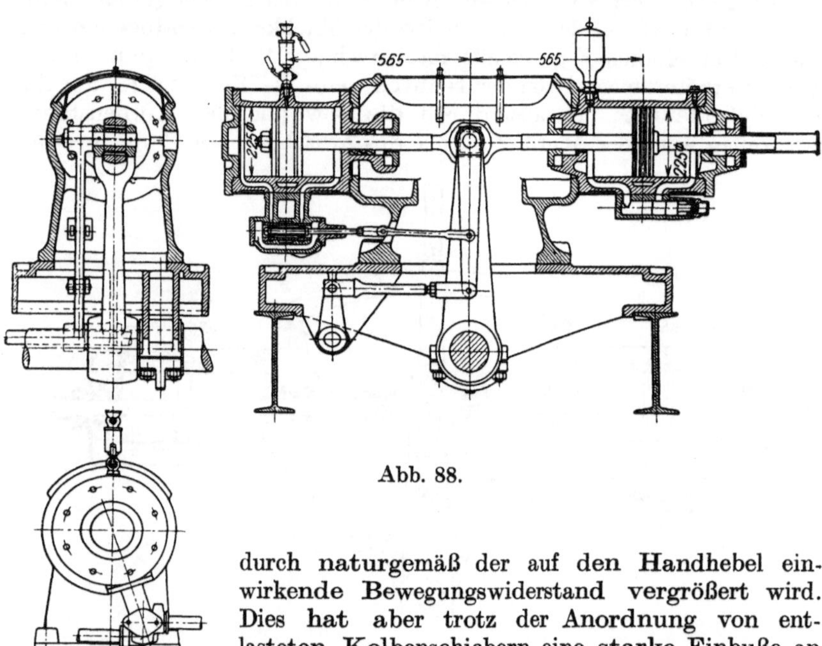

Abb. 88.

durch naturgemäß der auf den Handhebel einwirkende Bewegungswiderstand vergrößert wird. Dies hat aber trotz der Anordnung von entlasteten Kolbenschiebern eine starke Einbuße an Feinfühligkeit in der Steuerhebeleinstellung zur Folge.

Man ist daher zu einer Vereinfachung der Steuerung des Servomotors übergegangen, indem an Stelle des Drosselschiebers ein Absperrventil in der Umlaufleitung des Bremszylinders angeordnet wird. Die Schieberstangen-Stopfbüchse des Bremszylinders kommt dadurch in Fortfall, so daß der vom Handhebel zu überwindende Bewegungswiderstand eine gewünschte Verminderung erfährt. Der Ölumlauf wird dann nicht mehr gesteuert, die erforderliche Drosselöffnung des Ventiles wird vielmehr von Hand fest eingestellt.

In der Abb. 87 ist ein Servomotor in der Ausführung der Gutehoffnungshütte dargestellt. Der Schieber des — linken — Triebkraftzylinders ist als Kolbenschieber mit innerer Einströmung ausgebildet, während der Bremszylinder das oben angeführte Drosselventil in der Umlaufleitung aufweist. Die Anordnung des Handhebels ist eine ähnliche wie bei der schematischen Darstellung der Abb. 84 auf Seite 79.

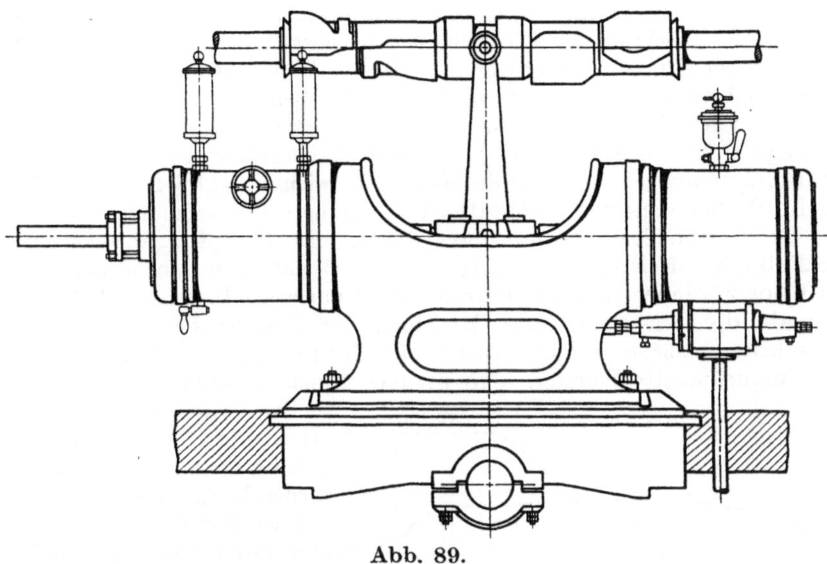

Abb. 89.

Die Abb. 88 veranschaulicht schließlich einen Servomotor in der Ausführung der Friedrich-Wilhelms-Hütte, Mühlheim-Ruhr, in Abb. 89 ist dagegen eine Servomotor der A. G. Eisenhütte „Prinz Rudolph“, Dülmen i. W., in Verbindung mit der Steuerwelle dargestellt.

V. Selbsttätige Füllungsregelung.

1. Allgemeines.

Auf den vorstehenden Seiten ist auseinandergesetzt worden, daß für die Überwindung des Anfahrwiderstandes der Steuerhebel beim Beginn eines jeden Förderzuges auf eine bestimmte große Anfahrfüllung — 85 bis 95 v. H. — eingestellt werden muß. Wir wissen auch bereits, daß die durch die großen Frischdampffüllungen erzwungene starke Kraftentfaltung der Maschine für deren erste Umdrehungen notwendig ist, weil zur Überwindung der dem Fahrtbeginn sich entgegenstemmenden Anfahrwiderstände zunächst größere Kraftmomente von der Maschine auszuüben sind. Mit jeder folgenden Umdrehung der Maschine werden diese Widerstände durch die große wirksame Maschinenkraft mehr und mehr bewältigt. Dieser Vorgang wird durch die stetige Zunahme der Fahrgeschwindigkeit deutlich erkennbar, bis die inzwischen eingetretene Höchstgeschwindigkeit die vollkommene Bezwingung des Anfahrwiderstandes anzeigt. Von der Erreichung der Höchstgeschwindigkeit ab, also am Schlusse des Anfahrabschnittes, ist nur noch ein wesentlich geringeres Kraftmoment und dementsprechend auch eine kleinere Frischdampffüllung — beispielsweise 20—30 v. H. —

erforderlich. Es beginnt der den Anfahrabschnitt meist unmittelbar ablösende Abschnitt des Gleichlaufes, welcher durch den unverändert einzuhaltenden Maschinengang mit gleicher Winkelgeschwindigkeit gekennzeichnet ist. Die Forderung des gleichbleibenden Maschinenmomentes im Gleichlaufabschnitt bedingt jedoch eine genaue Regelung der Energiezufuhr, namentlich aber bei den Förderanlagen mit einem unvollkommenen oder gar fehlenden Seilgewichtsausgleich wegen der dadurch hervorgerufenen ständigen Änderung des Lastmomentes.

Es war in der Vergangenheit üblich, das Hauptaugenmerk ausschließlich auf eine große Betriebssicherheit und eine leichte Lenkbarkeit der Fördermaschine zu richten. Es ist daher auch verständlich, daß damals die Einstellung und Regelung der Triebkräfte auf kleinere Maschinenmomente lediglich durch eine Drosselung des Frischdampfes bei unveränderter Füllung, also bei einem gleichbleibenden Ausschlag des Steuerhebels, herbeigeführt wurden. Diese Art der Regelung durch das leicht zu bedienende Fahr- oder Drosselventil ist für den Maschinenführer sehr bequem und ergibt auch bei guter Beherrschung der Energiezufuhr infolge einer weitgehenden Selbstregelung einen ruhigen und gleichförmigen Gang der Fördermaschine. Erst die Neuzeit mit ihrem vorherrschenden Zug nach der denkbar günstigsten Ausnutzung der Energie hat erkannt, daß dieses Mittel im Hinblick auf den Dampfverbrauch ein höchst unwirtschaftliches Verfahren darstellt. Die Wirtschaftlichkeit des Förderbetriebes verlangt dringend die vollkommene Ausnutzung der vorhandenen Frischdampfspannung und damit eine Regelung des Kraftmomentes durch eine dem jeweiligen Kraftbedarf angepaßte Veränderung der Frischdampffüllung, nicht aber jene, die auch einen verringerten Kraftbedarf mit der gleich großen Füllung lediglich durch eine künstliche Minderung des Dampfdruckes infolge Drosselung vollführt, ein Verfahren, das nichts anderes wie eine Energievergeudung darstellt. Die Abb. 90 veranschaulicht zwei Dampfdruckdiagramme a und b einer Fördermaschine, durch welche die bis zu 40—50 v. H. betragende Energieersparnis bei einer Füllungsverkleinerung (Diagramm „a“) gegenüber der Verwendung von gedrosseltem Frischdampf (Diagramm „b“) zur Erzielung eines kleineren Kraftmomentes im Gleichlaufabschnitt klar zum Ausdruck kommt. Eine einwandfreie Füllungsregelung durch die menschliche Hand erfordert aber selbst bei dem Vorhandensein einer Hilfssteuervorrichtung (Servomotor) eine große Geschicklichkeit und eine dauernde Aufmerksamkeit des Maschinenführers bei der Bedienung des Steuerhebels. Da zudem noch der Teufenzeiger und auch der Geschwindigkeitsmesser genau beobachtet werden

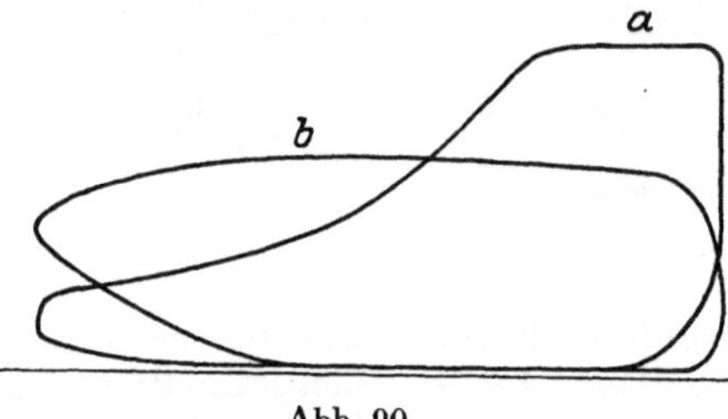

Abb. 90.

müssen, so neigt der Maschinenführer leicht dazu, die Regelung durch die ihm bequemere Drosselung des Frischdampfes vorzunehmen. Dadurch entstand das Interesse an einer Lösung der Aufgabe, die erforderliche Füllungsänderung durch die Maschine selbst ausführen zu lassen. Dies geschieht nun im allgemeinen derart, daß eine besondere Regelvorrichtung die Steuerung aus der großen Anfahrfüllung auf eine für den Gleichlauf bestimmte kleinere Füllung ohne Zutun des Maschinenführers selbstätig einstellt und diese — soweit das veränderliche Lastmoment insbesondere bei einem unvollkommenen Seilgewichtsausgleich es verlangt — für einen Gang der Fördermaschine bei gleichbleibender Winkelgeschwindigkeit regelt.

2. Ausführungsarten.

Verfolgt man nun die gefundenen Lösungen für eine zwangläufige Einstellung der Steuerung auf kleine Frischdampffüllungen, so lassen sich zwei grundsätzlich voneinander verschiedene Arten feststellen, nämlich jene, bei der die Regelung durch einen bewegten Teil der För-

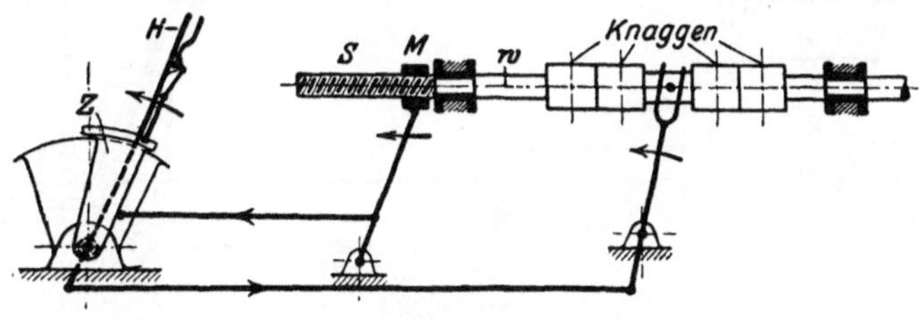

Abb. 91.

dermaschine selbst geschieht, während bei der zweiten Art der Steuerungseinstellung die Regelung durch einen besonderen, von der Maschine angetriebenen Geschwindigkeitsregler erfolgt.

Eine Vorrichtung der ersten Regelungsart zeigt die Abb. 91 in einer schematischen Darstellung der Anordnung von Richter. Sie ist von der Wilhelmshütte, Eulau i. Schl., vielfach angewendet worden und stimmt im wesentlichen mit einer von der Prager Maschinenbau A. G. früher gebauten Ausführung überein. Die verlängerte Steuerwelle wird hierbei an ihrem Ende als flachgängige Schraubenspindel S ausgebildet und mit dazugehöriger Mutter M versehen. Die Mutter M steht mittels eines Gestänges mit dem Mitnehmerbock Z in Verbindung, der seinerseits auf der Achse des Steuerhebels H fest aufgekeilt ist und damit auch gleichzeitig eine Führung erhält. Der Steuerhebel H ist dagegen um seine Achse frei beweglich gelagert, so daß die Achse verstellt werden kann, ohne daß der Hebel diesen Bewegungen zu folgen braucht. Außerdem ist der Steuerhebel mit der Steuerwelle w durch ein eigenes Gestänge verbunden. Wird nun die Steuerwelle w bewegt, was ja während der ganzen Dauer eines jeden Förderzuges stattfindet, dann muß auch die Mutter von der einen Endlage der Spindel in die andere wandern.

Beim Auslegen des Steuerhebels *H* in die für eine große Anfahrfüllung bestimmte Stellung wird die Klinke des Hebels in den oberen segmentförmigen Teil des Mitnehmerbockes *Z* eingelegt. Bei dem jetzt einsetzenden Treiben wird infolge der sich nun ebenfalls drehenden Steuerwelle auch die Wandermutter *M* durch die Spindel nach der entgegengesetzten Seite hin verschoben. Diese Bewegung wird durch das Gestänge auf den Mitnehmerbock *Z* übertragen, und da der Steuerhebel *H* in den Mitnehmerbock eingeklinkt ist, so wird auch dieser durch den Bock *Z* nach der Nullage hin verschoben, die Steuerung also aus der großen Anfahrfüllung auf eine kleinere Füllung gebracht. Gegen Ende der Fahrt kann für den Fall, daß die vorliegende Füllungseinstellung nicht genügt, je nach Bedarf auch noch eine weitere Füllungsänderung von Hand vorgenommen werden, indem der Steuerhebel aus dem Mitnehmerbock ausgeklinkt und für sich allein betätigt wird. Diese Art

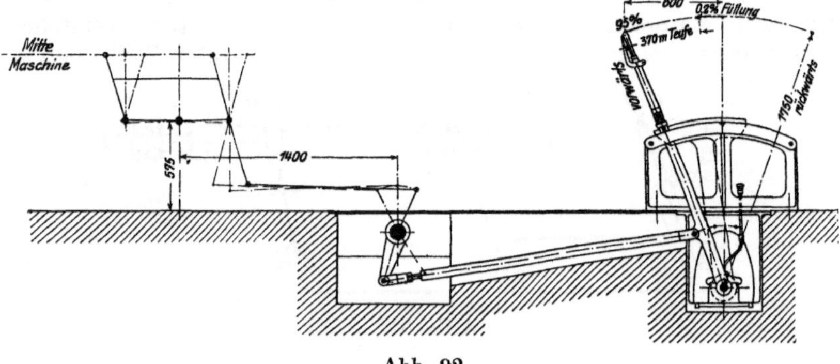

Abb. 92.

der zwangläufigen Verstellung des Steuerhebels ist hauptsächlich für Fördermaschinen ohne Seilgewichtsausgleich bestimmt, bei denen ja das Lastmoment infolge seiner Abhängigkeit von der Teufe während der ganzen Dauer des Förderzuges sich ständig ändert und darum auch das von der Maschine zu leistende Kraftmoment dauernd geändert werden muß.

Die Abb. 92 zeigt ein Ausführungsbeispiel einer solchen selbsttätigen Verstellung der Steuerung von Richter.

Im Gegensatz zu dieser Vorrichtung der Füllungsänderung, bei der also die Größe der Frischdampffüllung nach der Stellung der Förderkörbe im Schachte bemessen wird, erfolgt die Beeinflussung der Steuerung bei der zweiten Art durch einen besonderen Geschwindigkeitsregler. Ihre bauliche Durchbildung ist derart, daß nach Eintritt der Höchstgeschwindigkeit die einem günstigen Dampfverbrauch förderliche kleinere Füllung durch die selbsttätige Einwirkung des Reglers erzwungen, gleichzeitig aber auch eine Überschreitung der festgesetzten Höchstgeschwindigkeit verhindert wird. Der Maschinenführer hat hier lediglich beim Beginn eines jeden Förderzuges nur den Steuerhebel auf eine bestimmte, unveränderliche Anfahrfüllung auszulegen. Von da ab übernimmt dann der Regler die weitere Beherrschung der Maschinentriebkräfte bis zu dem Augenblick, wo der Steuerhebel gegen Ende der Fahrt die Nullage erreicht hat. Der besondere Vorzug dieser Art der Füllungsregelung ist demnach in einer größeren Anpassungsfähigkeit an die wechselnden Betriebsverhältnisse zu erblicken. Als Regler können sowohl die Fliehkraftregler gewöhnlicher Bauart wie auch sonstige, einen Geschwindigkeitswechsel selbsttätig ausführende Vorrichtungen verwendet werden. So berichtet beispielsweise Julius v. Hauer bereits im Jahre 1878 in seinem klassischen Werke[1]) von der Anwendung eines hydraulischen Reglers.

Die Einwirkung eines Geschwindigkeitsreglers auf die Steuerung kann unmittelbar erfolgen, nämlich in jenen Fällen, in denen nur kleinere Verstellkräfte für die Überwindung der Verstellwiderstände erforderlich sind, sie muß mittelbar durch Krafteinschaltung bei größeren Verstellwiderständen wirken.

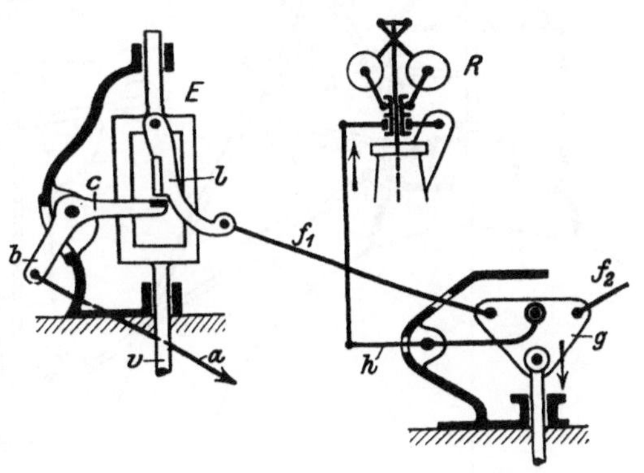

Abb. 93.

Ein Beispiel der unmittelbar wirkenden Geschwindigkeitsregler zeigt die für Kulissensteuerungen bestimmte Ausklinksteuerung von Timmermann Abb. 93, die häufig in Belgien angewandt wird. Die Aufwärtsbewegung bzw. das Öffnen des Einlaßventiles erfolgt hierbei durch die von der Kulisse angetriebene Stange a und den Winkelhebel b—c, dessen Arm c unter die Klinke l greift und damit die Ventilstange v anhebt. Die Klinke l ist mittels der Stange f_1 an die dreieckförmige Platte g gelenkartig angeschlossen. Die Führung der Platte g geschieht durch eine senkrechte Gleitbahn, so daß die Platte in senkrechter Richtung verschiebbar ist. Mit ihrem oberen Ende ist die Platte g mittels des Gestänges h an den Fliehkraftregler R angeschlossen, der wiederum mit der Maschinenwelle verbunden ist und auch von dieser angetrieben wird. Unter Vermittlung des Gestänges h wird nun die Höhenlage der Platte durch den Fliehkraftregler R derart beeinflußt, daß nach Erreichung der Höchstgeschwindigkeit infolge der Einwirkung der Zentrifugalkraft auf die beiden Schwungkugeln die Reglermuffe mit dem daran hängenden Gestänge h angehoben und demzufolge die Platte g entsprechend gesenkt wird, während sie bei abnehmender Maschinengeschwindigkeit wieder nach oben geht. Wird beispielsweise die Ventil-

[1]) Hauer, Julius v.: Die Fördermaschine der Bergwerke, 3. Auflage. Leipzig 1885.

stange v durch den Winkelhebel b—c aufwärts bewegt, dann erfolgt bei einem bestimmten Ventilhub ein Abschnappen der Klinke l, weil während des Aufwärtsganges der Ventilspindel v die gleichzeitig sich bewegende Klinke l von der Stange f_1 allmählich so lange nach rechts abgedrängt wird, bis der Winkelhebel c seinen Sitz auf der Klinke l verliert. Das Ventil geht damit auf seinen Sitz zurück. Heben nun bei einem Überschreiten der festgesetzten Höchstgeschwindigkeit die beiden Schwungkugeln des Fliehkraftreglers das Gestänge h an, dann wird die Platte g gesenkt und damit die Stange f_1 steiler gestellt. Die Richtungsänderung der Stange f_1 zwingt nun auch die Klinke l zu einer entsprechenden Verschiebung nach rechts. In dieser Lage bietet aber die Klinke dem Winkelhebel c nur noch eine schmale Sitzfläche. Die Folgewirkung ist nunmehr ein zeitigeres Abschnappen und dementsprechend auch ein kürzeres Offenhalten des Ventiles für die Frischdampfzuführung. Mit anderen Worten: mit zunehmender Maschinen- bzw. Fahrgeschwindigkeit wird durch die ansteigende Reglermuffe die Dauer des Einlaßventilhubes verkürzt und damit die Frischdampffüllung verringert. Die Kulisse der Steuerung bleibt hierbei während der Fahrt in der ausgelegten Endlage und betätigt die Austrittsventile mit stets gleichbleibender geringer Vorausströmung und Dampfverdichtung.

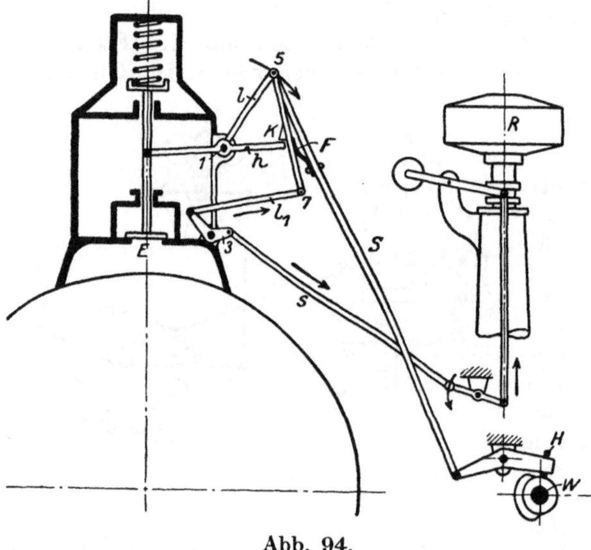

Abb. 94.

Eine von dieser Ausklinksteuerung abgeleitete, in ihrem Grundgedanken aber gleiche Regelungsart führt die Isselburger Hütte, Isselburg (Niederrhein) aus, um auch für die Fördermaschinen mit Nockensteuerung eine selbsttätige Füllungsregelung zu ermöglichen. Durch diese konstruktive Lösung ist jene Steuerungsart erst in vollem Umfange zur Geltung gekommen. In Abb. 94 finden wir die Abschnappvorrichtung der Isselburger Hütte schematisch dargestellt. Die von der Steuerwelle W eingeleiteten Ventilbewegungen werden durch den Hebelanschlag H, die Stangen S und l und damit durch die im Punkte 5 der Führungsstange l gelenkartig angeschlossene Klinke K auf den

Ventilhebel *h* übertragen. Bewegt sich nun die Klinke *K* bei einer Abwärtsbewegung der Stange *S* nach unten, so drückt sie dabei auch den Hebel *h* abwärts, wodurch nunmehr das Einlaßventil *E* geöffnet wird. Der Punkt *5* schwingt hierbei in einer kreisförmig nach außen gekrümmten Bahn um den Endpunkt *1* als Kreismittelpunkt und einem Halbmesser gleich der Hebellänge *l*. Infolgedessen muß auch die Klinke *K* ebenfalls an der nach außen gekrümmten Bahnbewegung

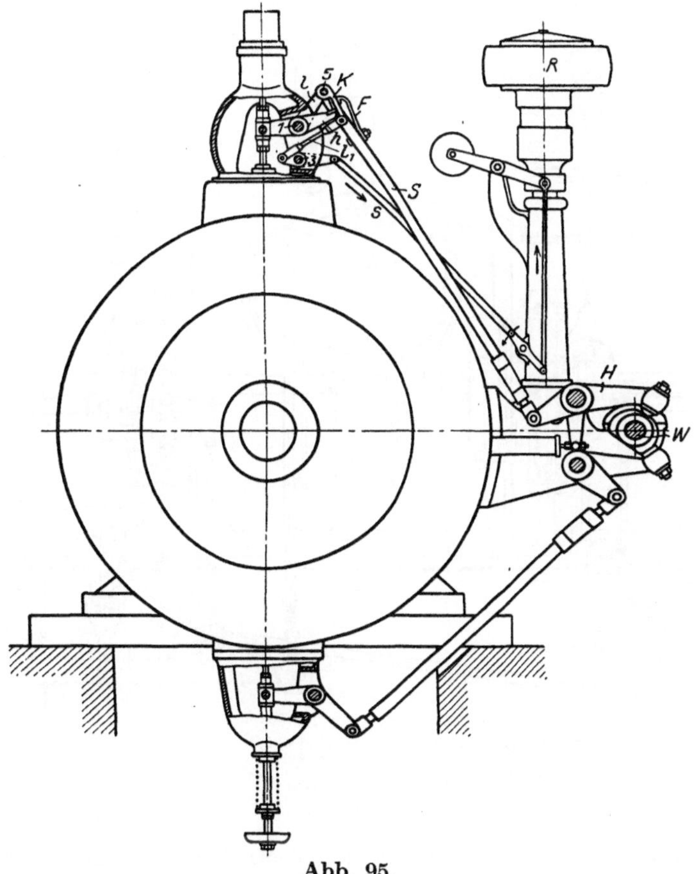

Abb. 95.

teilnehmen, weicht also von ihrer ursprünglichen Lage nach rechts aus, wodurch noch vor Beendigung des Abwärtsganges des Gestänges der Ventilhebel *h* von seinem Sitz auf der Klinke abschnappt und das unter der Einwirkung einer Schraubenfeder stehende Ventil *E* auf seinen Sitz zurückgeht. Die Dauer des Ventiloffenhaltens, also die Größe der Frischdampffüllung, hängt mithin von der Eingriffsdauer der Klinke *K* auf den Ventilhebel *h* ab. Die Dauer des Eingriffs wird aber weiterhin noch durch die ebenfalls auf die mittels des Gestänges s—l_1

mit dem Fliehkraftregler *R* verbundene Klinke *K* beeinflußt, indem bei einem Überschreiten der zulässigen Fahrgeschwindigkeit die durch den Regler hervorgerufene Aufwärtsbewegung der Reglermuffe eine Verstellung des Gestänges s—l_1 im Sinne eines Vortriebes des Endpunktes *7* der Stange l_1 nach rechts bewirkt. Die Stange l_1 drückt hierbei gegen den um den Punkt *5* drehbaren und durch die Feder *F* geführten Klinkenhebel. Der Klinkenhebel weicht nach rechts aus, die Abschnappung des

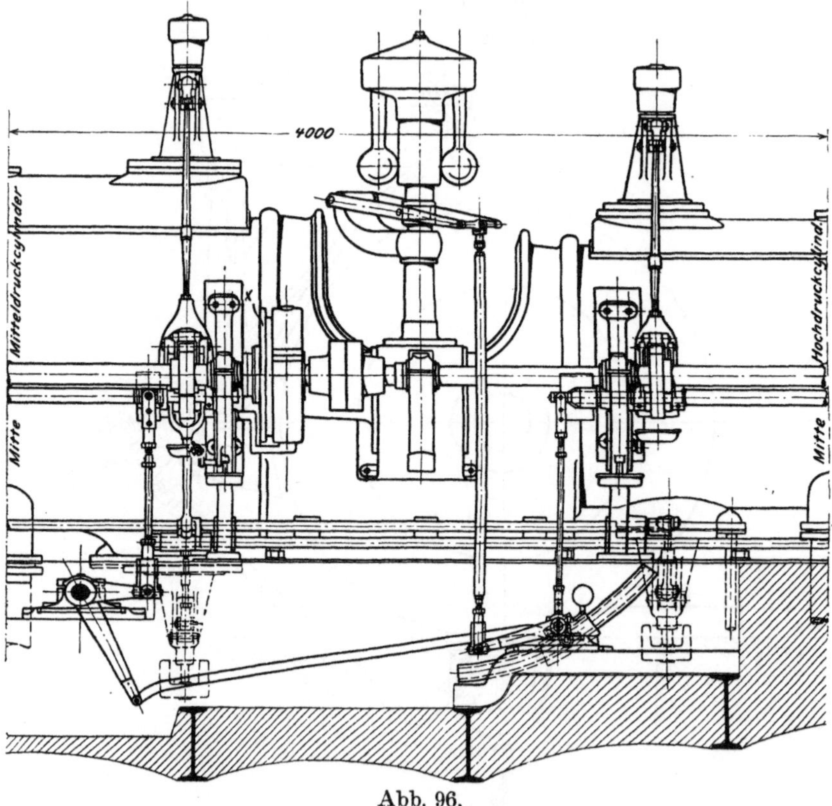

Abb. 96.

Ventilhebels *h* und damit auch der Ventilabschluß erfolgen früher. Bei dem jedesmaligen Aufwärtsgange der Antriebsstange *S* kann nun die Klinke wieder einschnappen, indem sie dem hochgegangenen Hebel *h* nach rechts ausweicht. Dies geschieht unter Zusammendrückung der Feder *F*. Ein Ausführungsbeispiel dieser Ausklinksteuerung zeigt Abb. 95.

Da beim Abschnappen ein rasches Sinken des Ventiles erfolgt und durch das dadurch bedingte scharfe Aufschlagen des Ventilkörpers auf den Ventilsitz mehr oder weniger starke Geräusche entstehen sowie ein starker Verschleiß hervorgerufen wird, sind zur Erreichung eines möglichst sanften Aufsetzens des frei fallenden Ventilkörpers auf seinen Sitz die Ventile mit besonderen Ölpuffern versehen. Diese Ölpuffer arbeiten in der Weise, daß ein mit der Ventilspindel verbundener kegelförmiger Verdrängerkolben mit fortschreitendem Niedergang des Ventilkörpers Öl durch eine sich verengende Öffnung hindurchpreßt, indem der Durchgangsquerschnitt für das Öl mehr und mehr eingeengt wird. Der Öldurchgang wird dadurch immer schwieriger und bewirkt im letzten Teile des Niederganges eine gut arbeitende Verzögerung der Ventilbewegung.

Der besondere Vorteil der Abschnappsteuerungen ist darin zu erblicken, daß sie infolge der schnellen Schlußbewegung nahezu drosselungsfreie Dampfdruckdiagramme ergeben.

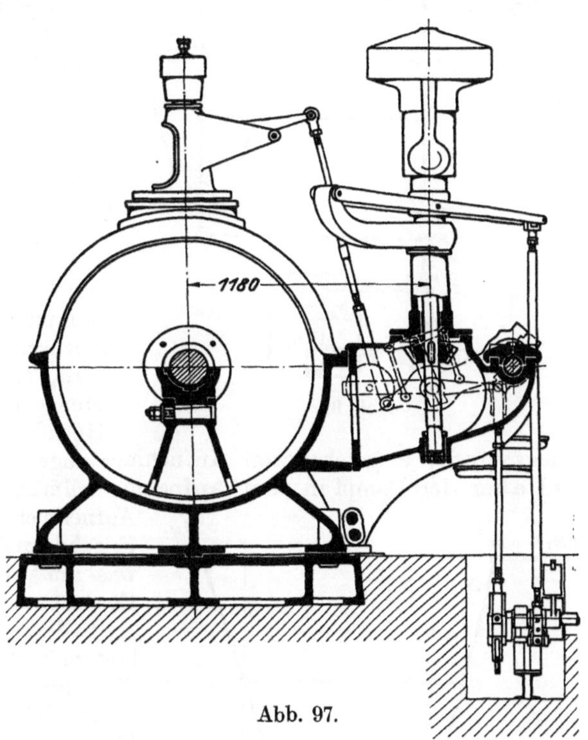

Abb. 97.

Aber auch für die Lenkersteuerung hatte man eine erfolgreiche Lösung gefunden. Die Abb. 96 und 97 zeigen die unmittelbar wirkende Beeinflussung einer Lenkersteuerung mittels Fliehkraftregler für die Radovanovic-Steuerung einer Zwillings-Reihenverbundmaschine, wie sie die Maschinenbauanstalt Humboldt-Kalk b. Köln ausgeführt hat (vgl. auch die Abb. 52 und 54). Die Einlaßventile des Hochdruckzylinders erhalten hier unabhängig von den übrigen Ventilen eine besondere Steuerung, die sowohl durch den Handhebel wie auch mittels eines Fliehkraftreglers beeinflußt wird. Die Hochdruckauslaßventile dagegen werden zusammen mit den Einlaß- und Auslaßventilen des Niederdruckzylinders durch eine zweite, nur vom Steuerhebel abhängige Steuerwelle gemeinsam angetrieben. Zu Beginn der Fahrt wird der Steuerhebel durch den Maschinenführer für eine bestimmte Höchstfüllung ausgelegt und nach erfolgtem Anfahren auf eine Füllung von etwa 50 v. H. eingeschaltet. In dieser Stellung des Steuerhebels überläßt der Maschinenführer nunmehr dem Fliehkraftregler die weitere Beherrschung der Maschine. Der Regler regelt den Gang jetzt dergestalt, daß während des Gleichlaufabschnittes die Winkelgeschwindigkeit unverändert bleibt. Die Einhaltung der festgesetzten Höchstgeschwindigkeit wird also dadurch erzwungen, daß der Fliehkraftregler die Energiezufuhr des Hochdruckzylinders regelt, während die Füllung des Niederdruckzylinders unverändert bleibt. Weil nun der Niederdruckzylinder immer eine gleich große Füllung beansprucht, bei einer Überschreitung der Höchstgeschwindigkeit und der dadurch hervorgerufenen Füllungsverkleinerung im Hochdruckzylinder aber die erforderliche Dampfmenge nicht mehr vom Hochdruckzylinder geliefert wird, so muß die fehlende Menge aus dem zwischen dem Hochdruck- und dem Niederdruckzylinder eingeschalteten Aufnehmer zugeführt werden. Dadurch wird aber der Dampf in dem Aufnehmer allmählich aufgezehrt. Dem Aufnehmer muß mithin dann Frischdampf zugeleitet werden, was am vorteilhaftesten in den Förderpausen geschieht.

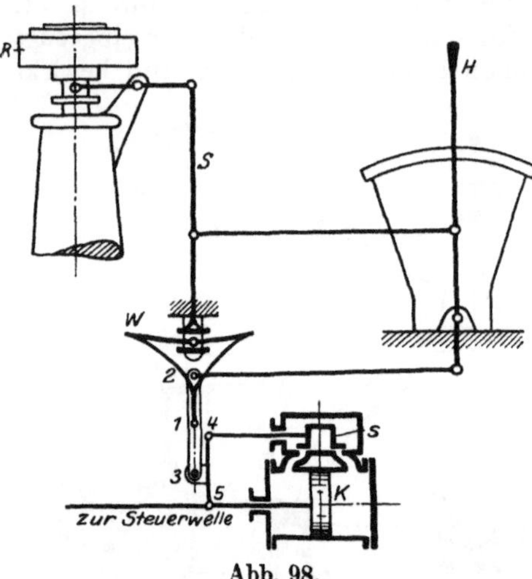

Abb. 98.

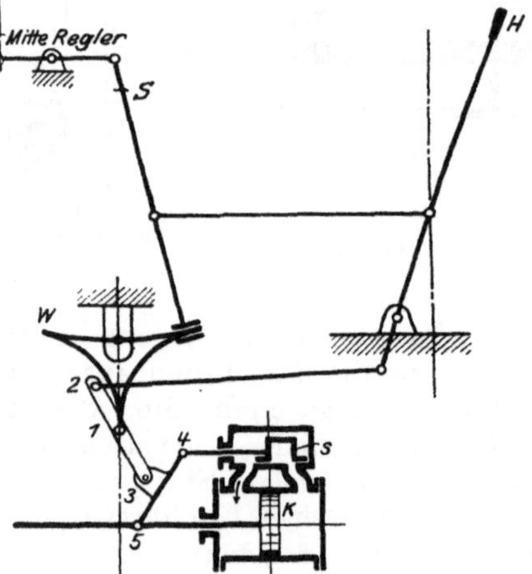

Abb. 99.

In der in Abb. 96 dargestellten Seitenansicht der Maschine liegen die beiden getrennten Umsteuerwellen links bzw. rechts von dem für eine jede Maschinenseite besonders vorgesehenen Fliehkraftregler. Das Verbindungsgestänge der Reglermuffe mit der Umsteuerwelle der Hochdruckzylinder-Einlaßventile unter Verwendung einer Kulisse zeigen sowohl die Seitenansicht Abb. 96 wie auch die Abb. 97. Die Kulisse hat hierbei die Aufgabe, die Reglereinwirkung je nach der Umlaufrichtung der Fördermaschine in dem einen oder anderen Sinne erfolgen zu lassen.

Wenden wir uns nun den mittelbar wirkenden Geschwindigkeitsreglern zu, so ist zunächst festzustellen, daß diese Regelungsvorrichtungen ausschließlich für die schwergängigen Steuerungen verwendet werden. In ihrem Aufbau unterscheiden sie sich von den unmittelbar wirkenden Reglern im wesentlichen nur durch die Einschaltung einer besonderen Hilfssteuerungsvorrichtung (Servomotor) zwischen Regler und Steuerwelle. Eine auf diesem Grundgedanken aufgebaute Lösung ist bereits 1905 von Trill angegeben worden. Die Abb. 98—100 zeigen eine vereinfachte schematische Darstellung einer solchen Einrichtung. Sie ist früher von der Aktiengesellschaft Eisenhütte „Prinz Rudolph" in Dülmen i. W. ausgeführt worden. Der Steuerhebel *H* und der Geschwindigkeitsregler *R* sind durch ein Gestänge miteinander verbunden, so daß beide gemeinsam auf die Steuerung einwirken. In der Nullstellung des Handhebels *H* (Abb. 98) sind sowohl die Reglerstange *S* wie auch der die Schieber- und Kolbenstange des Servomotors verbindende Zwischenhebel *4—5* und demgemäß auch der Dampfkolben *K* und der Flachschieber *s* in ihrer Mittellage. Wird nun beispielsweise der Handhebel *H* für die Anfahrt in die in Abb 99 gezeichnete Endlage ausgelegt, dann bewegt sich der Zwischenhebel *4—5* um den Drehpunkt *5* an der Kolbenstange, damit wandert aber auch der Schieber *s* nach rechts und öffnet dadurch dem Frischdampf den Weg in den Zylinder, so daß nunmehr durch den auf der linken Zylinderseite eintretenden Dampf der mit der Steuerwelle verbundene Dampfkolben *K* ebenfalls im rechten Sinne verschoben wird Da durch die Bewegung der Kolbenstange bzw. des Punktes *5* der Zwischenhebel *4—5* sich jetzt um seinen mittleren Stützpunkt *3* drehen muß, so wird der Schieber *s* gemäß Abb. 100 wiederum in seine Mittellage zurückgebracht. Die Lage des Dampfkolbens *K* entspricht hierbei genau der Stellung des Handhebels *H* oder anders ausgedrückt: es befinden sich beide in der Endlage. Wird nun die zulässige Höchstgeschwindigkeit überschritten, so bewegt die Reglermuffe die Reglerstange *S* abwärts und damit auch den an der Stange *S* angeschlossenen Endpunkt des kulissenartig ausgebildeten Winkelhebels *W*. In Auswirkung dieser Bewegung schwingt der Winkelhebel um seinen in der Mitte angeordneten Drehpunkt und verschiebt hierbei den Endpunkt *1* des senkrechten Winkelhebelarmes nach links. Entsprechend wandert auch Punkt *4* nach links und damit wird auch der Flachschieber *s* nach links verschoben. Die Folge hiervon ist ein Hineinströmen des Dampfes hinter den Kolben *K* des Servomotors,

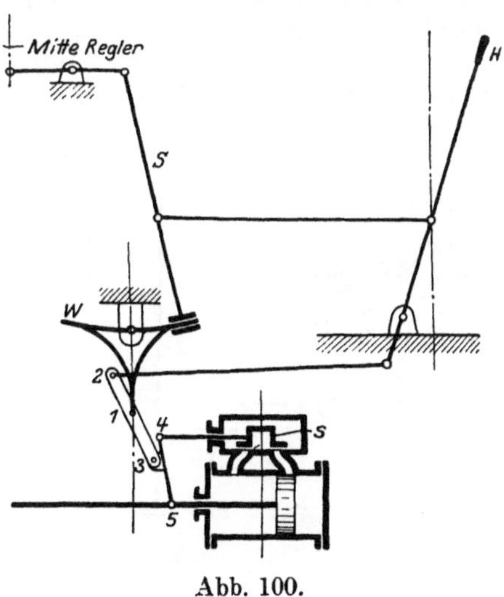

Abb. 100.

der nun diesen einschließlich der mit dem Dampfkolben verbundenen Steuerwelle im linken Sinne bewegt und dadurch eine Einstellung der Steuerung auf kleinere Frischdampffüllungen des Fördermaschinenzylinders herbeiführt. Bei einem Auslegen des Handhebels H in die entgegengesetzte, linke Endlage wird der Gleitpunkt der Reglerstange S auf den linken Arm der Kulisse W verschoben. Die Einwirkung des Reglers ist dann eine umgekehrte, d. h. bei Überschreitung der Höchstgeschwindigkeit bewegt sich der Dampfkolben bzw. die Steuerwelle nach rechts; die Steuerung wird also gleichfalls auf kleinere Frischdampffüllungen eingestellt.

Die Verwendung einer besonderen Hilfssteuerung für die Steuerungsverstellung setzt die ältere, von Kraft herrührende Nockenform mit ihrem am Ende des Nockens liegenden großen Frischdampffüllungen voraus. Dagegen würde beispielsweise bei der Anwendung der Nockenbauart mit besonderen Manövrierknaggen der Regler die Steuerung nur bis vor die in unmittelbarer Nähe der Steuerhebelmittellage sitzenden Manövrierknaggen verschieben, also nur im Sinne einer stetigen Verminderung des Triebdampfes wirken. Eine Gegentriebkraft kann bei dieser Steuerungsverstellung nicht eingestellt werden, doch lassen sich in der Nähe der kleineren Füllungen die hemmenden Kräfte im Zylinder mit zunehmender Wirkung derart einschalten, daß sie die treibende Dampfkraft der kleineren Füllungen überwiegen. Überdies gestattet diese Art der Steuerregelung dem Maschinenführer in jedem Augenblick eine Verkleinerung der Maschinenleistung zu erzwingen, weil er den voll ausgelegten Hebel H jederzeit nach der Nullage hin verschieben kann.

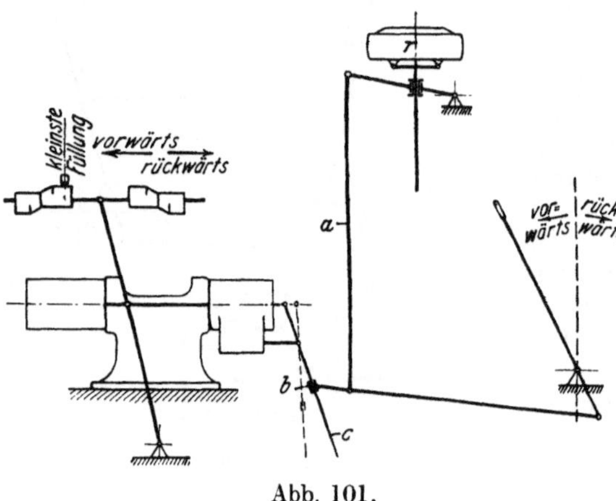

Abb. 101.

Eine ähnliche, in ihrem Aufbau aber einfachere Anordnung der mittelbaren Reglereinwirkung ist in der Abb. 101 schematisch dargestellt. Diese konstruktive Lösung ist von der Gutehoffnungshütte-Oberhausen, Rheinland, angegeben worden. Sie ist für eine Nockenbauart mit sog. umgekehrter Nockenform bestimmt, bei der mit zunehmendem Steuerhebelausschlag die Frischdampffüllungen sich verringern, die großen Anfahrfüllungen also in der Nähe der Nullage des Handhebels liegen (siehe Abb. 74). Beim Auslegen des Steuerhebels aus der Nulllage — beispielsweise gemäß Abb. 101 nach links — wird durch Vermittlung der Stange c der mit innerer Einströmung arbeitende Schieber des Kraftzylinders für die Hilfssteuerung nach rechts, der Dampfkolben bzw. die Steuerwelle demnach wie der Handhebel im linken Sinne verschoben. Hebt nun bei eintretender Höchstgeschwindigkeit die Reglermuffe die Zugstange a an, dann wird der verstellbare Angriffspunkt b der Verbindungsstange zwischen dem Handhebel und der Stange c des Servomotors nach oben gerückt, die Stange c erfährt dadurch eine größere Neigung und zieht nun den an die Stange c angeschlossenen, mit Inneneinströmung arbeitenden Dampfschieber des Servomotors aus seiner Mittellage nach rechts. Der nunmehr in den Zylinderraum eintretende Frischdampf drückt jetzt den Dampfkolben des Servomotors nach links und damit auch die mit der Kolbenstange verbundene Nockensteuerwelle. Mit anderen Worten: mit zunehmender Höhenlage der Reglermuffe wird die Nockensteuerung auf kleinere Füllungen eingestellt.

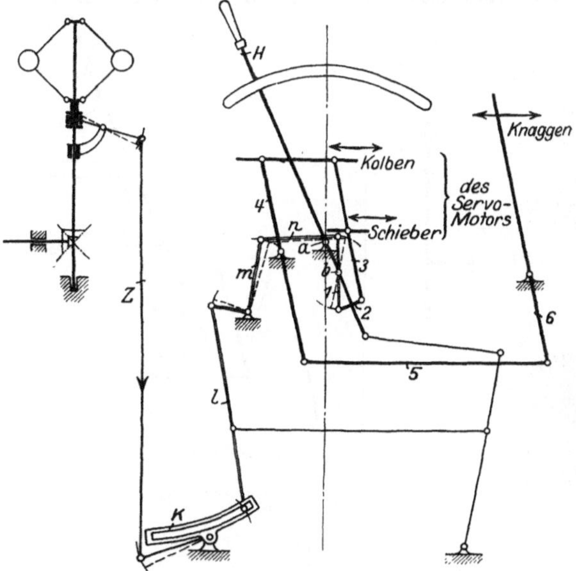

Abb. 102.

Betrachten wir nunmehr noch die bei der eben aufgezeigten Anordnung verwendete sog. umgekehrte Nockenform, bei der ja die großen Anfahrfüllungen in der Nähe der Steuerhebelnullage liegen, so zeigt uns eine einfache Überlegung, daß hierbei der Maschinenführer in der Lage ist, der Einwirkung des Reglers entgegenzuarbeiten, indem er durch ein Zurücknehmen des Handhebels aus der äußersten Endlage die Steuerung auf große Füllungen einstellen kann. Dieses Verfahren ist aber sowohl im Interesse der Wirtschaftlichkeit des Fördermaschinenbetriebes wie auch aus Gründen der Sicherheit nicht zu empfehlen. Dieser Nachteil kann aber vermieden werden, wenn man den Gleitpunkt b von der Stange c in die Bahn des Handhebels verlegt. Der bisherige Angriffspunkt b der Verbindungsstange des Handhebels mit der Stange c des Servomotors wird also fest verlagert, der Angriffspunkt der Verbindungsstange am Steuerhebel dagegen verschiebbar angeordnet. Durch diese Maßnahme muß bei einem Aufwärtsgange der Reglermuffe der Handhebel in entgegengesetzter Richtung, also nach der Mitte zu, wandern. Es können dann die für eine Reglerbeeinflussung besser geeigneten Nockenbauarten mit der Nullage in der Steuerhebelmitte und hierzu entsprechend den am Ende des Nockens liegenden großen Frischdampffüllungen verwendet werden.

Eine diesen Überlegungen Rechnung tragende Ausführung zeigen die schematisch dargestellten Vorrichtungen einer selbsttätigen Steuerungseinstellung der A. G. Eisenhütte „Prinz Rudolph", Dülmen i.W., in den Abb. 102 und 103.

Gemäß Abb. 102 ist der in seiner linken Endlage stehende Steuerhebel H im Punkte a drehbar gelagert und wirkt über den Punkt b sowie das Gestänge *1—2—3* auf den Schieber des Servomotors ein.

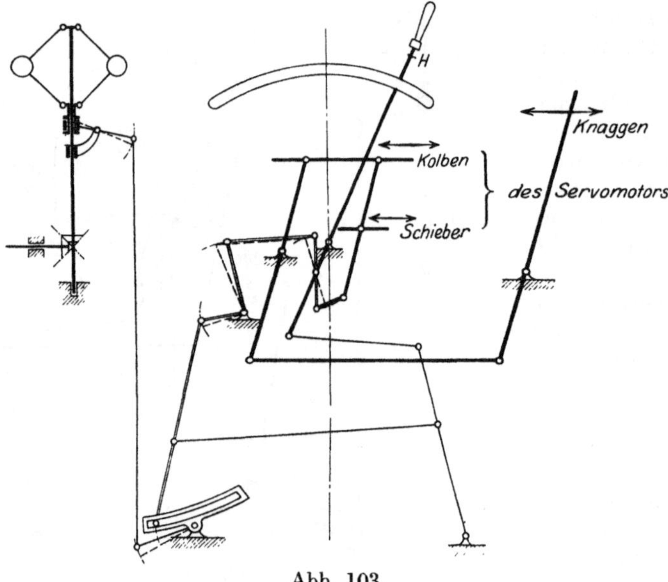

Abb. 103.

Der Dampfkolben des Hilfsmotors überträgt hierbei die Steuerbewegung durch das Gestänge *4—5—6* auf die Nockenwelle und bringt gleichzeitig den Schieber durch die Zwischenstange *3* wieder in seine Mittellage zurück. Die Reglermuffe steht durch die Zugstange Z, die Kulisse K und das Gestänge l—m—n ebenfalls mit dem oben angegebenen Gestänge des Handhebels in Verbindung, so daß bei einem Aufwärtsgange der Reglermuffe der Steuerhebel nach der Nullage zu verschoben wird.

Wird dagegen der Steuerhebel H in die entgegengesetzte Endlage ausgelegt, so wandert auch der verschiebbare Gleitpunkt in der Kulisse nach der entgegengesetzten Seite. Damit wird aber eine der ersten umgekehrte Reglerwirkung herbeigeführt, so daß auch in diesem Falle durch den Aufwärtsgang der Reglermuffe kleine Füllungen erzwungen werden. Die Abb. 103 zeigt die zur Abb. 102 gegensätzliche Stellung des Gestänges, hervorgerufen durch eine Umstellung des Steuerhebels in die rechte Endlage. In Abb. 104 ist die konstruktive Gesamtanordnung einer selbsttätigen Einstellungsvorrichtung der A. G. Eisenhütte „Prinz Rudolph“ dargestellt.

Eine andere, durch die Einschaltung eines Servomotors zwischen Regler und Steuerungsantrieb hervorgerufene Beeinflussung der Steuerung, bei der aber nur der Geschwindigkeitsregler auf die Steuerstellung einwirkt, hat H. Dubbel in Vorschlag gebracht[1]) (Abb. 105). Der Servomotor ist hier an der Säule des Reglers in senkrechter Lage angeordnet. Sein Dampfschieber wird mittels eines Gestänges durch die Reglermuffe betätigt. Die Kolbenstange des Servomotors steht durch einen dreiarmigen Winkelhebel mit zwei auf der Achse des Steuerbockes lose drehbar aufsitzenden Mitnehmern *M* derart in Verbindung, daß der Regler durch seine aufwärtsgehende Muffe die Mitnehmer gegenläufig verstellen kann. Wird der mit der Steuerwelle fest verbundene Handhebel je nach der gewünschten Drehrichtung der Fördermaschine in einen der beiden Mitnehmer für eine bestimmte Anfahrfüllung eingeklinkt, dann wird der Steuerhebel bei einem Überschreiten der zugelassenen Höchstgeschwindigkeit durch die Einwirkung des Reglers auf den Mitnehmer zusammen mit diesem nach der Mittellage zu verschoben, die Energiezufuhr der Fördermaschine also vermindert. Die

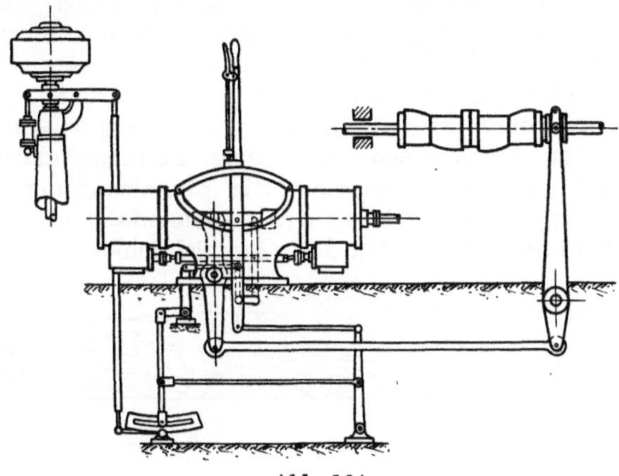
Abb. 104.

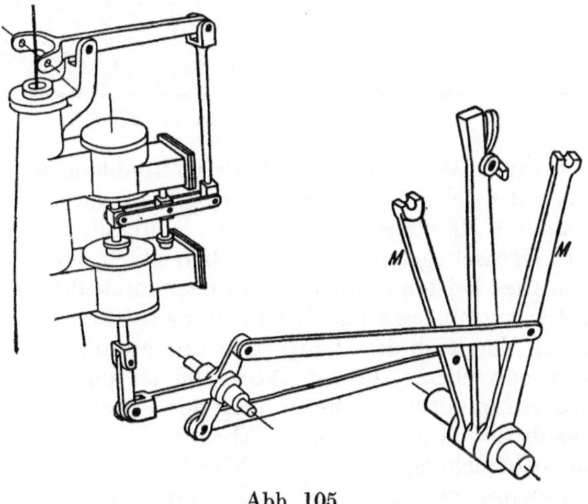

Abb. 105.

[1]) Dubbel, H.: „Die Steuerungen der Dampfmaschine“, 3. Auflage. Berlin: Julius Springer 1923.

Kuppelung des Steuerhebels mit den Mitnehmern kann hierbei durch ein jederzeitiges Ausklinken aufgehoben werden, so daß auch eine gegen Ende der Fahrt gegebenenfalls notwendig werdende Füllungsregelung von Hand aus vorgenommen werden kann. Der Regler kann ferner derart mit der Steuerung verbunden werden, daß er auch bei einer negativen Belastung, d. h. beim Einhängen von Lasten, wirkt. Er bewegt nämlich dann in den höheren Lagen der Reglermuffe die Steuerung über die Mittellage hinaus auf die andere Seite, stellt sie also auf eine Gegendampfwirkung ein.

Es wurde bereits eingangs darauf hingewiesen, daß die durch einen Regler vorgenommene selbsttätige Füllungsänderung vom Schlusse des Anfahrabschnittes ab bzw. die Einhaltung der zugelassenen Höchstgeschwindigkeit während des Gleichlaufabschnittes zunächst einmal die Maschinenführung von der Geschicklichkeit, der Aufmerksamkeit und

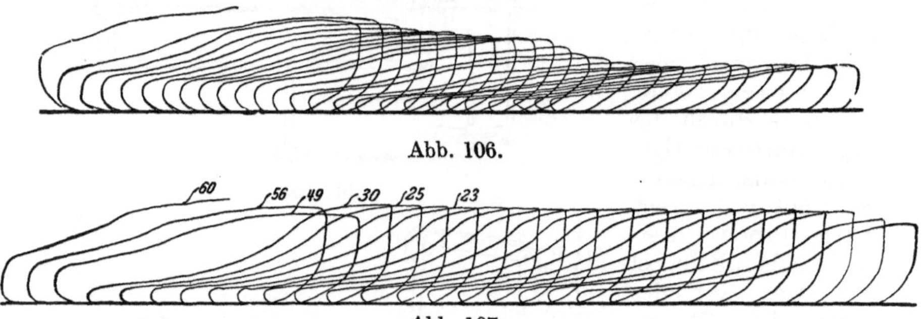

Abb. 106.

Abb. 107.

dem guten Willen des Maschinisten unabhängig macht. Darüber hinaus trägt die selbsttätige Füllungsregelung auch wesentlich zur Erleichterung der Maschinenführung bei. Schließlich sei auch nochmals auf die der Drosselregelung wirtschaftlich stark überlegene Arbeitsweise des Dampfes bei den Regleranordnungen mit selbsttätig wirkender Füllungsänderung hingewiesen. Diese wirtschaftliche Überlegenheit wird durch einen Vergleich der Dampfdruckdiagramme der Abb. 106 und 107 gut veranschaulicht. In der Abb. 106 ist das fortlaufende Dampfdruckdiagramm einer mit Drosselung des Frischdampfes arbeitenden Fördermaschine dargestellt, die Abb. 107 zeigt dagegen das fortlaufende Dampfdruckdiagramm einer Maschine mit selbsttätiger Einstellung der Steuerung auf die jeweils erforderlichen Füllungen. Gemäß Abb. 107 beträgt die Füllung beim Anfahren 60 vH, am Schlusse des Beschleunigungsabschnittes ist sie durch den Reglereingriff dann auf 23 vH zurückgegangen und behält diese Größe bei gleichbleibender Spannung während des Gleichlaufabschnittes bei. Die Abb. 106 zeigt dagegen im Verlaufe der Fahrt eine starke Abnahme des Dampfdruckes infolge Drosselregulierung, also eine unwirtschaftliche Arbeitsweise des Frischdampfes. Im vorliegenden Falle dürfte der Mehrverbrauch an Dampf etwa 10 vH betragen. Bei einer noch weitergehenden Füllungsabnahme würde die durch die selbsttätige Regelung des Steuerantriebes erzielte Dampfersparnis naturgemäß noch größer sein.

Durch die Ausrüstung der Fördermaschine mit einem Geschwindigkeitsregler wird aber zugleich auch noch ein anderer Vorteil erzielt, nämlich eine Erhöhung der Betriebssicherheit der Gesamtanlage, da ja nunmehr eine Überschreitung der zugelassenen Höchstgeschwindigkeit durch die zwangläufige Einstellung der Energiezufuhr während des Gleichlaufabschnittes verhindert wird. Immerhin darf nicht übersehen werden, daß eine Füllungsverkleinerung bzw. die vollständige Absperrung der Energiezufuhr nur bei einer Lastenhebung wirksam ist. Bei einer negativen Belastung, also beim Einhängen von Lasten, kann die sichernde Wirkung in das Gegenteil umschlagen, beispielsweise, wenn der Regler bei den Ausklinksteuerungen die Nullfüllung einstellen kann, da dann das Mittel des Gegendampfgebens nicht mehr wirksam gemacht werden kann. Zur Vermeidung dieser nachteiligen Wirkungen wird daher bei den Ausklinksteuerungen der Reglereingriff ausschaltbar angeordnet. Dieses Verfahren der Abschaltung des Reglers ist aber wiederum dadurch bedenklich, daß es gerade im Gefahrenfall die Geistesgegenwart des Maschinenführers voraussetzt. Es ist daher bei den Ausklinksteuerungen dafür zu sorgen, daß der Regler nach der Erreichung einer bestimmten kleinsten Füllung jede weitere Steigerung der Maschinengeschwindigkeit durch die Auslösung einer mit Druckregler ausgerüsteten Bremseinrichtung auf das zulässige Maß herabsetzt.

Bei den Nockensteuerungen sind die Verhältnisse günstiger, weil hier der Regler die Steuerung auch nach einer Füllungsverkleinerung auf Gegendampf einstellen kann. Immerhin ist zu beachten, daß die fortlaufende Verstellung des Reglers in den Grenzen der steten Kraftänderung der Nocken bleibt.

Ein besonderer Übelstand aller angeführten Regeleinrichtungen ist aber darin zu erblicken, daß die Steuereinwirkung des Maschinenführers von dem Stande der Reglermuffe abhängig ist. Dies ergibt aber eine gewisse Unsicherheit in der Beurteilung der Steuerwirkung. Da zudem die Einschaltung hemmender Kräfte immer nur bei einer Überschreitung der zugelassenen Höchstgeschwindigkeit erfolgt, so können die Geschwindigkeitsregler nicht als eigentliche Sicherheitseinrichtungen angesprochen werden. Denn sie verhindern in keiner Weise das Auftreten einer übermäßig großen Geschwindigkeit der Maschine in dem wichtigsten Teile des Förderzuges, dem Auslaufabschnitt. Eine Änderung des Geschwindigkeitsverlaufes oder anders ausgedrückt: eine durch die Steuerung zu erzwingende Geschwindigkeitsabnahme während der Endfahrt bleibt allein dem Steuerungs- oder Fahrtregler vorbehalten.

3. Wirtschaftlich günstige Frischdampffüllungen.

Der theoretisch eingestellte technische Geist hatte die Aufgabe der selbsttätigen Steuerungseinstellung auf kleinere Frischdampffüllungen beim Übergang aus dem Beschleunigungsabschnitt in den Abschnitt des Gleichlaufes bzw. bei Überschreitung der zugelassenen Höchstgeschwindigkeit bewältigt. Aber erst die Praxis, die ja der Gradmesser für das Erreichte und das Erreichbare ist, hatte gezeigt, daß die verschiedenen Regelungsarten schädliche Einflüsse auf die Gleichmäßigkeit des Maschinenganges sowie des gesamten Förderzuges auslösen können, nämlich dann, wenn bei den einzelnen Förderanlagen die Dampfzufuhr zu weitgehend verringert oder aber zu plötzlich geändert wird. Man hatte also erkannt, daß die Beurteilung der Dampffördermaschine im Gegensatz zu der gewöhnlichen Betriebsdampfmaschine nicht einzig allein von der den kleinsten Dampfverbrauch ergebenden Füllung abhängt, es sind vielmehr stets jene Frischdampffüllungen aufzusuchen, die für die jeweilige Förderanlage mit ihren spezifischen Betriebsbedingungen das wirtschaftlich und betriebstechnisch günstigste Ergebnis aufweisen.

Was bisher über die schädlichen Einflüsse der verschiedenen selbsttätigen Steuerungseinstellungen gesagt wurde, erklärt noch nicht die Ursachen dieser Erscheinungen. Betrachtet man daher zunächst die Wirkung einer stark verminderten Frischdampffüllung, so ist klar, daß diese wohl einen wirtschaftlich günstigen Dampfverbrauch ergibt. Ebenso unschwer ist aber auch zu erkennen, daß — und namentlich unter dem Einfluß unvorhergesehener und unbeabsichtigter Umstände — während der einzelnen Umdrehungen der Fördermaschine Schwankungen in der Winkelgeschwindigkeit auftreten können, die eine zu große Ungleichförmigkeit des Maschinenganges hervorrufen müssen. Diese Schwankungen haben aber ein Schlagen des Seiles sowie auch das der mitfahrenden Mannschaft so unangenehme „Tanzen" der Förderkörbe zur Folge. Das Seilschlagen entsteht durch die Spannungswechsel im Seile, verursacht durch die Kraftschwankungen in der Maschine. Ein zu starkes Schlagen der Seile läßt wiederum eine unrichtige Aufwicklung befürchten, ja, es kann sogar das gefährliche Herausspringen des Förderseiles aus den Seilrillen bewirken. Bei den Förderanlagen mit Seilgewichtsausgleich durch ein Unterseil können auch starke Unterseilschwankungen eintreten, die zur Beschädigung des Schachtausbaues und der schwer zu überwachenden Seile führen.

Schädliche Schwankungen in der Umfangsgeschwindigkeit während einer Umdrehung, hervorgerufen durch geringere Frischdampffüllungen, treten vor allem bei Maschinen mit verhältnismäßig kleinem Schwungmoment auf, also in erster Linie bei Treibscheibenmaschinen. Diese Fördermaschinen lassen daher im allgemeinen keine so weitgehende Dampfdehnung zu wie die Trommelmaschinen mit ihren an sich größeren Schwungmassen. Der Unterschied in der kleinstmöglichen Frischdampffüllung zwischen Trommel- und Treibscheiben-Fördermaschinen beträgt etwa bis zu 5 vH. Die Zwillings-Reihenverbundmaschinen verhalten sich hierbei günstiger als die einfachen Zwillingsmaschinen, weil jene bei gleicher Größe der Gesamtexpansion in den einzelnen Zylindern eine größere Füllung und daher ein gleichmäßigeres Drehkraftmoment, also ein gleichmäßigeres Tangentialdruckdiagramm ergeben als die Zwillingsmaschinen. Bei einer Zwillings-Reihenverbundmaschine mit Treibscheibe konnte beispielsweise zur Vermeidung einer zu großen Ungleichförmigkeit des Maschinenganges und demzufolge des Auftretens heftiger Seilschwankungen eine kleinstmögliche Füllung im Hochdruckzylinder von 25 vH nicht unterschritten werden, weil hier die verwendete Zwillings-Reihenverbundmaschine eine an sich leichte Koepescheibe anzutreiben hatte, für kleinere Frischdampffüllungen das Schwungmoment der Maschine also nicht genügend groß war. Bei kleineren Füllungen werden daher zur Vergrößerung des Schwungmomentes, d. h. zur Erzielung einer besseren Schwungwirkung und damit eines ruhigeren und gleichförmigeren Maschinenganges die Treibscheibenkränze öfters absichtlich schwer ausgeführt. In einzelnen Fällen beläuft sich das Gesamtgewicht der aus Stahlguß bestehenden Treibscheiben einschließlich des Holzbelages bis auf 45000 kg. Aus diesen Erwägungen empfiehlt sich für den Antrieb von Förderanlagen mit verhältnismäßig leichten, schmiedeeisernen Treibscheiben und geringen zu bewegenden Massen Elektromotoren mit ihrem gleichmäßigeren Gange zu verwenden, während für den Dampfmaschinenantrieb das Schwungmoment stets genügend groß zu bemessen ist, um eine möglichst kleine und daher wirtschaftliche Füllung zu erreichen. Bei der Festsetzung der kleinstmöglichen Füllung dürfen naturgemäß die anderen Dampfverteilungsabschnitte nicht unberücksichtigt bleiben. So muß beispielsweise bei großer Winkelgschwindigkeit der Fördermaschine der Verdichtungsabschnitt entsprechend groß gewählt werden, um die Wucht der Schwungmassen gegen Ende des Kolbenhubes bzw. kurz vor der Umkehr der Kolbenbewegung zu verringern und in Wärme umzusetzen. Bei einer geringeren Maschinengeschwindigkeit hingegen würde eine zu starke Dampfverdichtung der Gleichförmigkeit des Maschinenganges nicht förderlich sein.

Aber nicht nur bei einem Unterschreiten der für eine bestimmte Förderanlage gegebenen zulässigen kleinsten Frischdampffüllung machen sich die schädlichen Seilschwankungen bemerkbar. Auch im Zeitpunkt der eingetretenen Füllungsänderung kann eine zu große Ungleichförmigkeit des Maschinenganges eintreten, nämlich dann, wenn der Übergang von den größeren Anfahrfüllungen auf die geringeren Frischdampffüllungen des Gleichlaufabschnittes plötzlich erfolgt. Als Grenzwert für das Schwanken der Umfangsgeschwindigkeit während einer Umdrehung gibt v. Chrzanowski auf Grund eingehender Versuche[1]) einen Ungleichförmigkeitsgrad von 1 : 10 an, der beim Übergang aus dem Beschleunigungsabschnitt in den Abschnitt des Gleichlaufes nicht überschritten werden darf, wenn ein starkes Seilschlagen vermieden werden soll. Mit anderen Worten: innerhalb einer vollen Umdrehung der Maschine darf der Unterschied zwischen der höchsten und der geringsten Umfangsgeschwindigkeit den zehnten Teil der aus der minutlichen Um

[1]) v. Chrzanowski: „Geschwindigkeitsregelung von Dampffördermaschinen“, Dissertation, Verlag Horstmann. Dülmen i. Westf.

laufzahl „n" und dem Seilträgerdurchmesser „D" errechneten mittleren Umfangsgeschwindigkeit $\left(v_m = \frac{D \cdot \pi \cdot n}{60}\right)$ nicht überschreiten.

Für die selbsttätige Steuerungseinstellung auf kleinere Frischdampffüllungen am Schlusse des Anfahrabschnittes und für die Sicherung der zulässigen Höchstgeschwindigkeit während des Gleichlaufabschnittes hatte man anfangs „pseudo-astatische" Regler verwendet. Diese Regler arbeiten in der Weise, daß sie erst nach Erreichen einer bestimmten Umdrehungszahl der Maschine infolge des Auftretens einer Zentrifugalkraft eingreifen, dann aber auch — verbunden mit einem großen Hub der Reglermuffe — rasch. Diese Arbeitsweise des Reglers ergibt wohl eine augenblicklich sich einstellende, dampfsparende Füllungsverkleinerung am Schlusse des Beschleunigungsabschnittes, es ist aber zu beachten, daß durch die plötzliche Einwirkung der Zentrifugalkraft auf den Regler die Reglermuffe — und insbesondere ist dies bei Gewichtsreglern der Fall — aus der tiefsten Lage heraus über die für die festgesetzte Höchstgeschwindigkeit erforderliche Stellung hinaus in eine hohe Lage schießt. Die Füllung wird dadurch bis auf den Wert Null verstellt, der Gang der Maschine also verlangsamt. Sinkt aber die Umlaufzahl der Maschine, dann wird auch sofort die auf den Regler einwirkende Zentrifugalkraft kleiner, die Steuerung wird wiederum auf große Füllungen eingestellt. Die Umfangsgeschwindigkeit der Maschine nimmt also wieder zu, bis der Regler nach Überschreiten der Höchstgeschwindigkeit von neuem eine Verlangsamung des Maschinenganges herbeiführt. Man muß also feststellen: der Regler spielt während des ganzen Gleichlaufabschnittes ununterbrochen zwischen den Reglergrenzen und vereitelt dadurch seinen eigentlichen Zweck, nämlich die Herbeiführung eines regelmäßigen und gleichförmigen Ganges der Maschine. Die dampfsparende Wirkung wird nicht erreicht, der Betrieb dagegen durch starkes Seilschlagen gefährdet. Diesen nachteiligen Einwirkungen des Reglers sucht der Maschinenführer dadurch zu entgehen, daß er den Eintritt der den Regler beeinflussenden festgesetzten Höchstgeschwindigkeit erst gar nicht abwartet, diese vielmehr mittels der Handsteuerung von vornherein verhindert und eine notwendig werdende Regelung der Kraftmomente meist durch eine Drosselung des Frischdampfes bei unveränderter Füllung vornimmt. Dieses Verfahren der Regelung ist aber einmal im Hinblick auf den Dampfverbrauch höchst unwirtschaftlich, zum andern wird auch durch das vorsichtige Fahren die „reine" Förderzeit vergrößert, die Förderleistung also vermindert.

Bei den für Dampffördermaschinen verwendeten pseudo-astatischen Reglern wird daher eine starke Dämpfungsvorrichtung eingebaut, durch die das Hin- und Herschwingen der Reglermuffe möglichst vermieden werden soll. Die Abb. 108 zeigt das fortlaufende Dampfdruckdiagramm einer Fördermaschine mit pseudo-astatischem Regler und stark wirkender Dämpfung der Reglerbewegung. Man sieht deutlich, wie nach zwei größeren Frischdampffüllungen für den Anfahrabschnitt eine plötzliche Einstellung auf eine kleinere Füllung erfolgt, die dann gleichmäßig beibehalten wird. Der plötzliche Übergang von der großen Anfahrfüllung auf die kleinere Frischdampffüllung und die hieran sich anschließende gleichförmige Arbeitsweise des Dampfes läßt auf eine gute Wirkung des Reglers, auf eine starke Dämpfung der Reglerbewegung sowie auf genügend groß bemessene Schwungmomente der Maschine schließen.

Für die Zwecke des Fördermschinenbetriebes ist der stark statische Regler, bei dem zu jeder Umdrehungszahl der Maschine eine bestimmte Stellung der Reglermuffe gehört, besser geeignet. Die mit diesem Regler an Fördermaschinen gesammelten Erfahrungen sind durchaus günstige, und er findet daher in der Neuzeit ausschließlich Anwendung. In der Abb. 109 ist das fortlaufende Dampfdruckdiagramm einer mit einem stark statischen Regler ausgerüsteten Fördermaschine der Isselburger Hütte, Isselburg (Niederrhein), dargestellt. Im Gegen-

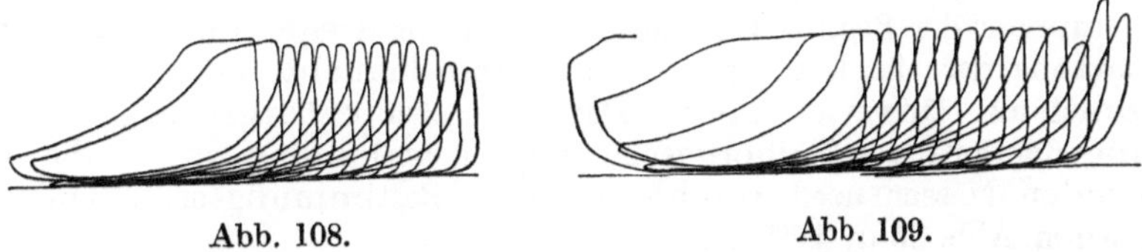

Abb. 108. Abb. 109.

satz zu der Arbeitsweise des pseudo-astatischen Reglers gemäß Abb. 108 zeigt das Diagramm Abb. 109 einen allmählichen Übergang von der großen Anfahrfüllung auf die kleineren Füllungen des Gleichlaufabschnittes. Dadurch wird allerdings der Eintritt der kleinen, dampfsparenden Frischdampffüllungen etwas verzögert, dafür aber infolge der allmählichen Veränderung der Kraftzufuhr ein ruhiger Seillauf eingetauscht, und zwar in einem Ausmaße, wie er bei einer Füllungsänderung von Hand aus im allgemeinen nicht erreicht wird. Es verdient schließlich noch erwähnt zu werden, daß der statische Regler ohne eine Dämpfung der Reglerbewegung arbeitet.

Eine Vereinigung des statischen Reglers mit pseudo-astatischer Endbwegung könnte bei Fördermaschinen ebenfalls Verwendung finden. Dies würde namentlich für geringe Belastungen vorteilhaft sein, um die Höchstgeschwindigkeit hier in engen Grenzen zu halten.

VI. Der Hemmdampf.

1. Allgemeines.

In klarer Erkenntnis des Naturgesetzes, daß im Wettbewerb nur die Höchstleistung siegt, hatte auch die unablässig an sich arbeitende Fördermaschinentechnik zu der Überzeugung geführt, zur gegenseitigen Befruchtung auch ihrerseits dem Bergbau die Möglichkeit zur Erzielung von Förderhöchstleistungen zu geben. Und es ist deutlich wahrnehmbar, wie man bestrebt bleibt, jenes Ziel durch die Herabsetzung der reinen Förderzeit auf ein Mindestmaß zu erreichen. Eines der Mittel wurzelte in der Überlegung, daß die Verzögerung im Auslaufabschnitt durch die Einwirkung hemmender Kräfte auf die Maschinenbewegung vergrößert, die Maschine also rascher zum Stillstand gebracht wird.

Grundsätzlich ist festzustellen, daß jegliche Bremsarbeit zur Aufzehrung der in den auslaufenden bewegten Massen aufgespeicherten lebendigen Kraft, die durch einen vorherigen Dampfaufwand entstanden ist, einen Energieverlust bedeutet. Die bestmögliche Energieausnutzung ist bei einer Dampffördermaschine immer dann vorhanden, wenn der Auslaufweg weder durch positive noch mit negativer Dampfwirkung, also frei erfolgt. Es darf aber hierbei nicht übersehen werden, daß gemäß den Erläuterungen im ersten Teil des Werkes die Energieverluste durch den damit verbundenen Zeitgewinn aufgewogen werden. Dieser Zeitgewinn, der ja in diesem Falle einer erhöhten Förderleistung gleichzusetzen ist, wird infolge der hemmenden Wirkung noch vergrößert, weil nunmehr der Beginn des Auslaufabschnittes wegen des schnelleren Stillsetzens der Maschine später einzusetzen braucht, der Gleichlaufabschnitt also länger andauert. Damit ist aber naturgemäß eine Erhöhung der mittleren Fördergeschwindigkeit verbunden, so daß die zu fördernden Massen noch rascher an ihren Bestimmungsort anlangen (vgl. auch Abb. 33 in Teil I).

Eine hemmende Wirkung der Maschinenbewegung kann durch verschiedene Mittel herbeigeführt werden. Sie kann beispielsweise durch die plötzliche Umstellung der Steuerung für eine entgegengesetzte Dampfverteilung im Zylinder erreicht werden, also durch die Einstellung der Umsteuerung für die entgegengesetzte Umlaufrichtung der Fördermaschine während des Maschinenganges, so daß nunmehr der in den Zylinder eintretende Frischdampf dem zurücklaufenden Kolben entgegenarbeitet. Eine andere Art zur Hervorrufung einer Hemmwirkung durch Dampf besteht darin, daß für die Bewegung des Kolbens während seines Hinganges nur gedrosselter Frischdampf benutzt wird. Nachdem aber dieser gedrosselte Frischdampf seine Arbeit getan hat, läßt man ihn nicht entweichen, sondern hält ihn im Zylinder zurück. Auf dem Rückhube wird nun dieser den Zylinderraum ausfüllende Dampf bei geschlossen gehaltenem Austrittsventil verdichtet, so daß er auf Kosten der den auslaufenden Massen innewohnenden lebendigen Kraft eine Druckzunahme erfährt. Sowie nun der Hemmdampf so weit verdichtet ist, daß er die Frischdampfspannung erreicht hat, wird durch die Eröffnung des entsprechenden Einlaßventiles eine Verbindung der betreffenden Zylinderseite mit der Frischdampfleitung herbeigeführt. Damit wird erreicht, daß der verdichtete Dampf während des Resthubes niemals höher gespannt werden kann als der Frischdampf. Dieser Hemmdampf mit seiner dem Frischdampf gleich hohen Spannung ist es nun, der auf dem Restwege des Kolbens den Gegendruck auf den Kolben ausübt und so die hemmende Wirkung auf den Maschinengang herbeiführt.

Im ersten Falle spricht man von der hemmenden Wirkung durch Gegendampf, im anderen von dem Arbeiten mit Staudampf.

2. Gegendampf.

a) Aktiver Gegendampf.

Um ein übersichtliches Bild über die Wirkungsweise des Gegendampfes zu erhalten, mag zunächst unter Zuhilfenahme der Abb. 110 das normale Arbeiten des Triebdampfes im Zylinder in ähnlicher Weise betrachtet werden, wie es bereits auf S. 24 geschehen ist, um anschließend die Wirkung der Steuerungseinstellung auf Gegendampf an Hand des Diagrammes 111 zu besprechen. Ergänzend sei noch hinzugefügt, daß in beiden Abbildungen die kürzeren Nockenerhebungen auf das Eintrittsventil einwirken, während die längeren das Auslaßventil beeinflussen.

In der in Abb. 110 gezeichneten Stellung des Ventilhebel-Anschlagspunktes A entsprechend der linken Kolbentotlage ist das Eintrittsventil eben ganz geöffnet worden. Es beginnt die volle Einströmung des Frischdampfes in den Zylinder, die bis zum Diagrammpunkt Ex anhält. Der Frischdampf schiebt hierbei den Kolben bis zu diesem Diagrammpunkte vor. In dieser Kolbenstellung wird das Einlaßventil von der Einlaßerhebung freigegeben; es fällt auf seinen Sitz nieder und unterbindet damit die weitere Dampfeinströmung. Der nunmehr im Zylinder eingeschlossene Dampf dehnt sich jetzt im Sinne der Kurve Ex—VA des Dampfdruckdiagramms aus und treibt dabei den Kolben bis zum Punkte VA, also fast bis an sein Hubende, vorwärts. Die Dampfdehnung hat im Punkte VA ihr Ende erreicht, weil hier die Eröffnung des Austrittsventiles beginnt. Der Dampf entströmt in die Abdampfleitung, wobei er von dem rückkehrenden Kolben noch mehr hinausgedrängt wird. Im Punkte Ko wird das Austrittsventil von der Auslaßerhebung wieder freigegeben und schließt sich. Soweit nun der Dampf während der Zeit, in der das Auslaßventil offen stand, nicht in die Abdampfleitung entwichen ist, bleibt er wiederum im Zylinder eingeschlossen. Durch den fortschreitenden Kolben wird der im Zylinder verbliebene Abdampf — und zwar während der ganzen Dauer, in der die Strecke Ko (Beginn) bis VE (Ende) der sich drehenden Nockenwelle den Anschlag A durchläuft — verdichtet. Im Punkte VE strömt von neuem Frischdampf ein.

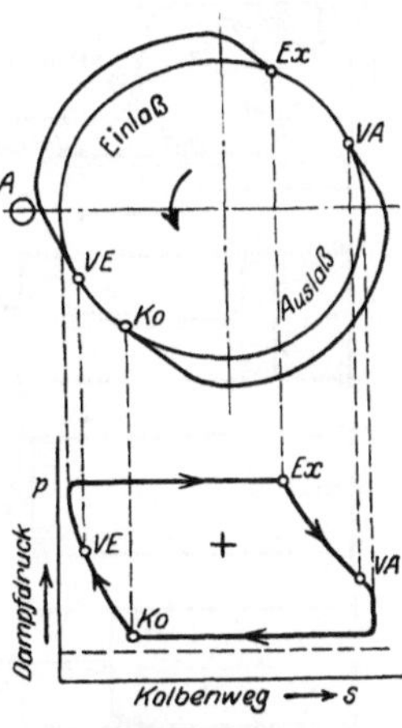

Abb. 110.

Die gleiche Dampfverteilung und dementsprechend derselbe Vorgang spielt sich naturgemäß auch auf der rechten Kolbenseite ab. Man erkennt, daß, während auf der rechten Seite Dampfeinströmung und Dampfdehnung stattfindet, auf der linken Zylinderseite die Ausströmung und Verdichtung vor sich geht, während die beendete Dampfdehnung rechts zeitlich mit dem Beginn der vollen Frischdampffüllung auf der linken Zylinderseite zusammenfällt. Entsprechendes gilt auch für den umgekehrten Fall.

Wird nun während des Maschinenganges die Nockensteuerung plötzlich auf Gegendampf eingestellt oder anders ausgedrückt: wird während des Maschinenganges die Nockenhülse mit den daraufsitzenden Nocken V und R (Abb. 59 auf Seite 59) derart auf der Steuerwelle w verschoben, daß der Ventilwinkelhebel nicht mehr von dem Nocken V, sondern von dem Nocken R betätigt wird, so wissen wir bereits, daß damit als Folgewirkung der umgekehrten Lage der beiden Nocken zueinander auch eine den umgekehrten Gang der Maschine fördernde Dampfverteilung und damit die in Abb. 111 dargestellte Arbeitsweise des Dampfes im Zylinder eintritt. Ein weiterer Blick auf die Abb. 59 belehrt uns sofort, daß nach erfolgter Umsteuerung auf den Nocken R das Ventil in einer wesentlich veränderten Zeitfolge durch den Winkelhebel geöffnet und geschlossen wird als vorher. So fällt beispielsweise die Ventilerhebung und damit die Dampfeinströmung in den Zylinder bei dem Nocken V zeitlich zusammen mit dem Dampfabschluß durch das Ventil beim Nocken R. Der Unterschied der Abb. 111 gegenüber der Abb. 110 ist also im wesentlichen durch eine Verschiebung der Punkte VE nach E_x bzw. E_x', E_x nach VE bzw. VE', VA nach Ko bzw. Ko' und Ko nach VA bzw. VA' gekennzeichnet. Verfolgen wir nun die Arbeitsweise des Gegendampfes im Zylinder nach einer erfolgten Umsteuerung an Hand der Abb. 111. Dem Laufe des Kolbens von der linken Totlage ab nach rechts folgend wird im Punkte E_x des Gegendampfdiagrammes die Frischdampfzufuhr abgesperrt, die Diagrammlänge 1—E_x entspricht also dem Voreinströmungswinkel β bzw. dem „linearen" Voreilen. Im Punkte E_x beginnt die Ausdehnung des im Zylinder befindlichen Dampfes, die bis zum Punkte VA anhält. Gemäß dem Punkte VA' der Auslaßerhebung wird in der Kolbenstellung VA das Austrittsventil geöffnet: der Abdampf strömt auf dem weiteren Hingange des Kolbens bis zur rechten Totlage aus dem Zylinderraum aus. Nach erfolgtem Hubwechsel wird der im Zylinder verbliebene Dampf bis zum Diagrammpunkt VE verdichtet, und entsprechend dem Punkte VE' der Einlaßerhebung beginnt die Einströmung des Gegen-

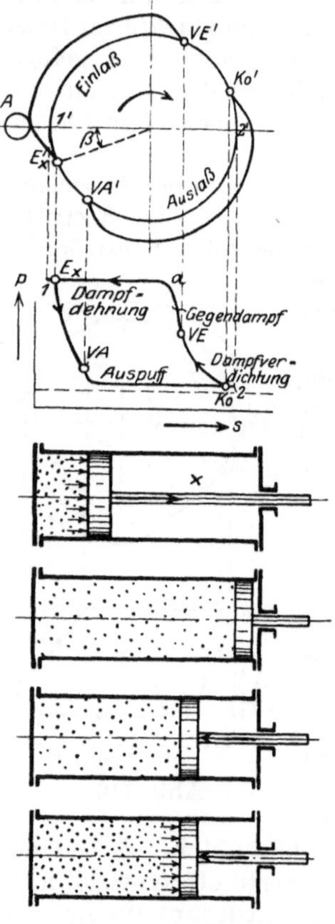

Abb. 111 und 112.

dampfes. Der Gegendampf erreicht in kurzer Zeit, nämlich bei Punkt *a* im Dampfdruckdiagramm, den Frischdampfdruck und behält ihn bis zum linken Ende des Kolbenhubes (Punkt *1*) bei. Die einzelnen Darstellungen der Abb. 112 zeigen die Arbeitsweise des Dampfes im Zylinder bei der Einstellung der Nockensteuerung auf Gegendampf gemäß Abb. 111. Die treibende Kraft beim Hingange des Kolbens (Diagrammlinie 1—E_x—VA) ist also wesentlich kleiner als die dem rückkehrenden Kolben entgegenarbeitende Verdichtungs- und Gegendampfkraft (Linienzug Ko—VE—a—1). Dies hat aber die gewünschte Hemmung der Maschinenbewegung zur Folge. Je länger nun der Gegendampf auf die Bewegung der Maschine einwirkt, um so mehr wird auch deren Gang verlangsamt, bis die Maschine schließlich zum Stillstande kommt. In diesem Augenblick setzt aber die treibende Wirkung des Gegendampfes ein und zwingt die Fördermaschine in die entgegengesetzte Bewegungsrichtung überzugehen, sie läuft also im andern Drehsinn weiter. Zur Vermeidung dieser unerwünschten Bewegungsumkehr muß daher die Steuerung im gegebenen Augenblick sofort umgestellt werden. Diese Tatsache allein macht schon den Gegendampf zur selbsttätigen Steuerung durch Sicherheitsapparate wenig geeignet. Hinzu kommt, daß der weitaus größte Teil der den schädlichen Raum und entsprechend der Diagrammlinie 1—E_x den Zylinder füllenden Dampfmenge beim Hingang des Kolbens durch den Austrittskanal ausströmt (Linienzug VA—2), also verloren geht. Bei älteren Fördermaschinen mit seitlich am Zylinder angeordneten Ventilen und daher großen schädlichen Räumen beträgt diese ausströmende Dampfmenge bis zu 10, in zahlreichen Fällen selbst 15 vH des vom Kolben bestrichenen Zylindervolumens. Die Verlustziffer ist abhängig von der Größe des schädlichen Raumes wie auch von der des Voreinströmungswinkels β, d. h. des „linearen" Voreilens. Je größer diese Werte sind, um so größer wird auch der Dampfverlust. Für Fördermaschinen, die mit einer Einstellung der Umsteuerung auf Gegendampf eingerichtet sind, wählt man daher für die in Betracht kommenden Teile des Nockens einen Voreinströmungswinkel $\beta = 0$.

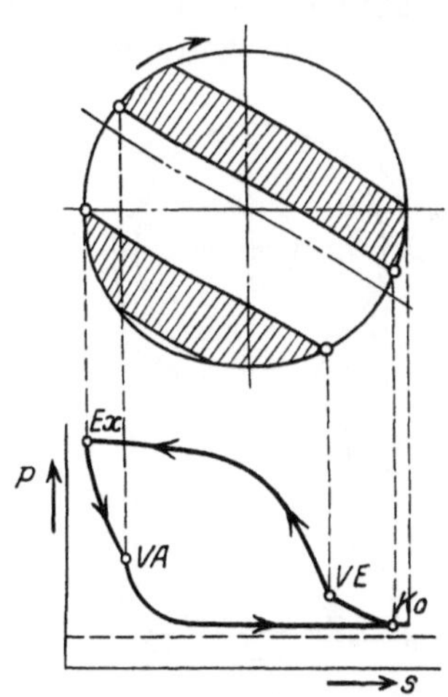

Abb. 113.

Man pflegt den der Maschinenbewegung entgegenwirkenden Frischdampf als „aktiven Gegendampf" zu bezeichnen im Gegensatz zu dem weiter unten beschriebenen „Kompressionsgegendampf".

In der Abb. 113 ist das Gegendampfdiagramm nebst zugehörigem Schieberdiagramm nach Müller-Reuleaux einer Kulissensteuerung dargestellt (vgl. auch die Abb. 21). Hier steuert beim Vorwärtsgang der

Maschine das Rückwärtsexzenter allein, so daß die Exzenterkurbel der Hauptkurbel um $90^0 + \delta$ nacheilt. Der Voreinströmungswinkel β ist gleich Null.

Neben dem Nachteil des vermehrten Dampfverbrauches weist die aktive Gegendampfwirkung weiterhin noch den Übelstand der schlechten Regelbarkeit auf, weil die Hemmwirkung infolge ihrer Abhängigkeit von der jeweils im Zylinder vorhandenen Gegendampffüllung wenig übersichtlich ist. Im allgemeinen ist die hemmende Wirkung des Gegendampfes der eingelassenen Frischdampfmenge verhältnisgleich, d. h. mit geringer werdender Füllung nimmt auch die Gegendampfwirkung ab. Dies trifft aber nur insoweit zu, als der Kompressionsenddruck den Frischdampfdruck nicht überschreitet. Steigt nämlich beim Rückgang des Kolbens aus der rechten Totlage der Verdichtungsdruck des im Zylinder verbliebenen Dampfes infolge einer zu späten Eröffnung des Eintrittsventiles, also bei einer zu kurzen Erhebung des Einlaßnockens bzw. bei zu kleinen Füllungen über die Frischdampfspannung an, dann nimmt die Gegendampfwirkung wieder zu und zwar bis zu einer zum Teil unerwünschten Größe, wie es beispielsweise die Betrachtung des Gegendampfdiagrammes Abb. 114 erhellt. Erst nach der Eröffnung des Einlaßventiles im Punkt E_x, d. h. nach der Herstellung einer Verbindung des Zylinderinnern mit der Frischdampfleitung sinkt der hohe Verdichtungsdruck infolge des eintretenden Spannungsausgleiches zwischen Frischdampf und Verdichtungsdampf wieder allmählich auf die Frischdampfspannung herab.

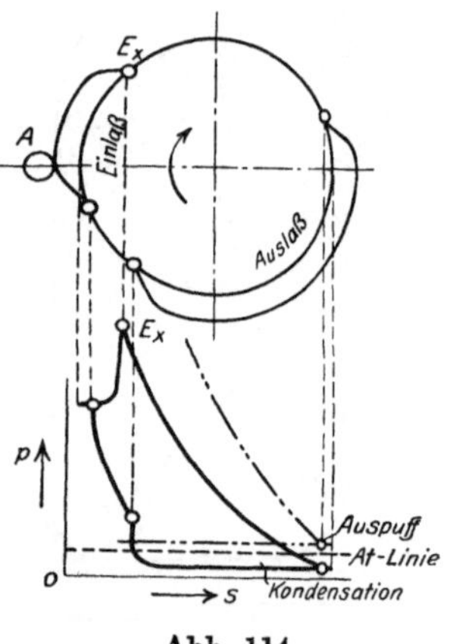

Abb. 114.

Die Auspuffmaschinen arbeiten in dieser Beziehung ungünstiger als die Kondensationsdampfmaschinen, weil bei den ersteren der Verdichtungsenddruck zu einer gefahrbringenden und für die Hemmung der Maschinenbewegung wenig geeigneten Größe anwachsen kann (vgl. die strichiert angedeutete Verdichtungslinie im Gegendampfdiagramm der Abb. 114). Hohe Verdichtungsspannungen können nämlich die Ursache einer zeitweise zu starken Verlangsamung der Maschinenbewegung, also eines sehr ungleichmäßigen Ganges der Fördermaschine sein, die ja wiederum die schädlichen Schwankungen im Ober- und Unterseil oder ein Ausspringen des Förderseiles aus den Seilrillen hervorrufen. Ebenso kann auch eine sehr starke Verlangsamung des Maschinenganges die Fangvorrichtung des aufwärtsgehenden Förderkorbes auslösen. Weiterhin führen aber die Geschwindigkeitsschwankungen auch hohe Spannungen im niedergehenden Förderseiltrum herbei, die dem Förderbetrieb recht gefährlich werden können. Bei den Treibscheibenanlagen wiederum ist ein Rutschen des Seiles zu befürchten. Darüber hinaus stellen die hohen Verdichtungsdrücke auch eine stete Gefahrenquelle für den Zylinder und das Triebwerk der Maschine dar und vor allem erschweren sie die richtige Einstellung der Förderkörbe. Man ist daher bestrebt, die bei den kleinen Frischdampffüllungen vorkommenden hohen Verdichtungsdrücke zu beseitigen, indem man den überschüssigen Dampf durch besondere Sicherheitsventile in die Frischdampfleitung oder in die freie Atmosphäre entweichen läßt.

b) Kompressionsgegendampf.

Im Gegensatz zu der Wirkungsweise des „aktiven Gegendampfes", bei der ja der Frischdampf nach erfolgter Umstellung der Steuerung der vorhandenen Maschinenbewegung entgegenarbeitet, wird bei dem „Kompressionsgegendampf" die Umsteuerung ebenfalls erst gegen Ende des Auslaufabschnittes für die entgegengesetzte Umlaufsrichtung eingestellt, hier aber bei geschlossenem Fahrventil. Die Wirkung des Frischdampfes als „Gegendampf" bleibt dann naturgemäß aus. Denkt man sich wiederum die Umsteuerung in dem Augenblicke erfolgt, in dem der Kolben in seiner linken Totlage sich befindet, so daß also die Verschiebung der Nockenhülse längs der Linie a—b in der Abb. 59 auf Seite 59 verläuft, so ist damit auch der Ventilhebelanschlagspunkt aus seiner ursprünglichen Lage in VE des Vorwärtsnockens in die Stellung E_x des Rückwärtsnockens gelangt. Weil nun aber der Kolben und ebenso auch die Nockenwelle von der nunmehr als Antriebskraft wirkenden lebendigen Kraft der auslaufenden bewegten Maschinenmassen — wobei der auf der linken Zylinderseite eingeschlossene verdichtete Dampf durch seine Ausdehnung die lebendige Kraft unterstützt — noch im ursprünglichen Sinne weiter fortbewegt werden, so gleitet der Anschlagspunkt A zunächst auf der erhebungsfreien Strecke E_x—VA des Rückwärtsnockens R. Der Kolben ist während der gleichen Zeit auf seinem Hingange um die wagerechte Entfernung innerhalb der Diagrammpunkte E_x—VA vorgetrieben worden (Abb. 111 und 112). Da nun aber die Frischdampfleitung geschlossen ist, somit auch kein Frischdampf in den Zylinder einströmen kann, so wird von dem hingehenden Kolben in der linken Zylinderseite ein Unterdruck erzeugt, der nach Eröffnung des Austrittsventiles durch den Winkelhebel beim Diagrammpunkt VA sofort Luft aus der Auspuffleitung ansaugt. Diese Luft vereinigt sich in dem Zylinder mit dem dort aus der letzten Füllung (vor der Umsteuerung) noch befindlichen Verdichtungsdampf — der aber nunmehr bereits entspannt ist — zu einem Dampfluftgemisch. Nachdem der Anschlagspunkt das Auslaßventil im Diagrammpunkte KO freigegeben hat, dieses also geschlossen wird, kann das in der linken Zylinderseite befindliche Dampfluftgemisch nicht mehr entweichen. Inzwischen ist auch der Kolben in seiner rechten Totlage angelangt. Während des ersten Teiles des Rückhubes wird zunächst das Dampfluftgemisch bis zum Diagrammpunkt VE verdichtet. Sowie aber der Anschlagspunkt A das Einlaßventil beim Diagrammpunkt VE eröffnet, wird auch das nunmehr verdichtete Dampfluftgemisch durch den treibenden Kolben in den Raum zwischen Zylinder und geschlossenem Fahrventil gedrückt. Dieses verdichtete Dampfluftgemisch ist es nun, daß die gewünschte hemmende Wirkung auf die Maschinenbewegung ausübt, indem es dem rückkehrenden Kolben Widerstand entgegensetzt. Entsprechendes gilt auch naturgemäß für die rechte Zylinderseite. Die Hemmung dieses „Kompressionsgegendampfes" ist zunächst geringer als jene, welche der „aktive Gegendampf" gleich im ersten Augenblick nach der Umstellung der Umsteuerung hervorbringt. Sie kann aber bereits nach einigen Umdrehungen der Maschine stark und unvermutet zunehmen, weil sich in dem Sammelraum zwischen Zylinder und Fahrventil infolge des durch den Kolben fortgesetzt hineingepreßten Dampfluftgemisches bzw. der Luft ein wechselnder Gegendruck einstellt.

Die Abb. 115 zeigt drei aufeinanderfolgende Kompressionsgegendampf-Diagramme einer Zwillings-Fördermaschine, die den mit einer jeden Umdrehung zunehmenden Gegendruck eindeutig erkennen läßt. Die Einsenkungen in der oberen Drucklinie weisen auf eine während des Rückhubes auftretende Ungleichmäßigkeit des Gegendruckes hin. Diese Druckschwankungen sind darauf zurückzuführen, daß einmal der dem Kolben des ersten Zylinders um 90^0 vorauseilende Kolben des zweiten Zylinders nach Hubwechsel kein Dampfluftgemisch bzw. keine Luft mehr in den Sammelraum liefert, diesem vielmehr einen Teil des Gemisches entzieht (bis zum Diagrammpunkt VE der Abb. 111), dann aber auch, daß diese Schwankung des Gegendruckes sich durch das geöffnete Eintrittsventil bis in den ersten Zylinder fortpflanzt. Da nun diese Druckveränderungen sich völlig selbsttätig einstellen, so machen sie auch die Hemmwirkung unübersichtlich und schlecht regelbar. Wächst beispielsweise der Gegendruck zu stark an, so muß der Steuerhebel wieder auf Triebdampf umgelegt werden. Das aufgespeicherte Dampfluftgemisch bzw. die verdichtete Luft treiben dann die Maschine an und entweichen wieder in die Auspuffleitung. Nach erneutem Umlegen des Steuerhebels auf Gegendampf wird wiederum eine Hemmwirkung eintreten, aber mit einem geringen Gegendruck entsprechend dem Anfangswiderstand.

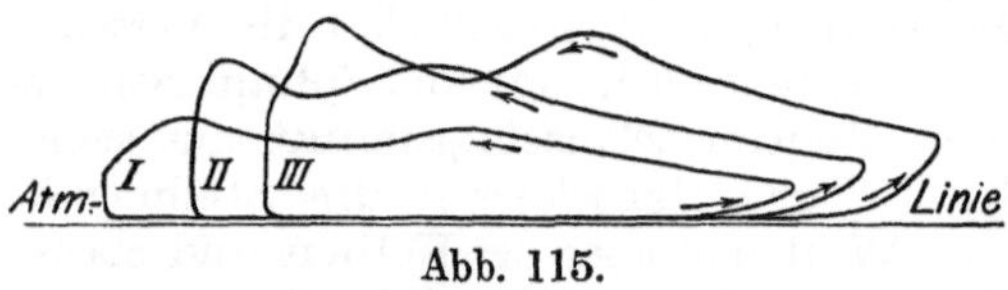

Abb. 115.

Man erkennt, daß zu einer sichertreffenden Einstellung der Hemmwirkung bei Kompressionsgegendampf eine Geschicklichkeit und dauernde Aufmerksamkeit des Maschinenführers erforderlich ist, und daß sich diese Hemmungsart daher für eine Handsteuerung wenig eignet. Für die selbsttätige Steuerung durch Sicherheitsapparate ist sie aber gänzlich unbrauchbar.

Das Einhängen von Lasten in den Schacht geschieht gleichfalls bei geschlossenem Fahrventil und einer Einstellung der Umsteuerung auf Gegendampf. Es liegen also ähnliche Betriebsverhältnisse vor, wie wir sie soeben für den Auslaufabschnitt einer normalen Nutzlastförderung mit geschlossenem Fahrventil und Steuerungseinstellung auf Kompressionsgegendampf kennengelernt haben. Die Fördermaschine arbeitet aber jetzt als ein von der niedergehenden Last angetriebener Luftkompressor, dessen Nutzwiderstand die gewünschte hemmende Wirkung ausübt.

Eine sowohl für Nutzlastförderung wie auch für Einhängung von Lasten besonders durchgebildete Fördermaschine befindet sich auf Schacht St. Joseph zu Montrambert, Loire. Sie wurde im Jahre 1905 aufgestellt. Diese Maschine hat einmal die Nutzlasten zu heben, dann muß sie aber auch die zum Versetzen steiler Kohlenabbaue erforderlichen Berge von übertage einlassen.

Die Maschine ist mit einer Nockensteuerung ausgerüstet und kann sowohl durch Dampf wie auch mittels Preßluft angetrieben werden.

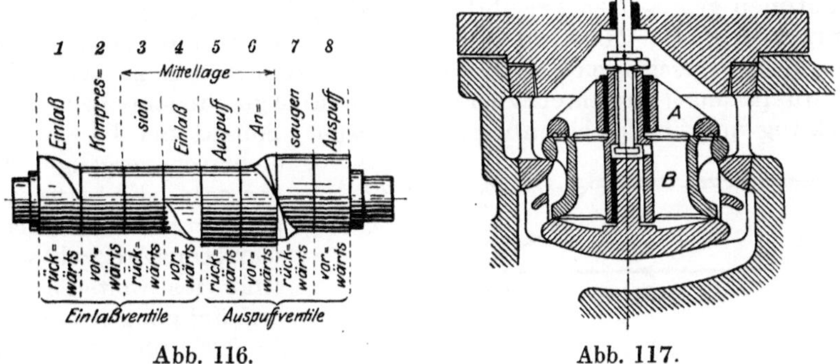

Abb. 116. Abb. 117.

Für die normale Nutzlastförderung wird der Steuerhebel völlig ausgelegt. Dadurch werden die Teile *1* und *5* bzw. *4* und *8* des in Abb. 116 dargestellten Steuernockens für die Einlaß- bzw. Auslaßventile zur Wirkung gebracht. Beim Einhängen von Lasten arbeitet die Maschine dagegen als Kompressor, indem die Auslaßventile auf dem Kolbenhingange gemäß Abb. 111 Luft ansaugen lassen, während auf dem Rückhube die Einlaßventile infolge ihrer besonderen Ausbildung als selbsttätige Druckventile wirken. Wie die Abb. 117 erkennen läßt, bestehen die Einlaßventile aus einem Ventilkörper *B* und einem darüber gelagerten Druckventil *A*. Gemäß Abb. 116 sind nun beim Einhängen von Lasten die Gestänge der Auslaßventile mit den Teilen *6* und *7* der Steuernocken im Eingriff, die Auslaßventile sind auf Ansaugen eingestellt. Die Gestängeanschlagspunkte der Einlaßventile gleiten hierbei auf den erhebungsfreien, zylindrischen Nockenteilen *2* und *3*, so daß die Einlaßventile durch die Steuerung nicht beeinflußt werden, also geschlossen bleiben. Das auf dem Ventilkörper *B* sitzende Druckventil *A* läßt aber beim Überschreiten eines bestimmten Höchstdruckes selbsttätig verdichtete Luft aus dem Zylinder entweichen. Die Auslaßerhebungen *6* und *7* der Nocken sind derart ausgebildet, daß sie eine Eröffnung der

Auslaßventile über die Dauer des Kolbenhinganges hinaus gestatten. Hierdurch wird das Zurückströmen eines entsprechenden Teiles der angesaugten Luft auf dem Rückhube erreicht, so daß also die eine hemmende Wirkung ausübende Luftverdichtung später einsetzt. Auf diese Weise kann die Hemmwirkung der verdichteten Luft geregelt und der eingehängten Last leicht angepaßt werden. Zu Beginn einer jeden Einhängefahrt bleiben die Austrittsventile zur Erzielung eines möglichst schnellen Anfahrens während einer ganzen Umdrehung der Maschine geöffnet.

3. Staudampf.

Es wurde bereits auf S. 104 darauf hingewiesen, daß eine Bremsung der auslaufenden bewegten Masse der Fördermaschine auch durch den während des Kolbenhinganges eingeströmten und im Zylinder zurückgehaltenen gedrosselten Frischdampf herbeigeführt werden kann. Wir erinnern uns, daß dabei auf dem Rückhube dieser gedrosselte Frischdampf bei geschlossen gehaltenem Austrittsventil bis zur normalen Dampfspannung verdichtet wird und dadurch die gewünschte hemmende Wirkung auf die Maschinenbewegung ausübt. Sobald bei diesem Verdichtungsvorgang die normale Eintrittsspannung erreicht bzw. überschritten wird, geht während des weiteren Kolbenrückganges ein Teil des Dampfes durch das in geringem Maße angehobene Einlaßventil bzw. durch besondere Sicherheitsventile in die Frischdampfleitung zurück, so daß sich beispielsweise ein Staudampfdiagramm mit gleichbleibender oberer Drucklinie nach Abb. 118 ergibt. Die Bremsung durch Staudampf hat also eine gewisse Ähnlichkeit mit jener des Kompressionsgegendampfes. Auch hier entspricht die erzielte Wirkung der Fördermaschine der eines Kompressors. Im Gegensatz zum aktiven Gegendampf kann daher auch der Staudampf niemals treibend, sondern immer nur hemmend wirken. Und gerade diese Betriebseigentümlichkeit macht ihn für die Beeinflussung durch Steuerungsregler geeignet.

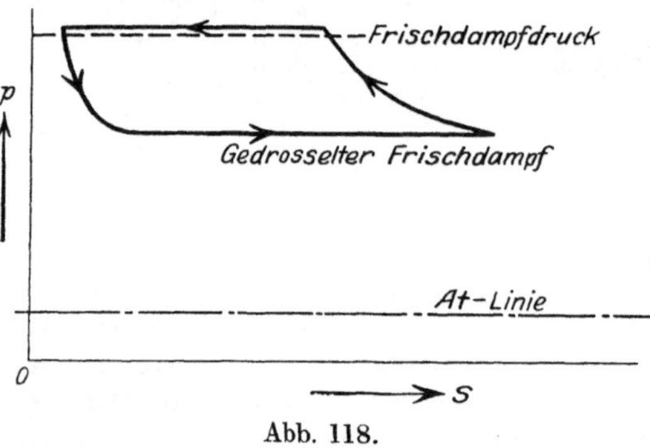

Abb. 118.

Um eine Staudampfwirkung des Frischdampfes zu erreichen, haben die Auslaßnocken — wie wir auf S. 72 bereits gesehen haben — an bestimmten Stellen eine erhebungsfreie, zylindrische Form, während die Nocken für die Eintrittsventile auf dem diesen zylindrischen Nockenteile entsprechenden Strecken Erhöhungen für mehr oder weniger stark gedrosselten Frischdampf bei größeren Füllungen aufweisen. Die verschiedenartigen Ausführungsformen dieser sog. „Staunocken" sind auf S. 72 eingehend beschrieben worden. Die gleiche Staudampfwirkung läßt sich im übrigen auch mit Nocken gewöhnlicher Bauart erzielen, beispielsweise, wenn die Auslaßnocken von der Kolbenstange des Servomotors durch eine Schubkurve besonders verstellbar angeordnet sind, also dergestalt, daß sie erst nach Überschreitung eines bestimmten Steuerhebelausschlages aus ihrer Nullage herausgehen und eine Eröffnung der Austrittsventile bewirken, während die Einlaßnocken in der üblichen Weise verschoben werden. Auch durch eine Verstellung der Auslaßnocken mittels eines besonderen Servomotors kann eine Staudampfwirkung herbeigeführt werden. Der Schieber dieses Hilfsmotors muß dann vom Steuerhebel durch eine Schubkurve so gesteuert werden können, daß die Auslaßnocken erst nach einem bestimmten Ausschlagwinkel des Handhebels verstellt werden. Gegenüber der mehr oder weniger verwickelten Bauart der Staunocken weisen die gewöhnlichen Auslaßnocken bei diesem Verfahren der Staudampfeinstellung den Vorteil einer geringeren Länge auf.

Die Regelung der negativen Kraftwirkung des Staudampfes geschieht durch eine verschieden große, der Stellung des Einlaßnockens entsprechende Drosselung des beim Kolbenhingange in den Zylinder eingelassenen Frischdampfes. Hierbei ist jedoch zu bemerken, daß die Drosselwirkung des Frischdampfes nicht allein von der Größe der Eröffnung des Eintrittsventiles abhängt, sondern auch durch die Strömungsgeschwindigkeit des Dampfes, also durch die Kolbengeschwindigkeit der Maschine, beeinflußt wird. So bewirken beispielsweise bei ein und derselben Einstellung der Steuerung höhere Maschinengeschwindigkeiten eine große, dagegen geringere Geschwindigkeiten nur eine unmerkliche Dampfdrosselung. Während der letzten Umdrehung der Maschine wird eine Drosselwirkung kaum noch wahrnehmbar sein. Mit anderen Worten: die Regelung der Hemmwirkung durch Staudampf ist keineswegs eine so fein einstellbare, wie es im ersten Augenblick erscheint. Sie ist vielmehr in hohem Maße von der Maschinengeschwindigkeit abhängig. Da es aber gerade gegen das Ende des Verzögerungsabschnittes auf eine gute Regelbarkeit der Hemmwirkung ankommt, ist — bei einer geeigneten Ausbildung des Nockens — die Wirkung des Staudampfes gegen Fahrtende zweckmäßiger durch jene des aktiven Gegendampfes zu ersetzen.

Die vorstehenden Betrachtungen zeigen, daß der Staudampf für die Bremsung der Maschinenbewegung bei größeren Winkelgeschwindigkeiten wie auch beim Einhängen von Lasten durchaus brauchbar ist. Gegenüber dem aktiven Gegendampf liegt sogar der besondere Vorteil vor, daß der Staudampf ein feineres, eine sanftere Wirkung ergebendes Hemmittel darstellt, und daß bei der Hemmwirkung infolge der geschlossen gehaltenen Austrittsventile auch kein eigentlicher Dampfverbrauch stattfindet. Es geht also auch der Dampfinhalt des schädlichen Raumes nicht verloren. Dessen ungeachtet ist aber die häufige Anwendung des Staudampfes im allgemeinen nicht wirtschaftlich, weil die Drosselung des Frischdampfes ja einem Energieverlust gleichkommt. Ein Nachteil des Staudampfes ist jedoch darin zu erblicken, daß er eine besondere Gestaltung der Steuerungseinrichtungen erfordert, während der Gegendampf bei jeder Art von Umsteuerung ohne irgendwelche besondere Einrichtung anwendbar ist. Für den Staudampf wird geltend gemacht, daß er einen Teil der durch Dampfaufwand überschüssig geleisteten Arbeit wieder ausnützen lasse, weil er ja durch die Verdichtung überhitzt in die Frischdampfleitung zurückgeführt wird. Es könne demnach ein gewisser Betrag der geleisteten Arbeit wieder zurückgewonnen werden. Selbst wenn es möglich wäre, die gesamte Bremsarbeit in Wärme umzuwandeln und diese verlustlos an den Frischdampf überzuleiten, so ist doch immerhin zu bedenken, daß die Wärmeausnutzung bei den Fördermaschinen, die ja nur in kurzen, durch Pausen unterbrochenen Zeitabständen arbeiten, an sich sehr gering ist. Der günstigstenfalls zurückgewonnene Wärmeverlust würde also gegenüber dem gesamten Wärmeaufwand kaum merklich sein. Der Staudampf dürfte im allgemeinen nur dann zu empfehlen sein, wenn ein freier Auslauf der Maschine bis auf die Endgeschwindigkeit Null nicht möglich ist oder eine Verkürzung der reinen Förderzeit durch andere Mittel nicht gut erzielt werden kann.

Staudampfwirkung bei Verbundfördermaschinen: Bei den Verbunddampfmaschinen, bei denen ja der Dampf unter allmählichem Abnehmen seiner Spannung nacheinander in mehrere Zylinder geleitet und auch in jedem Zylinder nacheinander Arbeit leistet, ist die wirksame treibende Dampfkraft von dem im „Aufnehmer" herrschenden Dampfdruck abhängig; bei einer Maschine mit zweistufiger Dampfdehnung übt der im Aufnehmer aufgespeicherte Dampf auf den Kolben des Hochdruckzylinders eine hemmende, auf den größeren Kolben des Niederdruckzylinders dagegen eine treibende Wirkung aus. Ändert sich also während des Betriebes bei einer gleichbleibenden Frischdampffüllung der Aufnehmerdruck, dann tritt auch eine Veränderung in der Größe der wirksamen Triebkraft ein. Es ist also der Dampfdruck im Aufnehmer nach Möglichkeit immer gleich groß zu halten, im besonderen aber bei einer Füllungsänderung, weil ja nur dann die Wirkung der Steuerungsverstellung gut beurteilt, ungleichmäßige Drehmomente und damit ein unregelmäßiger Maschinengang vermieden werden können. Um diese wichtige Bedingung zu erfüllen, ist es bei einer Steuerungsverstellung erforderlich, die Größe der gleichzeitig für den Hochdruck- und den Niederdruckzylinder einzustellenden Füllungen stets in Rücksicht auf das Raumverhältnis der beiden Zylinder zu bestimmen. Mit den Nockensteuerungen läßt sich das ohne weiteres durch eine zweckentsprechende Ausgestaltung der Steuerungsteile erreichen, schwieriger dagegen ist es schon bei der Kulissensteuerung. Diese Steuerungsart ergibt bei wechselnden Füllungen eine weniger gute Beherrschung der wirksamen treibenden Dampfkraft, weil hier immer zwei Exzenter gemeinsam auf die Bewegung der Abschlußteile einwirken.

Wird in einer Verbundmaschine bei völlig ausgelegtem Steuerhebel eine Regelung durch Drosselung des Frischdampfes vorgenommen — ein vom Maschinenführer gern geübtes Verfahren —, dann entnimmt der Niederdruckzylinder dem Aufnehmer mehr Dampf als er vom Hochdruckzylinder erhält. Die Dampfspannung im Aufnehmer sinkt demnach allmählich. Ebenso stellt sich auch in den Förderpausen eine Druckabnahme ein, weil ein Teil des Aufnehmerdampfes niedergeschlagen wird, so daß beim Anfahren der Maschine fast immer mit einer verminderten Spannung des Aufnehmerdampfes zu rechnen ist. Dies ist aber für die Inbetriebsetzung beispielsweise einer einfachen Verbundmaschine mit in Zwillingsanordnung geschaltetem Hochdruck- und Niederdruckzylinder dann besonders ungünstig, wenn das Anfahren der Maschine im wesentlichen durch den Kolben des Niederdruckzylinders erfolgt. Die Maschine läuft dann infolge eines zu kleinen Drehmomentes sehr langsam an. Bei der Stellung des Hochdruckkolbens in einer der beiden Totlagen kann die Maschine bei Einstellung der Steuerung auf Anfahrt sogar völlig versagen. In diesem Falle ist es erforderlich, dem Niederdruckzylinder gedrosselten Frischdampf gesondert zuzuführen. Befindet sich andernfalls der Kolben des Niederdruckzylinders beim Anfahren der Maschine in einer Totlage, dann kann es notwendig werden, die Aufnehmerspannung durch Ablassen von Dampf zu vermindern, um eine Verkleinerung des auf den Hochdruckkolben wirkenden Gegendruckes herbeizuführen. In beiden Fällen ist aber der Dampfverbrauch der Maschine ein recht ungünstiger. Diese Tatsache für sich allein läßt schon die einfache Zwillingsverbundmaschine als Antriebsmaschine für die Hauptschachtförderung wenig geeignet erscheinen.

Bei einer Zwillings-Reihenverbundmaschine, die ja eine Vereinigung des Zwillings- und des Verbundsystems darstellt, ist ein Ablassen des Aufnehmerdampfes wegen der auf beiden Maschinenseiten stets gleichen Arbeitsverteilung nicht erforderlich, und auch das Nachfüllen des Aufnehmers mit Frischdampf vermittels eines besonders zu steuernden Hilfsventiles erübrigt sich meist, nämlich dann, wenn die Maschine für eine weitgehende Dampfdehnung während des Anfahrens bemessen ist, also genügend große Abmessungen aufweist. Die Füllung des Hochdruckzylinders ist hierbei während des ganzen Beschleunigungsabschnittes durchaus günstig.

Wenn auch die einfache Zwillingsverbundmaschine mit nebeneinander geschaltetem Hochdruck- und Niederdruckzylinder als Dampffördermaschine in der Neuzeit ernstlich nicht mehr in Betracht kommt, so ist es immerhin interessant, die Mittel und Wege zur Bewältigung der oben angeführten Schwierigkeiten bei dieser Maschinengattung kennen zu lernen, weil sie einmal die Geistesrichtung widerspiegeln, zum andern dieser Bauart aber das Verdienst gebührt, die Aufmerksamkeit auf die Frage der Beherrschung der Maschinentriebkräfte und ebenso auch der Hemmkräfte durch Staudampf nachhaltig gelenkt zu haben. Insbesondere hat die Stauwirkung des Aufnehmerdampfes auf den Hochdruckkolben zur Ausbildung der verschiedenartigen Staunocken geführt.

Die Mittel bestanden zunächst in einer besonderen Anfahrsteuerung, die neben der eigentlichen Steuerung angeordnet war. Mittels dieser Vorrichtung wurde dem Aufnehmer bzw. dem Niederdruckzylinder beim Anfahren gedrosselter Frischdampf aus einer Hilfsleitung unmittelbar zugeführt und gleichzeitig auch die Austrittsleitung des Hochdruckzylinders mit der freien Atmosphäre verbunden. Die Maschine arbeitete also nicht mehr mit einer Verbundwirkung, sondern wie eine gewöhn-Zwillingsmaschine mit einstufiger Dampfdehnung. Um hierbei den zulässigen Höchstdruck im Aufnehmer nicht zu überschreiten, ließ ein am Aufnehmer angebrachtes Sicherheitsventil den überschüssigen Dampf in die freie Atmosphäre entweichen, oder aber man baute in die Frischdampfhilfsleitung ein Druckverminderungsventil ein, das auf den gewünschten Aufnehmerdruck eingestellt war. Nach erfolgtem Anfahren der Maschine, also nach dem Auslegen des eigentlichen Steuerhebels über die Anfahrstellung hinaus, mußte die Vorrichtung zur Vermeidung eines zu hohen Dampfverbrauches wieder ausgelöst, die Verbundwirkung mithin hergestellt werden. Ein Übelstand dieser Anfahrsteuerung war in dem dadurch bedingten unwirtschaftlichen Arbeiten der Maschine zu erblicken. Der Dampfverbrauch war besonders dann ein sehr ungünstiger, wenn — wie das häufig der Fall war — die Anfahrvorrichtung auch während des übrigen Teiles des Förderzuges eingeschaltet blieb, also mit gedrosseltem Frischdampf und einstufiger Dampfdehnung weitergefahren wurde.

Im Jahre 1905 hatte nun Grunewald-Aachen den Einbau eines sog. „Stauschiebers" an Stelle der besonderen Anfahrsteuerung vorgeschlagen. Mit Hilfe dieses Stauschiebers wurde nicht nur die Manövrierfähigkeit der Verbundmaschine erhöht, sondern auch gleichzeitig die reine Förderzeit durch Verwendung des im Aufnehmer befindlichen Dampfes zur Hemmung der Maschinenbewegung verkürzt. Die Bremsung der Maschine durch Staudampf wurde dadurch erreicht, daß bei einer Einstellung des Steuerhebels in die Nähe der Nullage, der sog. „Staustellung", der Stauschieber den Niederdruckzylinder vom Aufnehmer und damit auch vom Hochdruckzylinder absperrte. Dem Aufnehmer konnte also durch den Niederdruckzylinder kein Dampf entzogen werden, während der Hochdruckzylinder infolge der Einwirkung von Manövriernocken auf dem Kolbenhingang gedrosselten Frischdampf bei Vollfüllung erhielt. Auf dem Rückhub ließen dann die Austrittsventile den Dampf aus dem Hochdruckzylinder in den Aufnehmer entweichen. Sowie nun die Spannung des Dampfes im Aufnehmer diejenige des in den Hochdruckzylinder einströmenden gedrosselten Frischdampfes überschritt, trat auch die gewünschte hemmende Wirkung der Maschinenbewegung ein. Je länger nun der Stauschieber auf eine Dampfbremsung eingestellt war, um so mehr wuchs auch allmählich der Druck in dem Aufnehmer an und damit wieder selbsttätig die Hemmwirkung des Aufnehmerdampfes, ein Übelstand, auf dessen schädlichen Einfluß im Hinblick auf den gleichmäßigen Maschinenlauf schon mehrfach hingewiesen wurde. Eine Regelung der Hemmwirkung ließ sich immerhin durch eine Veränderung der Frischdampfspannung herbeiführen. Wurde nämlich der Steuerhebel über die „Staustellung" hinaus weiter ausgelegt, dann öffnete der Stauschieber dem Hebelausschlage entsprechend allmählich die Verbindungsleitung des Aufnehmers mit dem Niederdruckzylinder. Es strömte somit dem Niederdruckzylinder

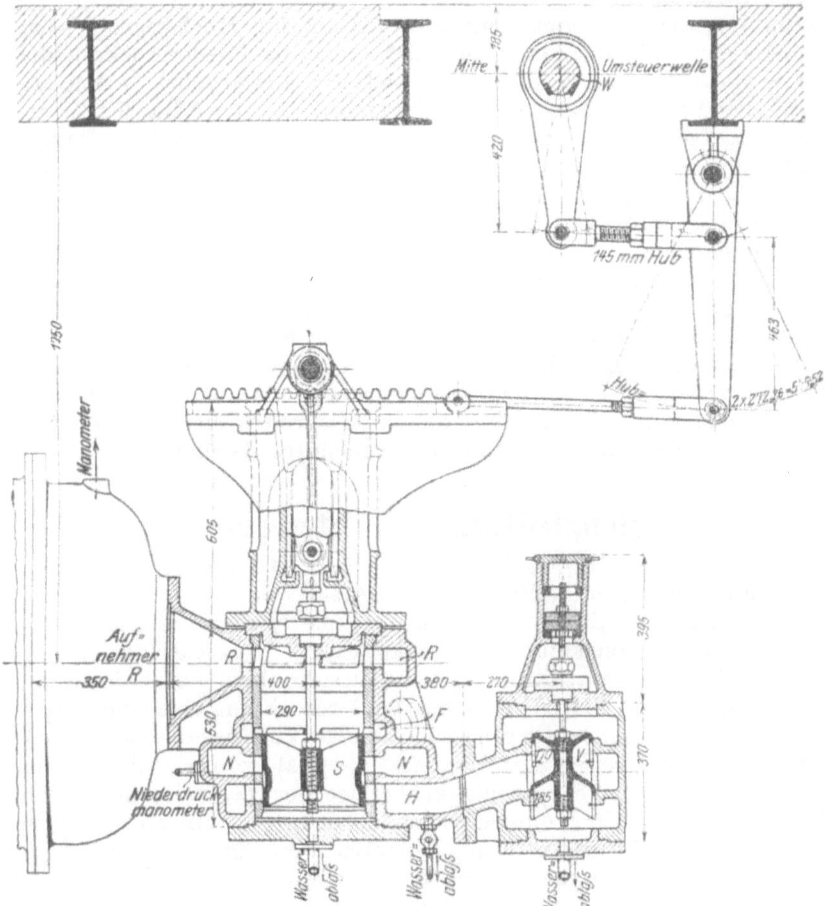

Abb. 119.

gedrosselter Aufnehmerdampf zu, dessen treibende Wirkung mit größer werdendem Ausschlag des Steuerhebels zunahm.

Die Abb. 119 zeigt den Stauschieber von Grunewald im Schnitt. Der Antrieb des Stauschiebers S erfolgt hierbei unter Einschaltung eines Kurbelgetriebes von der Umsteuerwelle W aus. In der Nullage des Steuerhebels nimmt der Schieber seine tiefste Lage ein, eine Stellung, in der sowohl der Hochdruck- wie auch der Niederdruckzylinder gegen den Aufnehmer abgesperrt sind. In dieser Stauschieberstellung besteht aber eine Verbindung des Aufnehmers mit dem Frischdampfraum F, so daß während der Förderpause in dem Aufnehmer der für das Anfahren der Maschine notwendige hohe Dampfdruck sich einstellen kann. Wird aber der Steuerhebel ausgelegt, dann wird auch der Stauschieber entsprechend angehoben und zwar derart, daß mit zunehmender Steuerhebelauslage nacheinander eine Stauwirkung im Hochdruckzylinder, eine Manövrierwirkung im Hochdruck- und im Niederdruckzylinder und schließlich — bei völlig eingeschaltetem Steuerhebel — eine unbehinderte Kraftwirkung des Dampfes eintritt. In der Nähe der Steuerhebelmittellage lassen sich also mit dem Stauschieber ähnliche Hemm- und Manövrierwirkungen erzielen, wie bei den bereits früher besprochenen Staunocken.

Der Stauschieber von Grunewald ist vielfach sowohl bei Zwillings-Verbundmaschinen wie auch bei Zwillings-Reihenverbundmaschinen mit Erfolg angewendet worden. Dagegen wird er in der Neuzeit kaum noch eingebaut, weil bei den Zwillings-Reihenverbundmaschinen — die Zwillings-Verbundmaschinen kommen für Fördermaschinenzwecke heute ernstlich nicht mehr in Frage — die gleichen Wirkungen durch Staunocken einfacher erreicht werden können. Auch das Nachfüllen des Aufnehmers mit Frischdampf für das Anfahren während der Förderpause erübrigt sich aus den eingangs angeführten Gründen.

VII. Beurteilung der Steuerungen.

Die an eine Fördermaschinensteuerung zu stellenden allgemeinen Anforderungen können dahin zusammengefaßt werden, daß die Steuerungen bei größter Einfachheit eine bequeme Bedienung und zuverlässige Manövrierfähigkeit sowie eine leichte Umsteuerbarkeit mit einer gleichen Dampfverteilung für beide Umlaufrichtungen der Maschine ermöglichen lassen. Darüber hinaus wird von ihnen eine unbedingte Sicherheit gegen Betriebsstörungen und eine Gewähr für ein weitgehendes wirtschaftliches Arbeiten des Dampfes in der Maschine verlangt. Im besonderen muß die Steuerung ungeachtet der teilweise gewaltigen Abmessungen der Fördermaschine das Anfahren aus einer jeden, auch der ungünstigsten Kurbelstellung gestatten, wozu große Frischdampffüllungen — bis zu 85, meist sogar 95 vH — erforderlich sind. Andrerseits muß sie zum Zwecke eines dampfsparenden Arbeitens der Maschine sowohl im Gleichlaufabschnitt wie auch bereits im Anfahrabschnitt auf eine verminderte Energiezufuhr, also auf eine veränderliche Frischdampffüllung (weitgehende Dampfdehnung), Vorausströmung und Dampfverdichtung leicht einstellbar sein. Weiterhin bedingt die Forderung einer guten Manövrierfähigkeit, d. h. der Fähigkeit, die Kurbelwelle nach bereits erfolgtem Stillstand der Maschine noch um sehr kleine Winkel zu drehen — wie es beispielsweise beim Umsetzen der Förderkörbe vorliegt —, einen leichten Übergang von der Nullfüllung auf größte Füllung mit mehr oder weniger gedrosseltem Frischdampf und umgekehrt, wobei die Voreinströmung, Vorausströmung und Dampfverdichtung zur vollkommenen Beherrschung der Fördermaschine nahezu bis auf den Wert Null herabgemindert werden müssen.

Betrachten wir noch einmal rückschauend die in den vorangegangenen Abschnitten behandelten Steuerungsvorrichtungen, so ist grundsätzlich festzustellen, daß weder die Kulissen- und Lenkersteuerungen noch die vereinigten Kulissenlenkersteuerungen und ebenso auch die Nockensteuerungen allen diesen Bedingungen restlos genügen.

Die durch eine Kulisse betätigten Steuerungen tragen wohl den Stempel der Einfachheit und Betriebssicherheit, sie ergeben auch eine leichte Umsteuerbarkeit mit gleicher Dampfverteilung für beide Fahrrichtungen und lassen ferner große Anfahrfüllungen ohne Schwierigkeit einstellen. Immerhin weisen sie aber den Nachteil auf, daß kleine Frischdampffüllungen stets einen zu frühzeitigen Beginn der Verdichtung herbeiführen. Dadurch werden aber zu große Verdichtungsabschnitte mit unzulässig hohen Enddrücken sowie eine zu große Vorausströmung und schließlich auch eine unvollkommene Querschnittseröffnung des Einlaßkanals hervorgerufen. Große Füllungen zeitigen wiederum eine zu kleine Verdichtung und eine Verkürzung der Vorausströmung mit dem Übelstand der Verschlechterung des Dampfaustrittsabschnittes bzw. des Gegendruckes. Die Auswirkungen einer solchen Arbeitsweise des Dampfes sind nicht nur in einem schweren und ungleichförmigen Gang der Fördermaschine zu erblicken, sie ergeben vor allem auch — wie wir auf S. 39 gesehen haben — einen ungünstigen Energieverbrauch. So zeigen beispielsweise die Abb. 120 und 121 zwei Dampfdruckdiagramme einer Fördermaschine mit Kulissensteuerung von nahezu gleichem Flächeninhalt, also gleicher Dampfleistung. Man erkennt, daß bei der größeren Füllung des Diagrammes der Abb. 120 die Ausströmung zu spät einsetzt, während bei dem Diagramm der Abb. 121 mit kleinerer Frischdampffüllung die Vorausströmung früher beginnt, wodurch eine günstigere Austrittslinie erzielt wird. Mit anderen Worten: Infolge des frühzeitigen Einsetzens der Vorausströmung im Diagramm Abb. 121 ist bei gleicher Dampfleistung (gleichem Flächeninhalt der Diagramme) die erforderliche Frischdampffüllung geringer als beim Diagramm Abb. 120. Dies kommt aber einer Dampfersparnis gleich.

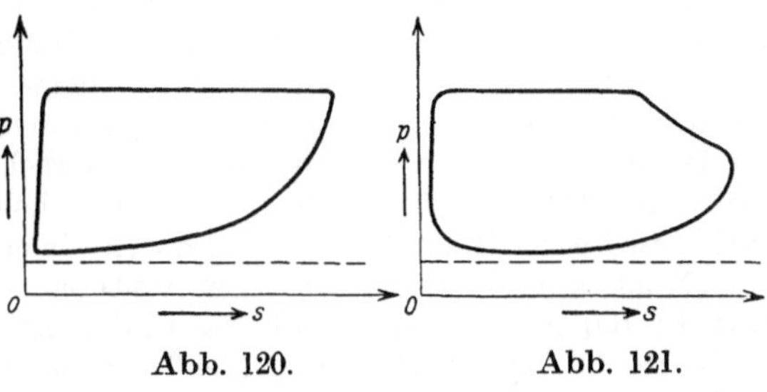

Abb. 120. Abb. 121.

Die zahlreichen Verbesserungen der Kulissensteuerungen wie auch der vereinigten Kulissen-Lenkersteuerungen laufen insgesamt darauf hinaus, die unvermeidlichen Eigenschaften dieser Steuerungsarten, d. h. die ungünstige Beeinflussung der Vorausströmung, Verdichtung und

Voreinströmung bei Füllungsänderungen zu beseitigen. Aber alle Neuerungen entbehren teils der Einfachheit, zum anderen sind sie im Dauerbetrieb wenig zuverlässig. Hierzu gehören u. a. die Verschleppung der Ventile mittels Regler oder festen Anschlages (Abschnappvorrichtungen), so daß die Voreinströmung, Vorausströmung und Dampfverdichtung auch bei kleinen Frischdampffüllungen stets richtig erfolgen. Bei den älteren Fördermaschinen mit Schiebersteuerungen wird durch die Anordnung eines besonderen, für beide Drehrichtungen mit einem Voreilwinkel von 90° gesteuerten Expansionsschieber neben dem von der Kulisse betätigten Grundschieber der Vorteil erreicht, daß bei völlig ausgelegter Kulisse wesentlich kleinere Füllungen gegeben werden können. Alle diese Abarten erfreuen sich wegen der oben angeführten Übelstände aber keiner großen Beliebtheit und sind auch nur verhältnismäßig wenig angewendet worden, obwohl beispielsweise die Abschnappsteuerungen eine Drosselung des in den Zylinder eintretenden Frischdampfes nahezu vermeiden lassen und daher schärfere Dampfdruckdiagramme, also ein wirtschaftlicheres Arbeiten des Dampfes ergeben.

Im Gegensatz zu den durch eine Kulisse betätigten Steuerungen erfüllen die Nockensteuerungen die eingangs aufgestellten Anforderungen der leichten Umsteuerbarkeit und Veränderlichkeit der Expansion zwischen Nullfüllung und größter Füllung in hohem Maße, weil sie eine jede gewünschte Dampfverteilung durch die entsprechende Ausbildung der Nocken erzielen lassen. Ein weiterer sehr wesentlicher Vorteil besteht darin, daß man durch die Einfügung sog. „Manövriernocken" auch die für das Manövrieren nicht erwünschte Voreinströmung, Vorausströmung und Dampfverdichtung vermeiden kann. Außerdem gestattet diese Steuerungsart durch eine besondere Gestaltung der Nocken ein Arbeiten der Fördermaschine mit Staudampf, der gegenüber der Anwendung von Gegendampf eine sanftere Hemmwirkung und eine bessere Regelbarkeit, sowie auch eine größere Wirtschaftlichkeit ergibt. Hinzu kommt noch die große Einfachheit der Bauart und die verhältnismäßig leichte Bedienung der Nockensteuerung, sowie eine weitgehende Sicherheit gegen Betriebsstörungen. Demgegenüber weisen sie allerdings den Nachteil der Empfindlichkeit der Nocken gegen Abnützung und den eines teilweise unruhigen Ventilantriebes auf. Vor allem aber sind die zu überwindenden Widerstände beim Verstellen der Nockensteuerung verhältnismäßig groß, so daß ein besonderer Hilfsmotor (Servomotor) für die Nockenverschiebung erforderlich ist. Auch die selbsttätige Einstellung auf verschiedene Frischdampffüllungen durch die gebräuchlichen Regler erfordert eine besondere Kraftquelle.

VIII. Beurteilung der Füllungs- und Drosselregelung.

Die auf den Kolben einer Dampffördermaschine zur Wirkung kommenden Trieb- und Hemmkräfte müssen zur Beherrschung der auf die Seilträgerwelle einwirkenden Kräfte unter möglichster Einhaltung des für eine bestimmte Anlage festgesetzten theoretischen Geschwindigkeitsverlaufes, insbesondere des vorgeschriebenen Beschleunigungs- und Verzögerungsabschnittes, nicht nur beliebig geschaltet, sondern auch weitgehend geregelt werden können. Die Regelung der Maschinentriebkräfte und damit des Kraftmomentes der Fördermaschine kann, wie wir gesehen haben, entweder durch Verändern der Frischdampffüllung oder durch Drosseln des Frischdampfes erfolgen. Die bremsenden Kräfte des Hemmdampfes dagegen werden beim Staudampf stets durch Dampfdrosselung, beim Gegendampf lediglich durch eine Veränderung der Frischdampffüllung geregelt.

Es ist bereits mehrfach darauf hingewiesen worden, daß die neuzeitliche Wärmewirtschaft sowohl im Anfahr- wie auch im Gleichlaufabschnitt nicht nur eine günstige Dampfverteilung, sondern auch eine Triebkraftregelung der Fördermaschine ausschließlich durch eine Füllungsänderung, nicht aber durch eine Drosselung des Frischdampfes verlangt. Andrerseits wurde aber auch gezeigt, daß das Manövrieren der Fördermaschine, bei der ja die Kurbelwelle nur um sehr kleine Winkel gedreht wird, die Maschinengeschwindigkeit also sehr gering ist, eine möglichst große Zylinderfüllung mit mehr oder weniger stark gedrosseltem Frischdampf erforderlich macht. Während nun eine Füllungsänderung stets durch eine Verstellung der eigentlichen Steuerungsteile herbeigeführt wird, kann die Einstellung einer Dampfdrosselung entweder durch ein in der Hauptdampfleitung zur Fördermaschine neben dem Hauptabsperrventil eingeschaltetes, als Drossel- oder Fahrventil bezeichnetes besonderes Absperrventil oder aber auch bei einer entsprechenden Gestaltung der Steuerungsvorrichtung vermittels des in der Maschine sitzenden Einlaßventiles selbst erfolgen.

Die unterschiedlichen Merkmale der beiden Drossel-Regelungsarten sind hauptsächlich darin zu erblicken, daß bei der Anordnung eines besonderen Fahrventiles neben dem Steuer- und dem Bremshebel auch noch der Fahrventilhebel, also drei Verstellvorrichtungen zu bedienen sind, die Einlaßventildrosselung erfordert dagegen nur zwei Hebel, den Steuer- und den Bremshebel. Die letztere Anordnung bedeutet aber eine wesentliche Vereinfachung und Erleichterung der Maschinenbedienung sowie eine bessere Übersichtlichkeit und damit eine Erhöhung der Sicherheit der Anlage.

Trotzdem erscheint die Anordnung eines besonderen Drossel- oder Fahrventiles neben dem Hauptabsperrventil in jedem Falle geboten, wie nachfolgende Überlegung zeigt. Sowohl bei der Dampfdrosselung vermittels eines besonderen Absperrventiles, nämlich des Fahrventiles, wie auch bei der Einlaßventildrosselung ist die herbeigeführte Druckverminderung des Frischdampfes nicht nur von der Größe der Ventileröffnung, sondern auch von der jeweilig herrschenden Maschinengeschwindigkeit abhängig. Einer bestimmten Ventilerhebung entspricht also nicht immer dieselbe Dampfdrosselung, bei ein und demselben Ventilhube nimmt vielmehr der Dampfdruck mit anwachsender Kolbengeschwindigkeit ab. Wenn auch diesem Umstande bei einer richtigen

Betätigung der Drosselvorrichtung von Hand aus im allgemeinen Rechnung getragen werden kann, so ist doch immerhin zu bedenken, daß bei einer selbsttätigen Drosselregelung durch einen Sicherheitsapparat die Einstellung eines bestimmten verminderten Druckes nicht immer zu erzielen ist. Dies kann nur durch die Anordnung von sog. Druckverminderungsventilen an Stelle der üblichen Hubventile erreicht werden. Die Druckverminderungsventile gestatten, wie später auf S. 152 noch gezeigt wird, eine durchaus sichere Einreglung des gewünschten verminderten Dampfdruckes. Bei der Einlaßventildrosselung ist der Einbau solcher Druckverminderungsventile praktisch kaum ausführbar, als besonderes Drosselventil dagegen sind sie anwendbar und haben auch beispielsweise beim sog. Servofahrventil von Iversen Verwendung gefunden (siehe S. 272).

Aber auch bei einer Drosseleinstellung von Hand aus bietet die Einlaßventildrosselung Schwierigkeiten. Die Einlaßventile müssen nämlich während der vollen Fahrt der Maschine bei einem verhältnismäßig geringen Hube größere Dampfmengen ungehindert hindurchströmen lassen, sie müssen also im geöffneten Zustande dem Dampf einen genügend großen Durchtrittsquerschnitt bei sehr kleinen Ventilerhebungen darbieten. Dies bedingt aber einen größeren Ventildurchmesser. Soll nun bei einer geringen Maschinengeschwindigkeit stark gedrosselter Frischdampf in den Zylinder einströmen, dann kann das nur durch ein ganz knappes Anheben der Ventile geschehen, etwa dergestalt, daß bei einem normalen Betriebsdruck von beispielsweise 10 at im Zylinder nur ein Druck von 2,5—3 at abs. zur Wirkung kommt. Und hieraus ergibt sich der Übelstand, daß schon durch sehr kleine Veränderungen der Ventilerhebung unerwünscht große Schwankungen der Dampfspannungen hervorgerufen werden. Abgesehen davon, daß eine genaue Einstellung der sehr kleinen Ventilerhebungen beispielsweise für den beim Manövrieren zu benutzenden Durchströmquerschnitt mit nahezu Vollfüllung infolge der bei wechselnder Spannung und Temperatur des Frischdampfes auftretenden verschiedenen Ausdehnung der Baustoffe an sich sehr schwierig ist, würde eine genaue Einstellung sehr kleiner Hübe nach einem eingetretenen geringen Verschleiß der Steuerteile wieder unrichtig sein.

Die Anordnung eines besonderen Fahrventiles empfiehlt sich weiterhin auch aus Gründen der Betriebssicherheit. Im Falle eines Versagens der Steuerungsvorrichtung gestattet nämlich das Ventil in leichter Weise eine schnelle Unterbindung der Frischdampfzufuhr zur Fördermaschine. Desgleichen ermöglicht es bei einer eingetretenen Undichtigkeit der größeren Temperaturschwankungen ausgesetzten und daher stark beanspruchten Sitzflächen der Einlaßventile eine Absperrung der Dampfzufuhr während des Stillstandes der Maschine in den Förderpausen, wodurch größere Dampfverluste vermieden werden.

Es darf allerdings nicht übersehen werden, daß das Vorhandensein eines besonderen Fahr- oder Drosselventiles auch einen schwerwiegenden Nachteil in wirtschaftlicher Beziehung in sich birgt. Wird nämlich das

Fahrventil zu Beginn des Auslaufabschnittes bei einem noch ausgelegten Steuerhebel ganz geschlossen — eine in der Praxis gern getroffene Maßnahme —, dann besteht die Gefahr, daß die Fördermaschine die Verbindungsleitung bis zum Fahrventil leerpumpt. Die Folgen eines solchen Verfahrens sind in einer starken Druckverminderung in diesem Teile der Rohrleitung und demgemäß in einer erheblichen Temperaturabnahme des Baustoffes zu erblicken. Der bei dem nächsten Auffüllen der Rohrleitung eintretende Frischdampf hat dann zunächst den Temperaturabfall in der Wandung wieder auszugleichen bzw. die vorher beim Leerpumpen der Leitung entzogene Wärmemenge an den Baustoff zurückzugeben. Dies bedeutet nicht nur einen Energieverlust, es leiden auch die Abdichtungsflächen der Einlaßventile durch die starke Abkühlung bzw. die weitgehenden Temperaturschwankungen. Aus diesem Grunde sollte das Fahrventil beim Auslaufen der Fördermaschine niemals geschlossen sein, der Steuerhebel vielmehr bei völlig geöffnetem Fahrventil stets in die Nullage gebracht werden.

Um bei dem Vorhandensein eines besonderen Fahrventiles nur mit zwei Hebeln, dem Steuer- und dem Bremshebel, auszukommen, hat beispielsweise Iversen bei dem obenerwähnten Servofahrventil in Verbindung mit dem Iversenschen Fahrtregler den Brems- und den Drosselventilhebel vereinigt. Dieser Fahrhebel bedient dann nacheinander das Druckverminderungsventil und die Bremse derart, daß im ersten Teil des Hebelausschlages eine der Hebelstellung verhältnisgleiche Verminderung des Frischdampfdruckes herbeigeführt wird, während im zweiten Teil der Hebelbewegung die Bremse allmählich mit anwachsendem Bremsdruck zur Wirkung kommt. Näheres über die vereinigte Hebelbauart beim Steuerungsregler von Iversen ist auf S. 222 ausgeführt.

IX. Die Bremsen.

1. Allgemeines.

Neben dem im Abschnitt VI auf S. 103 besprochenen Mittel zur Erzielung einer Verminderung der Fahrgeschwindigkeit bzw. eines schnelleren Stillsetzens der Fördermaschine durch die Einwirkung des Hemmdampfes kann eine Hemmung der Maschinenbewegung, d. h. eine Entziehung der den sich bewegenden Massen innewohnenden Energie auch durch unmittelbar auf die Fördermaschine wirkende „Reibungsbremsen“ herbeigeführt werden.

Gegenüber den Hemmdampfkräften ergeben die durch Reibungsbremsen auf den Umfang des Seilträgers einwirkenden Bremskräfte nicht nur ein gleichmäßiges Kraftmoment — insbesondere aber bei einem der Größe der Last und Geschwindigkeit angepaßten regelbaren Bremsdruck —, sie sind auch in ihrer Wirkung von der Geschwindigkeit der Fördermaschine unabhängiger. Weiterhin weisen die Reibungsbremsen den Vorzug auf, daß sie nicht nur den Massen ihre Bewegungsenergie durch Einschalten von Reibungswiderständen entziehen und dadurch die Fördergeschwindigkeit vermindern, sie ermöglichen es vor allem, den in jeder beliebigen Lage herbeigeführten Stillstand der Maschine auch aufrecht zu erhalten. Die Reibungsbremsen verhindern also nach Abstellung der treibenden Maschinenkräfte am Ende eines Förderzuges das selbsttätige Zurücksinken der gehobenen Nutzlast und gestatten auch ein Festhalten der Förderkörbe bzw. Förderkübel an jeder Stelle des Schachtes. Dies ist aber bei Unfällen, beim Besichtigen oder Ausbessern des Schachteinbaues und der Leitung erforderlich. Von besonderer Bedeutung sind sie ferner dann, wenn der niedergehende Korb gegenüber dem aufwärtsgehenden das Übergewicht erhält, also beim Einfahren der Mannschaften, beim Einhängen von Lasten, wie Grubenholz, Maschinenteilen, Versatzstoffen u. a. m. Und schließlich bieten sie auch eine sichere Gewähr für die Beherrschung der Förderkörbe beim Versagen der Steuerung oder beim Eintreten einer Störung der Maschine zwischen Dampfkolben und Seilträger.

Die Aufgaben, die eine Reibungsbremse bei den Fördermaschinen zu erfüllen hat, sind also einmal in der Herabsetzung der Fahrgeschwindigkeit bzw. der Herbeiführung eines möglichst schnellen Maschinenstillstandes zu erblicken, zum anderen soll sie aber auch das Festhalten der zur Ruhe gebrachten Fördermaschine in jeder beliebigen Lage gestatten.

Im allgemeinen sollen die Reibungsbremsen nur zur Erhaltung des Ruhestandes der Fördermaschine in einer bestimmten Stellung benutzt werden. Geschwindigkeitsverminderungen sowie das Stillsetzen der Maschine und alle Manövrierbewegungen dagegen sollen im regelrechten Betrieb nur durch die Steuerung (Dampfverteilung) erfolgen. Zum Abbremsen, d. h. zur Energieentziehung infolge Einschalten von Reibungswiderständen sollen sie nur bei Störungen Verwendung finden, beispielsweise bei einem gänzlichen oder teilweisen Versagen der Steuerung, beim Schadhaftwerden eines Maschinenteiles und Ähnliches mehr, ferner bei Unglücksfällen oder unzulässig hohen Geschwindigkeitsüberschreitungen bei der Annäherung der Förderkörbe an ihre Endstellungen bzw. beim Übertreiben, d. h. beim Überfahren der Körbe über einen geringen Betrag über die Hängebank hinaus.

Von den Fördermaschinenbremsen muß grundsätzlich verlangt werden, daß sie bei größtmöglichster Einfachheit für wechselnde Umlaufrichtungen ausgebildet sind, so zwar, daß eine Änderung des Kraftbedarfes bei umgekehrter Bewegung nicht hervorgerufen wird, die erforderliche Anzugskraft in beiden Drehrichtungen vielmehr ungeändert bleibt. Außerdem müssen die Fördermaschinenbremsen eine schnelle Bremswirkung erreichen lassen, wobei aber ein zu plötzliches stoßartiges Einschalten der vollen Bremskraft wegen der Gefährdung einzelner Maschinenteile und des Auftretens größerer, schädlicher Zusatzkräfte im Förderseil bzw. der Seilrutschgefahr bei Treibscheibenanlagen vermieden werden muß. Und schließlich wird von den Bremsen verlangt, daß sie ein zu hohes Anwachsen des Reibungsdruckes in Rücksicht auf eine Überbeanspruchung des Baustoffes der einzelnen Teile nicht zulassen, ihre Bremswirkung muß sich vielmehr nach Möglichkeit regelbar einstellen lassen können.

2. Einteilung der Bremsen.

Auf Grund der vorstehenden Betrachtungen ergeben sich bei den Fördermaschinen mit Rücksicht auf ihren Verwendungszweck folgende Arten von Bremsvorrichtungen:

1. Manövrier-, Haupt- oder Fahrbremsen,
2. Not- oder Sicherheitsbremsen.
3. Feststell- oder Haltebremsen,
4. Loskorbbremsen.

Während die Manövrier- oder Fahrbremsen für den gewöhnlichen, regelrechten Betrieb Anwendung finden, kommen die Sicherheitsbremsen dann zur Wirkung, wenn eine möglichst rasche Aufzehrung der Bewegungsenergie erzielt werden soll, beispielsweise bei Unglücksfällen oder Übertreiben der Förderkörbe sowie beim Versagen der Betriebskraft. Die Feststell- oder Haltebremsen haben dagegen die Aufgabe, die Fördermaschine eine beliebig lange Zeit im Ruhestande zu erhalten. Die Loskorbbremsen wiederum dienen zum Festsetzen der lösbar angeordneten Lostrommel bzw. Losbobine bei der Umleitung der Förderung von einer Sohle auf eine andere oder aber beim Seilabhauen für die vorgeschriebenen Prüfungen. Von diesen Bremsvorrichtungen müssen bei einer Fördermaschine stets die Fahrbremse und die Sicherheitsbremse, die auf denselben Bremskranz einwirken können, vorhanden sein. Diese beiden Bremsen können auch noch als Feststellbremsen ausgebildet sein. Die zum Zwecke des Umsteckens der Seilträger bei Sohlenwechsel erforderliche Loskorbbremse dagegen hat stets einen gesonderten Bremskranz.

Das Betätigen des Bremsgestänges kann sowohl durch Muskelkraft wie auch durch Dampf, Preßluft, Elektrizität oder vermittels einer Gewichtskraft erfolgen. Von diesen Antriebskräften sollen stets zwei Arten, etwa Dampf- und Gewichtskraft oder Muskel- und Gewichtskraft usw. verfügbar sein, die aber auf das gleiche Bremsgestänge jede für sich allein einwirken können. Es sind demnach zu unterscheiden:

1. Hand- und Fußbremsen,
2. Dampfbremsen,
3. Preßluftbremsen,
4. elektrische Bremsen,
5. Fallgewichtsbremsen.

Eine weitere Einteilung folgt aber auch noch aus der Art der Anzugsbetätigung des Bremsgestänges: diese kann nämlich entweder durch einen willkürlichen Eingriff des Wärters ausgelöst werden, oder aber die Einschaltung der Antriebskraft erfolgt selbsttätig. Die erste Art der Anzugsbetätigung ist sowohl bei den Manövrier- oder Fahrbremsen wie auch bei den Sicherheitsbremsen möglich, die selbsttätige Einschaltung der Antriebskraft dagegen geschieht in Notfällen entweder durch Sicherheitsvorrichtungen, die auf die Fahr- oder auf die Sicherheitsbremse einwirken, oder aber beim Ausbleiben der Betriebskraft lediglich auf die Notbremse wirken. Hierbei ist aber zu beachten, daß ein gleichzeitiges Einrücken beider Bremsvorrichtungen, also der Fahr- und der Sicherheitsbremse, wegen des Auftretens unzulässig hoher Anpressungsdrücke und der damit verbundenen übergroßen Beanspruchung der einzelnen Bremsteile zu vermeiden ist. Es findet also auch hier eine Unterteilung der Fördermaschinenbremsen statt und zwar in Bremsen mit

a) willkürlicher Betätigung durch den Wärter,
b) selbsttätiger Einschaltung der Antriebskraft.

Schließlich können die Bremsen unter Berücksichtigung der verwendeten Reibungsteile noch nach ihrer baulichen Ausbildung eingeteilt werden in

a) Backenbremsen,
b) Bandbremsen.

Die Bandbremsen kommen fast ausschließlich für kleinere Maschinen wie Förderhaspel in Frage, während bei allen Fördermaschinen größerer Leistung heutzutage die Backenbremsen Verwendung finden.

3. Die Ausbildung der Bremsen.

Allgemeines: Die Hauptbestandteile einer Reibungsbremse sind einmal die Bremsscheibe bzw. der Bremskranz, dann die eigentlichen Reibungsteile (Bremsbänder, Bremsschuhe oder Bremsbacken) und schließlich das Bremsgestänge. Grundsätzlich ist festzustellen, daß die Anordnung einer auf der Seilträgerwelle fest aufsitzenden gesonderten Bremsscheibe nur noch bei kleineren Förderanlagen (Haspel, Winden) vorkommt, bei allen größeren Fördermaschinen, den eigentlichen Hauptschachtfördermaschinen, dagegen werden die Bremskränze mit Vorteil unmittelbar an der Trommel bzw. an der Treibscheibe befestigt. Ein jeder Seilträger erhält hierbei einen besonderen, im allgemeinen an der Außenseite des Seilträgers sitzenden Bremskranz. Die Bremskränze werden entweder aus [-Eisen (N. P. $23^1/_2$) hergestellt und an den Seilträger angenietet bzw. angeschraubt, oder aber sie bestehen aus angegossenen Stahlgußringen. Wegen der stoßweise und in wechselnder Richtung auftretenden starken Beanspruchungen erfordern die Kränze eine äußerst solide und feste Bauart, im besonderen ist den Verbindungsstellen der Bremskränze mit dem Seilträger die größte Beachtung zuzuwenden. Zur Vergößerung der Reibungswiderstände werden die aus Schmiedeeisen oder Stahl hergestellten Bänder der Bandbremsen meist mit einer Holzausfütterung versehen, und auch die Bremsschuhe der Backenbremsen bestehen aus hartem Holz (Ulmen-, Eichen- und neuerdings vor allem Pappelholz). Die einzelnen Bremshölzer bzw. Bremsbacken werden im Innern auf den Kranzdurchmesser genau abgedreht. Ihre Befestigung auf der Unterlage erfolgt mittels versenkter Schrauben.

Das Bremsgestänge besteht aus Schmiedeeisen. Es stellt eine Hebelübersetzung dar, durch welche die Bewegung der Anzugskraft zum Umfang der Bremsscheibe ins Langsame überführt und damit eine Steigerung der Bremswirkung erzielt wird. Je nach Größe der Maschine und nach Anordnung des Gestänges schwankt das Übersetzungsverhältnis beispielsweise bei Doppelbackenbremsen mit Dampfantrieb zwischen 1 : 8 bis 1 : 20 und bei Fallgewichtsbremsen zwischen 1 : 40 bis 1 : 70. Ein Haupterfordernis für das einwandfreie Arbeiten der Bremsen besteht darin, daß die Bremsklötze an der Bremsfläche stets richtig anliegen müssen. Die wirksame Bremsklotzfläche muß nämlich mit jedem ihrer Punkte gleich weit von der Bremsfläche der Scheibe abstehen, damit bei gelüfteter Bremse einzelne Teile der Bremsklotzfläche nicht an dem Scheibenumfang schleifen und so bremsend auf den Gang der Maschine wirken bzw. im angezogenen Zustande die gesamte

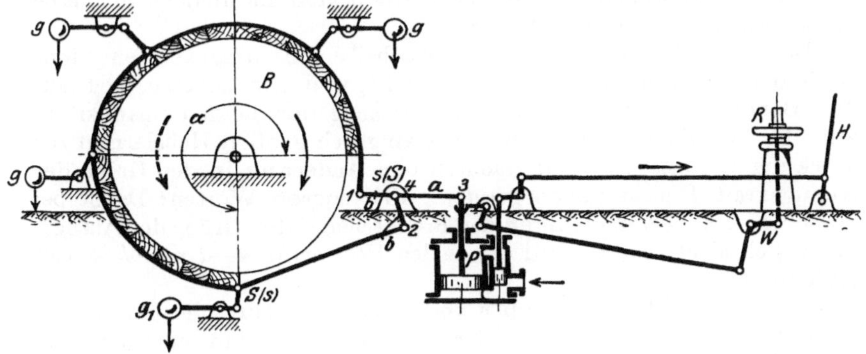

Abb. 122.

Bremsklotzfläche gleichmäßig stark an den Umfang der Bremsscheibe angedrückt wird. Das Gestänge muß daher nachstellbar sein, so zwar, daß der erforderliche Abstand zwischen Bremsfläche und Bremsklotz bei gelöster Bremse innegehalten werden kann. Dieser Abstand soll im allgemeinen bei unbearbeiteter Bremsfläche 5—8 mm, bei bearbeiteter dagegen 1—3 mm betragen.

Die Bandbremsen. Wir hatten gesehen, daß die Bandbremse trotz ihrer guten Bremswirkung in der Neuzeit nur noch bei kleineren Maschinen Anwendung findet. Für Fördermaschinen größerer Leistungen werden nämlich nicht nur die Bremsbandabmessungen übermäßig groß, die Forderung, daß die Bremse für eine wechselnde Umlaufrichtung ausgebildet sein muß, ergibt auch eine weniger einfache Gestaltung als bei der Backenbremse.

Das Beispiel einer holzgefütterten Bandbremse, wie sie u. a. bei älteren Fördermaschinen angewendet wurde, zeigt Abb. 122. Das mit einem Holzbelag versehene eiserne oder stählerne Bremsband umschließt mit dem Umspannungswinkel α die Bremsscheibe B und wird durch ein Hebelwerk um deren zylindrischen Umfang gepreßt. Das eine

Ende *s* des Bandes greift hierbei im Punkte *1*, das andere Bandende *S* im Punkte *2* des im Punkte *4* drehbar gelagerten dreiarmigen Winkelhebels an. Auf den dritten Arm (*a*) des Winkelhebels wirkt die Anzugskraft *P* ein.

Läuft die Bremsscheibe im rechten Drehsinn um (ausgezogener Pfeil), also auf das Bandende *S* auf, dann wird, wie später gezeigt werden wird, durch die Wirkung der Anzugskraft *P* in diesem Ende des Bremsbandes eine große Spannkraft erzeugt, während im ablaufenden Bandende *s* nur eine kleine Spannkraft ensteht. Beide Spannkräfte wirken unter gleich großen Hebelarmen *4—1* (*b*) bzw. *4—2* (*b*) auf den Bremshebel *4—3* (*a*) ein, an dessen Ende die Anzugskraft *P* angreift. Das durch die Kraft *P* eingeleitete Kraftmoment wird sonach durch die beiden Spannkraftmomente im Gleichgewicht gehalten. Damit nun bei der Einwirkung der Anzugskraft *P* das Anziehen des Bandes, d. h. die Bremsung möglichst schnell erfolgt, bilden die beiden Bandenden mit ihren Hebelarmen einen rechten Winkel.

Bewegt sich dagegen die Bremsscheibe im umgekehrten Sinne (strichiert angedeuteter Pfeil), dann tritt, weil die Scheibe jetzt auf das Bandende *s* aufläuft, eine Vertauschung der beiden Spannkräfte ein. Da aber die beiden Spannkräfte an gleich großen Hebelarmen zur Wirkung kommen, so wird dadurch eine Änderung in der Größe der Anzugskraft *P* nicht hervorgerufen. Mit anderen Worten: Damit bei verschiedenen Drehrichtungen der Bremsscheibe die Größe der Anzugskraft sich nicht ändert, sind die beiden Hebelarme *4—1* und *4—2* von gleicher Länge „*b*“.

Um bei einer für gewöhnlich vorliegenden Lüftung der Bremse ein Anliegen des Holzbelages an der Scheibe und damit ein unnötiges Schleifen bzw. ein vorzeitiges Abnutzen des Holzes zu vermeiden, ist das Bremsband durch mehrere Gegengewichte g ausgewuchtet. Das untere Gegengewicht g_1 hat dagegen die umgekehrte Aufgabe, nämlich einen Ausgleich des Gewichtes des bei gelüfteter Bremse herunterhängenden Bremsbandendes herbeizuführen, damit dieser Teil sich nicht zu weit von dem Scheibenumfang entfernt.

Der Vorzug dieser Art Bremsen besteht einmal in einer guten Bremswirkung, dann aber auch darin, daß der von dem Bremsband auf die Scheibe ausgeübte Druck infolge des großen Umschlingungswinkels sich auf einen größeren Teil des Scheibenumfanges verteilt und ebenso auch eine einseitige Belastung der Bremsscheibe bzw. des Bremskranzes und der Welle vermieden wird. Außerdem gewährt die elastische Fortpflanzung des Anpressungsdruckes in dem langen Bremsband ein stoßfreies Abbremsen. Andrerseits ist aber nicht zu verkennen, daß die Bremswirkung von der veränderlichen Größe der Reibungszahl zwischen Holzbelag und Scheibenumfang in hohem Grade abhängig ist. Zum Ausgleich der Folgen einer allmählich vor sich gehenden Holzabnützung müssen daher die Enden des Bremsbandes leicht nachstellbar eingehängt werden.

Die Backenbremsen. Gegenüber den Bandbremsen weisen die für neuere Fördermaschinen ausschließlich in Betracht kommenden Backenbremsen eine wesentlich einfachere Gestaltung auf. Die schematische Darstellung der Abb. 123 zeigt das Beispiel einer einfachen Backenbremse, bei der durch eine Hebelkraft P unter Vermittlung des Bremsgestänges a die Bremsbacke K fest gegen den Umfang der Scheibe B gepreßt wird. Dadurch wird entsprechend der Größe des Anpressungsdruckes zwischen Bremsbacke und Scheibenumfang eine Reibung erzeugt, welche die Bewegung der Scheibe zu hemmen sucht. Die Bremswirkung, die bei wechselnder Umlaufrichtung der Bremsscheibe nach beiden Richtungen gleich stark ausfällt, ist also von der Größe des Anpressungsdruckes bzw. des Reibungsdruckes abhängig oder anders ausgedrückt: mit zunehmender abzubremsender Umfangskraft der Scheibe wächst auch der Reibungs- bzw. Anpressungsdruck der Bremsbacke, so daß bei größeren Umfangskräften eine ungünstige einseitige Beanspruchung der Bremsscheibe und der Welle auftritt und weiterhin auch ein starker Verschleiß des einseitig stark gedrückten Wellenlagers hervorgerufen wird. Für die Hauptschachtfördermaschinen werden daher

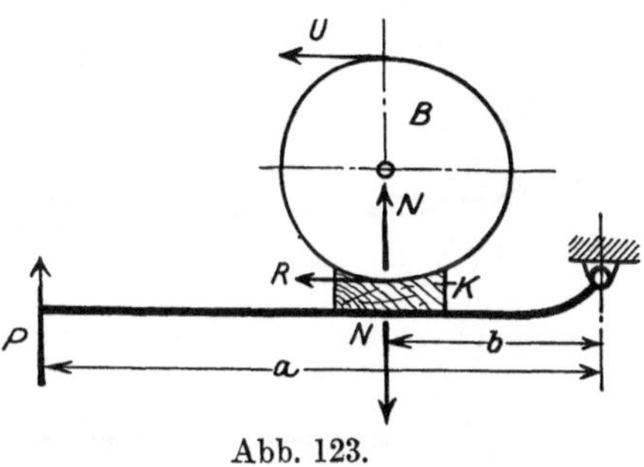

Abb. 123.

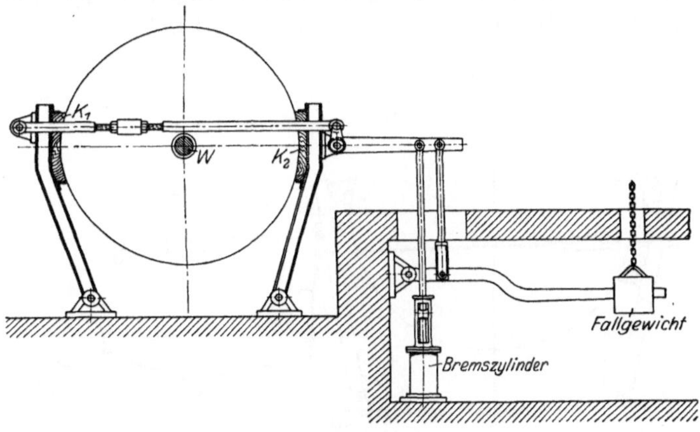

Abb. 124.

durchweg Doppelbackenbremsen gemäß der schematischen Darstellung in Abb. 124 verwendet. Bei dieser Bremsenart wird durch zwei gegenüberliegende Bremsklötze K_1 und K_2, deren radiale Drücke sich gegenseitig aufheben, eine Entlastung der Welle W bzw. des Wellenlagers erreicht. Jede Holzbremsbacke hat hierbei im Mittel die halbe Umfangskraft abzubremsen.

Gebräuchliche Ausbildungen von Doppelbackenbremsen für Fördermaschinen zeigen die Abb. 125—127. Wie aus diesen schematischen Darstellungen zu ersehen ist, sitzen die beiden Holzbacken K_1 und K_2 an dem Ende zweier, am Fundament angelenkter schrägstehender

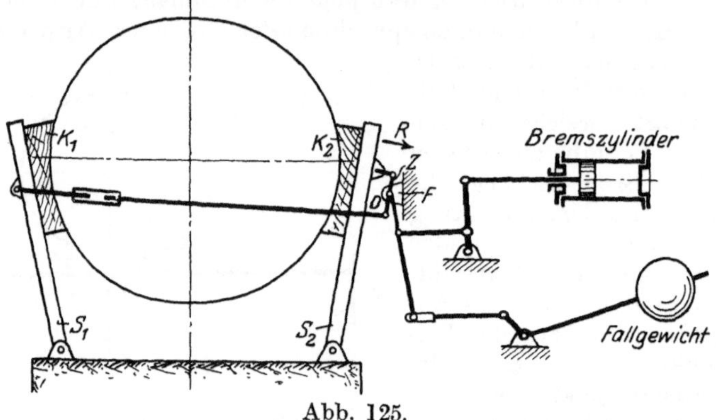

Abb. 125.

Stützen S_1 und S_2, so daß die Backen beim Anziehen der Bremse einen flachen Kreisbogen beschreiben. Durch die Schrägstellung der beiden Stützen, die ein Eingreifen der Backen etwas unterhalb der Scheibenwelle zur Folge hat, wird erreicht, daß die Holzbacken bei einer Lüftung der Bremse sich durch das Eigengewicht des Gestänges selbsttätig von der Bremsscheibe bzw. dem Bremskranz abheben.

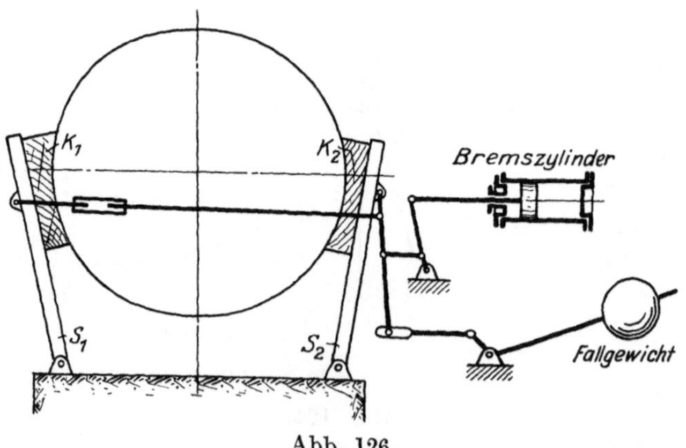

Abb. 126.

Die Abb. 125 stellt das Schema einer älteren Ausführung einer Doppelbackenbremse dar. Bei dieser Anordnung wird die vom Dampfkolben oder auch von einem Fallgewicht ausgeübte Anzugskraft zunächst auf einen Zwischenhebel Z, dessen Drehpunkt D in einem festen, unverschiebbaren Lager F ruht, übertragen und von hier aus erst auf die beiden Bremsbacken geleitet. Der Nachteil dieser Bauart ist vor allem darin zu erblicken, daß die beim Anpressen der Bremsbacken an den Scheibenumfang hervorgerufene Reaktion R ins Fundament geht, während die neueren Ausführungen nach Abb. 126 und 127 diese Reaktion noch als Bremskraft ausnutzen, indem sie, Reibung erzeugend, von

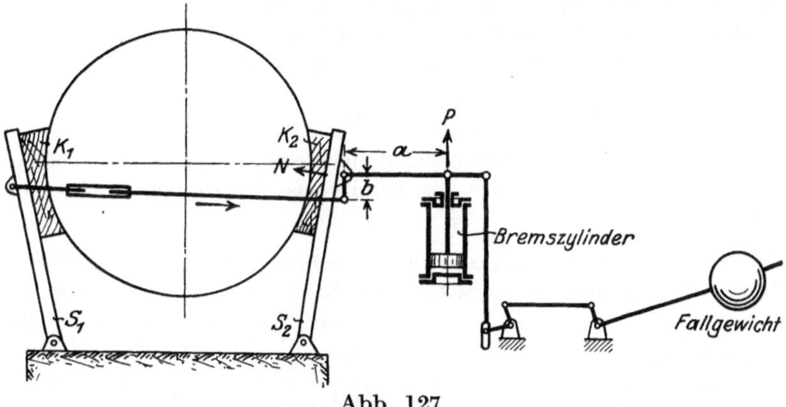

Abb. 127.

dem Bremsklotz der anderen Bremsscheibenseite aufgenommen wird. Zu diesem Zwecke ist das Bremsgestänge ohne einen festgelagerten Drehpunkt (D in Abb. 125) ausgebildet. Die Anzugskraft wird dadurch unmittelbar auf die beiden Bremsbacken übertragen, wobei die durch das Anpressen der Bremsbacke hervorgerufene Reaktion den Anpressungsdruck der gegenüberliegenden Holzbacken unterstützt. Außerdem gewährleistet die Anordnung des Bremsgestänges ohne festgelagerten Drehpunkt ein stets richtiges und sicheres Anliegen beider Bremsbacken an den Bremskranzumfang.

4. Die Berechnung der Bremsen.

a) Die Bandbremse.

Die Berechnung der Bandbremse gemäß Abb. 122 hat, wie wir gesehen haben, unter Berücksichtigung des Spannungsunterschiedes in den beiden Enden des Bremsbandes gemessen an den Ablaufstellen der Bremscheibe zu erfolgen. Für das bessere Verständnis des Bremsvorganges, also der Arbeitsweise der Bandbremse, seien in Abb. 128 die Bremsscheibe mit dem Band sowie der dreiarmige Winkelhebel gesondert schematisch dargestellt. Hierin bedeuten:

U die abzubremsende Umfangskraft an der Bremsscheibe,

t die Spannung im ablaufenden Bandende s,

T die Spannung im auflaufenden Bandende S,

b die gleich großen Hebelarme des dreiarmigen Winkelhebels für die beiden Bandenden,

P die Anzugskraft,

a der Hebelarm der Anzugskraft am dreiarmigen Winkelhebel.

Ferner seien:

e = 2,7183 die Grundzahl der natürlichen Logarithmen,

μ die Reibungszahl zwischen Scheibe und Bremsband,

α die Länge des vom Bremsband umspannten Kreisbogens der Bremsscheibe,

α^0 der Winkel dieses Umschlingungsbogens.

Setzt man den Abstand, d. h. den Halbmesser des Bogens von der Bremsscheibenachse = 1, dann ist die Bogenlänge:

$$\alpha = 2 \cdot \pi \cdot \frac{\alpha^0}{360^0} \quad \text{bzw.} \quad \frac{\pi}{180^0} \cdot \alpha^0.$$

Soll nun Gleichgewicht herrschen, dann stehen nach Eytelwein die beiden Spannungen T und t der Bandbremse in folgender Beziehung zueinander:

$$T = t \cdot e^{\mu \cdot \alpha}. \tag{1}$$

Andrerseits folgt aber auch aus der Betrachtung der Abb. 128, daß die drei an der Bremsscheibe wirkenden Kräfte U, T und t untereinander im Gleichgewicht sind, wenn die Summe ihrer Momente gleich Null ist. Wählt man den Achsenmittelpunkt als Drehpunkt, dann haben alle Kräfte den gleichen Hebelarm gleich dem Halbmesser der Bremsscheibe. Es ist daher:

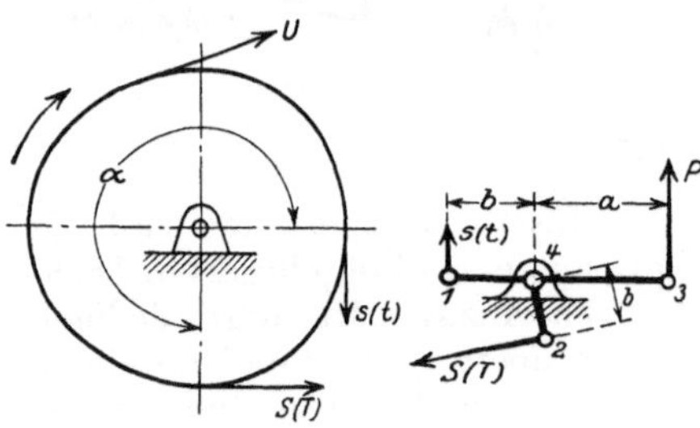

Abb. 128.

$$U \cdot r + t \cdot r - T \cdot r = 0;$$

hieraus folgt:

$$T - t = U. \tag{2}$$

Der Ausdruck $T - t$ stellt den Spannungsunterschied in den beiden Bandenden dar und ist für den Gleichgewichtszustand, d. h. wenn bis zum Stillstand der Scheibe gebremst werden soll, gleich der abzubremsenden Umfangskraft U.

Setzt man in Gleichung (2) für T den Wert aus Gleichung (1) ein, so erhält man:

$$t \cdot e^{\mu \cdot \alpha} - t = U$$

und

$$U = t \cdot (e^{\mu \cdot \alpha} - 1). \tag{3}$$

Die Spannung t ergibt sich dann zu:

$$t = \frac{U}{e^{\mu \cdot \alpha} - 1} \tag{4}$$

und die Spannung T, weil $T = t \cdot e^{\mu \cdot \alpha}$ oder $t = \frac{T}{e^{\mu \cdot \alpha}}$;

$$\frac{T}{e^{\mu \cdot \alpha}} = \frac{U}{e^{\mu \cdot \alpha} - 1}$$

$$T = \frac{U \cdot e^{\mu \cdot \alpha}}{e^{\mu \cdot \alpha} - 1}. \tag{5}$$

Aus der Momentengleichung bezogen auf den Drehpunkt des dreiarmigen Winkelhebels erhält man schließlich auch die Größe der Anzugskraft, denn es muß sein:

$$P \cdot a = T \cdot b + t \cdot b$$

oder

$$P \cdot a = (T + t) \cdot b.$$

Werden für T und t die Werte aus Gleichung (5) und (4) eingesetzt, dann wird

$$P \cdot a = \left(\frac{U \cdot e^{\mu \cdot \alpha}}{e^{\mu \cdot \alpha} - 1} + \frac{U}{e^{\mu \cdot \alpha} - 1}\right) \cdot b$$

oder

$$P \cdot a = \frac{U}{e^{\mu \cdot \alpha} - 1} \cdot (e^{\mu \cdot \alpha} + 1) \cdot b$$

und

$$P = U \cdot \frac{e^{\mu \cdot \alpha} + 1}{e^{\mu \cdot \alpha} - 1} \cdot \frac{b}{a}. \tag{6}$$

Man erkennt, daß die Bremswirkung einmal von der Größe der Reibungszahl μ, dann aber auch von der Größe des Umschlingungsbogens α abhängig ist. Wird beispielsweise für glatte Eisenbänder auf schmiedeeisernen Bremskränzen die Reibungszahl μ zu 0,18 und für holzgefütterte Bänder zu 0,5 angenommen, dann ergibt sich für die verschiedenen Umschlingungswinkel α^0 der Wert $e^{\mu \cdot \alpha}$ zu

Umschlingungswinkel α^0	90^0	180^0	270^0	360^0	540^0
Bogenlänge α	$\frac{\pi}{2}$	π	$1{,}5 \cdot \pi$	$2 \cdot \pi$	$3 \cdot \pi$
$\mu = 0{,}18$	1,33	1,76	2,33	3,1	$5{,}43 = e^{\mu \cdot \alpha}$
$\mu = 0{,}5$	2,2	4,8	10,5	22,9	$109{,}7 = e^{\mu \cdot \alpha}$

Bei dem üblichen Umschlingungswinkel $\alpha^0 = 270^0$ der holzgefütterten Bandbremse gemäß Abb. 122 und den Hebelarmen a und b bestimmt sich also die zum Abbremsen der Umfangskraft U erforderliche Anzugskraft P zu

$$P = U \cdot \frac{11{,}5}{9{,}5} \cdot \frac{b}{a},$$

$$P = 1{,}21 \cdot U \frac{b}{a}. \tag{7}$$

b) Die Backenbremse.

Die Berechnung erfolge zunächst an Hand der Abb. 123 für eine einfache Backenbremse.

Es bedeute:

U die abzubremsende Umfangskraft der Bremsscheibe,

N den Anpressungsdruck der Bremsbacke (in bezug auf die Scheibe gemäß der Abbildung nach oben, in bezug auf den Bremsklotz jedoch nach unten wirkend),

μ die Reibungszahl zwischen Holzbacke und Bremsscheibe,
P die Anzugskraft,
a den Hebelarm der Anzugskraft,
b den Hebelarm des Anpressungsdruckes.

Der beim Anpressen der Holzbacke an dem Umfang der Bremsscheibe erzeugte Reibungsdruck R (der im Gleichgewichtszustand gleich der abzubremsenden Umfangskraft U ist), ergibt sich dann zu:

$$R = U = \mu \cdot N$$

und demnach

$$N = \frac{U}{\mu}. \tag{1}$$

Soll also eine Bremsung eintreten, so muß der Anpressungsdruck N gleich oder besser größer als $\frac{U}{\mu}$ sein.

Aus Abb. 123 ersieht man, daß die Anzugskraft P an dem Hebelarm a angreift. Nach dem Hebelgesetz ist daher

$$P \cdot a = N \cdot b,$$

hieraus erhält man:

$$P = N \cdot \frac{b}{a}.$$

Setzt man für N den Wert aus Gleichung (1) ein, so wird

$$P = \frac{U}{\mu} \cdot \frac{b}{a}. \tag{2}$$

Nimmt man die Reibungszahl μ für Holz auf Schmiedeeisen wieder zu 0,5 an, dann ist

$$P = \frac{U}{0{,}5} \cdot \frac{b}{a}$$

oder

$$P = 2 \cdot U \cdot \frac{b}{a}. \tag{3}$$

Ein Vergleich mit der Gleichung (7) der Bandbremse zeigt, daß bei gleichen Verhältnissen (gleicher Reibungszahl, gleich großen Hebelarmen) die Wirkung der Bandbremse günstiger ist als jene der einfachen Backenbremse, ein Vorzug, der die Bandbremse für den Handbetrieb besonders geeignet macht.

Die durch den einseitigen Anpressungsdruck der Bremsbacke in dem Lager der Bremsscheibenwelle hervorgerufene Reaktion wird bei Trommelmaschinen mit unten sitzender Bremsbacke gemäß Abb. 123 im allgemeinen durch das Trommelgewicht aufgehoben.

Bei der Doppelbackenbremse der Fördermaschine, wie sie beispielsweise die Abb. 127 zeigt, ist der Anpressungsdruck N der einen Bremsbacke $= P \cdot \frac{a}{b}$. Da nun aber nach Gleichung (1) der Anpressungsdruck $N = \frac{R}{\mu}$ oder $R = N \cdot \mu$ ist, so ergibt sich die gesamte Bremskraft einer Doppelbackenbremse zu:

$$2 \cdot P \cdot \frac{a}{b} \cdot \mu.$$

Für die Größe der Umfangskraft U ist nicht nur die statische Nutzlast maßgebend, es müssen vielmehr auch die durch die jeweils bewegten Gewichte — mit Ausnahme des Maschinentriebwerkes — hervorgerufenen dynamischen Zusatzkräfte berücksichtigt werden. Der ausgeübte Anpressungsdruck der Bremsbacken ist zudem oft ein Mehrfaches des theoretisch erforderlichen Wertes. Es ist daher bei Fördermaschinenbremsen stets zu untersuchen, welche Verzögerungen beim Abbremsen in Rücksicht auf die bewegten Massen auftreten und wie groß der Auslaufweg nach dem Einfallen der Bremse bei einer bestimmten Maschinengeschwindigkeit ist.

Ermittlung der Bremsverzögerung und des Auslaufweges.

Es bezeichnen:

G_u die quadratisch auf den Bremskranzumfang bezogene Summe sämtlicher bewegter Gewichte (bei zylindrischen Trommeln und Treibscheiben ist der Bremskranzumfang im allgemeinen gleich dem Seillaufumfang).

P die Anzugskraft (beispielsweise der aus dem niedrigsten vorkommenden Druck zu ermittelnde Kolbendruck im Bremszylinder bzw. das Fallgewicht. Gegebenenfalls ist ein auf die niedrigste Spannung (z. B. 1,5—2 at) eingestelltes Druckverminderungsventil in die Zuleitung zur Bremse einzuschalten).

Q' das Übergewicht des einen Förderkorbes (Nutzlast oder Menschenbelastung), auf den Bremsumfang umgerechnet,

P' die die bewegten Massen verzögernde Gesamtkraft,

λ das Übersetzungsverhältnis zwischen der Anzugskraft P und dem gesamten Anpressungsdruck der Bremsbacken; bei Doppelbackenbremsen bezogen auf eine Trommel oder Treibscheibe also zwischen P und $2\,N$, auf vier gemeinsam bewegte Holzbacken beider Trommeln bzw. Treibscheiben einer Fördermaschine bezogen zwischen P und $4\,N$.

Gemäß Abb. 127 ist also für eine Doppelbackenbremse $\lambda = 2\frac{a}{b}$.

η der mechanische Wirkungsgrad des Bremsgestänges ($\sim$ 0,85).

μ die Reibungszahl zwischen Holzbacke und Bremsscheibe.

v' die Umfangsgeschwindigkeit des Bremskranzes beim Einfallen der Bremse.

s' der Bremsweg (Auslaufweg) } gemessen am
p_v die Bremsverzögerung } Bremsumfang.

$g = 9{,}81$ m/sek² die Erdbeschleunigung.

Der am Umfang des Bremskranzes erzeugte Reibungsdruck ist bei einer Doppelbackenbremse, wie wir gesehen haben:

$$2 \cdot P \cdot \frac{a}{b} \cdot \mu .$$

Für $2 \cdot \frac{a}{b} = \lambda$ eingesetzt, wird unter Berücksichtigung des mechanischen Wirkungsgrades η der Reibungsdruck:

$$\eta \cdot P \cdot \lambda \cdot \mu .$$

Die die Massen verzögernde Gesamtkraft P' bestimmt sich dann zu:

$$P' = \eta \cdot P \cdot \lambda \cdot \mu + Q' \quad \text{für die zu hebende Last,}$$

und

$$P' = \eta \cdot P \cdot \lambda \cdot \mu - Q' \quad \text{für die Abwärtsförderung.}$$

Es tritt demnach eine Verzögerung sämtlicher bewegten und quadratisch auf den Bremsbackenumfang bezogenen Gewichte G_u ein von:

$$p_v = \frac{\eta \cdot P \cdot \lambda \cdot \mu \pm Q'}{G_u} \cdot g ; \tag{1}$$

wobei das positive Vorzeichen für die Aufwärtsförderung, das negative Vorzeichen dagegen für die niedergehende Last gilt. Die plötzliche Geschwindigkeitsänderung ruft in den Förderseilen eine ihr verhältnisgleiche Spannungsänderung hervor. Sie vermindert nämlich die Spannung im aufwärtsgehenden und vergrößert sie im niedergehenden Seiltrum. Dagegen ist die Verzögerung völlig unabhängig von der Maschinengeschwindigkeit, sie kann mithin auch bei der kleinsten Geschwindigkeit der Fördermaschine, wie das beispielsweise beim Umsetzen der Förderkörbe der Fall ist, eintreten. Zu starke plötzliche Geschwindigkeitsänderungen, also auch zu große Bremsverzögerungen gefährden mehr oder weniger die Gleichmäßigkeit der Seilbeanspruchung und sind daher möglichst zu vermeiden. Im allgemeinen rechnet man bei den Trommelmaschinen mit Verzögerungen bis zu 2,5 und auch noch darüber hinaus bis zu 3 m/sek^2, im äußersten Falle sogar bis zu 6 m/sek^2. Auf jeden Fall soll aber die Fahrbremse imstande sein, bei ungünstiger Belastung, d. h. beim Einhängen größter Last eine Verzögerung von etwa 2 m/sek^2. hervorzurufen. Bei Treibscheibenmaschinen ist die zulässige größte Verzögerung weit geringer, sie ist durch die Seilrutschgefahr begrenzt (Näheres siehe Teil I „Grundlagen des Fördermaschinenwesens", S. 98ff.).

Der Bremsweg, d. h. der Weg, den ein Punkt des Umfanges der gebremsten Scheibe zurücklegen muß, um die Maschine und damit die Förderkörbe zum Stillstand zu zwingen, bestimmt sich aus der Beziehung:

$$\frac{m \cdot v'^2}{2} = P' \cdot s' \tag{2}$$

In Worten: Die abzubremsende lebendige Kraft $\frac{m \cdot v'^2}{2}$ muß gleich sein dem Produkt aus der die Massen verzögernden Gesamtkraft P' und dem Bremsweg s'.

Für $m = \frac{G_u}{g}$ und für $P' = \eta \cdot P \cdot \lambda \cdot \mu \pm Q'$ eingesetzt, ergibt:

$$\frac{G_u \cdot v'^2}{2 \cdot g} = (\eta \cdot P \cdot \lambda \cdot \mu \pm Q') \cdot s'.$$

Der Bremsweg s' wird damit:

$$s' = \frac{G_u \cdot v'^2}{2 \cdot g \cdot (\eta \cdot P \cdot \lambda \cdot \mu \pm Q')} \tag{3}$$

Der Bremsweg s' ist also dem Quadrate der Umfangsgeschwindigkeit des Bremskranzes verhältnisgleich.

Wird die Bremse bei der höchsten Fördergeschwindigkeit zur Wirkung gebracht, dann rechnet man für Dampfbremsen bei Güterförderung, wenn „d" den Bremskranzdurchmesser bedeutet, mit einem Bremsweg $s' = 1{,}5$ bis $2{,}5 \cdot d \cdot \pi$ und bei Seilfahrt $s' = 0{,}4$ bis $0{,}6 \cdot d \cdot \pi$ bzw. 0,8 bis $1{,}2\, d \cdot \pi$. Im allgemeinen nimmt man bei Güterförderung und Höchstgeschwindigkeit einen Auslaufweg von 30—50 m an, gerechnet von dem Zeitpunkt ab, in dem die Bremse eingefallen ist, bei Seilfahrt dagegen von 7—10 m.

Bei der Bemessung der Bremsen nach den vorstehend aufgeführten Bedingungen war es früher üblich, daß die statische Sicherheit bei Bremsen mit Dampfantrieb eine 3—5fache betrug, beim Antrieb durch ein Fallgewicht dagegen genügte eine 2—3fache Sicherheit gegenüber der Nutzlast, d. h. die Antriebskraft des Dampfes war 3—5mal bzw. das Fallgewicht 2—3mal so groß als zum Halten der ruhenden Last erforderlich ist. Heute wird sowohl von der Dampfbremse wie auch von der Fallgewichtsbremse verlangt, daß sie die größte vorkommende Überlast mit einer 3fachen Sicherheit halten müssen.

Die Bremse ist im besonderen stets darauf zu prüfen, ob sie auch eine genügend große (mindestens 1,2fache) statische Sicherheit beim Umstecken der Trommeln bietet. Weil hierbei nach der Befestigung des einen Förderkorbes an der Hängebank und der Abkupplung der entsprechenden Trommel der am Füllort befindliche unbeladene Förderkorb im Schachttiefsten festgehalten werden muß, so kommt die Bremse dann nur mit halber Kraft zur Wirkung.

Die Größe der Reibungszahl μ ist von verschiedenen, die Reibungsverhältnisse mehr oder weniger beeinflussenden Umständen abhängig. Sie ändert sich z. B. stark mit der Art des Baustoffes der Bremskränze. Von ebenso großem Einfluß ist weiterhin die Bremsflächenbeschaffenheit der Kränze, dann ist es auch nicht gleich, welche Holzart für die Bremsklötze verwendet wird, und schließlich ist es wesentlich, mit welcher Faserrichtung die Bremsklötze auf die Bremskranzfläche einwirkt. So ergeben beispielsweise gußeiserne Bremskränze eine geringere Reibungsziffer als schmiedeeiserne, und unbearbeitete rauhe

Bremsflächen sind ungünstiger als glatte (gedrehte). Desgleichen ist auch Hirnholz nicht so gut geeignet wie Langholz. Als Baustoff für die Holzbacken kommen im allgemeinen Ulmen-, Eichen- und neuerdings wohl am meisten Pappellängsholz zur Verwendung. Insbesondere haben sich Bremsklötze aus Pappelholz auf gut bearbeiteten, glatten schmiedeeisernen Bremskränzen bewährt. Für die oben angeführten Holzarten wird die Reibungszahl in der „Hütte"[1]) angegeben zu:

0,3 —0,35 für gedrehte gußeiserne und Stahlguß-Bremskränze,
0,35—0,47 für schmiedeeiserne, unbearbeitete Bremskränze,
0,5 —0,65 für schmiedeeiserne gedrehte Bremskränze.

Grundsätzlich ist aber festzustellen, daß die Reibungszahl mit größer werdender Umfangsgeschwindigkeit des Bremskranzes abnimmt. Desgleichen vermindert sich die Reibungszahl, wenn bei hoher Fahrgeschwindigkeit so stark gebremst wird, daß die Bremsklötze zu schwelen beginnen. Es wird deshalb im allgemeinen mit einer Reibungszahl von 0,3 gerechnet. Bei einer mittleren Schachttiefe von 500 m und einer Nutzlast von 5000 kg können für Überschlagsberechnungen die von der Maschine bewegten Massen der Treibscheibenanlage zu $\sim$ 50000 bis 55000 kg, bei den Trommelanlagen mit Unterseil zu 85000—90000 kg quadratisch bezogen auf die Seillaufmitte angenommen werden. Beträgt beispielsweise der auf den Umfang eines Bremskranzes einwirkende Reibungsdruck je Bremsbacke 10000 kg, für beide Bremsbacken also 20000 kg, dann ergibt sich die Verzögerung bei der Treibscheibenmaschine zu $\frac{20+5}{50} \cdot 10 = 5\ \mathrm{m/s^2}$ und bei der Trommelmaschine zu $\frac{20+5}{90} \cdot 10 = 2{,}7\ \mathrm{m/s^2}$. Der Wert von $5\ \mathrm{m/s^2}$ für die Treibscheibenanlage ist in bezug auf die Seilrutschgefahr zu hoch. Es wird daher nach Möglichkeit vermieden, die Bremse mit dem vollen bzw. mit einem zu großen Reibungsdruck einwirken zu lassen.

Für das schmiedeeiserne Bremsgestänge einschließlich der im allgemeinen aus I-Eisen bestehenden schrägen Bremsbackenstützen wird eine zulässige Biegungs- bzw. Zugbeanspruchung von $\sim$ 800 kg/qcm zugrunde gelegt.

5. Die Anzugskräfte.

Es wurde bereits auf S. 125 darauf hingewiesen, daß die Betätigung des Bremsgestänges, also das Einrücken der Bremse, sowohl durch Muskelkraft oder durch eine Gewichtskraft und ebenso auch mechanisch vermittels Dampf, Preßluft oder Elektrizität erfolgen kann.

a) Muskelkraft.

Bei den durch Muskelkraft, d. h. von Hand bzw. durch den Fuß des Maschinenführers angetriebenen Bremsen handelt es sich um eine

[1]) „Hütte", 24. Auflage, Bd. 2, S. 523.

Auslösung verhältnismäßig kleiner Anzugskräfte, die beim Handantrieb im Mittel zu etwa 20 kg, bei Fußbremsen entsprechend dem durch den Fuß auf die Bremse übertragenen Körpergewicht zu rund 75 kg angenommen werden können. Zur Erzielung eines möglichst großen, von den Bremsbacken auszuübenden Anpressungsdruckes ist darum bei den Muskelkraftbremsen stets eine größere Bewegungsumsetzung der kleineren Anzugskraft zum Umfang des Bremskranzes ins Langsame erforderlich. Dies bedingt aber — selbst bei einem Abstande der gelösten Bremsbacken vom Bremskranz um nur einige wenige Millimeter — größere Hebelwege und damit nach dem bekannten Gesetz der Mechanik: „Was an Kraft gewonnen wird, geht an Zeit verloren" einen Zeitverlust.

Aus den eben geschilderten Erwägungen ist deshalb die Muskelkraft für den Antrieb der Fahrbremsen wenig geeignet, weil ja von diesen Bremsen ein möglichst schneller Eingriff der Bremsbacken, wie das beispielsweise beim Überfahren der Hängebank der Fall ist, verlangt wird. Dagegen kommt der Muskelkraftantrieb als Notbetätigung etwa beim Versagen der Hauptbremse gelegentlich vor. Geeigneter ist diese Antriebskraft für die Feststellbremsen zur Erhaltung eines längeren Ruhezustandes der Fördermaschine in jeder beliebigen Lage, während sie bei den Loskorbbremsen vorwiegend Anwendung findet. Um hierbei die Wirkung der von der Muskelkraft betätigten Bremsen auch eine längere Zeit aufrecht erhalten zu können, werden die Hand- bzw. Fußhebel mit einer Einklinkvorrichtung versehen, oder das Anziehen der Bremsbacken erfolgt durch die Vermittlung eines Handrades und einer flachgängigen Schraube.

Ein besonderer Vorzug der Muskelkraftbremsen besteht in der Möglichkeit der leichten Herbeiführung einer zuverlässigen, den Verhältnissen Rechnung tragenden Regelung der Reibungsdrücke und ebenso auch in der Verhütung eines zu plötzlichen, stoßweisen Einschaltens der vollen Bremskraft.

Aus diesem Grunde werden namentlich in England und Amerika neben Doppelbackenbremsen mit Dampfantrieb auch leichte Fußbandbremsen als Fahrbremsen für kleinere Fördermaschinen benutzt.

b) Gewichtskraft.

Bei den durch eine Gewichtskraft betätigten Bremsen, den sog. Fallgewichtsbremsen, wirken schwere Gewichte (bis zu 3000 kg und darüber) unter Vermittlung einer größeren Hebelübersetzung (Verhältnis 1 : 40 bis 1 : 70) auf die Bremsbacken ein. Im allgemeinen werden Fallgewichte verwendet, die etwa 3mal schwerer sind als die größte vorkommende Überlast. Das Lüften der Bremsen, d. h. das Aufwinden bzw. Hochheben des Fallgewichtes, geschieht hierbei mittels einer Gesperrewinde, auch durch Dampfkraft oder durch Preßluft, die in einem besonderen „Hubzylinder" zur Wirkung gebracht und nach dem Einklinken des hochgehobenen Fallgewichtes aus dem Zylinder wieder ausgelassen wird, während das Einrücken der Bremse im allgemeinen durch Auslösung des unmittelbar am Führerstand angeordneten Fallgewichtsgesperres von Hand oder durch Fuß erfolgt. Die mechanisch betätigten Fahrbremsen der mittleren und größeren Fördermaschinen sind mit einem derartigen Fallgewicht ausgerüstet, das je nach Belieben entweder gemeinsam mit dem eigentlichen Kraftmittel oder aber unabhängig von ihm eingeschaltet werden kann. Die Fahrbremse wird dann zu einer Fallgewichts- bzw. Not- oder Sicherheitsbremse. Bei kleineren Fördermaschinen wird an Stelle der Gewichtskraft auch wohl die oben angeführte Muskelkraft neben dem eigentlichen Kraftmittel für den Antrieb der Bremsen verwendet.

c) Dampfkraft.

Es leuchtet ein, daß für die Betätigung der Dampffördermaschinenbremsen in erster Linie die Dampfkraft in Betracht kommt. Die am Fundament angelenkten Bremsbackenstützen stehen zu diesem Zwecke unter Zwischenschaltung einer geeigneten Hebelübersetzung (etwa im Verhältnis von 1 : 8 bis 1 : 20) mit dem in einem besonderen kleinen, liegenden oder stehenden Dampfzylinder befindlichen Kolben gemäß den schematischen Darstellungen in Abb. 124—127 in Verbindung.

Der den Dampfeintritt und Dampfauslaß des Bremszylinders regelnde Absperrteil ist zur Erzielung eines möglichst geringen Bewegungswiderstandes klein zu halten. In den meisten Fällen wird hierzu ein „entlasteter“ Kolbenschieber verwendet. Die Bedienung erfolgt im regelrechten Betriebe vom Führerstande aus durch einen Steuerhebel. Außerdem ist der Absperrteil mit dem Sicherheitsapparat verbunden, so daß beispielsweise bei einer Überschreitung der zulässigen höchsten Fahrgeschwindigkeit, namentlich aber bei Annäherung des aufgehenden Förderkorbes an die Hängebank, die Bremse automatisch unter Vermittlung eines später noch zu besprechenden, eine feinstufige Bremswirkung herbeiführenden „Bremsdruckreglers“ allmählich angezogen wird.

Der in den Bremszylinder eingelassene Frischdampf kann nun sowohl unmittelbar wie auch mittelbar auf den Kolben und damit auch auf die eigentliche Bremse einwirken.

Bei dem unmittelbaren Dampfantrieb verschiebt der Dampf in üblicher Weise den Kolben im Zylinder und führt dadurch das gewünschte Anziehen der Bremse herbei. Das Lösen der Bremse geschieht hierbei bei den liegenden Bremszylindern mittels Dampf durch ein Zurückschieben des Kolbens in die Ausgangslage, bei den stehenden Zylindern hauptsächlich durch das Eigengewicht des Bremsgestänges.

Bei den mittelbar wirkenden Dampfbremsen hält der ständig im Zylinder befindliche Dampf ein Bremsgewicht in der Schwebe, so daß die Bremse erst durch ein Ablassen des Dampfes aus dem Zylinder infolge der nunmehr ermöglichten Einwirkung des Bremsgewichtes eingeschaltet wird. Die Bremslüftung erfolgt dann wieder durch den Dampfdruck.

Mit der ersten Art der Dampfbremsen kann wohl ein rascher und kräftiger Bremseingriff erzielt werden. Immerhin besteht aber die Gefahr, daß die Bremse infolge des unmittelbaren Dampfantriebes mit voller Kraft zur Wirkung kommt. Dies hat wiederum ein unerwünschtes starkes und stoßweises Andrücken der Holzbacken an den Umfang des Bremskranzes zur Folge. Um nun bei diesen Dampfbremsen den Holzbackeneingriff regelbar zu gestalten — eine Bedingung, die namentlich bei einem Zusammenwirken der Doppelbackenbremse mit Sicherheitsapparaten erfüllt sein muß —, ist daher der Einbau eines besonderen, oben bereits erwähnten „Bremsdruckreglers" erforderlich. Bei der mittelbaren Wirkung des Dampfes im Zylinder kann dagegen der Bremsdruck in leichter Weise durch den vom Führerstand oder vom Sicherheitsapparat gesteuerten Auslaß-Absperrteil selbst verändert werden, wodurch ein mehr oder weniger schnelles Austreten des Dampfes aus dem Bremszylinder und damit ein langsameres oder schnelleres Ansteigen des Bremsdruckes herbeigeführt werden kann. Außerdem bietet diese Anordnung den Vorteil, daß bei einem Ausbleiben des Kraftmittels das Bremsgewicht selbsttätig niedergeht und die Doppelbackenbremse augenblicklich einrückt.

Um die Bildung von Niederschlagswasser im Zylinder zu vermindern, hat man schließlich die Anordnung getroffen, bei gelöster Bremse beide Kolbenseiten mit dem Frischdampf in ständige Verbindung zu bringen. Ein Anziehen der Bremse wird dann dadurch herbeigeführt, daß der Dampf aus der einen Zylinderseite abgelassen wird. Der Frischdampf der anderen Zylinderseite wird nunmehr wirksam und verschiebt den Kolben. Hierbei kann auch der Druckunterschied auf beiden Seiten des Kolbens derart eingestellt werden, daß eine abgestufte Bremswirkung erzielt wird. Diese in neuerer Zeit häufiger zur Verwendung kommenden Dampfbremsen pflegt man mit „Auslaßbremsen" zu bezeichnen, im Gegensatz zu den „Einlaßbremsen", bei denen ja, wie wir gesehen haben, bei gelüfteter Bremse beide Kolbenseiten unter Atmosphärendruck stehen und die Bremskraft durch jedesmaliges Einlassen von Frischdampf in den Zylinder erzeugt werden muß. Neben einer Verminderung der Niederschlagsverluste infolge der steten Berührung des Bremszylinders und des Kolbens mit dem Kesseldampf hat die Auslaßbremse auch noch den Vorteil eines sanfteren Lösens und Anziehens der Bremse.

d) Preßluft.

In ähnlicher Weise wie bei den Dampfbremsen können die Holzbacken auch mittels Preßluft angezogen und durch das Gewicht des Bremsgestänges wieder gelüftet werden (Fahrbremsen). Ebenso kann auch durch Vermittlung der Preßluft die Lüftung der Bremse aufrecht erhalten werden, und ihre Auslösung erfolgt durch ein Fallgewicht (Sicherheitsbremsen). Die erforderliche Preßluft wird hierbei einer etwa vorhandenen Preßluftleitung entnommen oder durch einen besonderen, mittels Elektromotor angetriebenen schnellaufenden Kolbenkompressor oder einen Turbokompressor erzeugt. Der Kompressor fördert die erzeugte Preßluft zunächst in einen Sammelbehälter, von dem aus sie dann je nach Bedarf dem Bremszylinder zugeführt wird. Eine Regelung des Kompressors erfolgt hierbei durch die in dem Sammelbehälter aufgespeicherte Preßluft selbst, indem sie unter Verwendung eines Preßluftschalters bei dem Unterschreiten eines bestimmten Luftdruckes die Maschine selbsttätig einschaltet, bei der Überschreitung eines Höchstdruckes dagegen abstellt. Aber auch bei dem Vorhandensein einer allgemeinen Preßluftleitung wird aus Sicherheitsgründen häufig eine besondere Kompressoranlage als Reserve für die Bremse angeordnet, die dann im Bedarfsfalle, d. h. bei Betriebsstörungen der Hauptluftanlage, die Preßluft für den Bremsantrieb liefert.

Gegenüber den Dampfbremsen haben die durch Preßluft angetriebenen Bremsen den besonderen Nachteil, daß sie einen verwickelteren Aufbau und demgemäß einen umständlicheren Betrieb aufweisen, weiterhin sind auch die Störungsmöglichkeiten größer, und schließlich erfordern sie einen höheren Energiebedarf. Sie finden hauptsächlich bei den elektrischen Fördermaschinen Anwendung[1]).

e) Elektrizität.

Bei den elektrisch angetriebenen Fördermaschinen wird für die Betätigung der Betriebsbremsen naturgemäß auch der elektrische Strom benutzt[1]). Die Einschaltung der Bremse kann hier beispielsweise dadurch bewirkt werden, daß ein kleiner durchlaufender Drehstrommotor (Induktionsmotor) mit einem bestimmten Höchstanzugsmoment unter Vermittlung einer vom Steuerhebel einzurückenden Reibungskupplung eine flachgängige Schraube antreibt und damit eine auf der Schraubenspindel sitzende, geführte Wandermutter bewegt. Diese Bewegung der Mutter wird auf das Bremsgestänge übertragen, und es wird dadurch ein Einrücken der Bremsbacken herbeigeführt. Mit zunehmendem Anpressungsdruck der Bremsbacken, d. h. mit größerwerdender Belastung, sinkt allmählich die Umlaufzahl des Antriebsmotors, bis der Motor schließlich zum Stillstand kommt.

6. Die Gesamtanordnung der Bremsen.

Wie sich aus den vorstehenden Betrachtungen ergibt, kommen als die beiden vorgeschriebenen Kraftmittel für den Antrieb der Fahrbremse bzw. Sicherheitsbremse bei den Dampffördermaschinen mittlerer und größerer Leistungen hauptsächlich die Dampfkraft und die Gewichtskraft in Frage.

Eine Hauptbedingung für das einwandfreie und zuverlässige Arbeiten der Fördermaschinenbremsen besteht in der Schaffung einer guten Übersichtlichkeit der Gesamtanlage für den bedienenden Maschi-

---

[1]) Siehe Teil III: Die elektrischen Fördermaschinen von Prof. Dr.-Ing. Förster.

nenführer. Insbesondere muß die Anordnung der Dampfbremse im Maschinenraum derart erfolgen, daß der Maschinenführer sie stets gut beobachten kann. Weiterhin soll stets der Frischdampf dem Bremszylinder durch ein besonderes, außerhalb des Absperrventiles der Fördermaschine liegendes Zuleitungsrohr, das an die Hauptdampfleitung angeschlossen ist, zugeführt werden, und es muß ferner dieses Zuleitungsrohr auch gesondert abgesperrt werden können. Und schließlich ist noch für eine gute Ableitung des sich bildenden Niederschlagwassers durch den zweckmäßigen Einbau von Kondenswasserabscheidern und Kondenswasserableitern Sorge zu tragen.

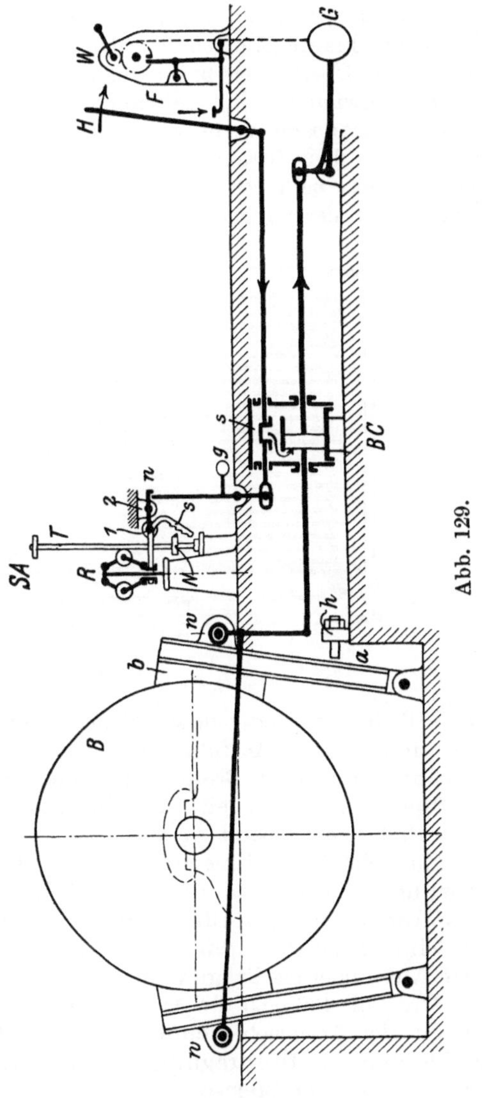

Abb. 129.

Ein Beispiel der Gesamtanordnung einer Doppelbakkenbremse für die Manövrier- oder Fahrbremse mit Dampfbetrieb, die auch gleichzeitig als Not- oder Sicherheitsbremse ausgebildet ist, zeigt die schematische Darstellung in der Abb. 129.

Der Kolben des in der senkrechten Ebene (Bildebene) vor den Fördertrommeln befindlichen, in der Horizontalebene aber in der Mitte zwischen diesen beiden Trommeln liegend angeordneten Bremszylinders *BC* steht sowohl mit den Holzbackenstützen der beiden an den Außenseiten der Trommeln angebrachten Bremsen wie auch mit dem Fallgewicht *G* in Verbindung. Die auf der gleichen Seite sitzenden Backen *b* der beiden Bremsen sind hierbei durch kleine, zur Trommelachse gleichlaufende Wellen *w* verbunden, so daß bei einer Verschiebung des Kolbens im Bremszylinder alle vier Backen gleichzeitig bewegt werden.

Wird beispielsweise der am Führerstande untergebrachte Handhebel H im rechten Drehsinn verstellt, dann wird der mit innerer Einströmung ausgebildete Schieber s derart verschoben, daß Frischdampf auf die linke Kolbenseite gelangen kann. Der Kolben geht also von links nach rechts, und die vier Holzbacken werden gegen den Umfang der Bremskränze B gedrückt. Um nun die Bremse auch als Sicherung gegen ein Übertreiben bzw. gegen eine Überschreitung der zulässigen Fahrgeschwindigkeit zu gebrauchen, ist der Schieber s noch mit dem Sicherheitsapparat verbunden. Dieser Apparat, der im vorliegenden Falle aus dem Geschwindigkeitsregler R und dem Teufenzeiger T besteht, löst bei einer Geschwindigkeitsüberschreitung bzw. bei einem Überfahren der Hängebank den Hebel des kleinen Fallgewichtes g aus,

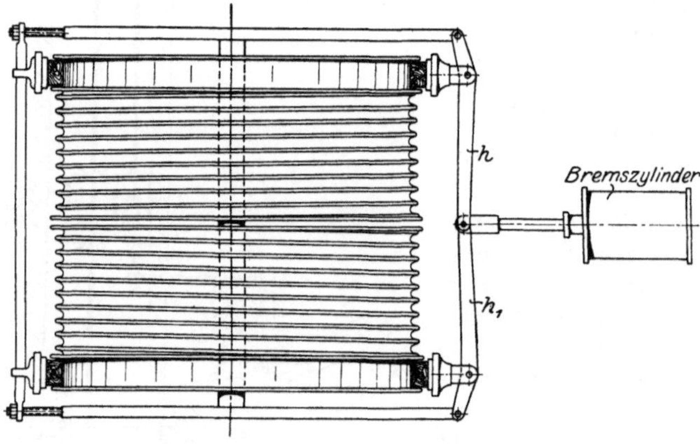

Abb. 130.

so daß der Schieber s bewegt und damit die Bremse eingerückt wird. Bei den neueren Ausführungen ist die Bremse, wie schon mehrfach erwähnt, mit einem Bremsdruckregler ausgerüstet, wodurch eine feinstufige Wirkung bzw. ein allmähliches Anziehen der Holzbacken durch den Sicherheitsapparat gewährleistet wird.

Zur plötzlichen Einschaltung der Bremsen bei Unfällen, Betriebsstörungen (Ausbleiben der eigentlichen Antriebskraft) u. a. m. dient das durch eine Sperrklinke in der Schwebe gehaltene Fallgewicht G, das im Bedarfsfalle durch den Fußhebel F ausgelöst werden kann. Das Aufwinden des Fallgewichtes geschieht mittels der Gesperrewinde W.

Die Abb. 130 zeigt die Anordnung eines besonderen, nach den Außenseiten der Trommeln gehenden wagerechten Gestänges h und h_1 zur gleichmäßigen Übertragung der Bremskolbenbewegung auf die vier Holzbacken der Bremse.

Eine Bremsanordnung mit stehendem Bremszylinder zwischen den beiden hintereinander liegenden Trommeln veranschaulicht die schematische Darstellung der Abb. 131. Um hier beim Ausbleiben der eigentlichen Antriebskraft, des Dampfes, nicht nur eine Auslösung des

Fallgewichtes G durch den Fußhebel F, sondern auch eine **selbsttätige** Einschaltung der Bremse zu ermöglichen, erfolgt die Sperrung des Fallgewichtes durch eine dampf- und federbelastete Klinke. Bei genügend großem Dampfdruck bleibt die Sperrklinke des Fallgewichtes G im Eingriff. Wird jedoch der Dampfdruck geringer, dann drückt die auf

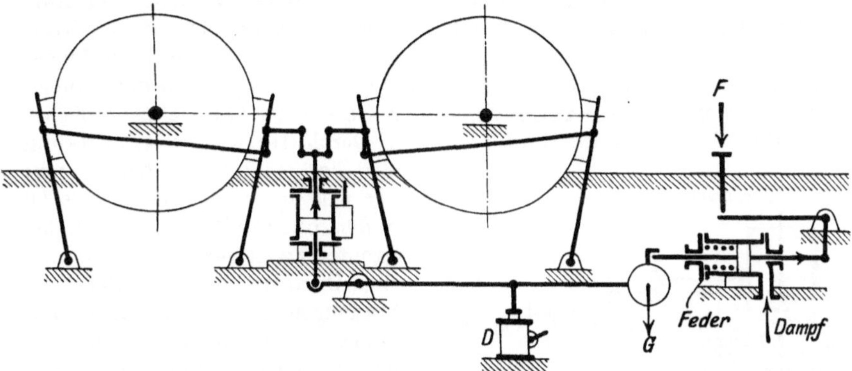

Abb. 131.

der linken Kolbenseite des Sperrzylinders sitzende Schraubenfeder den Kolben allmählich nach rechts, bis eine Ausklinkung des Fallgewichtes erfolgt. Damit weiterhin auch noch das für die ganze Maschinenanlage schädliche stoßartige Einrücken der Bremse vermieden wird, ist in das Fallgewichtsgestänge eine Dämpfungsvorrichtung in

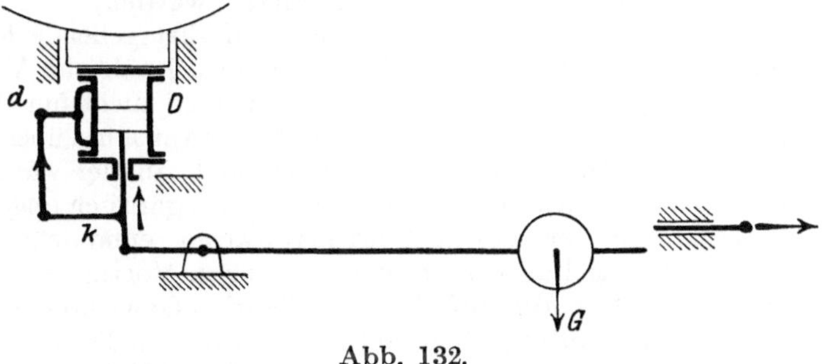

Abb. 132.

Gestalt einer Ölbremse D eingeschaltet. Der mitbewegte Kolben der Ölbremse schiebt das den Zylinder füllende Öl vor sich her und verdrängt es durch eine vorhandene, einstellbare Drosselöffnung nach der anderen Kolbenseite. Die hierbei auftretenden hydraulischen Widerstände in dem Ölzylinder hemmen den Kolbenlauf und dämpfen damit gleichzeitig eine zu rasche Bewegung des Bremsgestänges (Flüssigkeitskatarakt). Allerdings tritt dadurch auch eine Verzögerung in der Bremswirkung um etwa 2—3 Sekunden ein, immerhin ein Zeitverlust, der im Falle einer Gefahr nachteilige Folgen haben kann. Es ist deshalb die

Einrichtung getroffen worden, zunächst das Gewicht bis zum Anliegen der Holzbacken an den Bremskranzumfang vollständig frei fallen zu lassen und von diesem Zeitpunkt ab erst Widerstände zur Abdämpfung der Gewichtsbewegung, d. h. zur Aufzehrung der Bewegungsenergie des noch weiter fallenden Gewichtes, einzuschalten. Die Abb. 132 zeigt eine Vorrichtung zur Stoßdämpfung des Fallgewichtes G nach dem Auftreffen der Holzbacken auf den Bremskranzumfang. Der in unmittelbarer Nähe der Holzbacke in das Gestänge eingebaute Dämpfungszylinder D wird nach Auslösung des Fallgewichtes G durch den Kolben unter Vermittlung des im Zylinder entstehenden Öldruckes zunächst augenblicklich gegen die Backe geführt. Durch die weitere Einwirkung des Fallgewichtes drückt nun der Kolben weiter gegen das Öl in dem oberen Zylinderraum, das damit gezwungen wird, durch die enge Öffnung eines in der Verbindungsleitung zwischen den beiden Zylinderseiten befindlichen Drosselhahnes nach der unteren Kolbenseite zu entweichen. Der dadurch hervorgerufene hydraulische Widerstand dämpft die Gewichtsbewegung ab. Der Drosselhahn kann hierbei fest eingestellt sein oder aber durch die Kolbenstange selbst gesteuert werden, indem die weiter aufwärtsgehende Kolbenstange unter Vermittlung des Gestänges k eine allmähliche Abschließung der Drosselöffnung herbeiführt. Dadurch wird nicht nur die von dem Fallgewicht ausgeübte Kraft auf die Holzbacken stoßfrei übertragen, das Anwachsen des Anpreßdruckes geschieht auch in der wünschenswerten Form, nämlich allmählich, bis der Druck bei gänzlich abgeschlossener Drosselöffnung der vollen Gewichtswirkung entspricht. Diese Dämpfungsvorrichtung hat sonach den besonderen Vorzug, daß sie zunächst ein ungedämpftes, augenblickliches Fallen des Gewichtes von seiner Ausklinkung bis zum Anliegen der Holzbacken an dem Bremskranzumfang gestattet, dann aber eine einstellbare, allmählich anwachsende Bremswirkung bis zum erforderlichen Anpressungsdruck ermöglichen läßt, eine Arbeitsweise, wie sie von den Sicherheitsbremsen zur Erreichung eines schnellen Eingriffes der Bremsbacken unter Vermeidung von Bremsstößen mit ihren nachteiligen Folgen einer unzulässig hohen Beanspruchung der Maschine und der Förderseile, weiterhin auch der Seilrutschgefahr bei Treibscheibenanlagen unbedingt gefordert werden muß.

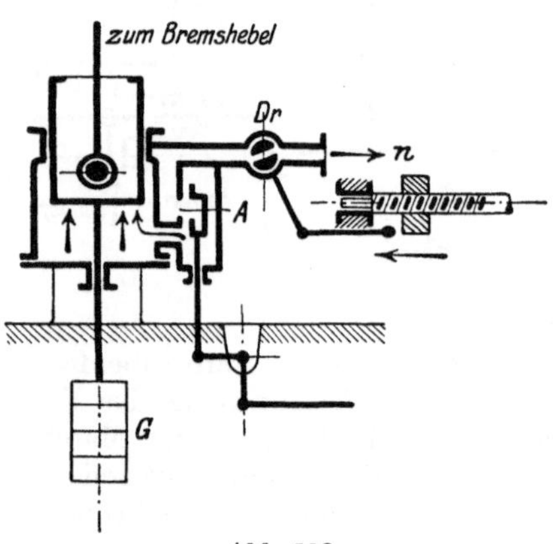

Abb. 133.

Bei der in Abb. 133 dargestellten Vorrichtung wird die unmittelbare Dampfwirkung zum Einschalten der Fallgewichtsbremse benutzt. Das

Fallgewicht G wird zu diesem Zwecke bei gelüfteter Bremse durch den im stehend angeordneten Sperrzylinder unterhalb des Kolbens befindlichen Dampf, den sog. Sperrdampf, in der Schwebe gehalten. Eine Auslösung des Fallgewichtes wird nun dadurch herbeigeführt, daß durch ein vom Führerstande aus zu betätigendes Steuergestänge der Schieber A abwärts bewegt wird. Der Sperrdampf kann dann über den Drosselhahn Dr ins Freie entweichen, wodurch das Fallgewicht wirksam wird. Der Drosselhahn ist hierbei derart eingestellt, daß der Abdampf zum Zwecke einer Bewegungsdämpfung des Gewichtes verhältnismäßig langsam ausströmt. Außerdem kann auch der Drosselhahn mit dem Teufenzeiger verbunden werden, der bei einem Überfahren der Förderkörbe den Hahn ganz öffnet, wodurch eine sofortige volle Gewichtswirkung und damit ein schnelleres Einschalten der Bremse erzielt wird.

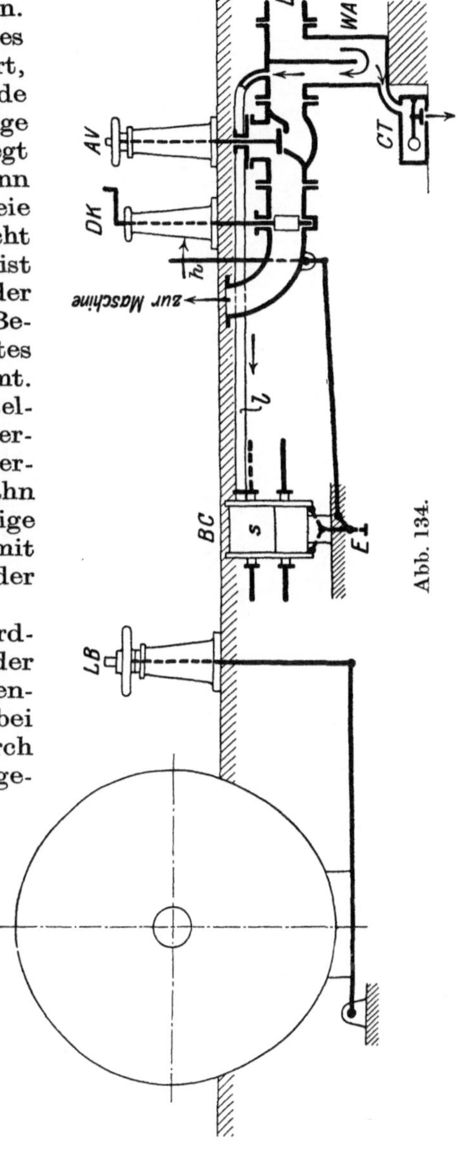

Abb. 134.

Die Abb. 134 zeigt die Anordnung einer Loskorbbremse in der Form einer einfachen Backenbremse. Der Holzklotz greift hierbei von unten an und kann durch Drehen des Handrades LB angezogen werden. Die Loskorbbremse steht also mit der Dampfbremse nicht in Verbindung, sie wirkt vielmehr unabhängig von der Dampfbremse auf den Bremskranz der abgekuppelten Lostrommel bzw. Losbobine ein, während die Fahrbremse dann beim Umstecken der Seilträger zur Umleitung der Förderung von einer Sohle auf die andere in Tätigkeit tritt. Weiterhin zeigt die Abbildung auch die Anordnung eines in die Frischdampfleitung L eingeschalteten Kondenswasserabscheiders WA mit selbsttätig arbeitendem Kondenswasserableiter CT, sowie die Abzweigung

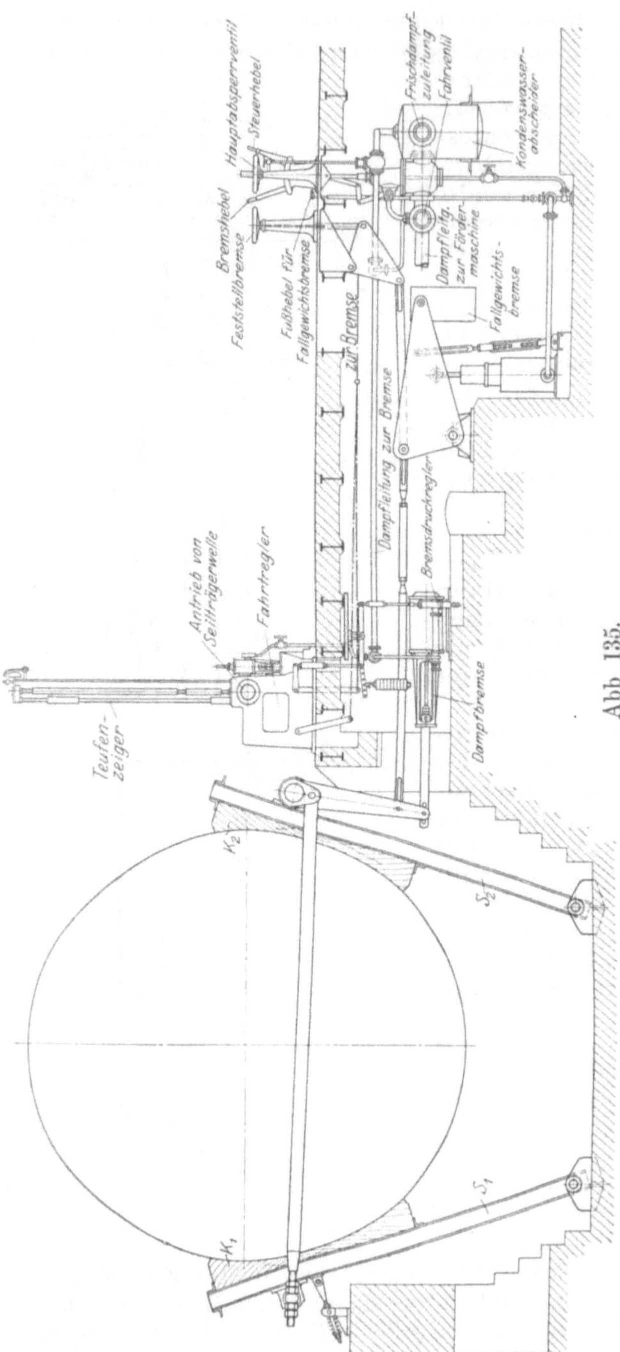

Abb 135.

der Dampfzuführungsleitung l für den Bremszylinder BC, die vor dem Hauptabsperrventil AV der Fördermaschine abzweigt, aber hinter dem Wasserabscheider WA eingebaut ist. Unmittelbar hinter dem Hauptabsperrventil AV ist das Fahr- oder Drosselventil DK angeordnet. Der an der tiefsten Stelle des Bremszylinders BC sitzende und von dem Handhebel h zu steuernde Hahn E dient zum zeitweisen Ablassen des im Zylinder sich ansammelnden Niederschlagwassers.

Die Abb. 135 veranschaulicht die Gesamtanordnung einer sowohl durch Dampfkraft wie auch durch Gewichtskraft zu betätigenden neueren Fahr- bzw. Sicherheitsbremse der Dinglerschen Maschinenfabrik A. G. in Verbindung mit einem Sicherheitsapparat (Steuerungs- oder Fahrtregler) und einem im nachfolgenden Abschnitt näher aufgeführten Bremsdruckregler. Die einzelnen Teile dieser mit „unmittelbar“ wirkender Dampfbremse arbeitenden Bremsanlage sind aus der Darstellung ersichtlich.

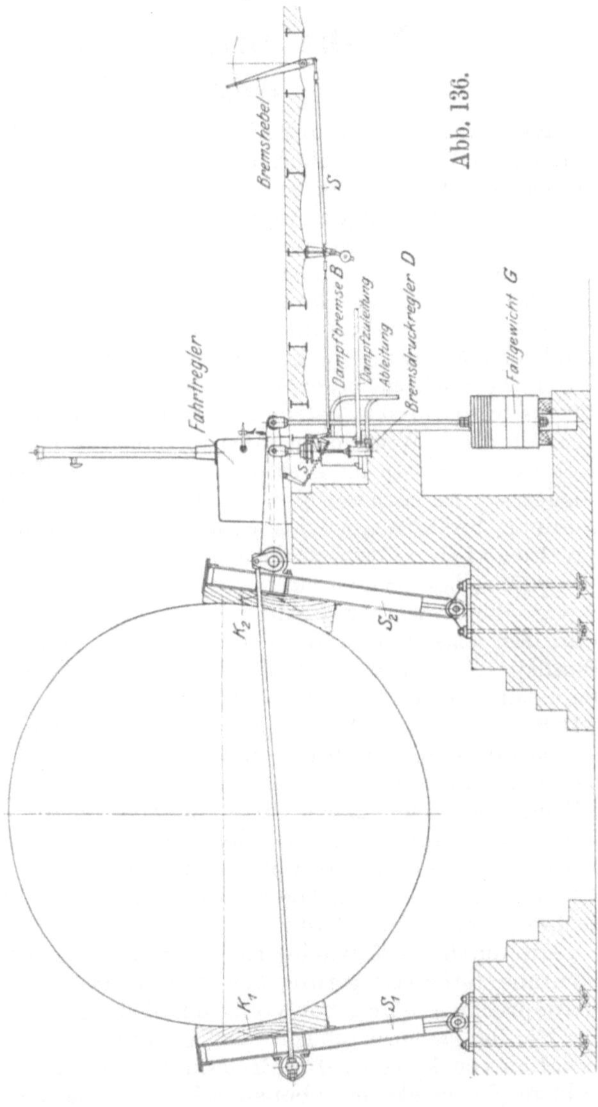

Abb. 136.

In der Abb. 136 dagegen ist die Gesamtanordnung einer Bremsanlage mit vereinigter Dampf- und Fallgewichtsbremse der Isselburger Hütte dargestellt, bei der das an einem verhältnismäßig kurzen Hebelarm angreifende schwere Fallgewicht *G* durch den Kolben des unter Dampf stehenden Bremszylinders *B* in der Schwebe gehalten wird. Ein Anziehen der Doppelbackenbremse wird dadurch herbeigeführt, daß man Dampf aus dem Bremszylinder mehr oder weniger schnell entweichen läßt und so das Fallgewicht zur Einwirkung bringt. Die Bremslüftung erfolgt dann wieder durch den Druck des in den Bremszylinder eingelassenen Frischdampfes („mittelbar“ wirkende Dampfbremse). Bei einem Ausbleiben des Kraftmittels bzw. des Dampfdruckes geht das Fallgewicht selbsttätig nieder und drückt die Bremse augenblicklich ein. Die Darstellung läßt neben dem stehend angeordneten

Bremszylinder B auch den vorgeschalteten Bremsdruckregler D sowie das Antriebsgestänge S und das Verbindungsgestänge s zwischen Druckregler und Sicherheitsapparat (Fahrtregler) erkennen.

X. Die Bremsdruckregler.

Allgemeines.

Es ist wiederholt darauf hingewiesen worden, daß stoßartige Bremswirkungen beim Einrücken der starken Fördermaschinenbremsen — ungeachtet der Forderung nach einer möglichst schnellen Erreichung des notwendigen Anpressungsdruckes — vermieden werden müssen. Ein plötzliches Einfallen der Bremsen mit voller Bremskraft führt immer eine Überlastung des Gestänges, des Bremskranzes und der ganzen Maschine herbei. Das kann aber namentlich für die Maschinen mit genieteten Trommeln und Treibscheiben sehr nachteilig sein. Dies leuchtet ohne weiteres ein, wenn man bedenkt, daß die vollen Bremsdrücke bei größeren Fördermaschinen je Holzbacke 10000 kg und darüber hinaus bis zu 20000 kg betragen, ja in Einzelfällen auch noch diese Werte überschreiten. Weiterhin werden aber auch durch die großen Geschwindigkeitsänderungen im Förderseil dynamische Zusatzbeanspruchungen ausgelöst, die beispielsweise bei Treibscheibenanlagen ein mehr oder weniger starkes Gleiten des Seiles auf dem Umfang der Treibscheibe zur Folge haben. Bei den Trommelmaschinen wiederum werden durch ein plötzliches Bremsen mit der stillgesetzten Trommel auch gleichzeitig die abwärtsgehenden Massen augenblicklich aufgehalten. Dadurch entstehen in dem betreffenden Förderseiltrum sehr große Beanspruchungen, die häufig den doppelten Wert jener durch normale Belastung ausgelösten erreichen und damit zu einer Beschädigung, ja selbst zu einem Bruche des Seiles führen können. Die aufgehenden Massen dagegen können gegen das verlangsamte Seil in der Aufwärtsbewegung um mehrere Meter voreilen und so die Ursache von Hängeseilbildungen sein. Nach Stillstand und Umkehr des Fördergestelles fallen diese dann mit ihrem vollen Gewicht und gegebenenfalls mit dem des Unterseiles in das Oberseil hinein, wodurch das Seil ebenfalls beschädigt oder auch ein unzeitiger Eingriff der entlasteten Fangvorrichtung herbeigeführt werden kann.

Die durch das plötzliche Einschalten der vollen Bremskraft hervorgerufene starke Verzögerung bzw. Störung der Gleichmäßigkeit der Seilbeanspruchung ist hierbei völlig unabhängig von der Geschwindigkeit der Fördermaschine. Sie ist vielmehr, wie wir auf S. 136 gesehen haben, lediglich von der Größe der Bremskraft abhängig und darum bei kleinen Fahrgeschwindigkeiten ebenso schädlich wie bei den großen. Man kann annehmen, daß eine Verzögerung von je 1 m/sek². in den Förderseilen eine Spannungsänderung im Mittel von 10 vH zur Folge hat. Wird nämlich ein Körper von der Masse m, also vom Gewichte $G = m \cdot g$ kg (g = Erdbeschleunigung), in Richtung der Anziehungskraft noch zusätzlich mit p m/sek². beschleunigt, ist demnach die Gesamtbeschleunigung $g + p$ m/sek²., dann erhält das Gewicht eine Größe $G = m \cdot (g + p)$ kg. Es wird beispielsweise doppelt so groß, wenn $p = g$ wird, d. h. bei $p \sim 10$ m/sek². Einer Beschleunigung von 10 m/sek². entspricht also eine Änderung des Gewichtes (Zugkraft am Seil) von 100 vH, bzw. einer Beschleunigung von 1 m/sek². eine solche von 10 vH. Grundsätzlich ist aber festzustellen, daß größere Fahrgeschwindigkeiten dem Förderseil bei einem einwandfreien Zustand des Schachtes und der Führungsstraßen nicht so schädlich sind wie plötzliche Geschwindigkeitsänderungen. Die Zeitspanne für eine herbeizuführende Geschwindigkeitsänderung darf daher im Förderbetriebe — und zwar sowohl bei großen wie auch bei kleinen Fahrgeschwindigkeiten — niemals zu kurz bemessen werden, zumal hierbei auch noch Vertikalschwingungen des Seiles mit ihren Folgeerscheinungen des „Tanzens“ der Förderkörbe sowie den daraus sich ergebenden weiteren dynamischen Zusatzbeanspruchungen des Seiles auftreten können. Es ist daher die Regel aufzustellen: die Bremsen sollen niemals mit ihrer vollen Kraft augenblicklich zur Wirkung gebracht werden, ihr Anpressungsdruck muß vielmehr stoßfrei erfolgen und allmählich von dem Werte Null bis zu der erforderlichen begrenzten Größe anwachsen.

Ein Mittel zur Vermeidung stoßartiger Bremswirkungen haben wir bereits in den im vorigen Abschnitt erwähnten Dämpfungsvorrichtungen des Bremsgestänges kennen gelernt. Noch vorteilhafter ist es jedoch, die Bremsen regelbar zu gestalten, derart, daß sie eine unmittelbare, von der Auslage des Bremshebels abhängige Regelung der Bremswirkung ermöglichen lassen.

Die einfachste Form einer solchen regelbaren Dampfbremse besteht in der Anordnung eines mehrstufigen Bremskolbens bei einer „Einlaßbremse“, so daß durch eine entsprechende Verstellung des Steuerschiebers Frischdampf zunächst unter die erste, kleine Stufe des Kolbens und bei einem weiteren Auslegen des Bremshandhebels nacheinander noch zusätzlich unter die anderen Stufen in den Zylinder eingelassen werden kann. So hatte beispielsweise die A. G. Eisenhütte „Prinz Rudolf“, Dülmen i. W., eine Bremse mit drei Druckstufen auf den Markt gebracht, bei der der Dampf zunächst auf einen kleinen Kolben, dann auf einen größeren Ringkolben und schließlich auf beiden Kolben zu gleicher Zeit wirksam wird. Bis zum vollen Anpressungsdruck ergibt diese Bremse also zwei Zwischenwerte. Wenn diese Ausführungsart einer Stufenbremse auch den Stempel der Einfachheit trägt, so ist doch immerhin zu bedenken, daß einmal die Abdichtung des Steuerschiebers (Kolbenschiebers) und des mehrstufigen Bremskolbens viele Quellen für Undichtigkeitsverluste bilden, zum andern aber die Abstufung der Bremswirkung zu grob und auch von dem in der Leitung herrschenden, oft erheblich schwankenden Dampfdruck abhängig ist. Bei einer zu großen Kesselspannung besteht sogar die Möglichkeit, daß bei Treibscheibenanlagen bereits die erste, kleine Druckstufe eine das Seilrutschen fördernde hohe Bremswirkung ergeben kann.

Eine bessere, feinstufige Bremswirkung kann bei den Dampfbremsen wie auch bei den mit Preßluft betriebenen Bremsen in leichter Weise durch eine Druckveränderung der im Bremszylinder zur Wirkung kommenden Antriebskraft erreicht werden. Die Tatsache nämlich, daß durch den Einbau eines sog. „Druckverminderungsventiles" beispielsweise aus einer hochgespannten Dampf führenden Leitung Dampf von wesentlich niedrigerer Spannung für eine Nebenleitung entnommen werden kann, wobei das an der Abzweigstelle eingeschaltete Ventil selbsttätig die gewünschte Druckverminderung einstellt, hatte Iversen als Grundlage für den Bau des ersten feinstufigen „Bremsdruckreglers" gedient. Bevor auf diese, den Stufenbremsen weit überlegene Bremsdruckregler näher eingegangen wird, sei zum besseren Verständnis ihrer Wirkungsweise das Arbeiten eines Druckverminderungsventiles an Hand der schematischen Darstellung in Abb. 137 kurz erläutert. Der bei F eintretende hochgespannte Frischdampf strömt durch den frei gegebenen Durchgangsquerschnitt des Doppelsitzventiles v und entspannt sich dadurch auf den gewünschten niedrigeren Druck. Dabei hat der Dampf Gelegenheit, auf den im Raume M befindlichen und mit dem Ventil v verbundenen Kolben K zu drücken. Auf der unteren Seite des Kolbens K wirkt eine Schraubenfeder f ein, deren Federkraft durch die Mutter m derart eingestellt werden kann, daß sie sich mit dem im Raume M herrschenden verminderten Dampfdruck das Gleichgewicht hält. Je kleiner also die Federspannung ist, um so mehr drückt der Dampf den Kolben K hinunter, um so mehr wird aber auch die Durchtrittsöffnung durch das Doppelsitzventil v abgesperrt, d. h. um so geringer ist die Dampfspannung, die im Raume M und in der sich daran anschließenden Rohrleitung herrscht. Durch eine beliebig angeordnete Vorrichtung zur Verkleinerung der Federspannung, etwa durch die Beeinflussung der Feder mittels eines Verstellhebels, kann daher die Dampfspannung im Raume M ebenfalls beliebig verkleinert werden. Wird also in die zur Dampfbremse führende Dampfzuleitung ein derartiges Druckverminderungsventil eingebaut, das beispielsweise auf die niedrigste der Berechnung der Bremse zugrunde gelegten Spannung (z. B. 1,5—2 at) eingestellt ist, dann wird von vornherein die Einwirkung höherer Dampfdrücke im Bremszylinder mit ihren Folgeerscheinungen der Überbeanspruchung der Maschine, Seile u. a. m. unterbunden.

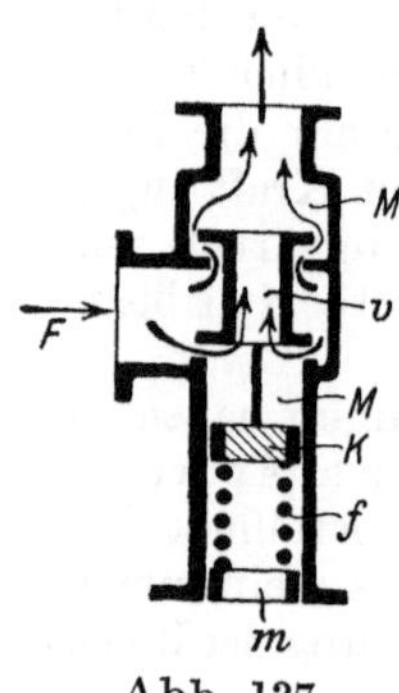

Abb. 137.

Die Abb. 138 zeigt ein einfaches Ausführungsbeispiel eines auf der Druckverminderung des Dampfes beruhenden feinstufigen Bremsdruckreglers. Die Regelung des Druckes im Bremszylinder geschieht hier vermittels des von außen betätigten, in seiner Wirkung dem oben erwähnten Doppelsitzventil v gleichkommenden Steuerschiebers s (Kolbenschieber). Dieser Steuerschieber ist durch eine Stange mit dem Reglerkolben K verbunden. Die rechte Seite des Reglerkolbens ist der im Zylinderraum M herrschenden verminderten Dampfspannung ausgesetzt, während auf der anderen Seite die durch den Handhebel H einstellbare Schraubenfeder F angreift. In jedem Gleichgewichtszustand der Federkraft und des verminderten Dampfdruckes ist der Steuerschieber s in seiner Mittellage, schließt also sowohl den Dampfeintritts- wie auch den Dampfauslaßkanal ab. Wird nun beispielsweise unter Vermittlung des Handhebels H die Schraubenfeder F zusammengedrückt, dann wird damit auch der Kolbenschieber s nach rechts verschoben, so daß Frischdampf in den Zylinder einströmen kann. Die Folge ist ein Anwachsen der Dampfspannung im Bremszylinder, also auch des Bremsdruckes. Gleichzeitig wird aber nach Überwindung der Federkraft auch der Reglerkolben K durch die erhöhte Dampfspannung im Zylinder nach links gedrückt und damit der Steuerschieber s in seine abschließende Mittellage zurückgebracht. Bei einer Verschiebung des Steuerschiebers aus seiner Mittelstellung nach links kann dagegen Dampf aus dem Zylinder ausströmen, wodurch eine Verminderung des Bremsdruckes erzielt wird. Läßt aber der Bremsdruck infolge Niederschlagens von Dampf oder Undichtigkeitsverlusten nach, dann erfolgt eine selbsttätige Nachregelung.

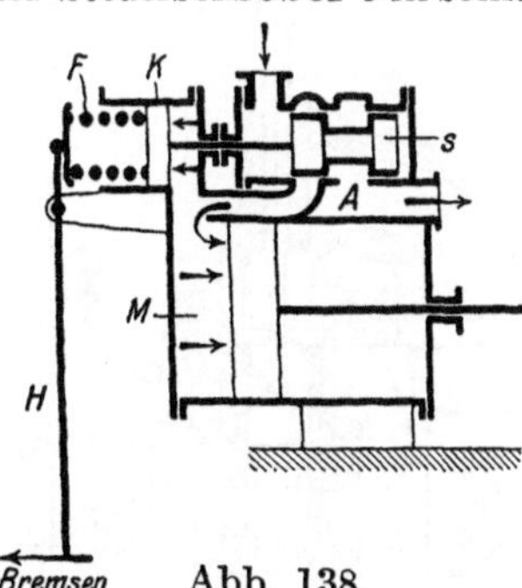

Abb. 138.

Da bei der Bremskolbeneinstellung sowohl die Reibung des Steuerschiebers s, des Reglerkolbens K und der beiden Stopfbüchsen durch die Federkraft zu überwinden sind, so wird der eingeregelte Bremsdruck immer um einen bestimmten Betrag kleiner oder größer sein, als er der Federkraft bzw. der Handhebelstellung entspricht. Solange diese Reibung gleich groß bleibt, ist dies ohne wesentliche Bedeutung, bei einer veränderlichen Reibung, beispielsweise infolge ungeeigneter Schmiereinrichtungen, können aber leicht Unklarheiten über die Größe des Bremsdruckes auftreten, im besonderen dann, wenn eine Veränderung der Reibungsziffer zwischen Bremskranz und Holzbacke noch hinzukommt. Mit anderen Worten: der Ausschlag des Bremshandhebels ist dann der Bremswirkung nicht mehr verhältnisgleich. Ein besonderer Nachteil der ersten Ausführungsform des Bremsdruckreglers war auch darin zu erblicken, daß die Schraubenfeder F einen Rückdruck auf den Handhebel H ausübte, was vor allem für eine Einwirkung des Sicherheitsapparates auf die regelbare Bremse wenig günstig war. Im Laufe der Zeit sind aber alle diese Schwierigkeiten durch Verbesserungen der Bauart und durch größere Sorgfalt in der Herstellung überwunden worden, so daß nunmehr die neuzeitigen Bremsdruckregler dem angestrebten Zweck voll und ganz genügen.

Die bisher auf den Markt gebrachten verschiedenartigen Ausführungsformen von Bremsdruckreglern lassen sich nach ihrem inneren Aufbau einteilen in:

1. zweiachsige und 2. einachsige Druckregler.

1. Zweiachsige Bremsdruckregler.

Die Abb. 139 veranschaulicht einen zweiachsigen Druckregler von Iversen[1]). Er ist für eine „Auslaßbremse" bestimmt, d. h. für eine Dampfbremse, deren Zylinder auf beiden Kolbenseiten mit dem Frischdampf in Verbindung steht. Ein Anziehen der Bremse erfolgt also durch Ablassen von Dampf aus der einen Zylinderseite, so daß der Frischdampf der anderen Seite den Bremskolben verschiebt. In der rechten, neben dem Steuerschieber s befindlichen zylindrischen Kammer sind zwei Reglerkolben k angeordnet, ein kleinerer, dessen untere Fläche mit dem Frischdampf der Zuleitung in Verbindung steht (Spannung p_1), und ein größerer, auf dessen obere Fläche Dampf von niedrigerer Spannung p_2 zur Einwirkung kommt. Der Druckunterschied $p_1—p_2$ auf den beiden Reglerkolbenseiten wird hierbei durch eine unter dem größeren Kolben sitzende Schraubenfeder ausgeglichen. Die Reglerkolbenstange ist nun aber nicht, wie in Abb. 138, unmittelbar mit dem Kolbenschieber s verbunden, sie greift vielmehr mit der Steuerschieberstange und dem Bremshandhebel zusammen an einem besonderen Zwischenhebel an. Der Handhebel und die Reglerkolbenstange wirken also stets gemeinsam auf die Stellung des Steuerschiebers ein, wobei aber der Reglerkolben die durch den Handhebel eingeleiteten Bewegungen wieder rückgängig macht. Bei einer Verstellung des Zwischenhebels von Hand aus dient der Angriffspunkt der Reglerstange als Drehpunkt, so daß der Steuerschieber s verschoben wird. Die damit in der Reglerkolbenkammer herbeigeführte Veränderung des Druckunterschiedes $p_1—p_2$ setzt nun den Reglerkolben in der Weise in Bewegung, daß der Steuerschieber s in die abschließende Mittellage zurückgebracht wird. Die Feder übt hierbei aber keinen Rückdruck auf den Handhebel aus, dieser wird vielmehr durch den festen Boden der Reglerkolbenkammer aufgenommen.

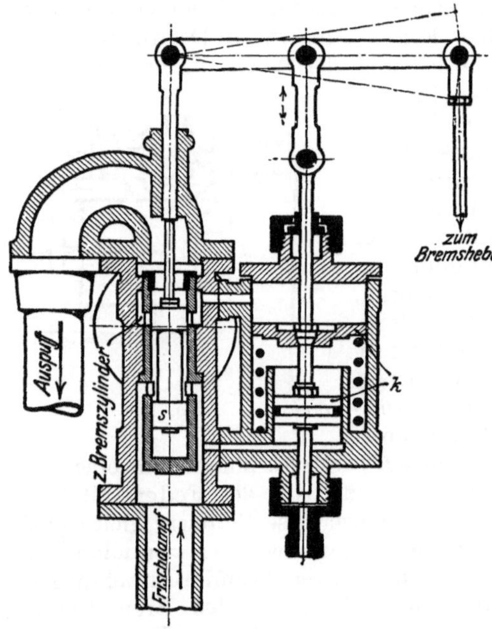

Abb. 139.

[1]) „Atlas" G. m. b. H. Berlin.

Eine dem Druckregler von Iversen im Grundgedanken ähnliche Bauart weist u. a. auch der zweiachsige Bremsdruckregler von Thyssen

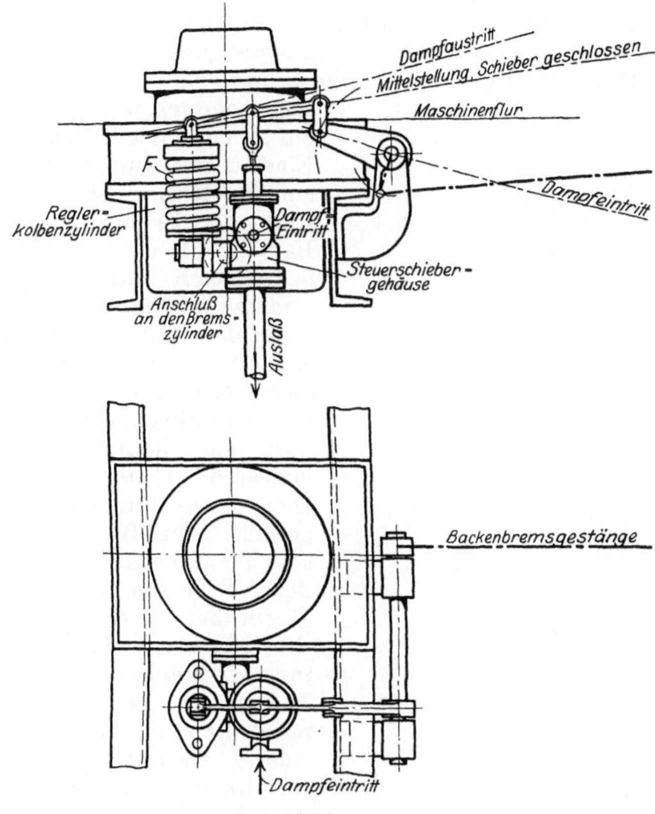

Abb. 140.

& Co., A. G. Mühlheim-Ruhr, gemäß Abb. 140 auf. Die den Reglerkolben beeinflussende Schraubenfeder F ist bei diesem Druckregler außerhalb des Dampfraumes angeordnet.

2. Einachsige Bremsdruckregler.

Die Abb. 141 zeigt das Beispiel eines einachsigen Bremsdruckreglers nach G. Schönfeld, Berlin. Wie aus der Abbildung ersichtlich, sind bei dieser Bauart der Steuerschieber s und der federbelastete Reglerkolben k, auf dessen oberer Ringfläche der niedrigere Dampfdruck p_2 im Sinne der eingezeichneten Pfeile einwirkt, gleichachsig ineinander gesteckt. Die Frischdampfeinlaßkanäle wie die den ringförmigen Raum über den Reglerkolben k mit dem Bremszylinder verbindenden Austrittskanäle für den Dampf von niedrigerer Spannung befinden sich in einer mit dem Reglerkolben *k* fest verbundenen Schiebergleitbüchse. Wird der Steuerschieber *s* durch den Bremshandhebel nach unten bewegt, dann wird dem ringförmigen Raum über dem Reglerkolben *k* Frischdampf zugeführt, so daß in diesem Raum eine Druckerhöhung und somit eine Abwärtsbewegung des Reglerkolbens eintritt. Dadurch wird aber auch die Schiebergleitbüchse nach unten mitgenommen und so die Dampfeinströmung wieder unterbunden. Eine Rückwirkung der Federkraft auf den Handhebel findet nicht statt, der Bremsdruck ist dem Handhebeldruck vielmehr verhältnisgleich und am Handhebel geradezu fühlbar.

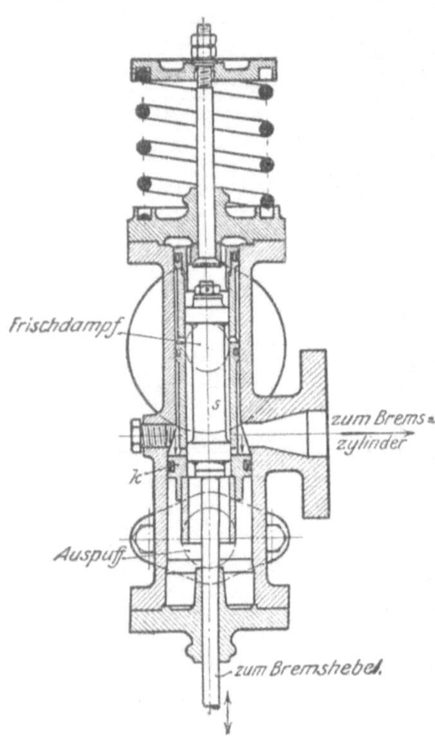

Abb. 141.

In den Abb. 142 und 143 ist ein einachsiger Bremsdruckregler der Bauart Iversen in der für „Auslaßbremsen" bestimmten Form mit innenliegender Reglerkolbenfeder *F* und einem besonderen „Anschlußkopf" *K* dargestellt. Gemäß Abb. 142 wirken sowohl auf die äußere Stirnfläche der Schiebers *a* wie auf jene des Hilfskolbens *g* der Frischdampfdruck p_1 ein, während auf den inneren Flächen der geregelte Dampfdruck p_2 und außerdem noch der von der Schraubenfeder *F* ausgeübte Druck *f* zur Einwirkung kommen. Die gewünschte Bremskraft wird dadurch herbeigeführt, daß vermittels des Handhebels *H* die Spannung *f* der Schraubenfeder *F* geändert wird. Entsprechend der Spannungsänderung der Schraubenfeder stellt sich dann ein Druckunterschied zwischen dem auf der einen Seite des Bremskolbens *B* (Abb. 143) wirksamen Einlaßdruck p_1 und dem auf der anderen Kolbenseite herrschenden geregelten Druck p_2 ein, der gleich der Spannkraft *f* ist ($p_1 - p_2 = f$ bzw. $p_1 = f + p_2$). Die Größe der Bremskraft wird sonach durch den Druckunterschied $p_1 - p_2$ bzw. durch die Größe der Federspannung bestimmt oder anders ausgedrückt: die Höhe des Bremsdruckes ist lediglich von dem Ausschlage des Hebels *H* abhängig. Wird beispielsweise die Schraubenfeder *F* durch Verschieben des Kolbens *g* nach links stärker gespannt (Abb. 142), dann muß — damit $p_1 - p_2 = f$ bleibt — der Dampfdruck p_2 um den entsprechenden Betrag kleiner werden. Dies wird nun dadurch erreicht, daß bei einer Verschiebung des Hilfskolbens g nach links (Erhöhung der Federspannung) der ebenfalls nach links wandernde Schie-

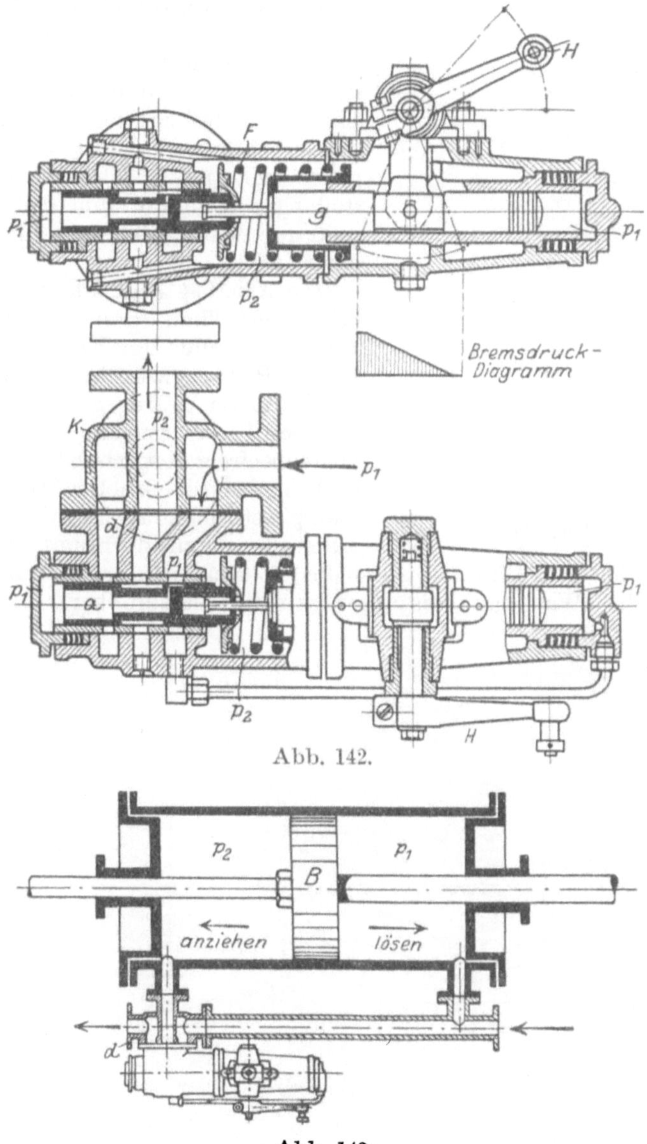

Abb. 142.

Abb. 143.

ber a Bremsdampf aus dem linken Zylinderraum (Abb. 143) über den Kanal d (Abb. 142) so lange entweichen läßt, bis p_2 den erforderlichen kleineren Wert angenommen hat. Da die andere Seite des Bremskolbens B

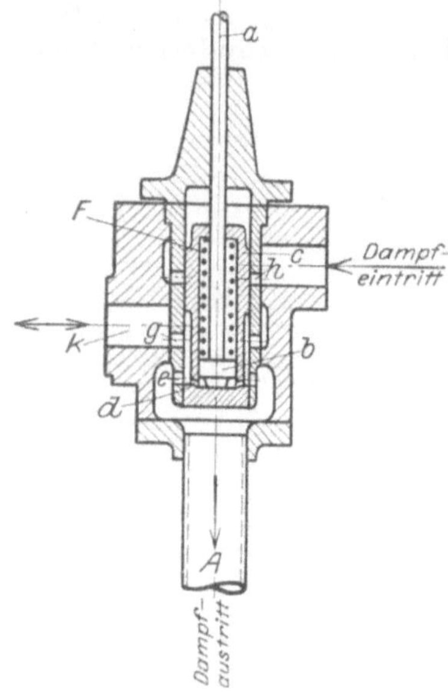

Abb. 144.

dem gleichbleibenden Frischdampfdruck p_1 ausgesetzt ist, so nimmt also der Druckunterschied auf den beiden Kolbenseiten und damit die Bremskraft zu. Gleichzeitig wächst aber auch der Druckunterschied auf den beiden Stirnseiten des Steuerschiebers a, so daß der Schieber sofort wieder nach rechts in seine abschließende Ruhestellung zurückgeht und dadurch ein weiteres Ansteigen der Bremskraft unterbindet.

Die Abb. 144 und 145 veranschaulichen schließlich den einachsigen Bremsdruckregler der Friedrich Wilhelms-Hütte, Mühlhein-Ruhr. Der Steuerschieber c, der gemäß Abb. 144 mit der Schieberstange a durch die Schraubenfeder F verbunden ist, überdeckt in der gezeichneten Stellung den Dampfeintrittskanal h, während der zum Bremszylinderraum führende Kanal k durch die Öffnungen g und e mit dem Auslaßrohr A in Verbindung steht. Wird nun beispielsweise der Steuerschieber c nach oben

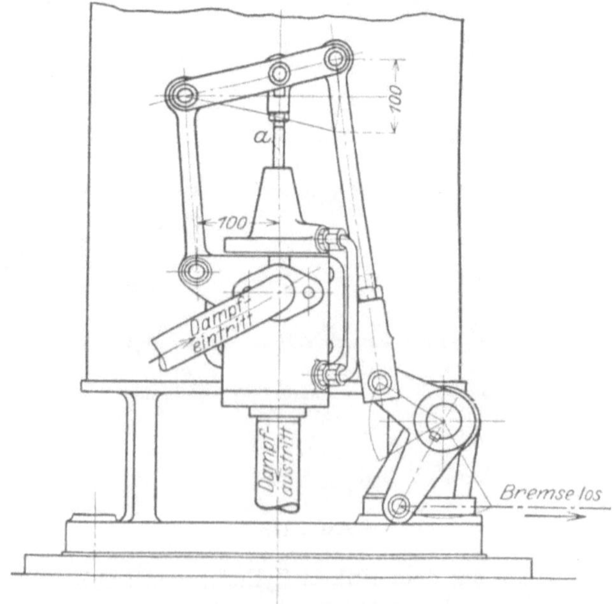

Abb. 145.

bewegt, dann wird zunächst der Austrittskanal *e* abgeschlossen. Bei einem weiteren Aufwärtsgange der Schieberstange *a* wird andrerseits aber der Frischdampfkanal *h* geöffnet, so daß nunmehr Frischdampf über den Kanal *g* in den Bremszylinder gelangen kann. Gleichzeitig strömt Frischdampf auch durch die Öffnung *d* unter den unteren, kolbenartig ausgebildeten Teil der Schieberstange *a* und bewegt unter entsprechendem Zusammendrücken der Feder *F* den Steuerschieber *c* abwärts. Die Spannung der Schraubenfeder *F* wird also durch den unter dem Kolben *b* herrschenden Dampfdruck im Gleichgewicht gehalten. Hat hierbei die Überdeckung des nach unten gehenden Schiebers den oberen Einströmungskanal *h* überschritten, so wird damit auch eine weitere Frischdampfzufuhr unterbunden. Der gleiche Vorgang wiederholt sich bei einer jedesmaligen Aufwärtsbewegung der Schieberstange *a*, bis schließlich die Schraubenfeder *F* vollständig zusammengedrückt ist. Dies entspricht dann dem größten Dampfdruck im Bremszylinder bzw. dem größten Bremsdruck.

3. Beurteilung der Bremsdruckregler.

Wir erkennen, daß das Wesentliche der Bremsdruckregler in einer von der Auslage des Bremshandhebels abhängigen Differentialsteuerung besteht, die eine Regelung des Druckes im Bremszylinder in unendlich vielen Zwischenstufen — von Null bis zur vollen Dampfspannung — und damit ein gewünschtes allmähliches sanftes Anwachsen des Bremsdruckes bis zu dem für den normalen Betrieb ausreichenden niedrigen Wert gestattet. Weiterhin ermöglichen die Druckregler auch eine Benutzung der Fahrbremse beim Umsetzen der Förderkörbe, die als sog. „Schleif-Manövrierbremse“ bekannt ist, ferner lassen sie in leichter Weise eine Einwirkung der Sicherheitsapparate auf die Dampfbremse zu (vgl. Abb. 136 auf S. 149). In Verbindung mit dem sog. „Steuerungs“- oder „Fahrtregler“ kann mit ihnen vor allem auch eine selbsttätige Regelung der Fördermaschinen unter den verschiedensten Belastungsverhältnissen erzielt werden. Die Bremsdruckregler bieten sonach für den praktischen Förderbetrieb unschätzbare Vorteile. Für den Fortschritt im Bau der Dampffördermaschinen sind sie von entscheidender Bedeutung geworden, indem nach den neueren bergpolizeilichen Vorschriften nunmehr für alle Fördermaschinen mit einer Seilfahrtgeschwindigkeit über 4 m/sek regelbare Bremsen vorgeschrieben sind.

XI. Sicherheits- und Regelvorrichtungen.

Allgemeines.

In den ersten Zeiten der Anwendung der Dampfmaschine als Antriebsmaschine für die Hauptschachtförderung hing die Sicherheit des Betriebes allein von der Aufmerksamkeit, dem Geschick und dem mehr oder weniger guten Willen des Maschinenführers ab. Allerdings wurden in jener Zeit nur Maschinen für kleinere Nutzlasten und geringe Seilgeschwindigkeiten — bis zu etwa 4—6 m/sek — verwendet. Mit dem Anwachsen der gesamten Förderleistung, mit der Vergrößerung der Nutzlast und der zu bewegenden Massen sowie der recht erheblichen Steigerung der Fahrgeschwindigkeit wurde naturgemäß auch bald das Verlangen nach Vorrichtungen wachgerufen, welche die gefährlichen Folgeerscheinungen besonders grober Verstöße des Maschinenführers nach Möglichkeit unschädlich machen sollten. In erster Linie war das Augenmerk auf Sicherungen gerichtet, die ein Überfahren des höchsten Anschlagspunktes, also das gefährliche Übertreiben des aufwärtsgehenden Förderkorbes, zu verhindern hatten. Die hierfür getroffenen Maßnahmen bestanden hauptsächlich in einer von der Wandermutter des Teufenzeigers unmittelbar betätigten Auslösevorrichtung der Bremse, durch welche der über die Hängebank um einen geringen Betrag hinaus gefahrene Förderkorb stillgesetzt wurde.

Erst später setzte sich die Erkenntnis durch, daß nicht nur das Überfahren der Haltepunkte eine stetige Gefahrenquelle bildet, sondern daß überhaupt ein gefahrbringendes Übertreiben nur dann mit Sicherheit vermieden werden kann, wenn die Fahrgeschwindigkeit am Ende des Förderzuges, also beim Einfahren in die Hängebank, eine bestimmte Größe nicht überschreitet. Wir wissen bereits, daß diese Größe abhängig ist von der erreichbaren Bremsverzögerung (bei Treibscheibenmaschinen von der zulässigen Bremshöchstverzögerung) und dem verfügbaren „Überfahrweg" oberhalb der Hängebank, der sog. „freien Höhe". Nach den Bestimmungen der preußischen Bergbehörden ist unter der „freien Höhe" stets die Entfernung zu verstehen, die der Förderkorb von seinem höchsten Stande bei der Seilfahrt noch zurücklegen kann, ehe er oder das oberste Ende des Seileinbandes an ein Hindernis, also an die Seilscheibe, anstößt. Diese Entfernung soll ein Viertel des größten vorhandenen Seilträgerumfanges — bei kleineren Trommeln wenigstens 3 m, bei größeren Schachtanlagen jedoch mindestens 6 m — nicht unterschreiten. In der Ausführung wird die „freie Höhe" im allgemeinen nicht unter 12 m, meist sogar darüber hinaus bis zu 18 m und mehr gewählt. Die Erkenntnis, daß die Fahrgeschwindigkeit beim Einfahren des Förderkorbes in die Hängebank eine bestimmte Größe nicht überschreiten darf, hatte gegen Ende des vorigen Jahrhunderts zu der zweiten Stufe der Entwicklung der Sicherheitsvorrichtungen geführt. Die weitere Ausbildung der Sicherheitsvorrichtung bestand nun darin, gefährliche Übertreibgeschwindigkeiten dadurch zu vermeiden, daß bei einem Überschreiten der vorgeschriebenen Fahrgeschwindigkeit im Auslaufabschnitt die Bremse sofort eingerückt wurde. Durch diese sog. „Sicherheitsapparate mit auslösender Bremse" wurde zwar das Auftreten von unzulässigen Übertreibgeschwindigkeiten verhindert, immerhin stellen sie aber ein zu rohes Mittel dar und waren wegen der bereits mehrfach erwähnten schädlichen Auswirkungen des plötzlichen Einfallens der Bremse mit voller Bremskraft wenig befriedigend. Außerdem wiesen sie den Übelstand des Festbremsens der Maschine auf, so daß der Sicherheitsapparat erst immer wieder betriebsbereit gemacht und die Bremse gelüftet werden mußte, bevor der Förderzug zu Ende geführt werden konnte. Das Verlangen ging deshalb dahin, einmal die Bremse nicht plötzlich mit der vollen Bremskraft zur Wirkung kommen zu lassen, dann aber auch nach Erreichung der gewünschten Geschwindigkeitsverminderung das Wiederlösen der Bremse durch den Sicherheitsapparat selbsttätig zu gestalten. Weiterhin erstrebte man, den Maschinenführer zu einer verlangsamten Endfahrt zu zwingen, indem beispielsweise der Steuerhebel durch ein vom Teufenzeiger bewegtes Getriebe allmählich in die Ruhelage zurückgebracht oder aber die Dampfzufuhr durch ein allmähliches Abschließen der Zuleitung unterbunden wurde. Diese als „Sicherheitsapparate mit stetiger Einwirkung auf die Bremse" bezeichneten Vorrichtungen waren für die endgültige Lösung der Sicherheitsfrage bei den Fördermaschinen von allergrößter Bedeutung und leiten schon zu den im vorigen Abschnitt besprochenen „regelbaren Bremsen" über.

Die namentlich unter dem Drucke des Wettbewerbes der elektrischen Fördermaschine um die Jahrhundertwende einsetzende weitere Entwicklung der Sicherheitseinrichtungen bildeten dann jene Apparate, die neben der Vermeidung des Übertreibens der Förderkörbe auch noch eine möglichst vollkommene Sicherung gegen ein Überschreiten der zugelassenen höchsten Fahrgeschwindigkeit erstrebten und zwar zunächst lediglich durch Einwirkung des Sicherheitsapparates auf die Bremse und späterhin sowohl auf die Bremse wie auch auf die Steuerung.

Zu dieser Forderung gesellte sich dann noch das Verlangen nach einer Anfahrsicherungsvorrichtung zur Vermeidung eines vollen Auslegens des Steuerhebels in die falsche Fahrtrichtung.

Schließlich ging man dazu über die Aufgabe zu lösen, den theoretisch vorher festgesetzten Bewegungsvorgang bzw. Geschwindigkeitsverlauf des ganzen Förderzuges — also im besonderen auch des Anfahr- und Gleichlaufabschnittes, bei denen im Gegensatz zum freien Auslauf Energie zugeführt wird — sowohl aus Gründen der Sicherheit wie auch zur Erhöhung der Wirtschaftlichkeit der Gesamtanlage zwangläufig unter den stetigen Einfluß des Sicherheitsapparates zu stellen. Im Laufe der Zeit haben dann diese als „Steuerungs- oder Fahrtregler" bezeichneten Apparate eine derartige bauliche und werkstattechnische Durchbildung erfahren, daß sie heute einen hohen Grad der Vervollkommnung aufweisen und einen außerordentlich wichtigen Bestandteil der Hauptschachtfördermaschine darstellen.

Im Sinne der vorstehenden Begriffsbestimmungen sind mithin zu unterscheiden:

1. Übertreibapparate,
2. Sicherheitsapparate und zwar
   a) mit auslösender Bremse,
   b) mit stetiger Einwirkung auf die Bremse,
   c) mit Einwirkung auf Bremse und Steuerung.
3. Anfahrsicherungsvorrichtungen,
4. Steuerungs- oder Fahrtregler.

1. Übertreibapparate.

Ein Beispiel einer durch die Maschine unmittelbar zu bedienenden, älteren Vorrichtung zum selbsttätigen Einschalten der Bremse beim Überfahren des aufwärtsgehenden Förderkorbes über den höchsten Anschlagspunkt zeigt die Abb. 146. Bei dieser Bauart eines Übertreibapparates wird durch die Wandermutter *w* beim Überfahren der Hängebank die Sperrklinke *a* derart betätigt, daß das Fallgewicht *F* ausgelöst und damit die Bremse eingerückt wird. Man erkennt, daß eine solche Vorrichtung bei geringen Auslaufgeschwindigkeiten Unfälle wohl verhüten kann, daß aber bei größeren Übertreibgeschwindigkeiten diese

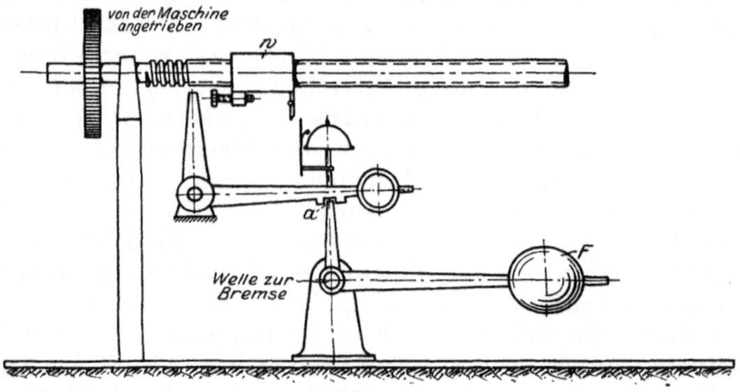

Abb. 146.

Apparate keine Gewähr für die Vermeidung von Unglücksfällen bieten. Das ist besonders dann nicht der Fall, wenn eine die Verzögerung erheblich verringernde Seilfahrt oder eine negative Belastung vorliegt.

2. Sicherheitsapparate.

a) Sicherheitsapparate mit auslösender Bremse.

Gegenüber der einfachsten und ursprünglichsten Lösung der Sicherheitsfrage durch die Übertreibapparate stellen die „Sicherheitsapparate mit auslösender Bremse“ einen wesentlichen technischen Fortschritt dar. Es ist das Verdienst von Joh. Römer, im Jahre 1891 erstmalig auf die Bedeutung der mechanischen Überwachung des Auslaufens der Fördermaschinen hingewiesen und damit der Entwicklungsmöglichkeit der Sicherheitsapparate einen bestimmten Weg gezeigt zu haben. Der Grundgedanke der von ihm angegebenen Vorrichtung bestand darin, den Sicherheitsapparat derart wirken zu lassen, daß die Dampfbremse bzw. die Fallgewichtsbremse bei einem Überschreiten der vorgeschriebenen Fahrgeschwindigkeit an irgendeiner Stelle des Auslaufweges sofort ausgelöst wurde. Dieses erreichte er durch eine gemeinsame Einwirkung von Fliehkraftregler und Teufenzeiger, wobei der von der Fördermaschine angetriebene Regler die Geschwindigkeitsmessung, der Teufenzeiger dagegen die Wegmessung im Auslaufabschnitt zu übernehmen hat, dergestalt, daß durch eine Zuordnung beider Größen der Maschinengang während des Auslaufens überwacht wurde. Trat aber infolge einer Geschwindigkeitsüberschreitung ein Stillstand der Maschine ein, dann mußte der Sicherheitsapparat stets erst von neuem wieder eingestellt und die Bremse gelüftet werden, bevor der Förderzug beendet werden konnte. Um bei einem plötzlichen Auslösen der Bremse ein schädliches Gegeneinanderarbeiten von Bremskraft und Triebkraft zu vermeiden, wurde durch den Sicherheitsapparat gleichzeitig ein Schließen der den Frischdampf absperrenden Drosselklappe herbeigeführt.

Neben dem auf diesem Grundgedanken beruhenden Sicherheitsapparat von Römer gehören zu derselben Gattung auch die Apparate von Baumann, Westphal, Wodrada, Karlik-Witte u. a., die sich lediglich durch eine mehr oder weniger verwickeltere bauliche Durchbildung voneinander unterscheiden.

Die größte Verbreitung aus der Gattung der noch heute vielfach anzutreffenden „Sicherheitsapparate mit auslösender Bremse" hat wohl jener von F. Baumann gefunden. Die Abb. 147 zeigt diesen Apparat in der Ausführung der „Eintrachthütte".

Die in dem Gestell des Teufenzeigers geführte und dadurch am Mitdrehen verhinderte Wandermutter M ist mit einem besonderen Ansatz n, einer sog. „Nase", versehen, während die Reglermuffe des statischen Fliehkraftreglers R durch ein Gestänge e, f mit einem in unmittelbarer Nähe des Teufenzeigergestelles sitzenden, verzahnten, bogenförmigen Hebel a in Verbindung steht. Diese Zahnschwinge a erhält durch einen wagerechten, in der Mitte drehbar gelagerten Zwischenhebel b, dessen linker Arm durch eine senkrechte Stange des Fallgewichtshebels d unterstützt wird, eine gewisse Führung. Bei einer unzulässig hohen Auslaufgeschwindigkeit bzw. bei einer zu geringen Verzögerung bewirkt nun die aufwärtsgehende Reglermuffe eine derartige Verstellung der Zahnschwinge a, daß ihr verzahnter Teil immer mehr in die Bahn der Wandermutter M vorgeschoben wird. Gegen Ende der Fahrt wird daher der Ansatz n der sich nähernden Wandermutter M auf einen der Fahrgeschwindigkeit entsprechend vorgeschobenen Zahn auftreffen und hierdurch eine Verdrehung des in seiner Mitte verlagerten Zwischenhebels b im rechten Umlaufsinn herbeiführen. Dies hat aber eine Ausklinkung der senkrechten Stange des Fallgewichtshebels d und damit ein plötzliches Einschalten der Bremse mit unveränderlicher voller Bremswirkung unter gleichzeitigem Schließen der Drosselklappe zur Folge. Um also einen vorzeitigen Bremseingriff zu vermeiden, ist die Innehaltung einer ganz bestimmten Verzögerung im Auslaufabschnitt erforderlich, und hieraus ergibt sich auch die Form der Zahnschwinge a. Ihre Größe wird so bemessen, daß die Schwinge die Fahrgeschwindigkeit bei einem Korbstande von etwa 50 m von den Anschlagpunkten ab überwacht. Der Sicherheitsapparat kann gleichzeitig auch zur Überwachung des Gleichlaufabschnittes, d. h. zur Verhinderung der Überschreitung der zulässigen Höchstgeschwindigkeit dienen, indem bei einer zu großen Fahrgeschwindigkeit der untere bogenförmige Fortsatz g der Zahnschwinge gegen den linken Arm des wagerechten Zwischenhebels b drückt und dadurch ebenfalls eine Auslösung des Fallgewichtes G herbeiführt. Für die Seilfahrt mit ihrer geringeren zulässigen Höchstgeschwindigkeit wird ein mit dem Zwischenhebel verbundener kleiner Umlegehebel i derart eingeschaltet, daß der Weg zwischen dem unteren Schwingenfortsatz g und dem Zwischenhebel b entsprechend verkürzt wird. In der Abb. 147 befindet sich der Umlegehebel gerade in der Einstellung für die

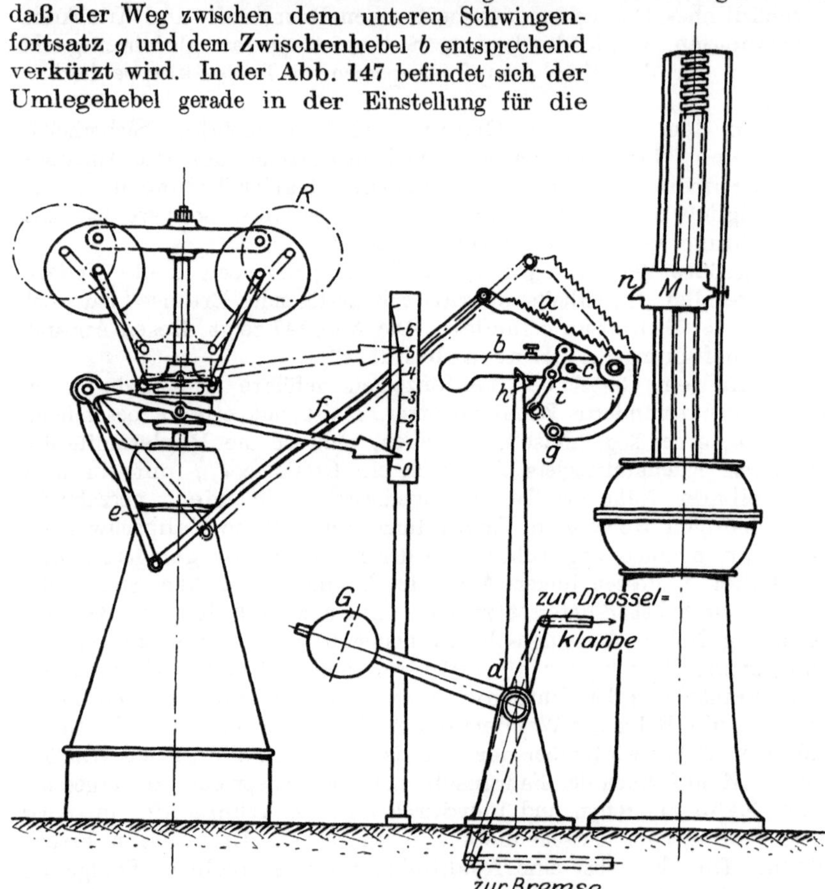

Abb. 147.

Seilfahrtsgeschwindigkeit. Die Überwachung der Auslaufgeschwindigkeit bei der Seilfahrt erfolgt in der gleichen Weise wie bei der Güterförderung.

Beim Baumannschen Sicherheitsapparat dient der Fliehkraftregler R gleichzeitig auch als Geschwindigkeitsmesser, indem sein Ausschlag auf einen Zeiger sowie auf eine Schreibvorrichtung übertragen wird. Durch diese Schreibvorrichtung wird die Geschwindigkeit auf eine langsam gedrehte, rechts neben dem Teufenzeiger sitzende — in der Abbildung nicht sichtbare — Trommel aufgezeichnet.

Da bei der in Abb. 147 dargestellten Anordnung der bogenförmigen Zahnschwinge die Ausschläge der in der Nähe des Drehpunktes der Schwinge liegenden Zähne nur klein sind, so ist auch die Empfindlichkeit des Apparates in der Regelung des letzten, besonders wichtigen Teiles des Auslaufweges sehr gering. Man ist deshalb später (1907) dazu übergegangen, der Schwinge eine Form zu geben, wie sie etwa bei der Bremsanordnung in Abb. 129 auf S. 143 schematisch dargestellt ist (Pos. *s*). Hier greifen die dem Fahrtende dienenden Zähne infolge der umgekehrten Schwingenform am langen Hebelarm der Schwinge an. Naturgemäß wird hierdurch der Grundfehler aller mit Fliehkraftreglern arbeitenden Sicherheitsapparate, daß kleine Geschwindigkeiten überhaupt nicht angezeigt werden, nicht beseitigt, die Fliehkraftregler versagen vielmehr bei zu geringen Geschwindigkeiten. So findet beispielsweise ein Anheben der Reglermuffe bei dem Sicherheitsapparat von Baumann erst bei einer Geschwindigkeit von etwa 1,2 m/sek statt.

Um bei einem Einfallen der Bremse einerseits ein Gegeneinanderarbeiten von Triebkraft und Bremskraft zu vermeiden, andrerseits aber die treibende Kraft nicht völlig abzusperren, weil ja sonst der hemmende Gegendampf völlig ausgeschaltet würde — eine bei einer negativen Belastung der Maschine besonders gefahrbringende Maßnahme —, ist die von dem Baumannschen Sicherheitsapparat gleichzeitig bediente Drosselklappe nicht in der Frischdampfzuleitung, sondern in der Auspuffleitung angeordnet. Dadurch wird erreicht, daß sich dem auspuffenden Abdampf beim Schließen der Drosselklappe ein wachsender Widerstand entgegenstellt, der auf den Maschinengang eine gewünschte hemmende Wirkung ausübt. Das Auftreten zu hoher Verdichtungsdrücke wird hierbei durch den zweckentsprechenden Einbau von Sicherheitsventilen vermieden. Man erkennt, daß hier bereits eine ähnliche, durch den Dampf herbeigeführte Hemmwirkung vorliegt, wie sie später durch den auf S. 112 besprochenen „Staudampf" erzielt worden ist.

Eine Abart des Sicherheitsapparates von Baumann stellt jener von Wodrada dar. Er unterscheidet sich von dem Baumannschen Apparat in der Hauptsache durch eine über den ganzen Förderweg des Teufenzeigers sich erstreckende gezahnte Schwinge. Dadurch soll auch während des mittleren Teiles des Förderzuges eine Überschreitung der zulässigen Höchstgeschwindigkeit verhindert werden, eine Forderung, die bei dem Apparat von Baumann in einfacher Weise durch den unteren bogenförmigen Fortsatz der Zahnschwinge erfüllt wird.

Die bisher besprochenen auslösenden Sicherheitsapparate haben den Übelstand gemein, daß die gezahnte bogenförmige Schwinge stets nur eine stufenweise Überwachung der Fahrgeschwindigkeiten zuläßt. (Bei dem Sicherheitsapparat von Römer wurden sogar nur drei besondere Wegpunkte des Auslaufabschnittes überwacht.) Westphal hat deshalb bei seinem Sicherheitsapparat, der sowohl bei einer Nichteinhaltung der vorgeschriebenen Geschwindigkeitsabnahme im Auslaufabschnitt in Tätigkeit treten wie auch eine Überschreitung der größten zulässigen Fahrgeschwindigkeit verhindern soll, die gezahnte bogenförmige Schwinge durch eine glatte Kurvenschwinge ersetzt. Die Abb. 148 zeigt eine einfache schematische Darstellung des Westphalschen Apparates. Wie aus dieser Abbildung zu ersehen ist, greift gegen Ende des Förderzuges die Nase der nach oben wandernden Teufenzeigermutter unter den Bund *b* der zwischen den beiden Teufenzeigerspindeln gelagerten senkrechten Stange *S* und bewegt dadurch diese und damit den Punkt *1* des Zwischenhebels *1*—*3* um einen gewissen Betrag des Endhubes langsam aufwärts. Der Punkt *2* des Zwischenhebels wird hierbei durch Vermittlung eines Winkelhebels von dem allmählich langsamer laufenden Fliehkraftregler wagerecht verstellt, so daß bei einem vorschriftsmäßigen Auslaufen der Maschine der Punkt *3*

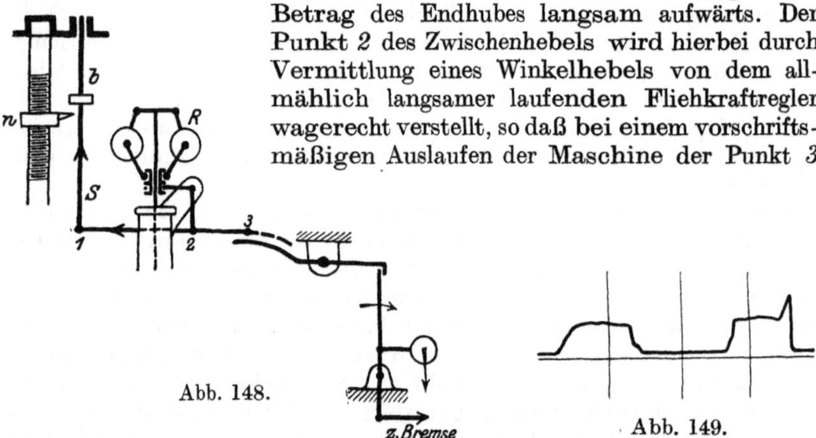

Abb. 148.

Abb. 149.

des Zwischenhebels eine bestimmte (strichiert angedeutete) Bahn beschreibt. Sobald aber die Auslaufgeschwindigkeit den zugelassenen Wert an irgendeinem Wegpunkte überschreitet, wird der Punkt *3* des Zwischenhebels durch den Fliehkraftregler gegen das linke, der Krümmungsbahn entsprechend ausgebildete Ende des Ausklinkhebels für das Fallgewicht verschoben und dadurch das Fallgewicht und somit auch die Bremse zur Auslösung gebracht. Die Ausklinkung des Fallgewichtes geschieht also durch den Regler im Gegensatz zu den ersteren Apparaten, bei denen ja die Teufenzeigermutter die Auslösung der Bremse übernimmt, die Bremsbetätigung sonach fast ohne Rückwirkung auf den Fliehkraftregler erfolgt. Dies bedeutet aber gegenüber der Ausklinkung der Bremse durch den statischen Regler mit seinen gegen Fahrtende kleinen Verstellkräften einen wesentlichen Vorteil. Der mehrfach ausgeführte Westphalsche Apparat hat daher auch nicht die Verbreitung gefunden wie jener von Baumann.

Die Wirkung der Arbeitsweise eines auslösenden Sicherheitsapparates zeigt die Abb. 149. Das erste Geschwindigkeitsdiagramm läßt den regelmäßigen Verlauf einer Seilfahrt erkennen, während das folgende Diagramm den Eingriff des Sicherheitsapparates veranschaulicht. Dieser Eingriff ist darauf zurückzuführen, daß der Maschinenführer gegen

Ende der Fahrt versehentlich Frischdampf statt Gegendampf gegeben hat. Die Folge jener falschen Maßnahme ist ein starkes Anwachsen der Fördergeschwindigkeit mit anschließender Auslösung der Fallgewichtsbremse. Die Sicherungswirkung tritt also nicht augenblicklich mit der Überschreitung der zulässigen Geschwindigkeit ein, sondern erst in einem späteren Zeitpunkt, weil ja einmal der Regler die Kraftwirkungen erst nach erfolgter entsprechender Geschwindigkeitsüberschreitung einstellt, zum anderen aber auch das zwischen dem Regler und den Bremsbacken eingeschaltete Getriebe verzögernd auf die sofortige Regulierung durch den Regler einwirkt. Dieser verspätete Eingriff der Bremsbacken kann aber zu Unglücksfällen führen und ist daher als ein Nachteil der auslösenden Sicherheitsapparate zu bezeichnen. Man hatte deshalb den Versuch gemacht, die Kraftübertragung für die Bremsauslösung vom Regler aus elektrisch zu gestalten, derart, daß der Regler lediglich auf einen Kontakt einwirkt, der die Bremsvorrichtung bedient. Durch diese Art der Bremsenauslösung wird nicht nur ein schnellerer Bremsbackeneingriff erzielt, das

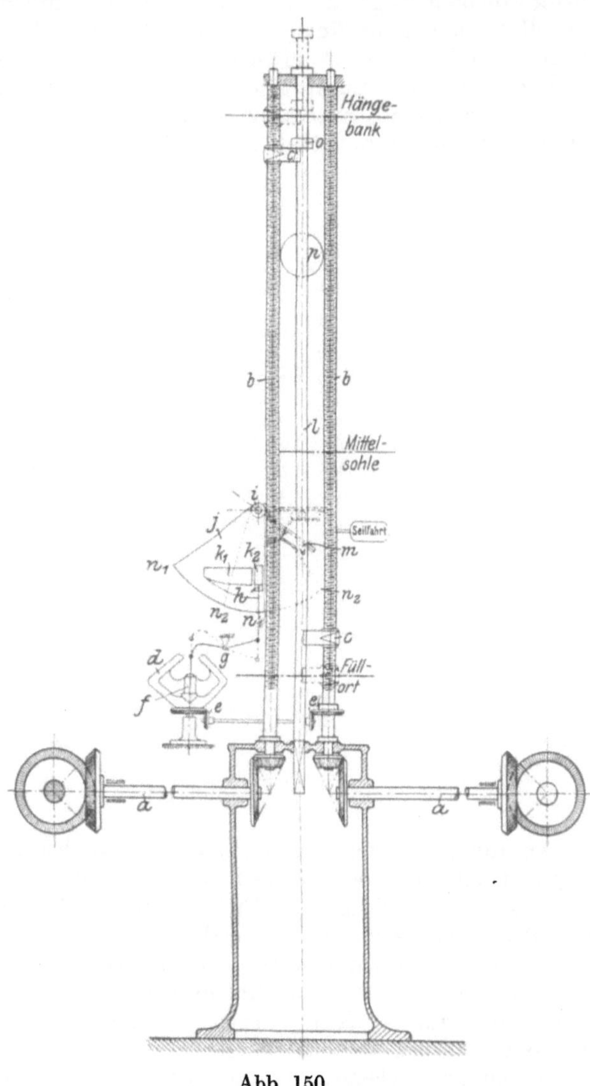

Abb. 150.

einfache Kontaktgeben läßt auch einen wesentlich empfindlicheren Regler anwenden, wodurch die Empfindlichkeit des ganzen Sicherheitsapparates gesteigert wird. Wenn auch diese Sicherheitsapparate heutzutage nicht mehr gebaut werden, so ist es immerhin interessant festzustellen, in welcher Weise der Gedanke einer elektrischen Kraftübertragung praktisch zur Ausführung gebracht worden ist.

Die Abb. 150 veranschaulicht den von Karlik-Witte angegebenen und seinerzeit von Siemens & Halske, A.-G., Wernerwerk, gebauten Sicherheitsapparat mit elektrischer Kraftübertragung.

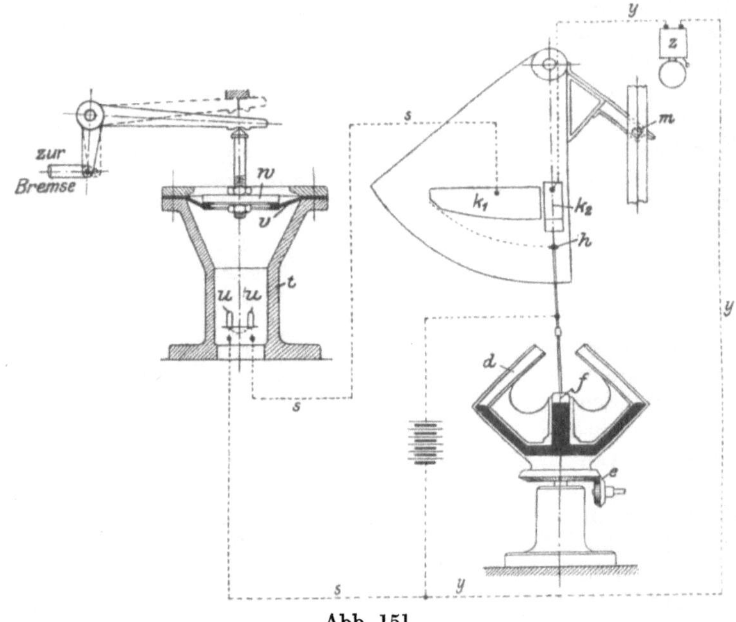

Abb. 151.

An die Stelle der Zahn- bzw. Kurvenschwinge tritt bei diesem Apparat eine mit besonderen Kontaktstreifen k_1 und k_2 versehene Kontaktplatte j, die gegen Ende der Fahrt durch die Wandermutter des Teufenzeigers unter Vermittlung der zwischen den beiden flachgängigen Schraubenspindeln angeordneten senkrechten Stange l mit Bund o und Bolzen m im linken Drehsinne bewegt wird. (Abb. 150 bzw. 151). Auf der Kontaktplatte j ruht der mit dem Schwimmer f des Karlikschen Quecksilbergewichtsreglers d durch ein Hebelwerk in Verbindung stehende Kontaktstift h. Da die Kontaktplatte j erst gegen Fahrtende bewegt wird, also während des mittleren Teiles der Fahrt in Ruhe bleibt, so wird bei einem Überschreiten der höchstzulässigen Fördergeschwindigkeit und einem hierdurch hervorgerufenen Sinken des Schwimmers f im Mittelrohr des Geschwindigkeitsmessers der Kontaktstift h durch das Hebelwerk aufwärts verschoben und mit dem Kontaktstreifen k_2 in Berührung gebracht. Der Stromkreis y für die Alarmvorrichtung wird dadurch geschlossen (Abb. 151), d. h. der Maschinenführer wird durch die Alarmglocke auf die Überschreitung der zulässigen Höchstgeschwindigkeit aufmerksam gemacht. Er hat also Gelegenheit, die Fahrgeschwindigkeit wieder auf das zulässige Maß herabzumindern. Eine Betätigung der Bremse findet hierdurch aber nicht statt. Wird dagegen während der Endfahrt die Kontaktplatte j im linken Drehsinne allmählich bewegt, dann kommt der Kontaktstreifen k_1 in den Bereich des Kontaktstiftes h. Die untere Begrenzungskurve des Kontaktstreifens k_1 ist nun derart ausgebildet, daß eine Berührung mit dem Kontaktstift nur bei Innehaltung einer ganz bestimmten Geschwindigkeitsabnahme im Auslaufabschnitt vermieden wird. Ist dies nicht der Fall, überschreitet also an irgendeinem Wegpunkte des Auslaufabschnittes die Geschwindigkeit den zugelassenen Wert, dann gelangt der Kontaktstift h auf den Kontaktstreifen k_1 und schließt damit den Stromkreis s (Abb. 151). Die in dem Stromkreis s in Parallelschaltung in den kleinen Zylinder t eingesetzten beiden Glühpatronen u werden dadurch zur Explosion gebracht, deren Auswirkung in einer Aufwärtsbewegung des Membrankolbens v und damit in einer Verschiebung des Bremsschiebers, also in einem Einrücken der Bremse besteht. Die durch die untere Begrenzungskurve des Kontaktstreifens k_1 zugelassenen Auslaufgeschwindigkeiten sind hierbei derart bemessen, daß bei einem Einfallen der Bremse mit unveränderlicher höchster Bremswirkung der erforderliche Bremsweg stets kleiner ist als der Rest des Förderweges bis zur Hängebank. Die Sicherheitsvorrichtung wirkt im übrigen gleichzeitig auch als Anfahrregler. Der Kontaktstreifen k_1 ist zu diesem Zwecke über den der Hängebank entsprechenden Punkt hinaus verlängert, so daß das Umsetzen der Förderkörbe, überhaupt jedes Überfahren der Hängebank nur mit einer ganz geringen Geschwindigkeit erfolgen kann, wenn eine Berührung des Kontaktstiftes h mit dem Kontaktstreifen k_1 und damit ein Einfallen der Bremse vermieden werden soll.

Mit dem Sicherheitsapparat von Karlik-Witte ist auch eine regelbare Bremse in Verbindung gebracht worden, die bei geschlossenem Stromkreis y (Abb. 151), also bei einer andauernden Überschreitung der höchst zulässigen Fördergeschwindigkeit während des mittleren Teiles der Fahrt, mit allmählich anwachsendem Anpressungsdruck angezogen wird. Dadurch kann die Fördergeschwindigkeit stets in der Nähe der Höchstgeschwindigkeit gehalten werden, so daß dieser Sicherheitsapparat bereits eine ähnliche Wirkung aufweist, wie sie durch den später aufgekommenen Fahrtregler erzielt worden ist.

Die Abb. 152 zeigt das Schaltungsschema dieser durch den Sicherheitsapparat gesteuerten regelbaren Bremsvorrichtung. Wird bei einer Überschreitung der höchst zulässigen Fördergeschwindigkeit im mittleren Teile der Fahrt der Stromkreis *22* in Abb. 152 — entsprechend dem Stromkreis y in Abb. 151 — geschlossen, dann bringen die beiden Elektromagnete *24* die Sperrklinken *25* und *26* mit dem Sperrad *27* zum

Eingriff. Da die Sperrklinke *25* außerdem durch die Exzenterstange *29* mit dem von der Maschine angetriebenen Exzenter verbunden ist, so dreht sich nach dem Einrücken der Klinken mit jedem Exzenterhube das Sperrad *27* um einen Sperrzahn weiter. Ein Zurückgehen des Sperrades wird hierbei durch die feste Sperrklinke *26* verhindert. Infolge der stufenweisen Drehbewegung des Sperrades wird nun die an ihm befestigte Stange *21* eines Bremsdruckreglers derart betätigt, daß die Bremsbacken bei einer andauernden Geschwindigkeitsüberschreitung allmählich stärker angezogen werden. Unterschreitet die Geschwindigkeit wieder den höchst zulässigen Wert, wird also der Stromkreis *22* wieder unterbrochen, dann werden die Sperrklinken durch eine Federkraft ausgerückt, und ein beim Anziehen der Bremsbacken gleichzeitig angehobenes Gegengewicht löst die Bremse wieder.

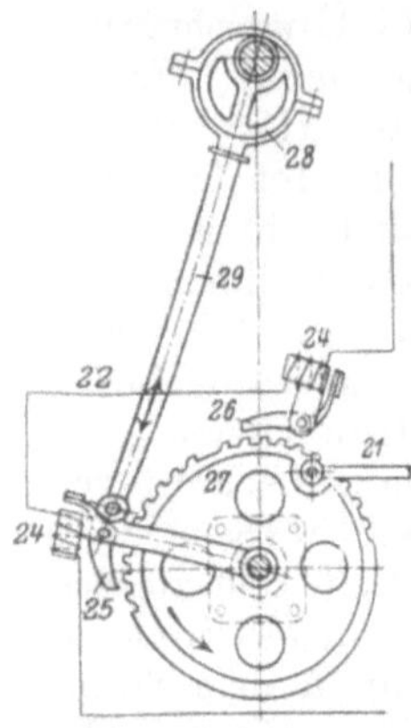

Abb. 152.

b) Sicherheitsapparate mit stetiger Einwirkung auf die Bremse.

Ein Hauptnachteil der „Sicherheitsapparate mit auslösender Bremse“ ist, wie wir gesehen haben, in dem jedesmaligen Festbremsen der Maschine nach der Überschreitung einer gewissen Geschwindigkeit zu erblicken, so daß der Apparat erst wieder betriebsbereit gemacht und die Bremse gelüftet werden muß, bevor der Förderzug beendet werden kann. Ein weiterer Übelstand besteht noch darin, daß das plötzliche Einfallen der Bremsbacken mit einer meist unnötig hohen Bremswirkung sehr starke dynamische Beanspruchungen der einzelnen Teile der Förderanlage — im besonderen aber der Förderseile — auslöst. Es ist daher erklärlich, daß der Maschinenführer bei einer mit diesen Sicherheitsapparaten ausgerüsteten Fördermaschine bestrebt ist, jeden selbsttätigen Eingriff der Bremse zu verhüten, es demnach möglichst vermeidet, den festgesetzten, errechneten Geschwindigkeitsverlauf zu erreichen. Er wird vielmehr dazu verleitet, die Maschine im Auslaufabschnitt mittels des hemmenden Staudampfes oder Gegendampfes unnötig stark zu verzögern, also mit einer zu geringen Geschwindigkeit zu fahren, so daß die Maschine wieder häufig durch Zuführung von weiterem Triebdampf beschleunigt werden muß. Dies bedeutet aber einen recht unwirtschaftlichen Zeit- und Energieverlust. Es ist daher das erstrebenswerte Ziel, die Sicherheitsapparate derart auszugestalten, daß sie einmal die Anwendung einer regelbaren Bremswirkung gestatten, dann aber auch ein selbsttätiges Wiederlösen der im Gefahrfalle eingerückten Bremse — bzw. nachdem die erforderliche Geschwindigkeitsverringerung erreicht worden ist — bewirken.

Es war darum ein wesentlicher technischer Fortschritt, als im Jahre 1898 ein Sicherheitsapparat mit regelbarer Einwirkung auf die Maschine zum Vertrieb kam, bei dem auch gleichzeitig die eingerückte

Bremse wieder selbsttätig gelüftet wurde, sobald das dem treibenden Moment entgegenwirkende Bremsmoment die Fahrgeschwindigkeit auf das erlaubte Maß herabgemindert hatte.

Die Abb. 153 zeigt diesen von Müller angegebenen Sicherheitsapparat mit selbsttätigem Wiederlösen der Bremse. Man denke sich zunächst den doppelarmigen Hebel *N* in der strichiert angedeuteten Lage. Bei der größten erlaubten Geschwindigkeit hat der Fliehkraftregler *R* den mit der Reglermuffe durch das Gestänge *J* verbundenen gewichtsbelasteten Hebel *K* in die untere, strichiert angedeutete Lage gebracht, wobei sich der Hebel *K* um den rechten Endpunkt des in seiner Mitte am Teufenzeigergehäuse verlagerten Doppelhebels *L* gedreht hat. Der Doppelhebel *L* wird hierbei durch die Reibung des an seinem linken Ende angeschlossenen Kolbenschiebers des Dampfbremszylinder in seiner Lage festgehalten. Gegen Fahrtende wird nun durch die Teufenzeigermutter die senkrechte Stange *A* mit dem Bund *H* angehoben, während der Fliehkraftregler der Geschwindigkeitsabnahme entsprechend den gewichtsbelasteten Hebel *K* aufwärts bewegt. Auf diese Weise wird eine Berührung des Bundes *H* mit dem Hebel *K* vermieden. Wird aber eine gewisse Auslaufgeschwindigkeit überschritten, dann stößt der Bund *H* gegen das linke Ende des Hebels *K* an. Der Hebel *K* bewegt sich um seinen Befestigungspunkt mit dem Gestänge *J* im rechten Drehsinn und verdreht dadurch auch den Doppelhebel *L* rechtssinnig. Die Auswirkung dieser Hebelbewegung besteht nun in einer allmählichen Verschiebung des Bremsschiebers *M* und damit in einem der Drosselregelung des Bremsdampfdruckes entsprechenden sanften Einrücken der Bremsbacken. Sobald aber bei der hierdurch hervorgerufenen Geschwindigkeitsabnahme der zulässige Höchstwert der Fahrgeschwindigkeit wieder unterschritten ist, wird der Kolbenschieber in seine ursprüngliche Lage zurückgebracht und damit auch die Bremse selbsttätig gelöst. Ein Eingreifen des Maschinenführers findet sonach während

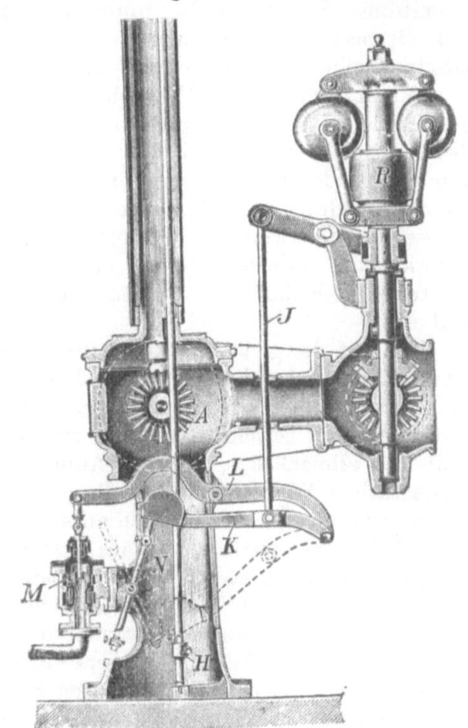

Abb. 153.

des ganzen Vorganges nicht statt. Die Umstellung des Apparates von Güterförderungs- auf Seilfahrtsgeschwindigkeit geschieht durch Umlegen des zweiarmigen Hebels N aus der strichiert angedeuteten in die in Abb. 153 angegebene ausgezogene Lage. Der Hebel K wird dadurch in seiner oberen Stellung festgehalten, so daß der Regler durch den Doppelhebel L unmittelbar auf den Bremsschieber wirkt. Die Länge des Hebels N ist so bemessen, daß die Reglermuffe eine bestimmte Stellung nicht unterschreiten darf, wenn eine Einrückung der Bremse vermieden werden soll. Bei einem Übertreiben des aufwärtsgehenden Förderkorbes wird die Bremse sofort eingerückt.

Wenn auch dem Müllerschen Sicherheitsapparat infolge seiner ungenügenden baulichen Durchbildung mancherlei Mängel anhaften, indem beispielsweise der Fliehkraftregler nicht rückdruckfrei arbeitet und vor allem der verwendete einfache Kolbenschieber bei einem ruckweisen Hochschnellen des Fliehkraftreglers keine genügende Sicherheit gegen ein unerwünschtes plötzliches Einschalten des vollen Bremsdruckes bot, so wies er doch bereits jene Grundlagen auf, die für die weitere Ausbildung der Sicherheitsvorrichtungen maßgebend werden sollten.

Ein auf der gleichen Arbeitsweise der Drosselregelung des Bremsdampfdruckes beruhender Sicherheitsapparat ist derjenige von Schimitzek[1]). Ähnlich dem Müllerschen Apparat gestattet dieser ebenfalls bei der Überschreitung der zulässigen höchsten Fahrgeschwindigkeit ein allmähliches, sanftes Andrücken der Bremsbacken sowie ein selbsttätiges Wiederlösen der Bremse nach erfolgter Fahrgeschwindigkeitsverminderung auf das erlaubte Höchstmaß ohne Zutun des Maschinenführers. Darüber hinaus vermindert er auch noch bei Annäherung des Förderkorbes an die Hängebank selbsttätig die Auslaufgeschwindigkeit. Dies wird dadurch erreicht, daß an Stelle des bei dem Müllerschen Apparat verwendeten einfachen, in der Achsenrichtung beweglichen Kolbenschiebers ein entlasteter, nach Art des Riderschiebers mit besonders geformten Schlitzen versehener Drehschieber eingebaut ist, der sowohl in der Achsenrichtung verschoben, wie auch um seine Achse gedreht werden kann. Die Verdrehung des Schiebers erfolgt durch den statischen Fliehkraftregler, dergestalt, daß bei einer Überschreitung der zulässigen Fahrgeschwindigkeit Dampf aus dem Bremszylinder entweichen kann, wodurch entsprechend der sich allmählich vergrößernden Durchgangsöffnung des Schiebers ein langsames Anziehen der Bremse erzielt wird. Nach Unterschreitung des zulässigen Höchstgeschwindigkeitswertes, also nach dem Rückgang des Reglers, läßt der Drehschieber dann wieder Frischdampf in den Bremszylinder eintreten; die Bremse wird dadurch ausgerückt. Eine Bewegung des Bremsschiebers in der Achsenrichtung hingegen wird durch die Wandermutter des Teufenzeigers gegen Fahrtende herbeigeführt. Damit wird erreicht, daß von einem bestimmten Wegpunkte im Auslaufabschnitt ab — entsprechend der Annäherung der Förder-

[1]) Z. Berg-, Hütten-, Sal.-Wes. 1904, S. 328—331.

körbe an ihre Anschlagspunkte „Hängebank“ bzw. „Füllort“ — automatisch eine Geschwindigkeitsabnahme eintritt, wobei gleichzeitig auch die in der Frischdampfzuleitung der Fördermaschine befindliche Drosselklappe allmählich geschlossen, die Dampfzufuhr also abgesperrt wird.

In Abb. 154 ist der Schimitzeksche Sicherheitsapparat in seinen Hauptteilen veranschaulicht. Der statische Fliehkraftregler *R* steht durch ein einfaches Gestänge mit der Drehschieberstange *e* in Verbindung, so daß nach einer Geschwindigkeitsüberschreitung ein allmähliches Einrücken der Bremse erzielt wird. Die Wandermutter *b* des Teufenzeigers betätigt dagegen den Bund einer zwischen den beiden Schraubenspindeln befindlichen senkrechten Stange *f* in gleicher Weise, wie wir es bei dem Apparat von Karlik-Witte kennengelernt haben (vgl. Abb. 150 „*c*“ und „*o*“). Durch eine solche Verschiebung der senkrechten Stange *f* wird nun vermittels einer Hebelübersetzung die Stange *e* in ihrer Längsrichtung bewegt, der Drehschieber also in Achsenrichtung verschoben und damit die Bremse allmählich eingerückt. Zugleich wird durch die bewegliche Stange *f* auch die Alarmglocke *g* zum Ertönen gebracht und ferner noch die Drosselklappe in der Frischdampfzuleitung der Fördermaschine verstellt. Bei der Drosselklappe ist jedoch die Einrichtung getroffen, daß sie unabhängig von dem Sicherheitsapparat jederzeit vom Maschinenführerstande aus wieder geöffnet werden kann, um im Bedarfsfalle die Frischdampfzuleitung für den Gegendampf wieder frei zu machen. Eine Umstellung von Güterförderungs- auf Seilfahrtsgeschwindigkeit und umgekehrt geschieht in einfacher Weise durch die Betätigung eines Hebels vom Maschinenführerstande aus.

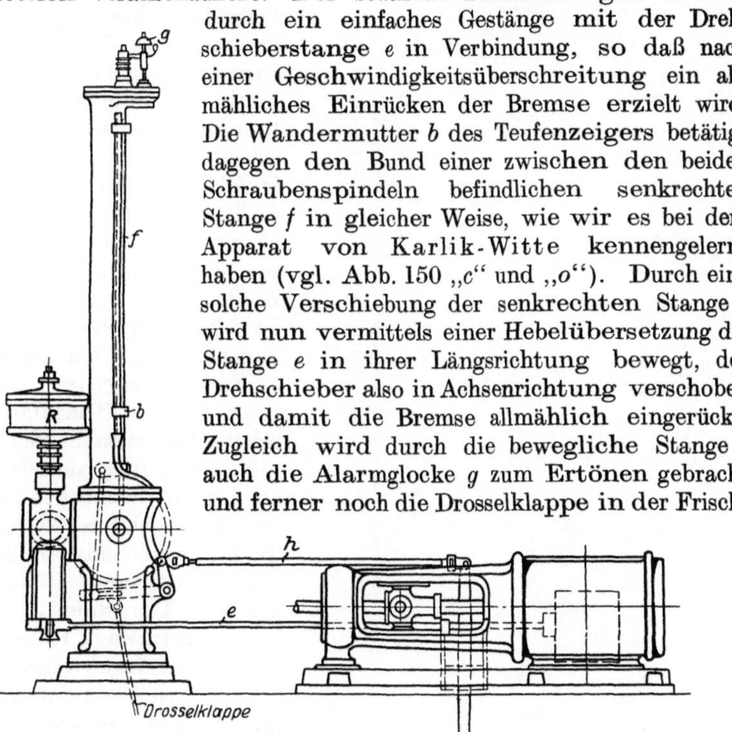

Abb. 154.

Nach den gleichen Grundlagen wie der Müllersche Sicherheitsapparat arbeitet auch jener der Wilhelmshütte A. G., Eulau i. Schl. Während aber bei dem Apparat von Müller eine durch die Eigenschaften des verwendeten statischen Fliehkraftreglers bestimmte Geschwindigkeitsabnahme im Auslaufabschnitt festliegt, ist es der Wilhelmshütte durch den Einbau einer Kulisse am Teufenzeiger gelungen, den Geschwindigkeitsverlauf gegen Ende der Fahrt beliebig zu gestalten.

In der Abb. 155 ist der Aufbau dieses Sicherheitsapparates schematisch dargestalt. Im Gleichlaufabschnitt wird bei einer Geschwindigkeitsüberschreitung der im Punkte *c* an die Reglermuffe angeschlossene Hebel *b*—*d* und damit die Schieberstange des Bremsschiebers *f* lediglich durch den stark statischen Fliehkraftregler *R* beeinflußt, die Bremse also gegebenenfalls eingerückt. Gegen Fahrtende aber wirken sowohl der Regler *R* wie auch vermittels eines Zwischengetriebes die Teufenzeigerkulisse *e* auf den Hebel *b*—*d* ein, dergestalt, daß bei einer vorschriftsmäßigen Geschwindigkeitsabnahme der allmählich langsamer laufende Regler *R* wohl den Hebelpunkt *c* abwärts bewegt, die Teufenzeigerkulisse *e* dagegen den Hebelpunkt *d* aufwärts drückt. Der Bremsschieber *f* bleibt dadurch in Ruhe. Wird jedoch an irgendeinem Wegpunkte des Auslaufabschnittes die erlaubte Geschwindigkeit überschritten, dann wird der Bremsschieber *f* durch den Regler *R* angehoben und damit die Bremse zum Eingriff gebracht. Nach eingetretener gewünschter Geschwindigkeitsverminderung erfolgt dann wieder eine selbsttätige Lüftung der Bremse. Eine Einwirkung auf die Frischdampfzufuhr in die Fördermaschine wird dadurch herbeigeführt, daß von einem bestimmten Wegpunkte ab das Drosselventil vom Teufenzeiger geschlossen wird, wobei aber dem Maschinenführer stets die Möglichkeit bleibt, das Drosselventil für Gegendampfgeben sofort wieder zu öffnen. Bei einem Auslegen des Steuerhebels in die falsche Fahrtrichtung zu Beginn eines Förderzuges kommt die Bremse augenblicklich zur Wirkung.

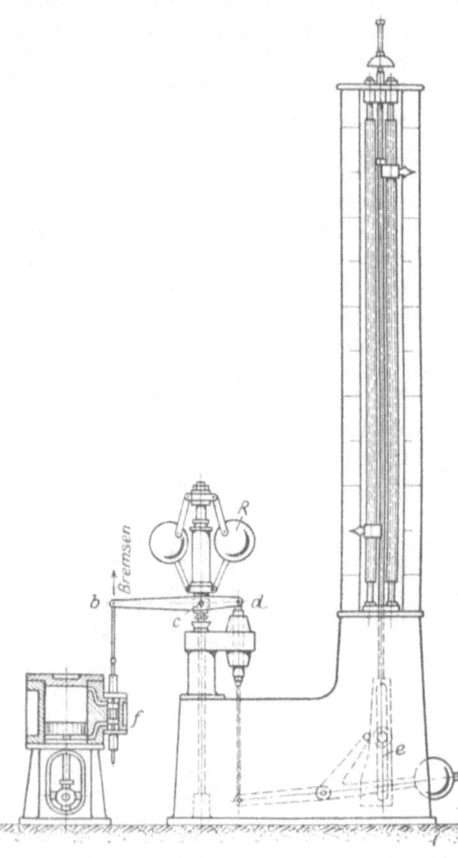

Abb. 155.

Durch das Zusammenwirken von Teufenzeigerkurve und Bremse wird aber nicht nur der Auslaufabschnitt geregelt, bei einer Umkehrung des Fördermaschinenganges findet in gleicher Weise auch eine der Endfahrt genau entsprechende Überwachung des Beschleunigungsabschnittes statt, indem ein zu schnelles Anfahren durch die Auslösung der Bremse verhindert wird. Der Geschwindigkeitsverlauf für die Anfahrt und für den Auslaufabschnitt fallen sonach gleich groß aus.

c) Sicherheitsapparate mit Einwirkung auf Bremse und Steuerung.

Die im Laufe der Jahre immer weiter gesteigerten Anforderungen an den gesamten Schachtförderbetrieb haben notwendigerweise auch zu einer Weiterbildung der Sicherheitsapparate geführt.

Wir erinnern uns noch an die weiter oben gestellte Forderung, wonach das erstrebenswerte Ziel für die gute Wirksamkeit der Sicherheitseinrichtungen einer jeden Hauptschachtfördermaschine in der selbsttätigen Wiederlösung der Bremse nach erfolgter Herabminderung der Fahrgeschwindigkeit auf das vorgeschriebene Maß nicht erschöpft ist, sondern daß es ebenso wichtig ist, eine regelbare, sanfte Bremswirkung zu erzielen. Weiterhin darf aber nicht übersehen werden, daß die alleinige Anwendung der Bremse zur Verhütung gefährlicher Geschwindigkeitsüberschreitungen mit einem nachfolgenden Stillsetzen der Maschine sehr unzweckmäßig und auch unzulänglich ist. Sie ist unzweckmäßig, weil bei einer erforderlich werdenden Geschwindigkeitsverminderung die durch Triebdampf erzeugte und in der Maschine aufgespeicherte Energie künstlich vernichtet werden muß, unzulänglich wiederum, weil die Bremse als einziges Hilfsmittel im Gefahrenfalle sowohl an sich wie auch infolge eines Versehens des Maschinenführers versagen oder aber unzeitig eingreifen kann. Was war daher natürlicher als nach Sicherheitsapparaten Umschau zu halten, die zunächst jede Geschwindigkeitsüberschreitung augenblicklich durch eine zwangläufige Absperrung der Triebkraft beantworten. Erst, wenn die Absperrung der Energiezufuhr zur Hemmung der Maschinenbewegung bzw. zum Stillsetzen der Maschine nicht hinreicht, dann erst müßte die Bremse wirksam werden. Dadurch kam man zu der Überzeugung, daß die Sicherheitsfrage der Fördermaschinen in erster Linie im Zusammenhange mit einer zwangläufigen Regelung der Energiezufuhr gelöst werden muß.

Es war sonach ein entscheidender Schritt in der Entwicklung der Sicherheitseinrichtungen, als es gelang, einen Apparat herzustellen, der nicht nur auf die Bremse, sondern auch auf die Steuerung einwirkte, so zwar, daß bei einer unzulässigen Geschwindigkeitsüberschreitung zunächst der Steuerhebel in die Nullage zurückgeführt wird.

Von diesem Grundgedanken ausgehend haben die Gutehoffnungshütte, die Friedrich Wilhelmshütte (1909) u. a. seinerzeit mehrfach ausgeführte Sicherheitsapparate mit einer selbsttätigen Einwirkung auf Bremse und Steuerung auf den Markt gebracht.

Ähnlich dem Apparat der Wilhelmshütte A. G. gemäß Abb. 155 steht bei diesen Sicherheitsvorrichtungen der Teufenzeiger mit einem gegen das Fahrtende wirkenden Kurvenstück und dieses wiederum durch ein Zwischengetriebe mit der Reglermuffe des statischen Fliehkraftreglers in Verbindung. Von diesem Zwischengetriebe werden nun zwei Gestänge abgeleitet, das eine für den Bremshebel, das zweite für den Steuerhebel. Die Abb. 156 zeigt eine treffliche schematische Darstellung eines derartigen Sicherheitsapparates in einer älteren Ausführung der Gutehoffnungshütte nach Schellewald[1]).

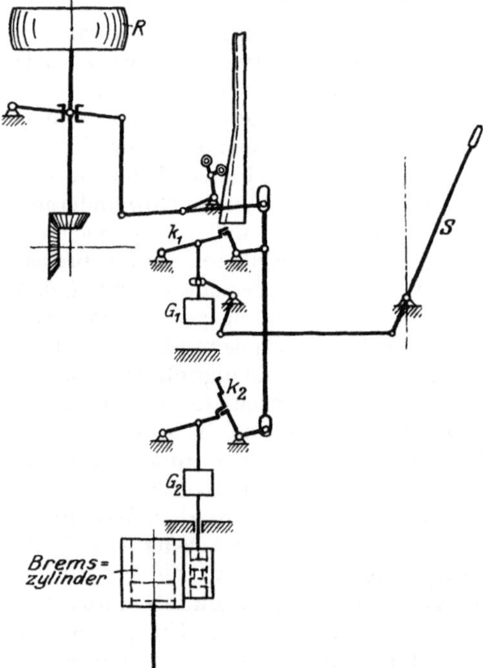

Abb. 156.

Im Gleichlaufabschnitt wird beispielsweise bei einer Überschreitung der zulässigen Fahrgeschwindigkeit durch die ansteigende Reglermuffe des Fliehkraftreglers R zunächst das zum Steuerhebel S führende Gestänge k_1 ausgeklinkt. Dadurch wird ein mit dem Steuerhebel verbundenes Gegengewicht G_1 zur Wirkung gebracht und der Hebel S in die Nullstellung zurückgezogen. Genügt die Absperrung der Energiezufuhr nicht, steigt also die Geschwindigkeit noch weiter an — was insbesondere bei einer negativen Last der Fall ist, wobei die Steuerung durch den Maschinenführer bereits auf Gegendampf bzw. Staudampf ausgelegt worden ist —, dann wird auch das Bremsgestänge k_2 ausgelöst, und die Bremse wird durch die Einwirkung eines Gegengewichtes G_2 stufenweise eingerückt.

Unterläßt der Maschinenführer zu Beginn des Auslaufabschnittes ein Zurücklegen des Steuerhebels in die Nullstellung, dann findet gleichfalls eine — und zwar von dem Zusammenwirken von Fliehkraftregler und Kurvenstück des Teufenzeigers abhängige — Ausklinkung des Steuerhebelgestänges statt. Gegen Ende der Fahrt wird bei einer Überschreitung der vorgeschriebenen Auslaufgeschwindigkeit dann noch das Bremsgestänge und damit die Bremse ausgelöst. Infolge der baulichen Anordnung der Auslaufsicherung (Fliehkraftregler und Kurven-

[1]) Schellewald, Dr.-Ing. Max: Dynamik, Regelung und Dampfverbrauch der Dampffördermaschine. Berlin: Julius Springer 1918.

stück) wirkt der Apparat in gleicher Weise auch bei der Anfahrt auf die Maschine ein, indem er ein zu schnelles Anfahren dadurch verhindert, daß bei einer Überschreitung der zulässigen Geschwindigkeit in irgendeinem Punkte des Anfahrweges die Steuerung in die Mittellage zurückgebracht und weiterhin die Bremse in Tätigkeit gesetzt wird.

Die Umschaltung des Apparates von Güterförderung auf Seilfahrt geschieht durch eine Änderung im Gestänge, wodurch entsprechend der verminderten Geschwindigkeit die gleichen Einwirkungen auf Steuerhebel und Bremse erfolgen.

Ein grundlegender Nachteil dieser und aller ähnlicher Sicherheitsapparate besteht aber darin, daß sowohl für den Auslauf wie auch für das Anfahren der Maschine der gleiche Geschwindigkeitsverlauf zwingend vorbestimmt ist. Daraus folgt, daß sowohl die Beschleunigung wie auch die Verzögerung gleich groß werden. Die Anfahrbeschleunigung der Dampffördermaschine mit ihren von der jeweiligen Belastung abhängigen, verschieden großen Anfahrmomenten bleibt demnach beschränkt, im Gegensatz zu der elektrischen Gleichstromfördermaschine in Leonardschaltung, bei der ja die Umlaufzahl des Fördermotors von der Größe und Richtung der Belastung nahezu unabhängig ist. Dieser Übelstand in der Behinderung der freien Anfahrt hat namentlich wegen des damit verbundenen Zeitverlustes wesentlich dazu beigetragen, daß die damaligen Sicherheitseinrichtungen der Dampffördermaschinen sich lange Zeit hindurch keiner besonderen Beliebtheit erfreuten. Als man aber erkannte, daß der Dampffördermaschine ein frei bleibendes Anfahren unbedingt gesichert werden muß, wobei jedoch nach wie vor eine Überschreitung der vorgeschriebenen Fahrgeschwindigkeit zu verhindern ist, erlangte auch der auf der Grundlage des zwangläufigen Zusammenwirkens von Regler, Steuerung und regelbarer Bremse aufgebaute Sicherheitsapparat die ihm gebührende Beachtung.

Nachdem so die reine Forderung einer weitgehenden Sicherung erfüllt war, tauchte bald danach noch das Verlangen nach einer Vorrichtung auf, die nicht nur eine sicherheitlich, sondern auch eine wirtschaftlich günstige Fahrweise erzwang bzw. unterstützend ermöglichte und damit eine wirtschaftliche Arbeitsweise der Dampffördermaschine gewährleistete. Die bauliche Durchbildung derartig selbsttätig wirkender Einrichtungen, die man als die eigentlichen Steuerungs- oder Fahrtregler zu bezeichnen pflegt, und die wir noch später kennenlernen werden, bilden den Höhepunkt in der bisherigen Entwicklung der Sicherheitsvorrichtungen.

3. Anfahrsicherungsvorrichtung.

Der Forderung, daß bei Beginn eines jeden Förderzuges ein unrichtiges Anfahren, d. h. das völlige Auslegen des Steuerhebels in der falschen Fahrtrichtung und damit ein Hochtreiben des oberen Förderkorbes unbedingt vermieden werden muß, wurde anfangs lediglich durch zwei mechanisch betätigte, gegen Ende des Förderzuges vor dem Maschinenführer sichtbar werdende Warnungsschilder Rechnung getragen. Diese Einrichtung bestand darin, daß die Wandermutter des Teufenzeigers gegen Fahrtende ein Schild mit der Aufschrift „Rückwärts“, am Ende der Abwärtsfahrt ein entsprechendes mit der Aufschrift „Vorwärts“ erscheinen ließ und auf diese Weise den Maschinenführer warnte, den Steuerhebel bei Beginn des nächsten Förderzuges nach der falschen Seite auszulegen. Diese als Vorläufer der sog. „Anfahrregler“ — oder besser „Anfahrsicherungsvorrichtungen“, da ja mit diesen Apparaten lediglich eine Sicherung gegen ein unrichtiges Auslegen des Steuerhebels, nicht aber eine zwangläufige Regelung des Anfahrweges hinsichtlich einer wirtschaftlichen Fahrweise beabsichtigt ist — anzusehende einfache Zeichengebung verhinderte also keineswegs, beim Beginn eines Förderzuges mit voller Maschinenleistung in der falschen Richtung anzufahren, weil sie den Maschinenführer an einer verkehrten Steuerhebelauslage nicht hinderte. Man ging deshalb dazu über, den Maschinenführer beim Beginn einer falschen Hebelauslage sofort auf seinen Fehler aufmerksam zu machen, indem man in die Bahn des Steuerhebels eine Sperrung einschaltete, die das weitere Auslegen des Hebels hemmte, die Auslegung in der erforderlichen Richtung aber gestattete.

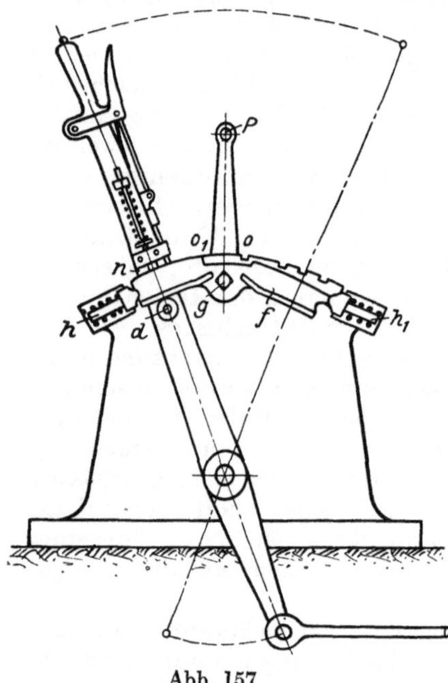

Abb. 157.

Die erste Anfahrsicherungsvorrichtung dieser Art rührt von Bruckschher (1899). Ein falsches Anfahren wird hier dadurch verhütet, daß die Möglichkeit der Steuerhebelauslage zu Beginn eines jeden Förderzuges von der vorhergehenden, also eben beendigten Fahrt abhängig ist. Die Sicherheitsvorrichtung gestattet es sonach nicht, von der Ruhelage aus den Steuerhebel nochmals in die vorhergehende Richtung auszulegen. Wird also beispielsweise der Hebel auf Vorwärtsgang eingeschaltet, so wird damit auch gleichzeitig ein sperrender Widerstand betätigt, der wohl ein Zurücknehmen des Steuerhebels in die Nullage und ebenso auch das Auslegen nach der anderen Seite erlaubt, aber von dem Augenblick an, wo der Steuerhebel die Nullage erreicht hat, eine erneute Auslage auf Vorwärtsfahrt verhindert. Diese Vorrichtung setzt mithin voraus, daß die Steuerhebelbewegung im Takte der abwechselnden Züge erfolgt, was aber keineswegs immer der Fall zu sein braucht, beispielsweise beim Lasteinhängen, wo mit Gegendampf gearbeitet wird.

Eine Verbesserung dieser auf der Einschaltung einer Sperrung beruhenden Art der Anfahrsicherungsvorrichtung stellt der Apparat von Strnad[1]) (Abb. 157) dar. Der wesentliche Bestandteil dieser Einrichtung ist ein um den festen Drehpunkt g beweglicher wagerecht gelagerter Sperrhebel f mit den Nasen o und o_1. Wird beispielsweise der Steuerhebel nach links auf Vorwärtsgang ausgelegt, dann stößt die am Steuerhebel sitzende Rolle d gegen den linken Teil des Sperrhebels f und bringt diesen dadurch in die gezeichnete schräge rechte Lage. Die am Steuerbock angebrachte Federbüchse h springt hierbei mit ihrer abgerundeten Spitze in eine entsprechende Einkerbung des Sperrhebels ein und klemmt diesen dadurch fest. Folgt nun, nachdem der Steuerhebel in seine Mittellage zurückgebracht worden ist, eine Hebelauslage für den Rückwärtsgang nach rechts, dann läßt die in der Tieflage stehende Nase o die am Steuerhebel sitzende Klinke n und damit auch den Hebel ungehindert hinweggleiten, wobei der Sperrhebel f durch die Rolle d im linken Drehsinn um den festen Drehpunkt g bis zur Einklinkung der Federbüchse h_1 bewegt wird, während eine erneute Auslage des Steuerhebels in die Linksstellung aber durch die gegen die angehobene Nase o_1 stoßende Klinke n verhindert wird. Ein gewünschtes wiederholtes Auslegen des Steuerhebels in derselben Fahrtrichtung kann jedoch durch eine Betätigung des Hebels g—p und damit des Sperrhebels f von Hand herbeigeführt werden. Außerdem gestattet der Spielraum zwischen den beiden Nasen o und o_1 den Steuerhebel in der Nähe der Nullage für Manövrierzwecke frei zu bewegen.

Eine bessere Lösung der Anfahrsicherung besteht darin, die Auslegung des Steuerhebels in eine Abhängigkeit von der jeweiligen Stellung der Förderkörbe zu bringen. Bei einer jeden Endstellung der Körbe ist ja für die neue Fahrt eine ganz bestimmte Hebelauslage erforderlich. Dies kann nun in leichter Weise dadurch erreicht werden, daß eine vom Korbstande abhängige Sperrung in die Bahn des Steuerhebels eingeschaltet wird, die eine völlige Auslegung des Hebels nur nach der richtigen Seite gestattet.

Eine solche, also von der Stellung der Förderkörbe abhängige Anfahrsicherungsvorrichtung für Dampffördermaschinen ist erstmalig von Hussmann im Jahre 1906 angegeben worden. Die Abb. 158 zeigt diese Vorrichtung. Ein von der Steuerwelle w durch eine Schnecke s angetriebenes Schneckenrad S ist mit zwei Vorsprüngen a und b versehen. Außerdem sitzt auf der Schneckenradwelle eine mit den Nocken N der Ventilsteuerung und dem Steuerhebel H durch ein Gestänge in Verbindung stehende Kurbel K lose auf. Die in der Abbildung dargestellte Schneckenradstellung entspricht der Endstellung der Vorwärtsfahrt, d. h. der Anschlag a hat — von links kommend — gegen

[1]) Glückauf 1912, S. 115.

Fahrtende die auf „vorwärts“ ausgelegte Kurbel K und damit die Steuerung aus der strichiert angedeuteten Lage zwangsweise in die Mittellage gebracht. Eine erneute Auslage der Steuerung auf Vorwärtsfahrt wird also durch den Anschlag a verhindert, der Steuerhebel H kann jetzt nur noch auf Rückwärtsfahrt ausgelegt werden. Nach erfolgter Hebelauslage auf Rückwärtsfahrt bewegt sich dann der Anschlag b im rechten Drehsinn und bringt gegen Ende des Förderzuges die Kurbel K und sonach auch die Steuerung allmählich wieder in die Mittelstellung zurück. Ein kleiner Spielraum zwischen den Anschlägen und der beweglichen Kurbel K in ihren Steuerhebelmittellagen gibt dem Maschinenführer die Möglichkeit, für das Umsetzen der Förderkörbe noch etwas Frischdampf in die Zylinder eintreten, die Maschine also mit einer für das Manövrieren erforderlichen kleinen Geschwindigkeit fahren zu lassen.

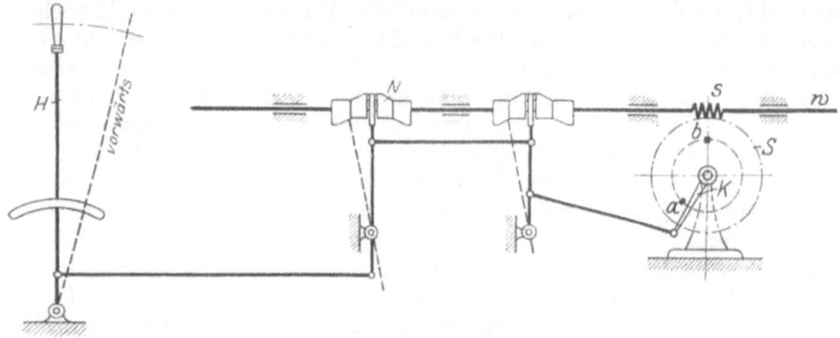

Abb. 158.

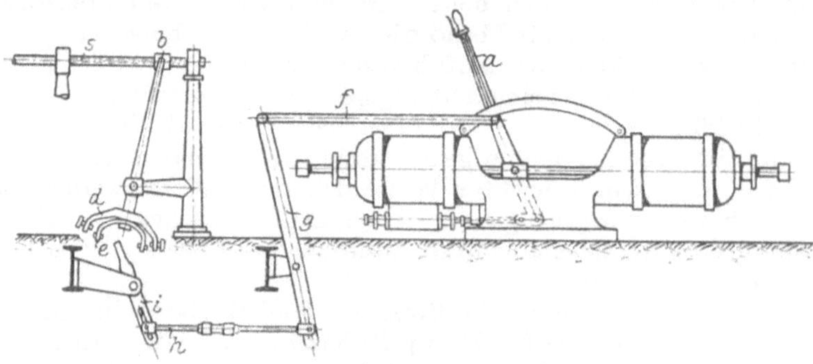

Abb. 159.

Durch die bauliche Anordnung der Hussmannschen Sicherheitsvorrichtung wird also nicht nur ein völliges Auslegen des Steuerhebels in der falschen Richtung verhindert, es wird gleichzeitig auch eine Einwirkung auf die Endfahrt erzielt, indem die Steuerung gegen Ende des Förderzuges zwangsweise in die Nullage zurückgeführt wird. Mit anderen

Worten: die in erster Linie für die Sicherung der Anfahrt bestimmte Vorrichtung enthält zugleich auch eine Art Endfahrtregelung. Bei einer ausgesprochenen Regelung der Endfahrt erfolgt allerdings das Zurücklegen des Steuerhebels, wie später noch gezeigt wird, vermittels eines eingeschalteten Kurventeiles. In gleicher Weise kann auch die Anfahrt durch einen besonderen Kurventeil zwangläufig derart geregelt werden, daß ein rasches Auslegen des Steuerhebels auf volle Maschinenleistung nicht möglich ist, eine Maßnahme, wie sie später beim Bau der den ganzen Förderzug überwachenden Steuerungs- oder Fahrtregler Anwendung gefunden hat.

Eine von der Aktiengesellschaft Isselburgerhütte in Isselburg a. Rh. angegebene Ausführungsart der Sperrung einer falschen Anfahrsteuerung mit gleichzeitiger Rückführung des Handhebels am Ende des Förderzuges veranschaulicht die Abb. 159. Der Steuerhebel *a* wird bei dieser Sicherungsvorrichtung gegen Fahrtende durch die auf einer flachgängigen Schraube *s* wandernde Mutter *b* unter Vermittlung des Steuergestänges *f*, *g*, *h*, *i* und des federnden Bügels *e* in die Nullage zurückgebracht, wobei aber der biegsame Bügel *e* noch ein Auslegen des Steuerhebels in der Fahrtrichtung so weit gestattet, daß bis auf einige Meter über die Hängebank hinausgefahren werden kann. Ein Anfahren in der falschen Richtung wird dadurch unmöglich gemacht, daß sich der Bügel *e* gegen den, gegenüber der Muskelkraft des Maschinenführers als starr anzusehenden steiferen, größeren Bügel *d* anlegt.

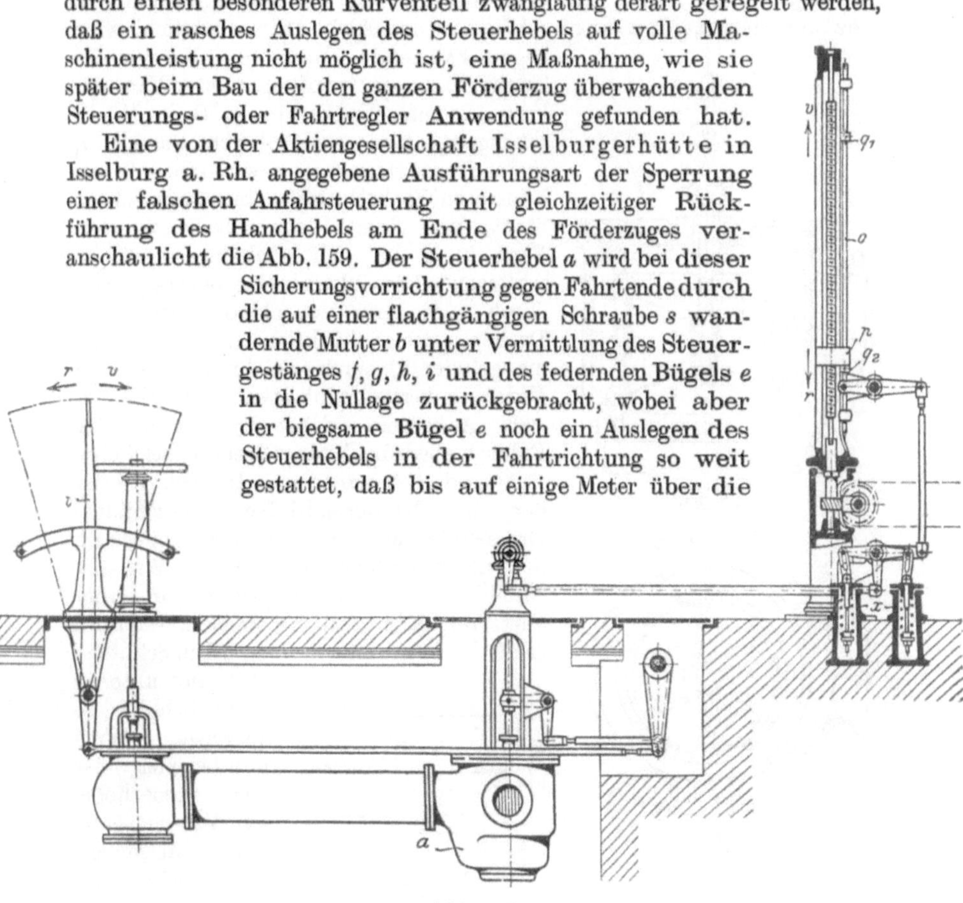

Abb. 160.

Eine gleichfalls von Hussmann stammende, für Fördermaschinen mit Kulissensteuerung bestimmte Anfahrsicherungsvorrichtung zeigt die Abb. 160. Sie wurde von der früheren Maschinenbau-A. G. „Union", Essen, gebaut. Bei dieser Vorrichtung wirkt jedoch die Sperrung nicht auf die Steuerteile ein, sondern auf einen Drosselschieber und zwar dergestalt, daß bei einer unrichtigen Steuerhebelauslage die Dampfzuführung zur Maschine bis auf einen für ein Manövrieren ausreichenden Betrag überhaupt abgesperrt wird. Die eigentlichen Steuerteile bleiben also völlig frei, so daß der Steuerhebel beim Umsetzen der Förderkörbe, wie es ja die Maschinen mit Kulissensteuerung gelegentlich erfordern, ganz ausgelegt werden kann. Wie aus der Abb. 160 ersichtlich, wird gegen Fahrtende durch die Nase p der Teufenzeigerwandermutter unter Vermittlung des unteren Bundes q_2 (beim Rückwärtsgang) bzw. des oberen Bundes q_1 (beim Vorwärtsgang) sowie eines federbelasteten Winkelhebels, einer wagerechten Stange und eines Kegelräderpaares eine Verdrehung des im Gehäuse a eingeschlossenen Drosselschiebers bewirkt. Dadurch wird eine verschieden gerichtete Drehung des Schiebers aus seiner bei mangelnder Einwirkung durch die beiden Federn x herbeigeführten Mittellage erzielt. Außerdem erhält der Drossel- oder Fahrschieber durch den Steuerhebel i eine Auf- und Abbewegung. In Abb. 161 ist der als Kolbenschieber ausgebildete Drosselschieber einschließlich Gehäuse im Schnitt gesondert dargestellt. Wie die Abbildung zeigt, ist der Schieber in seiner Mitte mit Schlitzen k versehen, während das Gehäuse in seinem oberen Teil Schlitze l und im unteren Teile Schlitze m aufweist. Wird nun beispielsweise der Steuerhebel auf Vorwärtsgang voll ausgelegt, dann wird der Drosselschieber so weit angehoben, daß die Schlitze k und l zusammen kommen, wohingegen bei einer Auslage des Hebels auf Rückwärtsgang der Kolbenschieber bis zu einem Zusammenfallen der Schlitze k mit den unteren Gehäuseschlitzen m abwärts bewegt wird. Die Abb. 162 stellt eine teilweise Mantelabwicklung des Schiebers dar. Sowohl bei der Mittelstellung des Steuerhebels wie auch am Ende der Rückwärtsfahrt nimmt der Schieberschlitz k die Lage k_l ein, während er am Ende der Vorwärtsfahrt in die Stellung k_r rückt. Wird also der Steuerhebel bei richtiger Einschaltung auf Vorwärtsgang ausgelegt, dann kann ungedrosselter

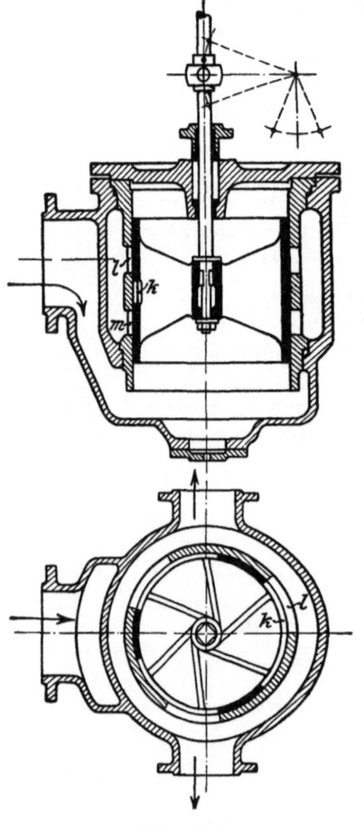

Abb. 161.

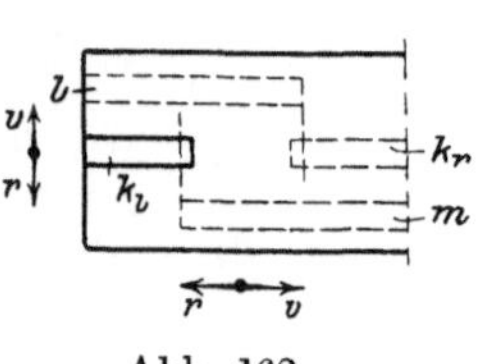

Abb. 162.

Frischdampf über den Kanal l in den Zylinder gelangen. Ein Auslegen des Steuerhebels auf Rückwärtsfahrt, wie es beispielsweise gelegentlich des Umsetzens der Förderkörbe erforderlich ist, läßt dagegen nur gedrosselten Frischdampf in die Maschine einströmen. Gegen Ende der Rückwärtsfahrt kann durch eine Hebelauslage auf Vorwärtsgang eine kräftige Gegendampfwirkung erzielt werden.

Den gleichen Grundgedanken, nämlich den der selbsttätigen Absperrung der Dampfzuführung zur Maschine als Sicherung gegen ein unrichtiges Anfahren, hat auch Iversen bereits bei seinem ersten, aus dem Jahre 1907 stammenden hydraulischen Fahrtregler angewendet, und zwar in einer einfacheren Ausführung[1]).

Die Abb. 163 zeigt die Gesamtanordnung dieser älteren Iversenschen Vorrichtung mit eingebauter Anfahrsicherung in der Stellung für eine Hebelauslage auf Rückwärtsfahrt. Wird nämlich der Steuerhebel H nach rechts in die Stellung R ausgelegt, dann wird durch den um den festen Drehpunkt d beweglichen Winkelhebel f und die kulissenartige Stange c das Drossel- oder Fahrventil a dem Hebelausschlage entsprechend bis zum völligen ungedrosselten Dampfdurchlaß geöffnet, während eine Auslegung des Hebels H auf Vorwärtsgang bei dieser Stellung der Stange c nicht möglich ist. Erst, wenn gegen Ende der Fahrt vom Teufenzeiger aus die kulissenartige Stange c durch das Gestänge g in die strichiert angedeutete entgegengesetzte Lage gebracht worden ist, wird das Ventil für die Hebelauslage auf Vorwärtsgang freigegeben, für die Rückwärtsfahrt dagegen gesperrt. Die selbsttätige Absperrung der Dampfzuführung ist hierbei aber keine vollständige, so daß am Anfang und am Ende des Förderzuges ein für das sichere Manövrieren erforderlicher geringer Betrag gedrosselten Frischdampfes in den Zylinder eingelassen werden kann.

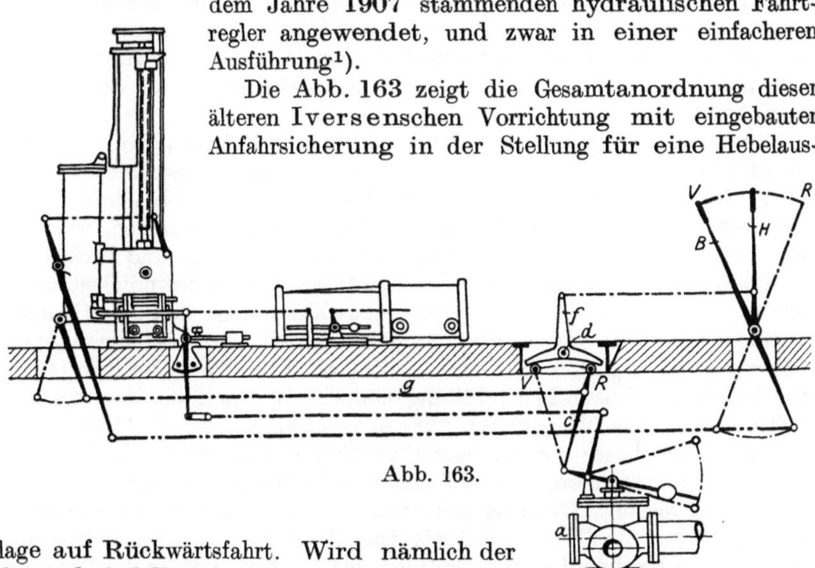

Abb. 163.

[1]) Z. V. d. I. 1907, S. 1565.

4. Steuerungs- oder Fahrtregler.

a) Allgemeines.

Man hatte lange vergeblich versucht, für die Dampffördermaschine mit den spezifischen Grundeigenschaften der Kolbendampfmaschine eine Vorrichtung zu schaffen, die bei einem unzulässigen Maschinengang sämtliche erforderlichen Steuerhebelbewegungen selbsttätig ausführt, die also alle sonst vom Maschinenführer anzuwendenden Maßnahmen vornimmt, um die Fördermaschine zur Einhaltung des vorgeschriebenen Bewegungsvorganges zu zwingen. Aus diesem damit festumrissenen Aufgabenkreis ist auch der Name jenes Apparates hervorgegangen. Die Technik bezeichnet ihn als Steuerungs- bzw. Fahrtregler, da er ja zunächst durch Einwirkung auf die Steuerung die Fahrt zu regeln hat.

Die Herstellung einer nahezu selbsttätigen Fahrtregelung ist für die elektrische Gleichstromfördermaschine in Leonardschaltung auf Grund der inneren Eigenschaften des elektrischen Betriebes bald nach ihrer Einführung in verhältnismäßig leichter Weise gelungen, weil ja hier einer jeden Steuerhebelstellung eine von der Größe und Richtung der Belastung fast unabhängige bestimmte Fördergeschwindigkeit entspricht. Anders bei den Dampffördermaschinen mit den spezifischen Grundeigenschaften der Kolbendampfmaschine. Denn bei dieser Maschinengattung ergibt wohl eine bestimmte Steuerhebelauslage stets eine bestimmte Frischdampffüllung und damit auch ein bestimmtes Drehmoment. Im Gegensatz zur Arbeitsweise des Elektromotors schwankt aber dieses Drehmoment im Verlaufe einer Umdrehung in ziemlich weiten Grenzen, so daß deshalb die Größe des Anfahrmomentes nicht allein von der Stellung des Steuerhebels, sondern auch von der jeweiligen Kurbelstellung abhängig ist. Weiterhin ist zu bedenken, daß ein — im Betriebe häufig vorkommendes — Schwanken des Dampfdruckes die Größe des Drehmomentes ungünstig beeinflußt. Berücksichtigt man schließlich noch, daß beim Dampfantrieb der Geschwindigkeitsverlauf während eines Förderzuges in Abhängigkeit von der Belastung steht, daß also jede Abweichung der Belastungsgröße — von jener, die dem theoretisch vorher festgesetzten Bewegungsvorgang zur Grundlage diente — auch das Verhältnis zwischen dem treibenden Maschinenmoment und dem gesamten zu überwindenden entgegengesetzt wirkenden Moment ändert, so erkennt man leicht, welche großen Schwierigkeiten sich dem Bau einer selbsttätigen Fahrtregelung für die Dampffördermaschine entgegenstellten, namentlich aber dann, wenn man neben der weitgehendsten mechanischen Erzwingung eines vorgeschriebenen Geschwindigkeitsverlaufes auch noch alle sicherheitlichen und wirtschaftlichen Forderungen erfüllen wollte.

Versuchen wir nunmehr die Arbeitsweise einer Dampffördermaschine zu verfolgen, die nach einem vorgeschriebenen Bewegungsgesetz betrieben werden soll. Wir wissen, daß bei Beginn eines jeden Förderzuges zunächst der Steuerhebel auf eine bestimmte große Anfahrfüllung eingestellt werden muß. Im Verlaufe des Anfahrabschnittes sind dann die gesamten zu bewegenden Massen zu beschleunigen sowie auch die Nutzlast zu heben, oder anders ausgedrückt: das Drehmoment der Antriebsmaschine hat während des Anlaufabschnittes alle entgegengesetzt wirkenden dynamischen Momente und auch das statische Lastmoment zu überwinden. Außerdem ist aber noch der Schachtwiderstand und ebenso sind auch die Reibungswiderstände innerhalb der Fördermaschine zu bewältigen. Die Größe der Beschleunigung ist hierbei für jeden Punkt des Anfahrweges einmal von dem durch die jeweilige Zylinderfüllung hervorgerufenen Drehmoment mit seiner mehr oder weniger großen Ungleichförmigkeit und den daraus sich ergebenden Geschwindigkeitsschwankungen, dann aber auch von der Belastung abhängig. Hinzu kommt gemäß den Ausführungen im Teil I, Seite 42, noch das Anwachsen des Gesamtwiderstandes, vor allem aber des Schachtwiderstandes mit ansteigender Fahrgeschwindigkeit, der ebenfalls von der Maschine überwunden werden muß, während andrerseits die allmählich größer werdende Maschinengeschwindigkeit eine Zunahme der Durchflußgeschwindigkeit und demzufolge auch eine Druckabnahme des Dampfes durch Selbstdrosselung, also eine Abnahme des Drehmomentes, hervorruft (s. Teil I, Seite 33). Die Beschleunigungswerte haben demnach bei ein und derselben Anlage in den einzelnen Wegpunkten des Anlaufabschnittes nicht immer die gleiche Größe.

Nach Erreichung der höchsten Fahrgeschwindigkeit, also zu Beginn des den Anfahrabschnitt meist unmittelbar ablösenden Abschnittes des Gleichlaufes ist ein wesentlich geringeres, der Belastung und der gleichförmigen Höchstgeschwindigkeit entsprechendes Drehmoment der Antriebsmaschine erforderlich. Im Verlaufe dieses Abschnittes muß die Dampffördermaschine schon aus Gründen einer schonenden Behandlung des Förderseiles eine möglichst gleichbleibende Winkelgeschwindigkeit aufweisen, wozu noch die wirtschaftliche Forderung nach einer günstigen Dampfverteilung im Zylinder hinzutritt. Dies bedingt nicht nur eine Verminderung der Energiezufuhr, es erfordert auch eine genaue Füllungsregelung, die schon bei einer normal-üblichen Belastung der Maschine eine große Geschicklichkeit in der Steuerhebelbedienung von Hand aus und ebenso auch die dauernde Aufmerksamkeit des Maschinenführers in der Überwachung des Teufenzeigers und des Geschwindigkeitsmessers verlangt. Besonders schwierig wird aber die einwandfreie Regelung der Frischdampffüllung durch den Maschinenführer dann, wenn es sich um ein veränderliches Lastmoment — beispielsweise infolge eines unvollkommenen Seilgewichtsausgleiches — oder aber um eine ungewöhnliche Belastung handelt. Bei dem Versuch zur Erzielung einer dem jeweiligen Kraftbedarf angepaßten Einstellung des Steuerhebels werden die einzelnen Drehmomente mehr oder weniger stark um das für die Einhaltung einer gleichförmigen Geschwindigkeit erforderliche Maschinenmoment pendeln und dadurch ein Schwanken in der Winkelgeschwindigkeit des Maschinenganges hervorrufen. Dies hat aber eine Störung der Gleichmäßigkeit der Seilbeanspruchung und ein daraus sich ergebendes Auftreten von dynamischen Zusatzbeanspruchungen des Förderseiles zur Folge.

Die größte Schwierigkeit bietet jedoch der letzte Teil des Bewegungsvorganges, der Auslauf- oder Verzögerungsabschnitt. Da zur Verkürzung der Förderzeit und der damit verbundenen Erhöhung der Förderleistung ein freier Auslauf der Maschine bis auf die Endgeschwindigkeit Null in neuerer Zeit immer seltener vorgesehen ist, so muß eine möglichst große Verzögerung durch die Einwirkung hemmender Kräfte auf die Maschinenbewegung angestrebt werden. Hier liegt aber die Gefahr vor, daß durch die entgegengesetzt wirkenden negativen Momente der Hemmkräfte leicht eine Überschreitung des theoretisch vorher festgesetzten zulässigen Verzögerungswertes hervorgerufen wird. Diese Möglichkeit besteht namentlich bei der Anwendung von Staudampf, dessen negative Kraftwirkung ja, wie wir auf Seite 113 kennengelernt haben, einmal von der Größe der für die Einströmung von gedrosseltem Frischdampf erforderlichen teilweisen Eröffnung des Einlaßventiles, zum andern aber auch in hohem Maße von der Kolbengeschwindigkeit abhängt. Die Bremswirkung des Staudampfes ist also durch die Einstellung des Steuerhebels nicht eindeutig bestimmt, bei ein und derselben Steuerhebelauslage bewirken vielmehr höhere Maschinengeschwindigkeiten kleinere, geringere Geschwindigkeiten dagegen größere negative Kraftwirkungen des Staudampfes. Aber auch bei der Anwendung von Gegendampf ist die Regelbarkeit des negativen Momentes wegen seiner Abhängigkeit von dem jeweiligen Verdichtungsdruck des auf der anderen Kolbenseite im Zylinder verbliebenen Dampfes wenig übersichtlich (vgl. die Ausführungen auf S. 108ff.). Aber gerade gegen Ende des Auslaufes kommt es auf eine gute Regelbarkeit der Hemmwirkung an. Daraus folgt: der Einhaltung einer dem theoretisch vorher bestimmten Bewegungsvorgange zugrunde gelegten gleichbleibenden Verzögerung während des Auslaufabschnittes bietet sowohl der Staudampf- wie auch der Gegendampfbetrieb erhebliche Schwierigkeiten. So muß beispielsweise bei einem zeitweise zu großem Geschwindigkeitsabfall bzw. bei einer zu starken Verlangsamung der Maschinenbewegung erneut Triebdampf für die Beschleunigung der Maschine zugeführt werden. Dies bedeutet aber nicht nur einen unwirtschaftlichen Zeit- und Energieverlust, es wird im besonderen auch ein ungleichförmiger Gang der Fördermaschine und den damit hervorgerufenen Auswirkungen schädlicher Seilschwankungen, des Seilrutsches bei Treibscheibenanlagen, des Seilausspringens aus den Seilrillen u. a. m. hervorgerufen. Naturgemäß verstärken sich diese Schwierigkeiten bei ungewöhnlichen Belastungen, insbesondere aber bei kleinen Nutzlasten sowie bei negativen Lasten.

Die Schwierigkeiten bei der Verwendung von Hemmdampf als Mittel zur Erzielung einer möglichst großen und gleichförmigen Verzögerung haben schließlich dazu geführt, an seiner Stelle bzw. zu seiner Unterstützung für die Einhaltung eines gleichmäßigen und gut regelnden negativen Momentes im Auslaufabschnitt die regelbare Bremse heranzuziehen, jene Einrichtung, die im Laufe der Zeit zu einem wichtigen Hilfsmittel für die selbsttätige Fahrtregelung der Dampffördermaschine geworden ist.

b) Grundgestaltung der Fahrtregler.

Wir haben eben die Arbeitsweise einer Dampffördermaschine und auch den Aufgabenkreis einer selbsttätigen Fahrtregelung kennengelernt und wollen nunmehr versuchen, aus diesen Eigenschaften und Forderungen die Grundlagen für die Gestaltung der Steuerungs- oder Fahrtregler abzuleiten.

Die bauliche Durchbildung muß im Auge behalten, daß der Fahrtregler für den Beginn eines jeden Förderzuges dem Maschinenführer ein völlig freies Auslegen des Steuerhebels nach der jeweils erforderlichen Anfahrrichtung gestatten muß. Weiterhin muß aber auch der Regler im Hinblick auf eine bequeme Manövrierfähigkeit der Fördermaschine eine Einstellung des Hebels von der Nullage aus nach der entgegengesetzten Seite zulassen, weil nicht übersehen werden darf, daß für die Maschinen mit Nockensteuerung, beispielsweise jener mit der Nockenbauart gemäß Abb. 75 auf S. 71, bei der die Manövrierknaggen in unmittelbarer Nähe der Steuerhebelmittellage angeordnet sind, diese auch zur Wirkung gebracht werden müssen. Darüber hinaus muß aber der Regler eine weitere Hebelauslegung unterbinden. Bei Maschinen mit Kulissensteuerung muß sogar aus Gründen, die bereits früher erläutert wurden, ein volles Auslegen des Hebels in der verkehrten Fahrtrichtung möglich sein. Dessenungeachtet ist aber bei beiden Steuerungsarten die Forderung zu erfüllen, daß eine Hebelauslage nach der entgegengesetzten Seite stets erst nach Überwindung eines in die betreffende Bahn eingeschalteten Widerstandes in Gestalt einer Feder oder eines anderen Hemmittels ausgeführt werden kann, damit der Maschinenführer auf diese verkehrte Hebeleinstellung besonders aufmerksam gemacht und bei einer zu Fahrtbeginn versehentlich falsch ausgeführten Hebelbewegung sofort auf seinen Fehler hingewiesen wird.

Im Verlaufe des ersten Abschnittes des Bewegungsvorganges, des Beschleunigungs- oder Anfahrabschnittes, ist dann der auf eine große — dem Anfahrmoment entsprechende — Frischdampffüllung eingestellte Steuerhebel bis zu dem Grade der Energiezufuhr allmählich zurückzunehmen, der eben noch zur Erzeugung jenes Maschinenmomentes hinreicht, um für die jeweilige Belastung die festgesetzte gleichförmige Höchstgeschwindigkeit zu erzielen. Wir wissen bereits, daß diese Forderung sowohl aus Gründen der Dampfersparnis wie auch zur Vermeidung einer zu plötzlichen Änderung der Dampfzufuhr mit ihren schädlichen Einwirkungen auf die Gleichmäßigkeit des Maschinenganges erforderlich ist. Ob man nun diese Energieumstellung von Hand aus leiten lassen oder sie dem Fahrtregler überlassen will, ist für die Sicherung der Anfahrt von untergeordneter Bedeutung. Man kann beispielsweise die Anschauung vertreten, daß dem Maschinenführer nicht jede Betätigungsmöglichkeit abzuschneiden ist, um sein Verantwortungsgefühl zu erhöhen. Ebenso kann man auch etwa aus wirtschaftlichen Erwägungen einer mechanischen Regelung den Vorzug geben. Immerhin zulässig und möglich sind beide Ausführungsarten. Erforderlich ist lediglich eine Rückführung des Steuerhebels durch den Maschinenführer, wobei aber der Fahrtregler sofort ansprechen muß, wenn die jeweilige zulässige Anfahrgeschwindigkeit überschritten wird. Eine Regelung der Anfahrt durch den Steuerungsregler ist sonach vom sicherheitlichen Standpunkte aus nicht zu verlangen. Doch gibt es bereits gute Fahrtreglerausführungen, die aus Gründen eines günstigen Dampfverbrauches eine allmähliche Zurückführung des Steuerhebels während des Anfahrabschnittes mechanisch erzwingen.

Anders ist es dagegen im Gleichlaufabschnitt. Hier muß der Bewegungsvorgang der Fördermaschine vom Fahrtregler beherrscht werden, derart, daß bei einer Geschwindigkeitsüberschreitung der Steuerhebel zurückgelegt und, wenn dies allein nicht genügt, noch die regelbare Bremse mit zunehmendem Bremsdruck eingerückt wird.

Eine wesentliche, vom Fahrtregler zu erfüllende Bedingung ist aber die einwandfreie Regelung des wichtigsten Abschnittes des Bewegungsvorganges, des Auslaufabschnittes. Der Fahrtregler hat hier zunächst zu Beginn der Endfahrt den Steuerhebel je nach Größe der Belastung und der Geschwindigkeit früher oder später in die Nullage zurückzubringen und ihn in dieser Stellung festzuhalten. Außerdem hat er eine zu hohe Auslaufgeschwindigkeit durch die Einwirkung der regelbaren Bremse zu verhüten, wobei es dem Maschinenführer aber unbenommen bleiben muß, auch noch Hemmdampf zu geben. Eine zwangläufige Einstellung des eingreifenden Steuerungsreglers auf Hemmdampf insbesondere auch bei einem Übertreiben der Förderkörbe wird jedoch nicht gefordert. Dagegen muß der Regler bei einem Übertreiben eine unmittelbar auf den Seilträger einwirkende Bremse mit vollem Bremsdruck zur Auslösung bringen.

Schließlich ist an den Fahrtregler noch die Forderung zu stellen, daß er etwa durch die Anordnung einer besonderen Teufenzeigerkurve in gleicher Weise auch bei den geringeren Seilfahrtgeschwindigkeiten auf Steuerung und regelbare Bremse einzuwirken hat, und daß die Umschaltung von Güterförderung auf Seilfahrt vom Maschinenführerstande aus leicht und bequem vorzunehmen ist, wobei gleichzeitig dem Maschinenführer die erfolgte Umstellung auf Seilfahrtgeschwindigkeit durch ein Schild mit entsprechender Aufschrift deutlich sichtbar erscheinen muß.

Zusammenfassend kann über die an einen neuzeitigen Fahrtregler zu stellenden Anforderungen also gesagt werden, daß von ihm zwar keine zwangläufige Regelung des gesamten Bewegungsvorganges — also vom Beginn bis zur Beendigung des Förderzuges — verlangt wird, immerhin muß dieser aber eine stetige Einwirkung auf die Energiezufuhr haben, so daß er während der ganzen Dauer der Fahrt bei einer Überschreitung einer gewissen Geschwindigkeit eingreifen kann. Daneben muß jedoch für den Maschinenführer die Möglichkeit bestehen, im Verlaufe des Förderzuges jederzeit die Energiezufuhr in beiden Fahrtrichtungen in ausreichendem Maße einstellen zu können. Weiterhin muß der Fahrtregler sowohl den Gleichlauf- als auch den Auslaufabschnitt durch die Einwirkung auf Steuerung und regelbare Bremse vollkommen beherrschen, während eine zwangläufige Regelung der Anfahrt aus wirtschaftlichen Gründen wohl erwünscht, aber vom sicherheitlichen Standpunkte aus nicht zu fordern ist. Desgleichen bleibt eine zwangläufige Einstellung der Steuerung auf Hemmdampf freigestellt. Der Fahrtregler muß dagegen eine Anfahrsicherung aufweisen, die ein Auslegen des Steuerhebels in der verkehrten Richtung wohl gestattet, aber erst nach Überwindung eines eingeschalteten Hemmittels und dann auch nur bis zu dem Grade, der für das Manövrieren der Fördermaschine erforderlich ist. Bei einer Verstellung des Teufenzeigers, wie sie beispielsweise bei den Treibscheibenanlagen vorkommt, muß auch die Teufenzeigerkurve zwangläufig entsprechend verstellt werden können.

Die im Vorstehenden aufgeführten Grundsätze für die bauliche Ausgestaltung der Fahrtregler decken sich auch vollinhaltlich mit den von der Preußischen Seilfahrt-Kommission aufgestellten Leitsätzen[1]). Diese fordern von den Fahrtreglern die Erfüllung der nachfolgenden Bedingungen:

a) Bei der Anfahrt darf der Steuerhebel in verkehrter Richtung nur gegen eine vorgespannte Feder oder eine entsprechende Hemmung ausgelegt werden können und nur soweit es für das Steuern der Maschine nötig ist;

b) er muß beim Übertreiben eine unmittelbar auf die Trommel oder Treibscheibe wirkende Bremse voll auslösen;

c) er muß durch stetige Einwirkung auf die Energiezufuhr und nötigenfalls auf die Schleifbremse beim Einhängen größter Seilfahrtlast die Überschreitung der vorgeschriebenen Höchstgeschwindigkeit um mehr als 2 m/sek und das Durchfahren der Hängebank mit mehr als 2 m/sek Geschwindigkeit verhindern und zwar sowohl bei der Güterförderung wie auch bei der Seilfahrt.

Beim Auslauf muß die Geschwindigkeit allmählich abnehmen. Nach erfolgtem Eingriff des Fahrtreglers darf der Maschinist nicht imstande sein, durch Zusammenpressen der ins Steuergestänge eingefügten Feder oder dergleichen die sichernde Wirkung so weit aufzuheben, daß die Hängebank mit mehr als 3 m/sek Geschwindigkeit durchfahren werden kann;

d) der Maschinist muß nach dem Anfahren während der ganzen Fahrt in ausreichendem Maße Gegenkraft geben können;

e) Teufenzeiger, Reguliermechanismus und Endauslösung müssen bei allen Fahrtreglern in zwangläufigem Zusammenhang stehen, derart, daß bei Verstellung des einen Teiles der andere mitverstellt wird.

[1]) „Die Verhandlungen und Untersuchungen der Preußischen Seilfahrt-Kommission." Sonderheft der Z. Berg-, Hütten-, Sal.-Wes. 1925. Berlin: Wilhelm Ernst u. Sohn.

Die beiden Teufenzeigenspindeln bzw. -zeiger müssen unabhängig voneinander eingestellt werden können.

Bei Treibscheibenmaschinen muß die Neueinstellung nach eingetretenem Seilrutsch rasch und sicher erfolgen können.

Bei Trommelmaschinen mit häufigem oder regelmäßigem Sohlenwechsel muß jede Teufenzeigerspindel von der zugehörigen Trommelnabe aus angetrieben werden;

f) die Einstellung des Fahrtreglers auf Seilfahrtgeschwindigkeit muß sichtbar sein;

g) der Fahrtregler muß sowohl bei der Güterförderung wie auch bei der Seilfahrt eingeschaltet sein. Im Falle einer zeitlichen Gebrauchsunfähigkeit des Fahrtreglers darf die Seilfahrt nur mit 6 m/sek Höchstgeschwindigkeit erfolgen, ebenso darf bei der Güterförderung nur mit entsprechend verminderter Geschwindigkeit gefahren werden.

Es empfiehlt sich, die Einstellung des Fahrtreglers vom Führerstand aus vorzunehmen;

h) bei allen Treibscheibenmaschinen erscheint eine Endauslösung, die vom Förderkorb im Fördergerüst betätigt wird, wünschenswert. Bei elektrischen Gleichstromfördermaschinen ist diese Einrichtung vorzuschreiben.

In Zukunft sollen alle neuen Fördermaschinen, bei denen die Seilfahrtgeschwindigkeit mehr als 6 m/sek beträgt, mit einem den vorstehenden Bedingungen genügenden Fahrtregler ausgerüstet sein. Desgleichen müssen auch bestehende Fördermaschinen, sobald sie mit einer höheren Seilfahrtgeschwindigkeit als 6 m/sek fahren, einen solchen Steuerungsregler aufweisen. Sind diese Maschinen bereits mit einer Sicherheitseinrichtung versehen, so ist durch die Bergbehörde zu prüfen, inwieweit sie den oben aufgezählten Bedingungen angepaßt werden müssen.

c) Ausführungsbeispiele von Fahrtreglern.

Die im Laufe der Zeit entstandenen mannigfaltigen Fahrtreglerbauarten lassen sich in zwei grundsätzlich voneinander verschiedene Gruppen zusammenfassen, nämlich in Steuerungsregler, die zur Geschwindigkeitsregelung den mechanischen Fliehkraftregler verwenden, und in die hydraulischen Fahrtregler, die gemäß den Ausführungen in Teil I, Seite 190ff., auf der hydraulischen Geschwindigkeitsmessung mittels Flüssigkeitsdrosselung beruhen.

Es sind sonach zu unterscheiden:

α) Mechanische Fahrtregler,

β) Hydraulische Fahrtregler.

Für die technische Beurteilung der heute gebräuchlichen Fahrtregler ist es wesentlich, die Entwicklung an Hand der nachfolgenden Ausführungsbeispiele zu verfolgen, weil aus der entwickelnden Betrachtungsweise erst das volle Verständnis für den endgültigen Aufbau und die nunmehrige Wirkungsweise der verschiedenen Ausführungsformen hervorgeht. Damit ist auch die Möglichkeit zu einer Beurteilung nach der Richtung gegeben, inwieweit die einzelnen Bauarten den von der Preußischen Seilfahrt-Kommission aufgestellten Anforderungen gerecht werden.

α) Mechanische Fahrtregler.

Diese Fahrtreglerart stellt eine folgerichtige Weiterentwicklung der auf Seite 170ff. behandelten mechanischen Sicherheitsapparate dar.

Einer der ältesten mechanischen Fahrtregler stammt aus dem Jahre 1905. Er ist von E. Koch, Herne i. W., angegeben und von der Prinz Rudolph-Hütte in Dülmen gebaut worden. Die Abb. 164 zeigt diesen Apparat in seinem ursprünglichen, einfachen Aufbau. Ersichtlich ist die Einwirkung des statischen Fliehkraftreglers lediglich auf die Steuerung, während die Rückführung des Steuerhebels bei Fahrtende durch eine Teufenkurve erfolgt. In der Abb. 165 bzw. 166 ist die verbesserte Form dargestellt. Der wesentliche Unterschied gegenüber der Abb. 164 besteht in der Hinzufügung einer Einwirkung auf die regelbare Bremse.

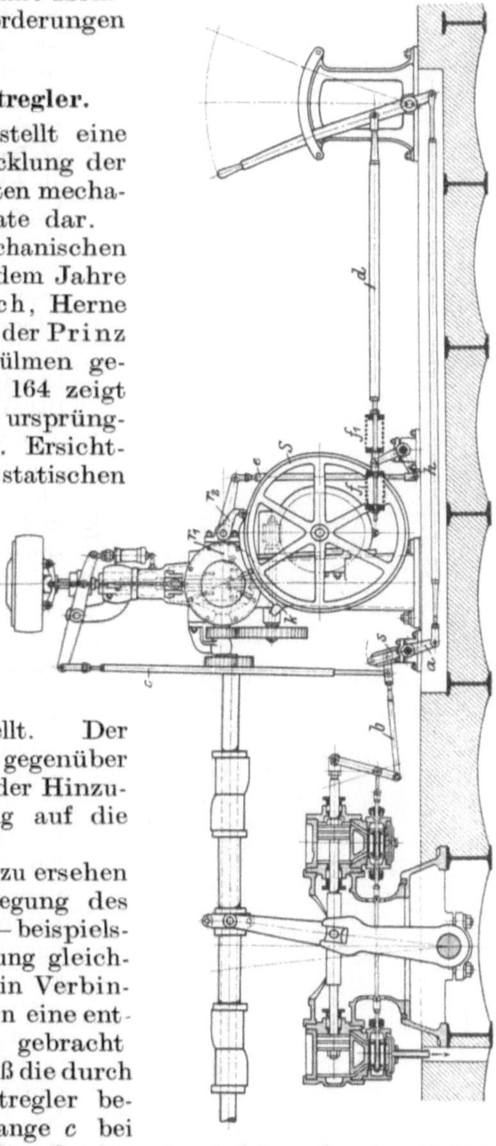

Abb. 164.

Wie aus der Abb. 164 zu ersehen ist, wird bei einer Auslegung des Steuerhebels in die eine — beispielsweise linke — Endstellung gleichzeitig auch die mit ihm in Verbindung stehende Kulisse *s* in eine entsprechend schräge Lage gebracht Dadurch wird erreicht, daß die durch den statischen Fliehkraftregler beeinflußte senkrechte Stange *c* bei einer Geschwindigkeitsüberschreitung im Anfahr- oder im Gleichlaufabschnitt sich nach abwärts bewegt, wodurch wiederum der rechte Endpunkt der Steuerschieberstange *b* des nachgeschalteten Servo-

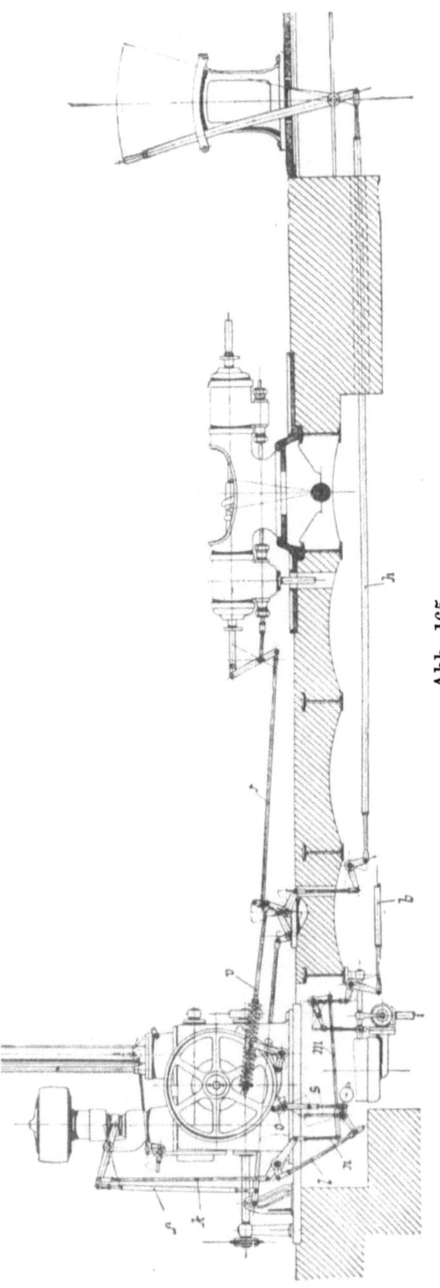

Abb. 165.

motors in der schräg stehenden Kulisse s nach rechts verschoben wird. Damit wird aber die Steuerung der Fördermaschine nach ihrer Mittellage, der Nullage zu, verstellt, also auf kleinere Frischdampffüllungen eingeschaltet. Während der Einwirkung des Fliehkraftreglers verharrt sonach die Kulisse s in ihrer schrägen Lage, d. h. der Steuerhebel bleibt in Ruhe. Zu Beginn des Auslaufabschnittes — und zwar immer bei ein und derselben Förderkorbstellung im Schachte — wird dann unabhängig von der jeweiligen Belastung durch die auf der Teufenzeigerscheibe S sitzende Steuerkurve k unter Vermittlung der Rollenhebel r_1 bzw. r_2 und des Hebelgestänges e—h, sowie der Stange d der Steuerhebel zwangläufig in die Mittellage zurückgeführt, wenn der Maschinenführer diese Maßnahme unterläßt. Die Steuerkurve verhindert außerdem gleichzeitig auch eine falsche Hebelauslage bei der Anfahrt. Die mit der Stange d verbundenen Schraubenfedern f und f_1 ermöglichen es, den Steuerhebel in einem gewissen kleinen Spielraum abweichend von der zwangläufigen Führung zu bewegen, also beispielsweise Triebdampf oder Gegendampf von der sonst gesperrten Nullage aus zu geben. In dieser ersten, einfachen Form ist der Kochsche Steuerungsregler jedoch nur für Fördermaschinen mit positiver Belastung geeignet.

Der für alle Betriebsverhältnisse bestimmte, verbesserte Fahrtregler von Koch mit Einwirkung auf Steuerung und regelbare Bremse ist in Abb. 165 dargestellt, während die Abb. 166 die schematische Anordnung dieses Steuerungsreglers zeigt. Auch hier wird bei Fahrtbeginn durch die Steuerhebelauslage der mit dem Steuergestänge verbundene, senkrecht stehende Kulissenarm in einer der Steuerhebelauslage entsprechenden Richtung schräg verstellt (in der Abb. 166 nach rechts) und damit auch die Steuerung in der durch die jeweilige Kulissenlage bestimmten Größe und Richtung ausgelegt. Bei einer Geschwindigkeitsüberschreitung wirkt nun der statische Fliehkraftregler *v* durch die rechte, senkrechte, mit ihrem unteren Endpunkt an der schräggestellten Kulisse geführten Stange *a* (in der Abb. 165 Stange *p*) auf das Steuergestänge ein und verstellt dadurch die Steuerung auf kleinere

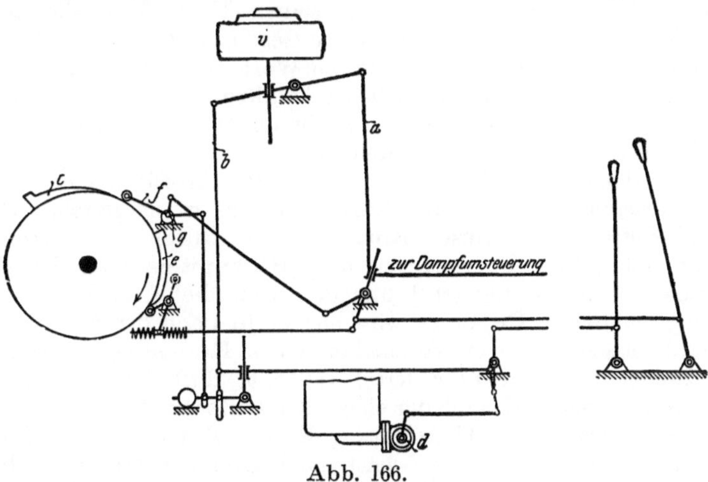

Abb. 166.

Frischdampffüllungen. Dem Maschinenführer bleibt es hierbei unbenommen, durch Betätigen des Steuerhebels noch verkleinernd auf die Füllung einzuwirken, während eine Einstellung der Steuerung auf größere Frischdampffüllungen von Hand aus nicht möglich ist. Durch die linke senkrechte Stange *b* (Stange *k* in Abb. 165) wirkt der Fliehkraftregler bei einer bestimmten Geschwindigkeitsüberschreitung, d. h. nach Überwindung eines eingeschalteten „toten Ganges", der durch die am unteren Ende der Stange *b* sitzenden Schleife gebildet wird, aber auch auf den Bremsdruckregler *d* derart ein, daß die Bremse — beispielsweise bei negativen Lasten — mit einem der Geschwindigkeitsüberschreitung verhältnisgleichen Bremsdruck eingerückt wird. In der Abb. 165 ist der tote Gang zwischen *l* und *s* eingeschaltet. Hier dreht bei einer Überschreitung der Höchstgeschwindigkeit die Stange *l* den Hebel *s* nach links und hebt gleichzeitig die Bremsstange *m*. Die Bremsstange *m* wird durch den Stein an dem Kulissenarm *s* geführt. Bei einer Hebung der Stange *l* und gleichzeitiger Schräglage von *s* wird *m* nach links bewegt und die Bremse mit einem der Geschwindigkeitsüberschreitung verhältnisgleichen Bremsdruck eingerückt. Durch Betätigen des Bremshebels von Hand kann die Bremswirkung hierbei noch verstärkt wie überhaupt jederzeit selbständig herbeigeführt werden. Wird aber bei Beginn des Auslaufabschnittes der Steuerhebel durch die Endfahrkurve *e* (Abb. 166) in die Nullage zurückbewegt, dann wird gleichzeitig auch der in einem vom Steuerhebel verstellten Gestänge exzentrisch gelagerte Drehpunkt *g* des Rollenhebels *f* durch die Kurve *e* so verschoben, daß die Bremskurve *c* während der Endfahrt in verschärftem Maße auf die Bremse einwirken kann. (In Abb. 165 wird der Rollenhebel *o* durch die Bremskurve linksinnig gedreht, wobei die Kulissenstange *s* mittels eines Kurbeltriebes nach links bewegt wird. Bei dieser Schrägstellung übt der Regler der Geschwindigkeit und der Schrägstellung entsprechend seinen Einfluß auf die Bremse aus.) Hierdurch wird eine gleichmäßige Geschwindigkeitsabnahme der Fördermaschine bis auf einen kleinsten Wert beim Ende des Förderzuges gewährleistet. Beim nächsten Anfahren der Maschine bringt der nach der anderen Seite ausgelegte Steuerhebel das Rollengestänge *f* wieder in eine wirkungslose Stellung.

In der Abb. 167 ist eine weitere verbesserte Ausführung des Kochschen Steuerungsreglers mit Kurvenscheibe *a* dargestellt. (Prinz Rudolph-Hütte). Bei dieser Bauart werden durch die eingreifende Regelung infolge der Vorschaltung eines Hilfsmotors *b* vor den Fliehkraftregler *R* der Steuerhebel und der Bremshebel mitbewegt. Der Wirkungssinn dieser Regelung wird hierbei je nach der Fahrtrichtung der Fördermaschine unter Vermittlung eines Reibungsgetriebes *r* und eines zweiten Hilfsmotors *c* derart verstellt, daß der Kulissenarm *f* durch ein Gestänge *e*, *d* nach der einen oder anderen Richtung umgelegt wird. Diese selbsttätige Umschaltung der Regelung durch die Fördermaschine — im Gegensatz zu jener durch den Steuerhebel — bietet im besonderen auch den Vorteil, daß der Fahrtregler den Steuerhebel auf Gegendampf legen kann, ohne daß der Maschinenführer gehindert wird, Gegendampf zu geben. Da zudem die Einwirkung auf die Bremse *B* an den Steuerhebelantrieb angeschlossen ist, so wird bei einem Gegendampfgeben gleichzeitig auch die Bremse eingerückt.

Bei dem älteren Fahrtregler von Grunewald, Aachen, wird durch eine vor Beginn des Förderzuges von Hand aus vorzunehmende Umschaltung eines besonderen Anschlages für Lastenförderung, Seilfahrt oder Einhängen von Lasten eine möglichst große Annäherung des Bewegungsvorganges an den vorgeschriebenen Geschwindigkeitsverlauf angestrebt, indem die Energiezufuhr je nach Größe und Richtung der Last früher oder später abgesperrt wird.

Bei einer späteren Bauart des Grunewaldschen Steuerungsreglers wird diese in verschiedenen Zeiträumen wirksame Energieeinstellung durch ein Zusammenarbeiten von Fliehkraftregler und Teufenzeiger bewirkt. Der Gang der Fördermaschine wird hierbei derart geregelt, daß bei einer Überschreitung der zulässigen Fahrgeschwindigkeit im

Beschleunigungsabschnitt die Füllung allmählich verkleinert, während der Fahrt dann Hemmdampf — und zwar Staudampf — eingestellt und erst am Ende des Förderzuges eine Stufenbremse zum Eingriff gebracht wird. In der Ausführung nach Erhardt und Sehmer, Schleifmühle, gemäß Abb. 168 weist dieser Apparat einen statischen Fliehkraftregler R mit astatischer Endbewegung auf, der durch die rechte, mit dem Schieber eines Servomotors verbundene senkrechte Stange bei zunehmender Geschwindigkeit die Steuerung auf kleinere Füllungen einstellt. Die linke senkrechte Reglerstange wirkt dagegen nach Überwindung eines „toten Ganges", der durch die an ihrem unteren Ende sitzende Schleife gebildet wird, auf die Anschlaghülse q ein. Diese mit Anschlägen p bzw. p_1 versehene Hülse q arbeitet mit dem Teufenzeiger nun in der Weise zusammen, daß sie bei Eintritt bestimmter Verhältnisse den Steuerhebel auf Staudampf auslegt.

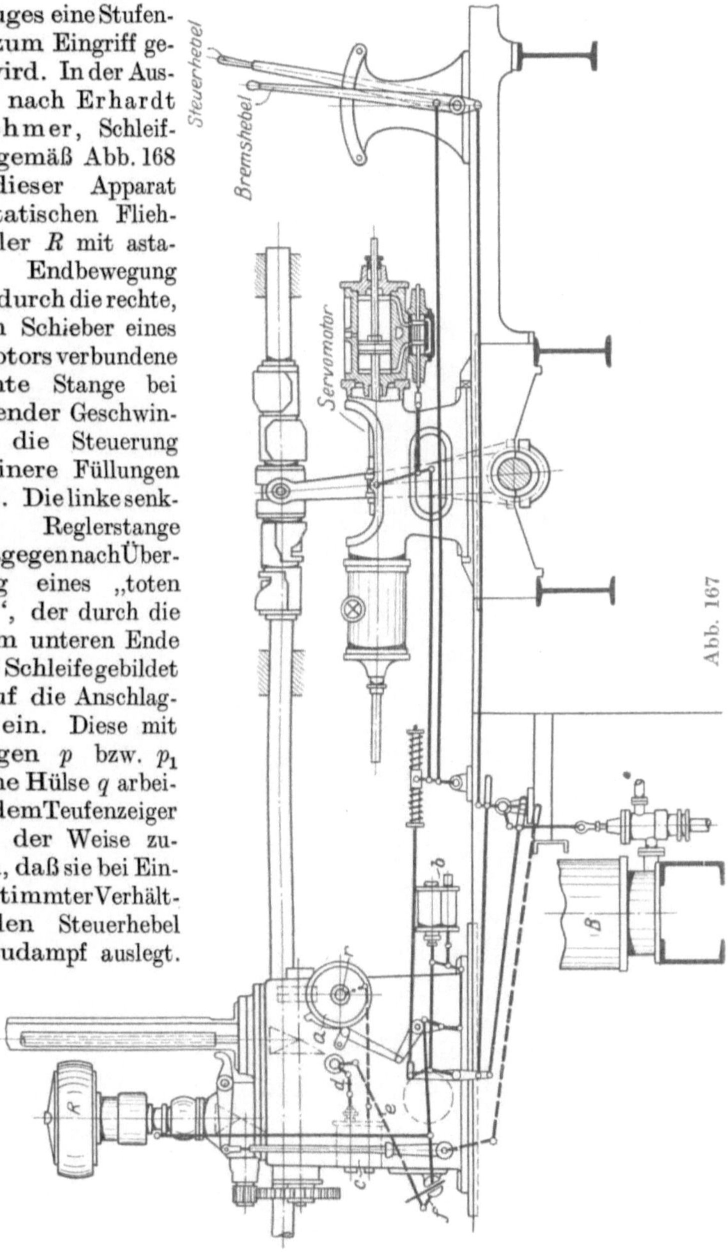

Abb. 167

R
Anschläge n. für Stufenbremse
Anfahrregelung
Schubleisten
Stufenbremse
Drosselklappe
z. Steuerhebel
F
1650
Förderung
Seilfahrt
Füllungsregelung
Staudampfeinstellung
Schubleisten
Stufenbremse
Drosselklappe
v m/sek.
t sek.
negative Last
leichte Last
normale Last
Seilfahrt

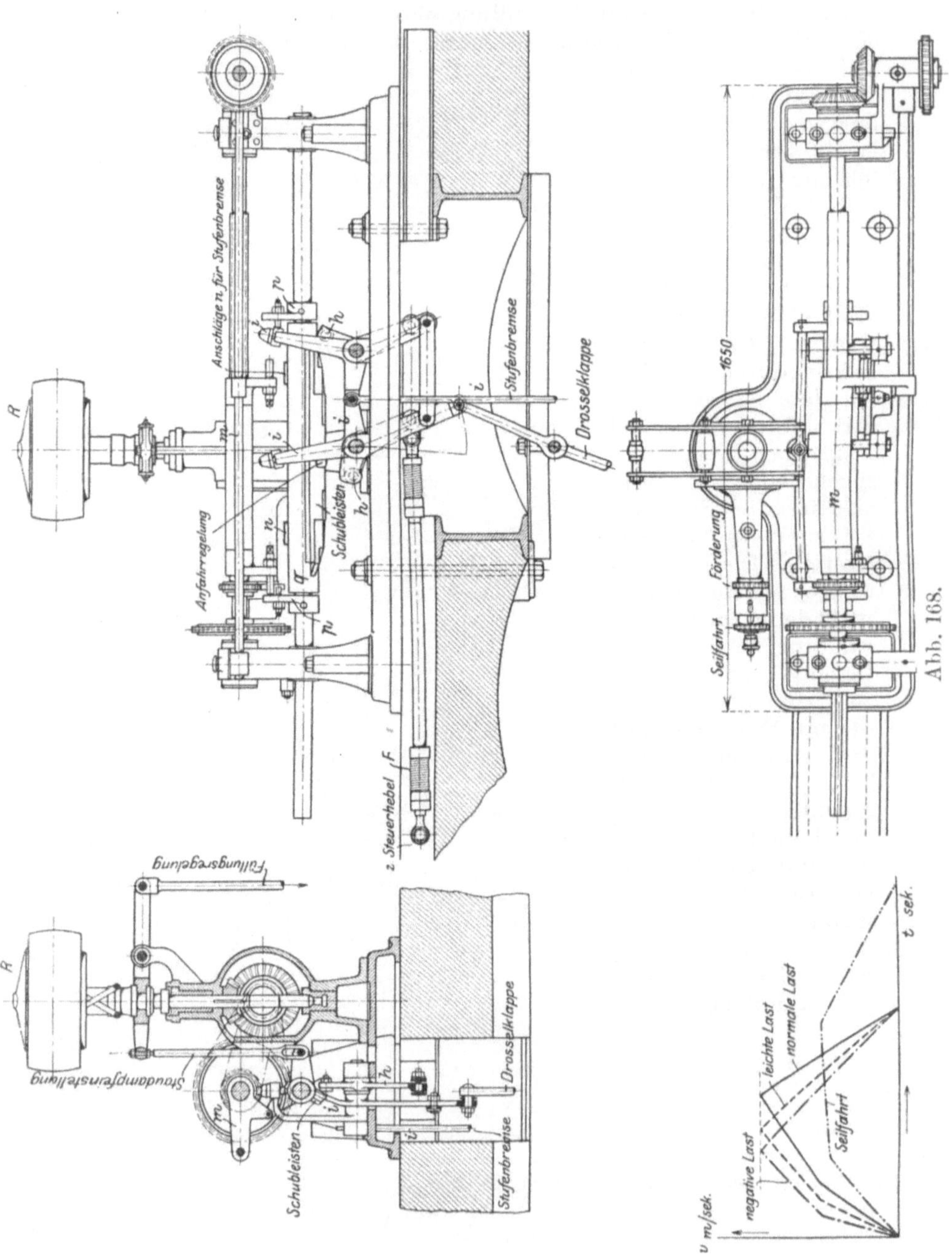

Abb. 168.

Die Abb. 169 zeigt die schematische Anordnung dieses Steuerungsreglers, der des besseren Verständnisses halber nur für eine Drehrichtung gezeichnet ist. Man erkennt, daß die Hülse q von einer auf der Schraubenspindel S hin und her wandernden und gegen den Anschlag p anstoßenden Spindelmutter m nach Überwindung eines einstellbaren Leerlaufganges mitgenommen und bis zum Fahrtende bewegt wird. Die Schraubenspindel S wird hierbei von der Fördermaschinenwelle aus angetrieben. Außerdem wird die Anschlaghülse q aber auch unter Vermittlung der Reglerstange a durch den Fliehkraftregler R während dessen rascher Endbewegung gedreht, so daß die auf ihr angeordneten, in Längsrichtung verschieden weit vorspringenden Erhebungen, die sog. „Schubleisten", unter den Anschlaghebel h auflaufen, der wiederum auf den Steuerhebel einwirkt, diesen also der Mittellage näher und — wenn erforderlich — in die Nullage bringt. Hierdurch wird aber unter gleichzeitigem Weiterbestehen der Steuereinwirkung durch den Fliehkraftregler die Steuerung auf Staudampf eingestellt, wobei die Größe der Stauwirkung von der Höhenlage der Reglermuffe, d. h. von der Fahrgeschwindigkeit, abhängt.

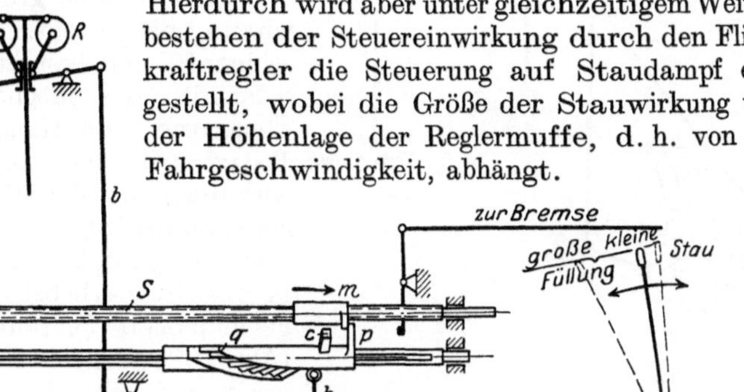

Abb. 169.

Die auf der Anschlaghülse q sitzenden Schubleisten sind derart angeordnet, daß bei einer geringen, durch die linke Reglerstange a hervorgerufenen Drehung der Hülse zunächst nur die weniger weit vorspringenden Erhebungen für den Anschlaghebel zur Wirkung kommen, daß aber bei einer weiteren Hülsendrehung die längeren Schubleisten in den Bereich des Anschlaghebels gelangen oder anders ausgedrückt: gemäß der früher oder später erreichten Höchstgeschwindigkeit wird durch ein Verdrehen der Anschlaghülse q der Zeitpunkt eingestellt, in dem durch eine der Schubleisten eine selbsttätige Einschaltung der Steuerung auf Staudampf bewirkt wird (vgl. auch die in der Abb. 168 aufgeführten Geschwindigkeitsdiagramme). Wird also die Höchstgeschwindigkeit bei einer größeren Nutzlast oder bei vorsichtigem Fahren erst nach Durchlaufen eines größeren Förderweges erreicht, dann wird auch die Einstellung des Steuerhebels auf Staudampf — wie erforderlich — später, bei einem früheren Eintreten der Höchstgeschwindigkeit dementsprechend früher erfolgen. Bei gleicher Stauwirkung wiederum wird bei einer kleineren Belastung auch die Verzögerung kleiner ausfallen als bei einer schweren Last, noch geringer aber bei einer Lasteinhängung, da ja hier die Last treibend wirkt. Es entspricht demnach dem frühzeitigen Eintritt der Stauwirkung ein längerer Auslaufweg, so daß für alle Belastungsarten eine nahezu gleichbleibende Zugdauer vorliegt.

Bei einem nicht genügend großen Geschwindigkeitsabfall im Auslaufabschnitt wirken gegen Fahrtende gemäß Abb. 168 besondere Anschläge *n* der Hülse *q* durch den Hebel *i* auf eine Stufenbremse ein und bringen diese zum Eingriff. Findet eine Übertreibung des aufwärtsgehenden Förderkorbes statt, dann werden sowohl die Steuerung wie auch die Bremse durch besondere, von der Fahrgeschwindigkeit unabhängige, feste Anschläge auf eine größte Hemmwirkung eingestellt. Für den Maschinenführer besteht außerdem jederzeit die Möglichkeit, die Steuerung von Hand aus nach Bedarf auf eine größere Hemmwirkung, als der Reglereingriff sie vorschreibt, auszulegen. Andrerseits gestatten aber auch die in das Steuerhebelgestänge eingeschalteten Schraubenfedern *F* (Abb. 168) abweichend vom Reglereingriff eine Ermäßigung der Hemmwirkung und zum Schlusse der Fahrt ein geringes Geben von Triebdampf.

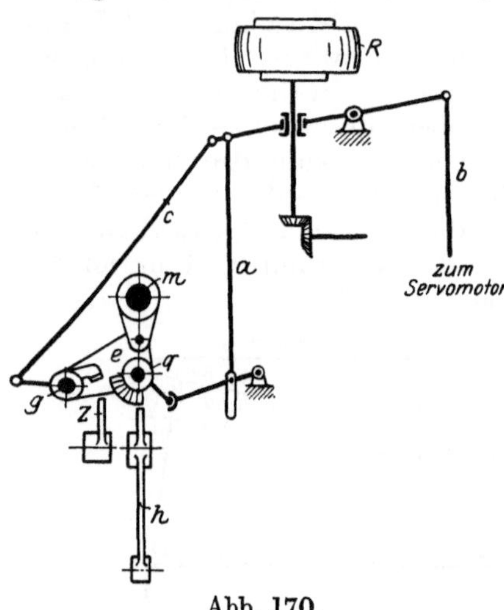

Abb. 170.

Um den Apparat in gleicher Weise auch bei den geringeren Seilfahrtgeschwindigkeiten wirksam werden zu lassen, wird für die Seilfahrt in die Antriebsvorrichtung des Fliehkraftreglers *R* ein größeres Übersetzungsverhältnis eingeschaltet. Die Einstellung der Steuerung auf kleinere, wirtschaftliche Frischdampffüllungen geht dann schon bei einer geringeren Maschinengeschwindigkeit vor sich, so daß für die Seilfahrt ein Geschwindigkeitsdiagramm mit einem größeren Gleichlaufabschnitt sich ergibt. wie das auch die Abb. 168 zeigt.

Grunewald hat seinen Steuerungsregler später noch dahingehend erweitert, daß er sowohl die Bewegungen der Steuerung für die Füllungsverkleinerung und ebenso die für die Einschaltung des Staudampfes wie auch jene für das Einrücken der Bremse von einem einzigen Fliehkraftregler ableitet. Der Fliehkraftregler *R* weist hierbei gemäß Abb. 170 außer den beiden Stangen *a* und *b* noch eine dritte (*c*) auf, weiterhin ist auch neben der Anschlaghülse *q* eine zweite Hülse *g* angeordnet. Beide Hülsen stehen unter der Einwirkung des Fliehkraftreglers *R* und werden mit Hilfe der Platte *e* durch die Spindelmutter *m* verschoben.

Während aber die Anschlaghülse q — wie bisher — zur Einstellung der Steuerung auf Staudampf dient, ist die zweite Hülse g für die Einschaltung der Bremse bestimmt. Die Wirkungsweise dieser Anordnung ist dann folgende: Nimmt während der Anfahrt die Maschinengeschwindigkeit zu, so bewegt die aufwärtsgehende Reglermuffe die Stange b abwärts, wodurch unter Vermittlung eines Servomotors die entsprechende Füllungsverkleinerung herbeigeführt wird. Die sich mitbewegenden Reglerstangen a und c bleiben hierbei außer Wirkung. Steigt aber die Geschwindigkeit noch weiter an, so wird unter dem Einfluß der höher steigenden Reglermuffe die Schubleistenhülse q in bekannter Weise durch die Stange a verdreht und damit die Staudampfwirkung eingestellt, während die gleichzeitig tiefer gehende Stange b eine weitere Füllungsverminderung erzwingt. Die Bremse bleibt jedoch auch jetzt noch außer Eingriff. Erst dann, wenn während des Auslaufabschnittes die Reglermuffe nicht schnell genug abwärts geht, wird durch die Drehung der Hülse g die Bremse eingerückt, indem einer der Anschläge der Hülse g auf den Hebel z einwirkt.

Eine weitere Verbesserung des Grunewaldschen Steuerungsreglers ist noch darin zu erblicken, daß er auch für eine Förderung aus verschiedenen Teufen ohne Änderung seines Antriebes verwendet werden kann. Dazu ist nur nötig, die Länge der Wandermutter m einstellbar zu gestalten. Bei einer kleineren Teufe setzt dann die Verzögerung entsprechend zeitiger ein. Um aber auch bei größeren Teufen einer Geschwindigkeitsüberschreitung während des Leerlaufganges der Spindelmutter, bei dem ja die Schubleistenhülse noch nicht mitwandert, entgegenwirken zu können, ist ferner die Einrichtung getroffen, daß der Fliehkraftregler durch Verdrehen der Hülse g unmittelbar die Stufenbremse einrückt. Dies wird dadurch erreicht, daß ein Anschlag die Stufenbremsstange dann entsprechend verschiebt.

Einen wesentlichen technischen Fortschritt in der Entwicklung der Steuerungsregler stellt aber die Sicherheitsvorrichtung von Nothbohm-Eigemann, Essen, dar. Durch sie ist für Dampffördermaschinen erstmalig die Aufgabe gelöst worden, im Versagungsfalle des Maschinenführers den Apparat sichernd in den Gang der Fördermaschine eingreifen zu lassen, indem gefährliche Geschwindigkeitszustände — insbesondere im Auslaufabschnitt — durch die rechtzeitige Erzwingung einer Geschwindigkeitsabnahme und gegebenenfalls durch eine Stillsetzung der Maschine verhindert werden.

Bereits die ältere, aus dem Jahre 1906 stammende Ausführung dieser Vorrichtung weist die Mittel zur Verwirklichung des erst später klar erkannten Gedankens auf, daß der Fahrtregler bei einem Versagen des Maschinenführers alle Steuerungseingriffe zu bewirken hat, die sonst während einer normalen Fahrt von Hand aus vorzunehmen sind. Dies wird durch eine in bestimmten Zeitpunkten betätigte Einwirkung des Apparates auf die einzelnen Steuerteile und Hemmittel, also auf den Steuer- und Bremshebel wie auch auf das Fahr- oder Drosselventil, erreicht. Beim Beginn des Auslaufabschnittes wird zunächst das Drosselventil selbsttätig geschlossen und kurz darauf der Steuerhebel in seine Nullage geführt. Beide Steuerteile werden aber im nächsten Augenblick durch eine selbsttätige Aufhebung der Sperrung für ein gegebenenfalls notwendiges erneutes Eröffnen des Drosselventiles bzw. eine nochmalige Steuerhebelauslage durch den Maschinenführer wieder frei gegeben. Gegen Ende des Förderzuges wird aber das Fahrventil durch den Apparat wiederum automatisch geöffnet, damit der Maschinenführer je nach Bedarf Triebdampf geben kann und auch für die neue Anfahrt Frischdampf zur Verfügung steht. Bei einem Übertreiben des oberen Förderkorbes wird schließlich durch den Apparat die Steuerung auf Gegendampf eingestellt und auch die Bremse ausgelöst. Bei allen

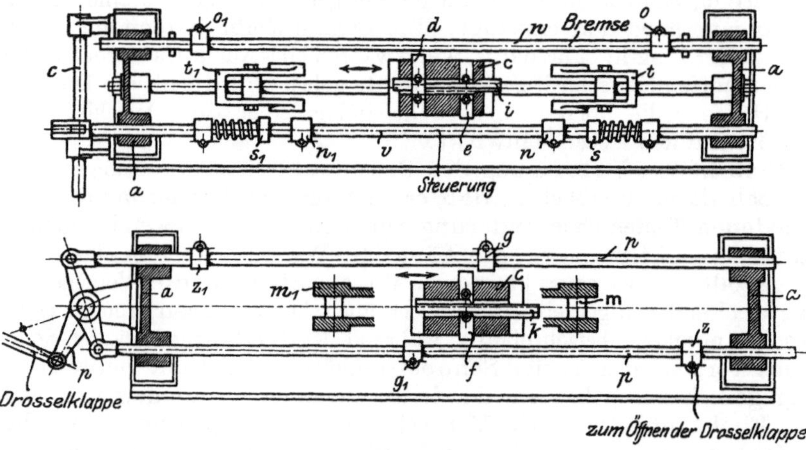

Abb. 171.

diesen vom Apparat selbsttätig auszuführenden Maßnahmen wird jedoch der Maschinenführer in keiner Weise behindert, gegebenenfalls selbst noch auf eine Geschwindigkeitsverminderung von Hand aus durch Gegendampfgeben bzw. durch eine Betätigung der Bremse einzuwirken. Später ist der Apparat durch Hinzufügung eines vergleichenden Geschwindigkeitsreglers noch dahingehend erweitert worden, daß er bei einer unzulässigen Geschwindigkeitsüberschreitung gegebenenfalls den Steuerhebel zunächst in die Nullage bringt, ihn dann auf Gegendampf auslegt und — wenn erforderlich — auch die Bremse einrückt, wodurch die Maschine dann unter allen Umständen rechtzeitig zum Stillstand gebracht wird. Durch eine vom Maschinenführerstande aus zu bedienende Umstellvorrichtung kann hierbei der den ganzen Förderzug, also den Anfahr-, Gleichlauf- und Auslaufabschnitt sichernde Geschwindigkeitsregler sowohl für Güterförderung wie auch für die Seilfahrt eingeschaltet werden. In dieser Ausgestaltung regelt also der Apparat einmal selbsttätig die Fahrt, zum anderen verhindert er auch jede unzulässige Geschwindigkeitsüberschreitung während der gesamten Fahrtdauer eines jeden Förderzuges. Eine weitere

Ergänzung hat dann der Apparat noch durch die Hinzufügung des Schönfeldschen „Füllungsreglers“ gemäß Abb. 199 auf S. 238 erfahren, der eine Herbeiführung einer allmählichen Füllungsabnahme im Anfahrabschnitt bis zu dem für den Gleichlauf der Fördermaschine erforderlichen günstigsten Wert ermöglicht (Siegener Maschinenbau-A. G., Siegen i. W.).

Die Abb. 171 zeigt zunächst den älteren Teil der Vorrichtung von Nothbohm-Eigemann. Der wesentlichste Bestandteil des von der Fördermaschine mittels eines Kettenantriebes in Bewegung gesetzten Apparates bildet die mit den Querriegeln *e*, *d*, *f* versehene Spindelmutter *c* (siehe auch Abb. 172). Diese Querriegel, die durch zwei mit doppelten Keilflächen ausgebildete Längsschieber *k* und *i* ein- und ausgeschaltet werden, ragen abwechselnd bald aus der einen, bald aus der anderen Seite der Spindelmutter hervor und dienen zur Betätigung der Anschläge *g*, *z*, *o*, *n*, *s* und damit zur Verschiebung der Anschlaggestänge *p*, *v*, *w* (Abb. 171). Der Riegel *f* bewirkt hierbei vermittels des Gestänges *p* das Schließen und Wiederöffnen des Drosselventiles, die Querriegel *e* und *d* dagegen führen durch die Stange *v* die Zurücklegung des Steuerhebels in die Nullstellung bzw. eine Betätigung des Bremsgestänges *w*, also eine Einrückung der Bremse herbei. Die erforderliche Verschiebung der einzelnen Querriegel in der Spindelmutter nach der einen oder anderen Seite wird dadurch erzielt, daß die gleichfalls in der Mutter sitzenden Längsschieber *k* bzw. *i* (siehe auch Abb. 172) auf ihrer Wanderung gegen die Widerstände *m* bzw. m_1 und *t* bzw. t_1 (Abb. 171) anstoßen. Diese Widerstände sind außerdem beweglich angeordnet, so daß sie nach erfolgter Verstellung der Längsschieber durch diese beiseite geschoben werden.

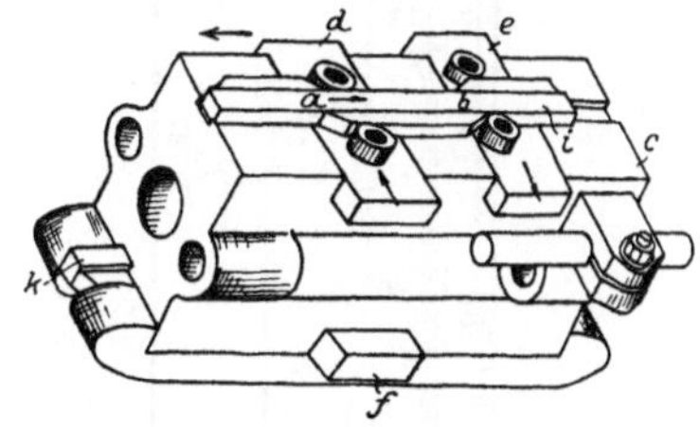

Abb. 172.

Die Wirkungsweise des Apparates bei einer normalen Förderung ist kurz folgende:

Bewegt sich die Spindelmutter *c* beispielsweise nach rechts, dann wird zu Beginn des Auslaufabschnittes durch den hervorstehenden Teil des Querriegels *f* der auf dem Gestänge *p* sitzende Anschlag *g* nach rechts mitgenommen und damit das Drosselventil geschlossen. Bald darauf wird aber auch durch den Querriegel *e* der Anschlag *n* bzw. das Steuergestänge *v* nach rechts verschoben, wodurch der Steuerhebel in die Nullstellung gebracht wird. Die Frischdampfzuführung ist also abgestellt, und die Maschine läuft vermöge der lebendigen Kraft der sich bewegenden Massen unter allmählicher Geschwindigkeitsabnahme aus. Durch das Zusammentreffen des Längsschiebers *k* mit dem Widerstand *m* wird der Querriegel *f* bei der weiteren Rechtswanderung der Mutter nach der anderen Seite geleitet, so daß er kurz vor Beendigung des Förderzuges den Anschlag *z* mitnimmt. Dies hat aber eine Wiedereröffnung des Drosselventiles zur Folge. Stößt dagegen der Längsschieber i mit dem Widerstand t zusammen, dann werden die Querriegel e und d derart in der Wandermutter verschoben, daß außer der Freigabe des Steuerhebels der Querriegel d befähigt wird, bei einem Übertreiben des oberen Förderkorbes durch den Anschlag o und das Gestänge w die Bremse einzurücken. Der Querriegel e dagegen trifft — an Anschlag n vorbeigehend — gegen Fahrtende auf den federnden Anschlag s und führt den gegebenenfalls erneut auf eine Geschwindigkeitssteigerung ausgelegten Steuerhebel in die Mittellage wieder zurück, stellt ihn bei einem Übertreiben der Förderkörbe sogar auf Gegendampf ein. Gleichzeitig findet durch den Querriegel e und den elastischen Anschlag s aber auch eine einseitige Sperrung des Steuerhebels statt. Hierdurch wird es dem Maschinenführer unmöglich gemacht, bei einem erneuten Anfahren der Maschine den Hebel in der falschen Richtung voll auszulegen. Dagegen gestattet der federnde Anschlag s eine leichte Zurückbewegung des Steuerhebels zum Zweck eines für das Umsetzen der Förderkörbe erforderlichen geringen Frischdampfgebens. Bei einer Wanderung der Mutter in der entgegengesetzten linken Richtung wirken die Querriegel e, d, f mit den entsprechenden, symmetrisch angeordneten Anschlägen g_1, n_1, o_1, z_1 und s_1 der Gestänge p, v und w zusammen.

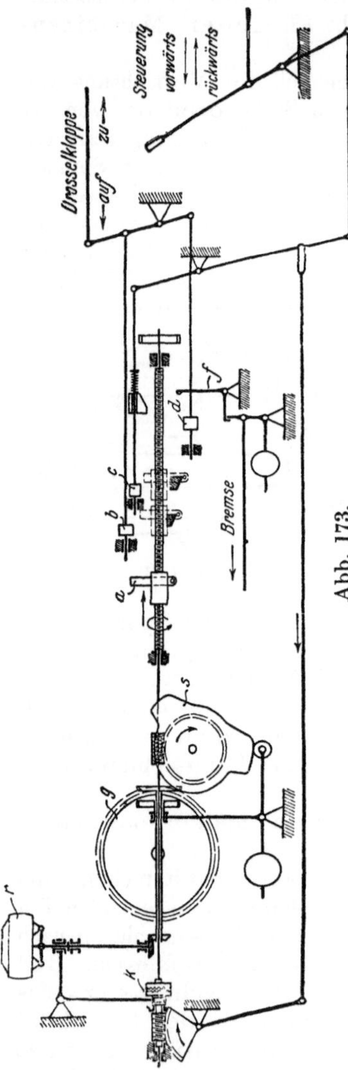

Abb. 173.

Die Abb. 173 veranschaulicht schematisch die wertvolle Erweiterung des Apparates, nämlich den durch die Kurvenscheibe s und das Reibungsräderpaar g mit einer veränderlichen Übersetzung angetriebenen Fliehkraftregler r. Die Veränderung des Übersetzungsverhältnisses im Fliehkraftreglerantrieb bezweckt einmal die Beherrschung auch der abfallenden kleinen Geschwindigkeiten, zum anderen schreibt sie für einen jeden Wegpunkt des Förderzuges eine vorher festgesetzte bestimmte Höchstgeschwindigkeit vor, indem sie bei einer Überschreitung der jeweiligen Geschwindigkeit im Anfahr-,

Gleichlauf- und Auslaufabschnitt durch den Regler sofort eine Zurücklegung des Steuerhebels auf kleinere Füllungen bzw. eine Abstellung der Triebdampfzufuhr sowie gegebenenfalls eine Hebelauslage auf Gegendampf herbeiführt. Um dieses zu erreichen, erfolgt der Antrieb des Fliehkraftreglers durch das kleinere, auf seiner wagerechten Welle verschiebbar angeordnete Reibungsrad, das sich gegen die Fläche des großen, als Planscheibe ausgebildeten und durch die Fördermaschine in ständiger Umdrehung gehaltenen Gegenrades fest anlegt und dadurch mitgenommen wird (siehe auch die Ausführungen über Geschwindigkeitsvergleichung für Regelzwecke nach W. Schwarzenauer; Teil I, S. 189; Abb. 170). Man erkennt, daß sich hierbei das kleine Rad um so langsamer dreht, je mehr es sich dem Mittelpunkte der Planscheibe nähert. Befindet sich also das kleine Reibungsrad am Rande der Planscheibenfläche — und dies ist stets zu Beginn und am Ende des Förderzuges, d. h. bei langsam laufender Maschine der Fall —, dann weist es eine größere Umlaufzahl auf als bei einer der vollen Fahrt entsprechenden Stellung in der Nähe der Planscheibenmitte. Der mit dem kleinen Reibungsrade in Verbindung stehende Fliehkraftregler *r* bewegt sich demnach unabhängig von der an sich veränderlichen Maschinengeschwindigkeit während der einzelnen Phasen (Anfahr-, Gleichlauf- und Auslaufabschnitt) innerhalb eines jeden Förderzuges so lange mit einer ständig gleichbleibenden Umdrehzahl, als die Maschine die vorgeschriebene Geschwindigkeit in den einzelnen Punkten des Förderweges nicht überschreitet. Er spricht aber sofort und kräftig an, wenn die für einen jeden Wegpunkt vorgeschriebene Geschwindigkeit überschritten wird. In diesem Falle wird durch die Reglerstange die Kupplung *k*, die die Teufenzeigerspindel mit einem nach dem Steuerhebel führenden Gestänge verbindet, eingeschaltet und damit der Hebel in der oben geschilderten Weise verstellt. Die erforderliche Verschiebung des lose auf seiner Welle sitzenden kleinen Reibungsgrades geschieht durch die von der Maschine angetriebene Kurvenscheibe *s* in der Weise, daß das kleine Reibungsrad sich im Anfahrabschnitt allmählich von außen nach dem Mittelpunkt der Planscheibe zu bewegt, während der weiteren Fahrt im mittleren Teil der Planscheibe verbleibt und gegen Ende des Förderzuges wieder von innen nach außen wandert. Neben der für die Güterförderung bestimmten Kurvenscheibe *s* weist der Steuerungsregler noch eine zweite, vom Führerstande aus einzuschaltende Kurvenscheibe für die Umstellung auf Seilfahrt auf.

Die Abb. 174 zeigt diesen häufig ausgeführten Steuerungsregler von Nothbohm-Eigemann in der Bauart der Siegener Maschinenbau-Aktiengesellschaft, Siegen in Westfalen. Die durch die Buchstaben gekennzeichneten Teile entsprechen jenen der Abb. 171 bzw. 172, ferner bedeuten: *3* den Fliehkraftregler, *1* und *2* die beiden Reibungsräder, *5* die Kupplung, *6* die von der Kupplung angetriebene Welle mit dem das Steuerhebelgestänge *v* verstellenden Hebel *7* und schließlich *9* bzw. *10* die beiden Kurvenscheiben für Güterförderung und für Seilfahrt.

Um bereits im Anfahrabschnitt eine allmähliche Verminderung der Frischdampffüllung bis zu dem für den Gleichlauf der Fördermaschine erforderlichen wirtschaftlich günstigsten Wert zwangläufig herbeizuführen, wird der Fahrtregler von **Nothbohm-Eigemann** in neuerer Zeit mit dem sog. „Füllungsregler" von **Schönfeld** ausgerüstet.

Die Abb. 175 veranschaulicht den mit dem **Schönfeldschen** Füllungsregler versehenen Steuerungsregler in der Ausführung der **Siegener Maschinenbau-A. G.**, Siegen i. W. Wie auch aus der Darstellung gemäß Abb. 199 auf S. 238 hervorgeht, besteht diese Vorrichtung im wesentlichen aus einem im Steuerhebelbock bewegbar angeordneten, mit zwei Rasten *b* und *c*

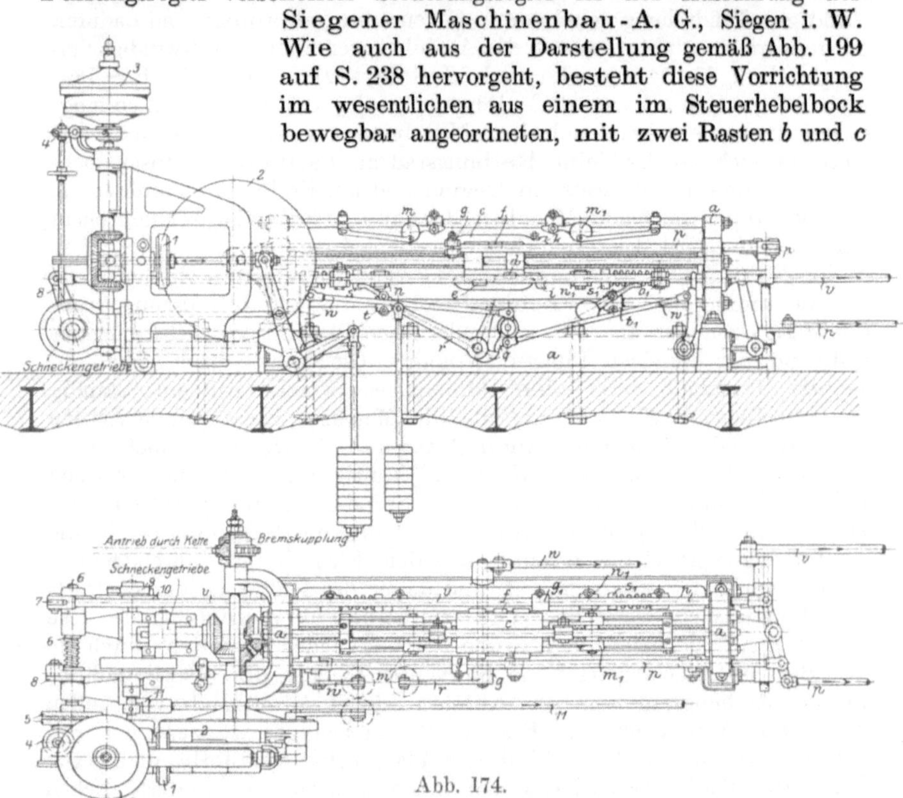

Abb. 174.

versehenen Schwinghebel *a*, einer Kurvenscheibe *W*, sowie einem dreiarmigen Rollenhebel *g* und dem sowohl mit dem Schwinghebel *a* (im rechten Endpunkt *1*) wie auch mit dem Rollenhebel *g* (im linken Punkt *2*) in fester Verbindung stehenden Gestänge *h*. Durch den Einfluß des Gewichtes *F* — das durch eine Schraubenfeder ersetzt werden kann — wird die Rolle *r* des dreiarmigen Rollenhebels *g* ständig gegen die Kurvenscheibe *W* angedrückt. Bei einer umlaufenden Bewegung der Scheibe *W* werden sonach der Rollenhebel *g*, das Verbindungsgestänge *h* und damit auch der Schwinghebel *a* in Abhängigkeit von der Ausbildung der Kurvenscheibe während eines Förderzuges zwangläufig betätigt. Die Bewegung der Kurvenscheibe

Hauptabsperrventil
Fahrventil
Fahrventil
Fahrtregler
Hilfssteuermaschine (Servomotor)
Fallgewicht
Teufenzeiger
Bremsdruckregler

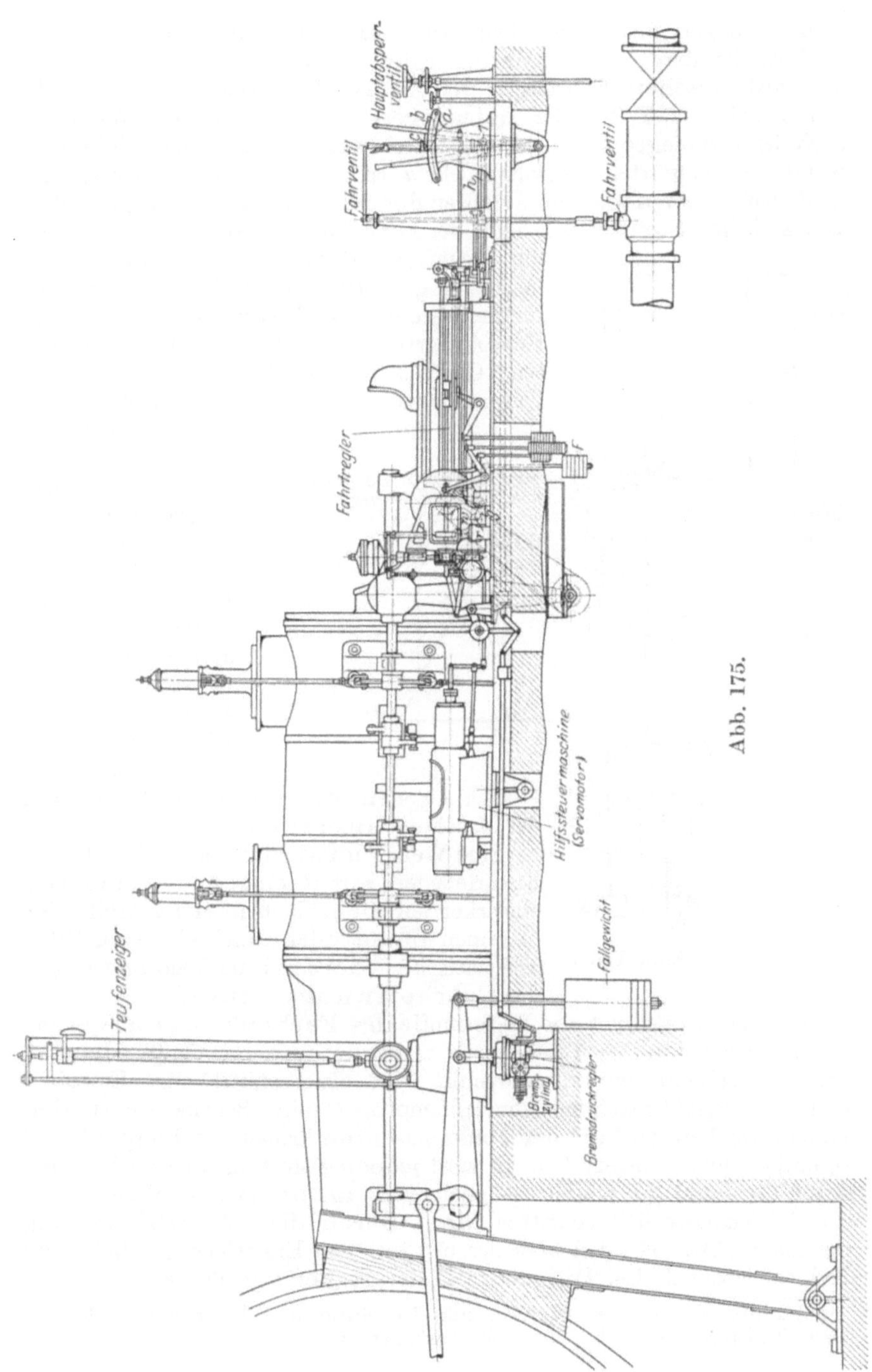

Abb. 175.

wird bei dieser Bauart des Füllungsreglers von Nothbohm-Schönfeld unmittelbar vom Steuerungsregler abgeleitet, während sie bei dem hydraulischen Fahrtregler von Schönfeld gemäß den Ausführungen auf S. 237 von der Teufenzeigerspindel aus erfolgt. Wird sonach der ausgelegte Steuerhebel beispielsweise bei der eingezeichneten rechten Endlage des Schwinghebels *a* in die Rast *b* eingeklinkt, so wird unmittelbar nach dem Anfahren der Maschine der Schwinghebel *a*, also auch der Steuerhebel, nach der Mittellage zu selbsttätig bewegt, die Steuerung demnach auf kleinere Füllungen eingestellt und nach Erreichen des für den Gleichlauf bestimmten günstigsten Geringstwertes in dieser Stellung festgehalten. Gegen Ende der Fahrt wird dann der Schwinghebel *a* in die andere, linke Endstellung gelegt, so daß nunmehr die Rast *c* für die entgegengesetzte Steuerhebelauslage bereit steht. Dem Maschinenführer bleibt es aber jederzeit unbenommen, unter Umgehung des Füllungsreglers — wenn erforderlich — nach eigenem Ermessen auf die Steuerung der Maschine einzuwirken.

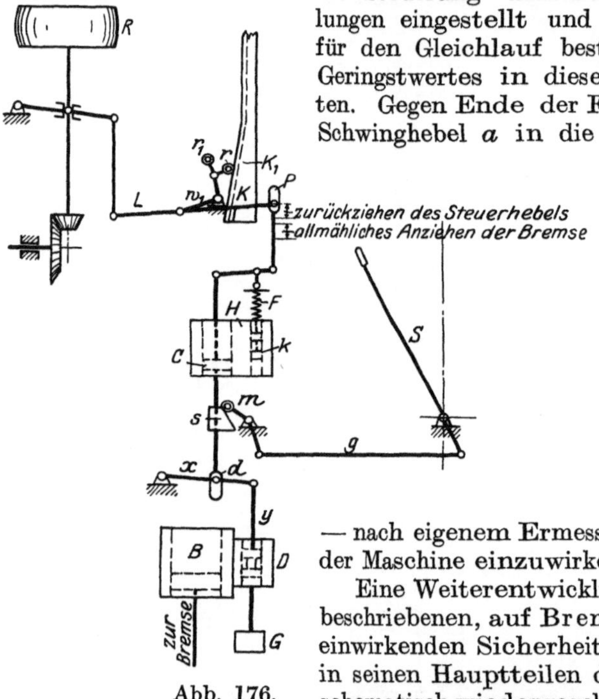

Abb. 176.

Eine Weiterentwicklung des auf S. 176ff. beschriebenen, auf Bremse und Steuerung einwirkenden Sicherheitsapparates stellt der in seinen Hauptteilen durch die Abb. 176[1]) schematisch wiedergegebene Steuerungsregler der Gutehoffnungshütte dar.

Der einerseits durch die Reglermuffe des Fliehkraftreglers *R*, weiterhin aber auch von der Teufenkurve *K* unmittelbar beeinflußte Hebel *L* greift mit seinem rechten Endpunkt *P* in eine schlitzförmige Erweiterung des Antriebsgestänges zum Hilfsmotor *H* ein. Bei einem normalen Geschwindigkeitsverlauf der Fördermaschine behält der Endpunkt *P* seine Lage unverändert bei. Er wird jedoch sofort nach unten bewegt, sowie der zulässige Geschwindigkeitswert an irgendeinem Wegpunkte des Förderzuges überschritten wird. Durch diese Abwärtsbewegung des Endpunktes *P* wird aber der mit innerer Einströmung arbeitende Kolbenschieber *k* des Hilfsmotors *H* derart betätigt, daß Frischdampf

[1]) Dr.-Ing. Schellewald: Dynamik, Regelung und Dampfverbrauch der Dampffördermaschine. Berlin: Julius Springer 1918.

in den Zylinder unterhalb des Kolbens C eintreten kann. Nach Maßgabe des Abwärtsganges von P wandert also der Kolben nach oben und hebt damit gleichzeitig auch das an der Kolbenstange befestigte Kurvenstück s an. Damit wird zunächst auch der Steuerhebel S durch die Vermittlung des Gestänges m, g nach seiner Nullage zu auf kleinere Frischdampffüllungen verstellt. Bei einem weiteren Aufwärtsgange des Kolbens C, also nach einem höheren Ansteigen der Fahrgeschwindigkeit, nimmt die Kolbenstange durch ihr unteres Schleifenende aber auch noch den Anschlag d mit und hebt dadurch den einarmigen Hebel x sowie die senkrechte Stange y. Die Auswirkung dieser Hebelbewegung besteht nun in einer Betätigung des dem Bremszylinder B vorgeschalteten Bremsdruckreglers D, d. h. in einem Anziehen der Bremse mit langsam zunehmendem Bremsdruck. Sowie aber die Fahrgeschwindigkeit auf das zulässige Maß vermindert ist, wandert der Endpunkt P des Hebels L infolge der Abwärtsbewegung der Reglermuffe wieder nach oben und gibt so das Antriebsgestänge für den Hilfsmotor H frei. Unter der Einwirkung der in das Gestänge des Kolbenschiebers k eingeschalteten und sich nunmehr entspannenden Schraubenfeder F geht der Kolbenschieber jetzt nach oben. Dies wiederum ruft eine Abwärtsbewegung des Kolbens C und damit eine Freigabe des Steuerhebels S für die volle Auslegung hervor. Gleichzeitig wird aber durch den Einfluß des mit dem Bremsdruckregler D verbundenen Gewichtes G auch die Bremse wieder selbsttätig gelöst.

Die Umstellung des Steuerungsreglers auf Seilfahrtgeschwindigkeit geschieht dadurch, daß an Stelle des Rollenhebels r nunmehr der Rollenhebel r_1 in die strichiert angedeutete Seilfahrt — Teufenkurve K_1 eingeschaltet wird.

Der Steuerungsregler der Isselburger Hütte, Bauart Drolshammer, wiederum ist für die Aufgabe bestimmt, während des ganzen Förderzuges, also sowohl im Gleichlauf- und Auslaufabschnitt wie auch während der Anfahrt den Gang der Fördermaschine durch die drei Mittel der Füllungsverringerung, der Einstellung der Steuerung auf Gegendampf und der Betätigung der regelbaren Bremse sichernd zu überwachen. Dies geschieht in der Weise, daß bei einer nicht genügend großen Einwirkung des zunächst benützten Verzögerungsmittels auch noch die beiden anderen einzeln oder vereinigt zur Anwendung kommen. Ein weiteres Kennzeichen dieses Reglers besteht darin, daß er nicht mittelbar durch eine Kulisse oder Kurvenscheibe auf die Steuerung einwirkt, vielmehr unmittelbar den Steuerhebel und den Bremshebel bewegt. Dadurch wird erreicht, daß die Steuerhebellage mit der Einstellung der Steuerung und ebenso auch die Stellung des Bremshebels mit der Größe des Bremsdruckes stets übereinstimmen. Bemerkenswert ist schließlich noch die Umschaltung des Fahrtreglers beim Wechsel der Fahrtrichtung durch die Fördermaschine selbst, also nicht mittels des Steuerhebels.

Die Einwirkung des Steuerungsreglers auf den ganzen Förderzug erfolgt in nachstehender Weise.

Der stark statische Fliehkraftregler R bewegt gemäß Abb. 177 durch die Vermittlung des Reglergestänges z und eines eingeschalteten, die erforderlichen großen Verstellkräfte ausübenden Hilfsmotors H den um den Punkt *1* drehbar gelagerten wagerechten Hebel a, dessen rechter Endpunkt *2* den aus zwei gekrümmten Armen bestehenden Winkelhebel W trägt. Von diesen beiden Kurvenarmen des Winkelhebels W ist der obere doppelt angeordnet, wobei der vordere, in der Abb. 177 sichtbare Hebel b_1 beim Vorwärtslauf und bei der Rückwärtsanfahrt der Maschine, der zweite, dahinter liegende Hebel b_2 (s. Abb. 179) beim Rückwärtslauf und bei der Vorwärtsanfahrt zur Wirkung kommt. Dem unteren Teil des mit einer Rolle d versehenen Kurvenarmes c des Winkelhebels W ist ein Hebel f vorgelagert, der wiederum mit

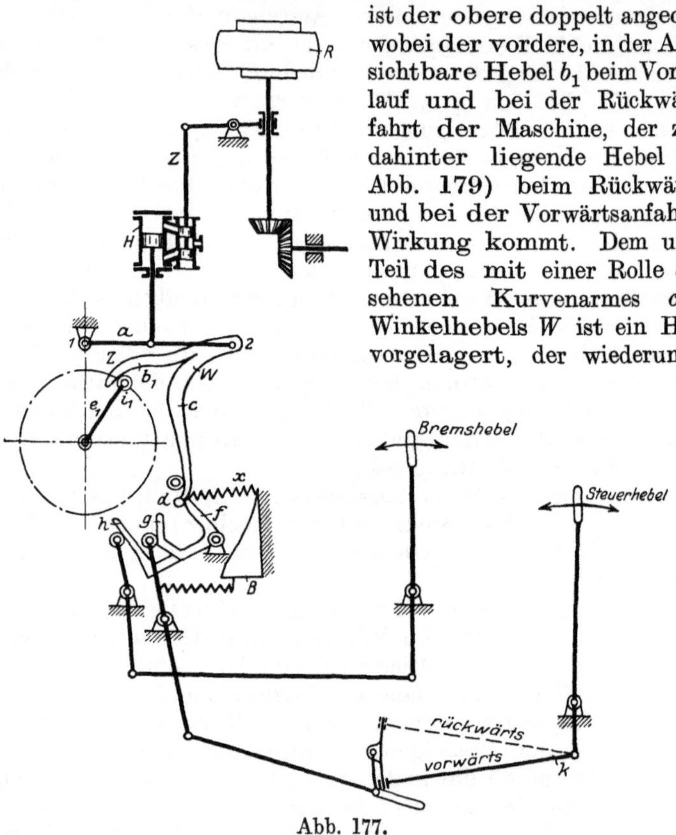

Abb. 177.

den beiden, den Steuer- bzw. Bremshebel betätigenden Kurvenhebeln g und h durch eine gemeinsame Welle fest verbunden ist. Im Gleichlaufabschnitt wird das freie Ende des Winkelhebelarmes c infolge der Einwirkung der Feder x durch die fest angeordnete Kurvenbahn B geführt, im Beschleunigungs- und Auslaufabschnitt dagegen ist der Arm c — wie gezeichnet — durch den Hebel b_1 bzw. b_2 von der Kurvenbahn B abgehoben. Während der Anfahrt und auch im Auslaufabschnitt arbeitet nun der gekrümmte Arm b_1 bzw. b_2 des vom Fliehkraftregler auf- und abwärts bewegten Winkelhebels W mit der von der Fördermaschine angetriebenen langsam laufenden Anschlagrolle i_1 des Hebels e_1 (Abb. 177) bzw. i_2 des bei umgekehrter Fahrtrichtung entgegengesetzt zu e_1 umlaufenden Hebels e_2 (Abb. 179) zusammen, dergestalt, daß bei einem Zusammentreffen der Rolle i_1 (i_2) mit dem Kurvenarm b_1 (b_2) der Winkelhebel W um seinen Drehpunkt *2* bewegt wird. Dadurch werden aber auch der Hebel f sowie die Kurvenhebel g und h verdreht, d. h. es werden der Steuer- und Bremshebel verstellt. Der mit dem Steuerhebel in Verbindung stehende Kurvenhebel g ist hierbei so ausgebildet, daß er während der Wirkung der Bremse den in die Nullage oder auf Gegendampfstellung gebrachten Steuerhebel in seiner Lage beläßt und den Hebel für die der Fahrtrichtung entsprechende Ausschlagseite sperrt. Die selbsttätige Umschaltung des Steuerungsreglers bei der Bewegungsumkehr der Fördermaschine, also die jeweils richtige Steuerhebelbewegung durch das Reglergestänge wird dadurch erzielt, daß ein von der Fördermaschine betätigtes Reibungsgetriebe u gemäß Abb. 179 den Schieber einer kleinen Umsteuermaschine U entsprechend verstellt, diese Maschine also umsteuert und damit das Steuerhebelgestänge k je nach der Umlaufrichtung der Fördermaschine entweder in die ausgezogen dargestellte oder in die strichiert angedeutete Lage bringt (Abb. 177).

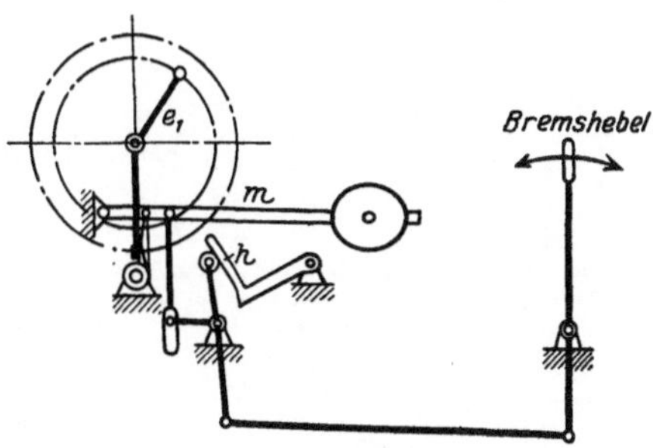

Abb. 178.

Die Wirkungsweise des Fahrtreglers der Isselburger Hütte ist sonach kurz folgende:

Im Beschleunigungsabschnitt wird bei zunehmender Fördergeschwindigkeit der wagerechte Hebel a durch den Fliehkraftregler R nach abwärts bewegt, so daß der Winkelhebel W im Zusammenwirken mit der langsam sich bewegenden Rolle i_1 bzw. i_2 den Hebel f und damit zusammenhängend auch die Kurvenhebel g und h derart verdreht, daß dabei der Steuerhebel nach der Nullage zu — gegebenenfalls bis auf Gegendampf — verstellt wird, während der Bremshebel — von h beeinflußt — die Bremse mehr oder weniger stark einrückt. Der vorher festgelegte Geschwindigkeitsverlauf im Anfahrabschnitt wird also durch die drei verfügbaren, sehr empfindlich wirkenden Verzögerungsmittel erzwungen. Während des Gleichlaufabschnittes wird dann die Bewegung des Kurvenhebels c und demnach auch jene des Steuer- und Bremshebels einmal durch den Fliehkraftregler R, dann aber auch durch die Form der Kurvenbahn B bestimmt. Im Auslaufabschnitt wirken schließlich wieder der Fliehkraftregler R gemeinsam mit der Rolle i_1 bzw. i_2 auf den Winkelhebel W ein, wodurch der Steuerhebel zunächst in die Nullage gebracht, gegebenenfalls auf Gegendampf eingestellt und weiterhin auch die Bremse eingerückt wird. Bei einem Übertreiben des aufwärtsfahrenden Förderkorbes wird die Bremse durch das untere Ende des von der vorwärts- bzw. rückwärtslaufenden Maschine bewegten Rollenhebels e_1 bzw. e_2, sowie die Sperrklinke s und

R
z
a
i_1
i_2
e_1
e_2
u
U
H
1
2
b
W
c
q
max. Geschw.
Produktionfahrt
Seilfahrt
x
f
m
l
h
s
d
g
B
k
zum Bremshebel
zum Steuerhebel
Ausrückkupplung

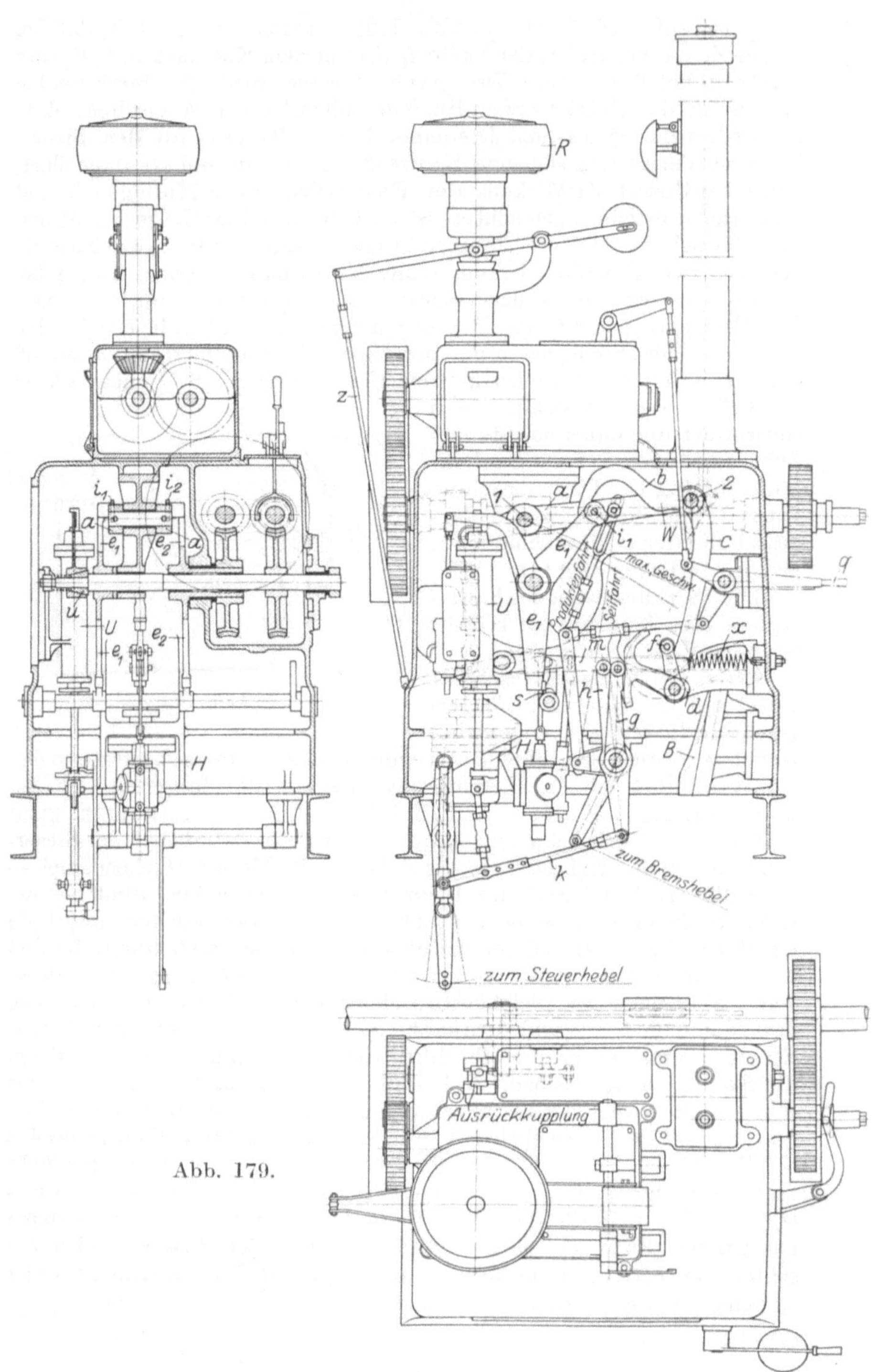

Abb. 179.

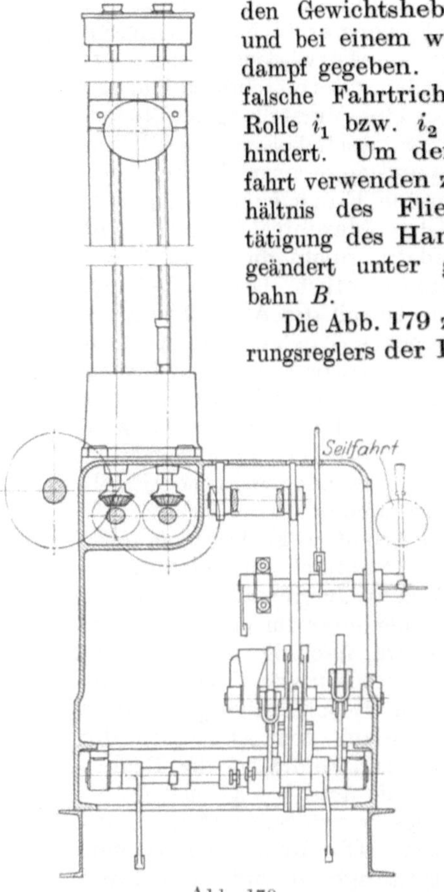

Abb. 179.

den Gewichtshebel m (Abb. 178 und 179) ausgelöst und bei einem weiteren Übertreiben auch noch Gegendampf gegeben. Ein Auslegen des Steuerhebels in die falsche Fahrtrichtung wird durch das Anliegen der Rolle i_1 bzw. i_2 an dem Kurvenarm b_1 bwz. b_2 verhindert. Um den Steuerungsregler auch für die Seilfahrt verwenden zu können, wird das Übersetzungsverhältnis des Fliehkraftreglerantriebes durch eine Betätigung des Handhebels q (in Abb. 179) entsprechend geändert unter gleichzeitiger Verstellung der Kurvenbahn B.

Die Abb. 179 zeigt die bauliche Anordnung des Steuerungsreglers der Isselburger Hütte. Die Bezeichnung der einzelnen Teile stimmt mit jenen der schematischen Darstellung des Apparates in Abb. 177 und 178 überein.

Die Abb. 180 und 181[1]) veranschaulichen eine Ausführung des Fahrtreglers der Friedrich Wilhelms-Hütte in Mühlheim a. d. Ruhr.

Der stark statische Fliehkraftregler c wirkt gemäß Abb. 180 durch seine Reglermuffe b unmittelbar auf den einarmigen Hebel a ein, dergestalt, daß bei einem Ansteigen der Reglermuffe der Hebel a sich ebenfalls nach aufwärts bewegt. Dadurch wird aber auch die an seinem freien Ende aufgehängte senkrechte Stange d angehoben und der an dieser Stange angreifende, in dem Punkte e drehbar verlagerte, wagerechte Doppelhebel f zum Ausschwingen gebracht. Da andrerseits der Doppelhebel f mit seinem rechten, kurzen Arm auch mit dem Kolbenschieber g eines Hilfsmotors in Verbindung steht, so wird die durch die Reglermuffe eingeleitete Bewegung auf diesen Kolbenschieber übertragen. Steigt also die Reglermuffe infolge einer Zunahme der Fahrgeschwindigkeit an, dann wird der mit einer inneren Einströmung arbeitende Kolbenschieber g des Hilfsmotors derart verstellt, daß Frischdampf unter den Kolben in den zugehörigen kleinen Dampfzylinder eintreten kann. Der Kolben geht dementsprechend aufwärts und nimmt dadurch auch das mit der Kolbenstange verbundene herzförmige Stück h mit. An den schrägen, inneren Seitenflächen dieses Herzstückes h liegt nun die Rolle n des Steuer-

[1]) Abbildungen nach einem Aufsatz von Dr.-Ing. K. Hold, Glückauf 1925, Nr. 39.

hebelgestänges *p* an — und zwar je nach Auslage des Steuerhebels für den Vorwärts- oder Rückwärtsgang der Fördermaschine an der linken oder rechten Innenseite —, so daß bei einem Aufwärtsgange des herzförmigen Stückes *h* die Rolle *n* durch eine der inneren schrägen Flächen seitlich verschoben wird. Dies ergibt aber eine Verstellung des Steuerhebelgestänges *p*, d. h. ein Zurücklegen des Steuerhebels nach der Mittellage zu und zwar bis zur Nullstellung hin und gegebenenfalls auch noch darüber hinaus auf Gegendampf, sowie eine Einrückung der Bremse.

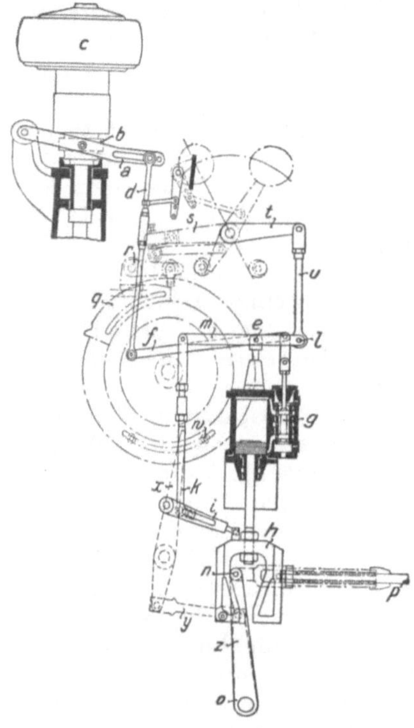

Abb. 180.

Für den Maschinenführer besteht außerdem noch die Möglichkeit, jederzeit selbst Gegendampf zu geben. Durch den Abwärtsgang des Herzstückes *h* gelangt der Kolbenschieber *g* unter Vermittlung des an ihm befestigten Hebelarmes *i*, der Stange *k* und des um den Punkt *e* drehbar verlagerten, wagerechten Hebels *m* wieder in seine Mittelstellung zurück.

Die Arbeitsweise des Steuerungsreglers ist sonach kurz folgende:

Wird zu Beginn des Förderzuges der Steuerhebel für eine größte Anfahrfüllung nach der einen oder anderen Seite hin voll ausgelegt, dann wird im Beschleunigungsabschnitt entsprechend dem Anwachsen der Fördergeschwindigkeit die Reglermuffe aufwärts bewegt und damit auch das herzförmige Stück *h* angehoben. Die Rolle *n* des Steuerhebelgestänges *p* wird dabei durch die Innenfläche des Herzstückes seitwärts abgedrängt und führt dadurch so lange eine allmähliche Einstellung des Steuerhebels auf kleinere Füllungen herbei, bis zu Beginn des Gleichlaufabschnittes, d. h. nach Erreichung der Höchstgeschwindigkeit die kleinste, wirtschaftliche Frischdampffüllung — beispielsweise 20 vH — erreicht ist. Wird nun etwa im Gleichlaufabschnitt die zulässige höchste Fahrgeschwindigkeit überschritten, so wirkt das Herzstück *h* noch weiter auf das Steuerhebelgestänge ein, indem es den Steuerhebel mehr und mehr nach der Nullstellung zurücklegt, gleichzeitig aber auch die Bremse nach Maßgabe der Geschwindigkeitsüberschreitung mit zunehmendem Bremsdruck einrückt. Dies wird wiederum dadurch erreicht, daß beim Aufwärtsgange des herzförmigen Stückes *h* die an ihm befestigte Schlitzstange c_1 (Abb. 181) ebenfalls angehoben wird. Nach Überwindung eines gewissen

„toten Ganges" stößt die Stange c_1 an den in ihrem Schlitz geführten Bolzen a_1 an, wodurch der mit dem Bolzen in Verbindung stehende Hebel b_1 und somit das Bremsgestänge d_1, e_1, f_1, g_1, h_1 bewegt werden. Der dem Bremszylinder vorgeschaltete Bremsdruckregler wird damit in Tätigkeit gesetzt, die Bremse also zum Eingriff gebracht.

Falls aber der Maschinenführer zu Beginn des Auslaufabschnittes das Zurücklegen des Steuerhebels in die Mittelstellung unterläßt, so erfolgt dies auch hier zwangläufig durch den Fahrtregler. Zu diesem Zwecke weist der Steuerungsregler gemäß Abb. 180 eine Kurvenscheibe mit der Steuerkurve q auf, die gegen Ende des Gleichlaufabschnittes den Rollenhebel r sowie das Gestänge s, t und u bewegt. Mit der senkrechten Stange u steht aber wieder der wagerechte Hebel m und damit auch der Kolbenschieber g in Verbindung, so daß bei einer durch die Steuerkurve q hervorgerufenen Drehung des Rollenhebels r der Kolbenschieber nach unten verschoben wird. Dies hat dann die vorhin beschriebene Aufwärtsbewegung des Herzstückes h, also eine Zurücklegung des Steuerhebels in die Nullstellung und gegebenenfalls eine Einrückung der Bremse mit allmählich zunehmendem Bremsdruck zur Folge. Außerdem wirkt gegen Fahrtende noch ein fester Anschlag w der Kurvenscheibe durch die Betätigung des Anschlaghebels x sowie das Gestänge y, z auf die Steuerung ein, wodurch eine Verstellung des Steuerhebels in die Nullage unter allen Umständen erzwungen und der Hebel in dieser Stellung festgehalten wird. Dem Maschinenführer

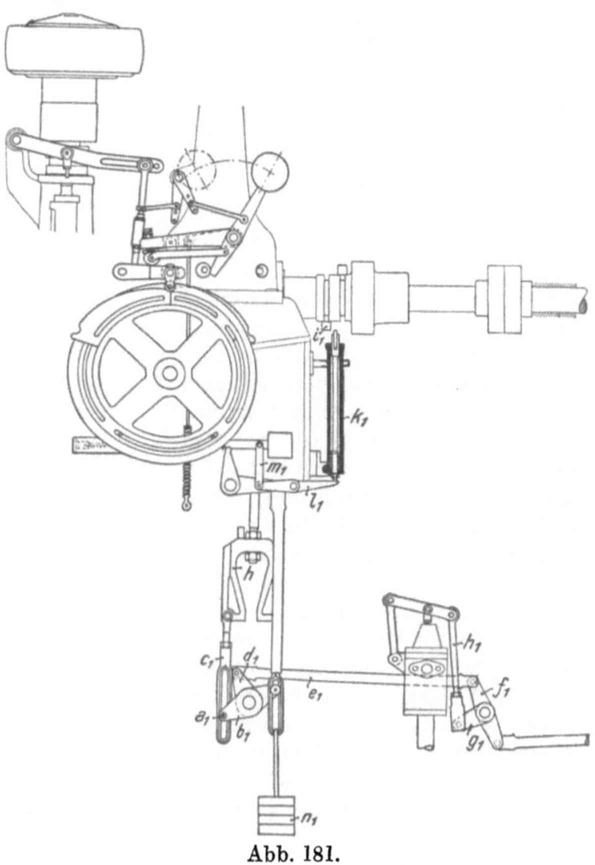

Abb. 181.

wird es hierdurch gleichzeitig auch unmöglich gemacht, bei der nächsten Anfahrt den Steuerhebel in die falsche Fahrtrichtung voll auszulegen.

Bei einem Übertreiben des vollen Förderkorbes kommt der auf der Steuerwelle verstellbar angeordnete Nocken i_1 (Abb. 181) zur Einwirkung, indem er durch das Gestänge k_1, l_1, m_1 das Fallgewicht n_1 zur Auslösung bringt. Das mit dem Fallgewicht verbundene Gestänge d_1—h_1 wird dadurch in Bewegung gesetzt und der Bremsdruckregler auf einen größten Bremsdruck eingestellt.

Eine in gleicher Weise erforderliche Einwirkung des Steuerungsreglers für die geringeren Seilfahrtgeschwindigkeiten wird dadurch herbeigeführt, daß der Angriffspunkt der Stange d (Abb. 180) in dem Hebelarm a der Reglermuffe nach dem Regler hin verschoben wird. Die Einstellung der Steuerung auf kleinere wirtschaftliche Füllungen erfolgt dann schon bei einer geringeren Fahrgeschwindigkeit.

Die Umschaltung des Steuerungsreglers von dem einen in den anderen Fahrsinn schließlich geschieht wie bei allen neueren Fahrtreglern durch die Fördermaschine selbst, indem das Steuerhebelgestänge bei einer Umkehr der Ma-

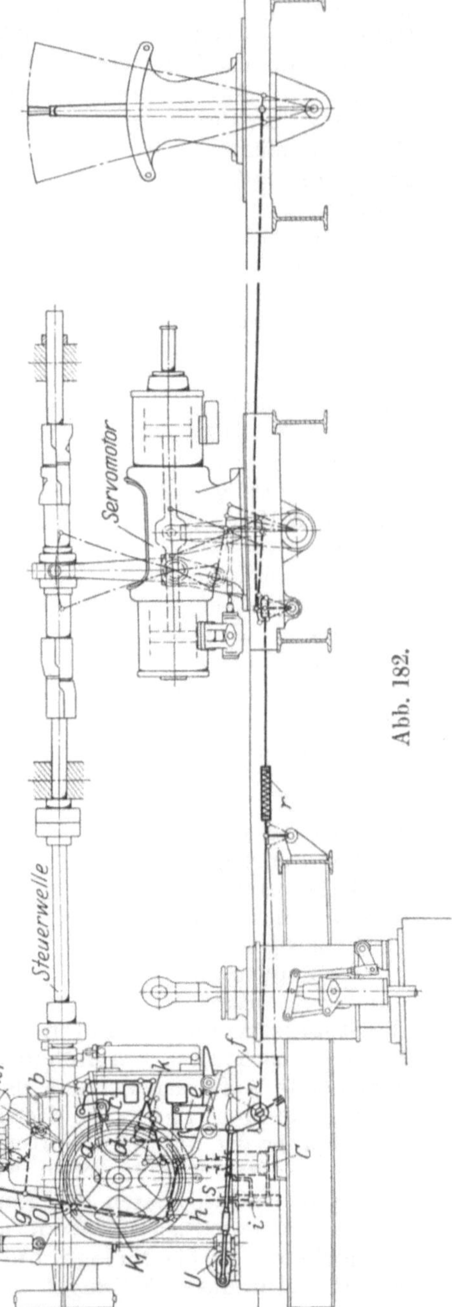

Abb. 182.

schine mittels eines Reibungsgetriebes in bekannter Weise für die entgegengesetzte Bewegungsrichtung umgelegt wird.

Eine neuere Ausführung des Fahrtreglers der **Friedrich Wilhelms-Hütte** zeigen die Abb. 182 und 183.

Hier wirkt der Fliehkraftregler R durch die Reglermuffe in ähnlicher Weise wie bei der Bauart gemäß Abb. 180 und 181, nämlich unmittelbar auf einen, in seinem rechten Endpunkt die Stange g tragenden Hebel p ein, dergestalt, daß bei einem Ansteigen der Reglermuffe die Stange g angehoben und damit der an ihrem unteren Ende angreifende Hebel h zum Ausschwingen gebracht wird. Durch diese Hebelbewegung wird eine Verstellung der Steuerung auf kleinere Frischdampffüllungen — gegebenenfalls bis zu einem Zurücklegen des Steuerhebels in die Nullage — sowie auch noch eine Betätigung der regelbaren Bremse eingeleitet.

Bereits kurz nach der für das Anfahren der Fördermaschine notwendigen Steuerhebelauslage auf die größte Frischdampffüllung erfolgt entsprechend dem nunmehr einsetzenden stetigen Anwachsen der Fahrgeschwindigkeit im Beschleunigungsabschnitt ein selbsttätiges allmähliches Zurückgehen des Steuerhebels nach der Mittellage hin. Dies geschieht dadurch, daß die Reglermuffe mit zunehmender Fahrgeschwindigkeit das Gestänge g, h aufwärts bewegt und damit den Kolbenschieber i des Servomotors C ver-

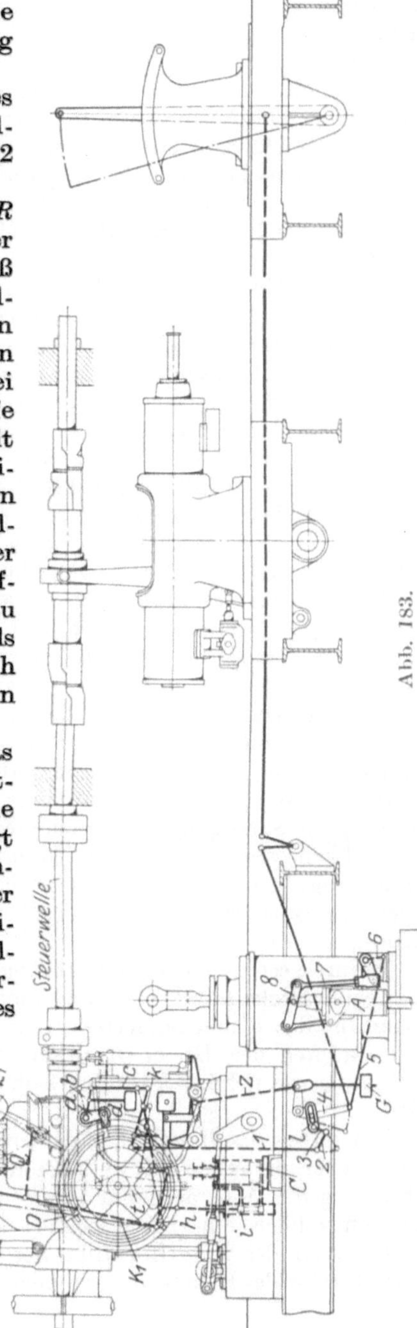

Abb. 183.

stellt. Der Hilfsmotor C tritt jetzt in Tätigkeit und führt über das Gestänge k, d, e, f (Abb. 182) die gewünschte Zurücklegung des Steuerhebels bis zu der für den Gleichlauf bestimmten kleineren Füllung herbei. Bei einer Geschwindigkeitsüberschreitung im Gleichlaufabschnitt wirkt der Fliehkraftregler dann noch weiter auf den Hilfsmotor C ein, wodurch der Steuerhebel bis in die Mittelstellung zurückgebracht und dabei auch gleichzeitig die Bremse mit langsam zunehmendem Bremsdruck eingerückt wird. Um diesen Eingriff der Bremse zu ermöglichen, steht der Hebel d gemäß Abb. 183 durch das Gestänge *1*, *2*, *3* sowie den schleifenförmigen Teil l mit dem Bremsdruckregler A derart in Verbindung, daß bei einem Ausschwingen des Hebels d das Gestänge *1*, *2*, *3* sowie der schleifenförmige Teil l mitbewegt werden. Nach Überwindung eines gewissen „toten Ganges" wird der durch die schleifenförmige Erweiterung des Teiles l geführte Bolzen des Übertragungshebels *4* verschoben und damit das Bremsgestänge *5*, *6*, *7*, *8*, also auch der Bremsdruckregler A betätigt. Zu Beginn des Auslaufabschnittes wirken dagegen der Fliehkraftregler R und die Endfahrkurve O der Kurvenscheibe K_1 gemeinsam auf die Steuerung ein, so daß durch das Gestänge g, h und den Hilfsmotor C sowie die Hebelanordnung k, d bzw. a, b, c, d, e, f (Abb. 182) der Steuerhebel in die Nullage zurückgelegt wird. Genügt nun auch diese Maßnahme zur Erzielung der gewünschten Verzögerung noch nicht, dann wird durch das Gestänge *1* bis *8* (Abb. 183) noch die Bremse mit zunehmendem Bremsdruck eingerückt. Diese Einwirkung auf Steuerung und Bremse erfolgt bei einer höheren Fahrgeschwindigkeit früher als bei einer geringeren, so daß sich bei einer höheren Geschwindigkeit ein kürzerer Auslaufweg ergibt als bei einer kleineren Fördergeschwindigkeit.

Trotz der durch die Endfahrkurve O der Kurvenscheibe K_1 und das Gestänge a bis f veranlaßten Steuerhebelverlegung nach der Mittellage zu besteht für den Maschinenführer nach Überwindung des durch die Feder r im Steuergestänge gebildeten Widerstandes noch jederzeit die Möglichkeit, von Hand aus eine für das Manövrieren der Fördermaschine notwendige geringe Hebelauslage herbeizuführen. Ein völliges Auslegen des Steuerhebels in die falsche Fahrtrichtung wird jedoch unterbunden.

Beim Wechsel der Fahrtrichtung schaltet die Fördermaschine den Steuerungsregler selbsttätig um, indem bei der Bewegungsumkehr der Maschine das Reibungsgetriebe U in Abb. 182 die Stange s verschiebt und dadurch den Hebel n in die entgegengesetzte Lage bringt, so daß stets die richtige Steuerhebelbewegung durch den Regler erzielt wird.

Vermittels des Hebels Q_1, dessen gezeichnete Lage der Einwirkung des Steuerungsreglers für Güterförderung entspricht, wird eine Umschaltung des Apparates für die Seilfahrt dadurch herbeigeführt, daß der Umstellhebel in die strichiert angedeutete linke Auslage Q und damit auch der Angriffspunkt der Stange g in der schlitzförmigen Erweiterung des Hebels p nach dem Regler zu verschoben wird.

β) Hydraulische Fahrtregler.

Die Wirkungsweise der hydraulischen Steuerungsregler beruht auf dem in Teil I, S. 190, näher dargestellten Grundgedanken eines Flüssigkeitskatarakts, d. h. einer Ölbremse, die zum Zwecke einer Drosselung der von der einen nach der anderen Zylinderseite umlaufenden Flüssigkeit mit einem einstellbaren, den Überströmquerschnitt regelnden Absperrteil versehen ist. Dort ist auch gemäß Abb. 184 gezeigt worden, daß der im Zylinder auftretende Öldruck einmal durch die jeweilige Fahrgeschwindigkeit bestimmt ist, weil ja der Antrieb des Druckkolbens K (der auch durch eine besondere Ölumlaufpumpe ersetzt werden kann) von der Fördermaschinenbewegung abgeleitet wird, zum anderen aber auch von der ebenfalls wechselnden Größe des Überströmquerschnittes o, also von der Einstellung des Absperrteiles s beeinflußt wird, die wiederum von der Stellung der Förderkörbe im Schachte abhängig ist (Kurvenscheibe Z). Diese, den Flüssigkeitsdruck im Zylinder bestimmenden Größen — nämlich die eine Überströmgeschwindigkeit der Flüssigkeit erzeugende Fördermaschinengeschwindigkeit und die Förderkorbstellung mit ihrem Einfluß auf die den Durchströmungswiderstand erhöhende Drosselung der Durchtrittsöffnung — wirken nun in der Weise zusammen, daß bei einem normalen Verlauf der Fahrgeschwindigkeit der Öldruck während des gesamten Förderzuges den gleichen Wert beibehält, daß er sich aber sofort ändert, wenn die Geschwindigkeit von dem vorgeschriebenen Verlauf abweicht.

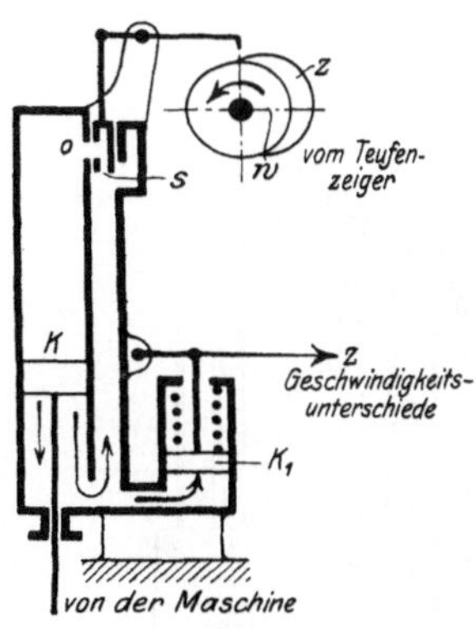

Abb. 184.

Diese Veränderung des Flüssigkeitsdruckes ist es nun, die zur Regelung des Fördermaschinenganges benutzt wird. Das wird dadurch erreicht, daß ein mit dem Ölzylinder bzw. Ölstrom in Verbindung stehender belasteter Kolben — der sog. Reglerkolben (K_1 in Abb. 184) — bei einer bestimmten Überschreitung des Flüssigkeitsdruckes selbsttätig anspricht und durch seinen damit hervorgerufenen Ausschlag unmittelbar oder mittelbar eine Veränderung der Kraftzufuhr und gegebenenfalls auch noch eine Betätigung der Bremse herbeiführt. Der hydraulische Fahrtregler verwendet sonach den gleichen Grundgedanken wie der bereits besprochene mechanische Steuerungsregler, d. h. beide Reglerarten benutzen die Maschinengeschwindigkeit und die Förderkorbstellung zur Erzielung des gleichen Endzweckes. Während aber die Maschinengeschwindigkeit bei den mechanischen Fahrtreglern den Fliehkraftregler beeinflußt, wirkt sie bei den hydraulischen Steuerungsreglern auf den Flüssigkeitsdruck ein. Die Förderkorbstellung wiederum wird in dem einen Falle zur selbsttätigen Einwirkung auf die Steuerung, im anderen Falle zur Veränderung des Überströmquerschnittes verwendet.

Das Verdienst, den nach dem hydraulischen Grundsatz arbeitenden Steuerungsregler für alle Belastungsverhältnisse zu einem hohen Grade der Betriebssicherheit, Feinfühligkeit und Wirtschaftlichkeit durchgeführt zu haben, gebührt den beiden deutschen Ingenieuren Iversen und Schönfeld.

Die erste, aus dem Jahre 1907 stammende Bauart des hydraulischen Fahrtreglers von Iversen diente zunächst nur für die Regelung des Auslaufabschnittes. Bei dieser Ausführungsart wirkte der Fahrtregler lediglich auf das Fahr- oder Drosselventil der Fördermaschine und auf die Bremse ein, nicht aber auf die Steuerung. Gemäß den Darlegungen über die Wegvergleichung für Reglerzwecke in Teil I, S. 187 ff., beruht die Wirkungsweise dieser Vorrichtung im wesentlichen auf einer vom Teufenzeiger, also von der Förderkorbstellung, abhängigen Bewegung, die mit der Maschinenbewegung verglichen wird. Diese Vergleichsbewegung wird gemäß Abb. 185 und 186 durch ein Laufgewicht G dargestellt, das durch eine senkrechte Stange geführt wird und mit dem schweren Druckkolben K der Ölbremse durch das Seil s verbunden ist (vgl. auch die Abb. 172 in Teil I, S. 191).

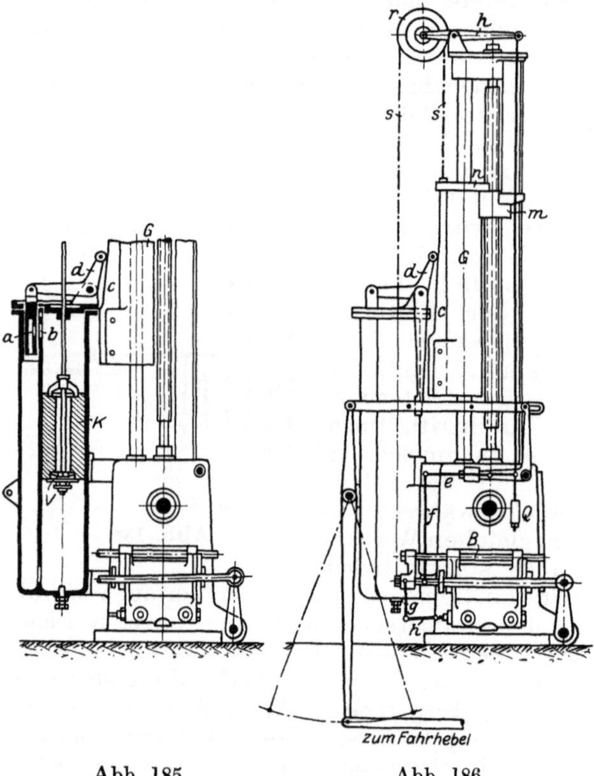

Abb. 185. Abb. 186.

Im Anfahrabschnitt bewegt sich das mit dem Ansatz n auf einer der beiden Wandermuttern m des Teufenzeigers aufruhende Laufgewicht G aus seiner höchsten Stellung abwärts und zieht dabei den Druckkolben K nach oben. Bei diesem Vorgange tritt das über dem Kolben befindliche Öl — beispielsweise über ein selbsttätiges Kolbenventil V — in den unteren Zylinderteil ein. Am Ende des Beschleunigungsabschnittes stößt das Laufgewicht gegen eine Unterlage und wird hier so lange festgehalten, bis es durch die andere, aufwärtsgehende Wandermutter wieder übernommen und damit nach der Ausgangsstellung zu verschoben wird. Der nunmehr von der Einwirkung des Laufgewichts befreite Kolben K geht entsprechend abwärts und drückt damit bei geschlossenem Kolbenventil das unter ihm befindliche Öl durch den Drosselquerschnitt b in den oberen Zylinderteil (s. auch Abb. 172 in Teil I). Die Einstellung des Überströmquerschnittes b erfolgt durch den Drosselschieber a, der wiederum mittels des Winkelhebels d durch den Kurventeil c des Laufgewichtes G derart verstellt wird, daß die Durchgangsöffnung für das Öl die jeweils zulässige Fahrgeschwindigkeit der Maschine bestimmt. Entsprechend der Geschwindigkeitsabnahme im Auslaufabschnitt wird demnach der Drosselquerschnitt allmählich verkleinert, so daß dem niedersinkenden Kolben K ein immer größer werdender hydraulischer Widerstand entgegengesetzt und damit auch eine Verlangsamung seiner Abwärtsbewegung herbeigeführt wird. Stellt sich nun hierbei infolge einer Überschreitung der festgelegten Fahrgeschwindigkeit in irgendeinem Wegpunkte ein Unterschied in der Bewegung des aufwärts wandernden Laufgewichtes G und des niedergehenden Druckkolbens K ein, wird also die Geschwindigkeit von G größer als jene von K, so wird das Verbindungsseil schlaff und gibt dadurch die in einem zweiarmigen, beweglichen Schwinghebel h verlagerte Seilrolle r für die Einwirkung des in seinem rechten Endpunkt angreifenden Hebelgewichtes Q frei. Die Seilrolle r bewegt sich nunmehr aufwärts, und das sinkende Gewicht Q schaltet über das angeschlossene Gestänge e, f, g, h den Hilfsmotor B ein, wodurch zunächst der Durchtrittsquerschnitt des Drossel- oder Fahrventiles entsprechend der Geschwindigkeitsüberschreitung verkleinert und bei weiter dauernder Geschwindigkeitsüberschreitung auch noch die Bremse mit zunehmendem Bremsdruck eingerückt wird. Nach eingetretener Herabminderung der Fahrgeschwindigkeit auf das zulässige Maß wird auch der Geschwindigkeitsunterschied zwischen G und K wieder beseitigt, wobei aber die Seilrolle r in ihrer erhöhten Lage verbleibt. Hierdurch wird erreicht, daß das Drosselventil und die Bremse so eingestellt bleiben, wie es der jeweiligen Belastung entsprechend zur Aufrechterhaltung der normalen Geschwindigkeit erforderlich ist.

Eine spätere Ausführung des Iversenschen Fahrtreglers aus dem Jahre 1910 ist auf dem einleitend dargelegten Grundgedanken der hydraulischen Geschwindigkeitsmessung aufgebaut, dergestalt, daß die von der Maschinengeschwindigkeit bzw. einer von der Fördermaschine angetriebenen ventillosen Umlaufpumpe abhängige Überströmgeschwindigkeit des Öles mit einem vom Teufenzeiger in Abhängigkeit stehenden Zustand verglichen wird. Stellt sich hierbei im Ölzylinder infolge einer Abweichung der Fahrgeschwindigkeit von dem normalen Geschwindigkeitsverlauf eine Druckveränderung ein, dann wird durch diese eine mittelbare Betätigung des Drosselventiles, der regelbaren Bremse sowie des Umsteuerhebels herbeigeführt.

Die Abb. 187 zeigt die schematische Anordnung dieses Fahrtreglers. Die von der Fördermaschine angetriebene Kapselpumpe D erzeugt einen der Maschinengeschwindigkeit verhältnisgleichen Ölumlauf, indem sie die Flüssigkeit aus der Kammer d über die Rohrleitung g ansaugt und durch den Raum b sowie die Drosselöffnung f nach d zurückfördert. Der hierbei im Raume b auftretende Flüssigkeitsdruck, der ja von der Durchströmgeschwindigkeit des Öles und dem Überströmquerschnitt f abhängig ist, hat bei einem normalen Verlauf der Fahrgeschwindigkeit immer eine bestimmte, gleichbleibende Größe. Tritt jedoch eine Abweichung von der vorgeschriebenen Fördergeschwindigkeit ein, dann ändert sich auch der im Raume b herrschende Öldruck

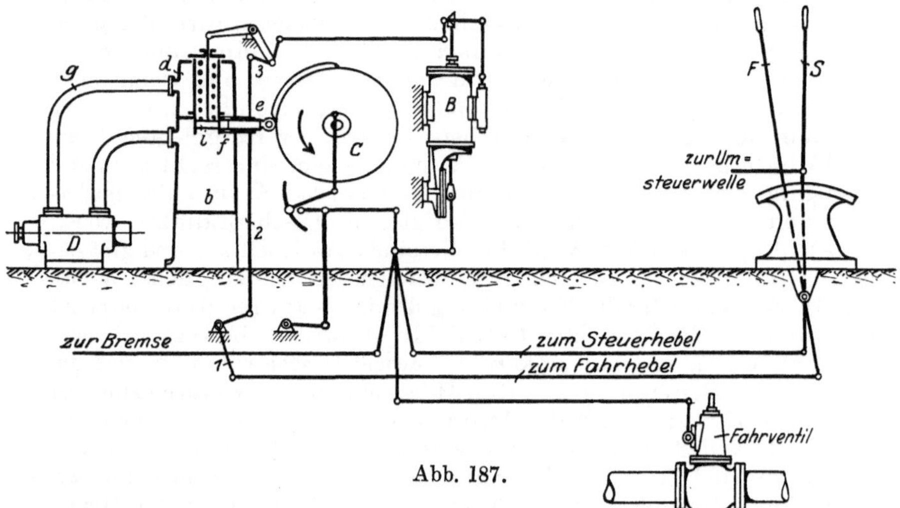

Abb. 187.

und ruft eine Bewegung des federbelasteten Reglerkolbens i und des Gestänges zwischen dem Reglerkolben und dem Hilfsmotor B hervor. Der Hilfsmotor kommt dadurch zur Wirkung und betätigt das Fahr- oder Drosselventil, die regelbare Bremse und den Umsteuerhebel. Durch die Anordnung eines besonderen „Fahrhebels“ F und des Gestänges $1, 2, 3$ ist aber auch dem Maschinenführer jederzeit noch die Möglichkeit gegeben, unabhängig von dem im Raume b erzeugten Öldruck den Hilfsmotor B von Hand aus in Tätigkeit zu setzen. Als Fahr- oder Drosselventil findet hierbei das bereits auf S. 122 erwähnte Iversensche „Servoventil“ Verwendung, d. i. ein Drosselventil mit einem nicht entlasteten Ventilkörper, der aber durch einen besonderen Steuerkolben bewegt wird und dadurch bei einer sehr geringen Verstellkraft eine vom Hebelausschlag abhängige, äußerst feinstufige Regelung der Dampfzufuhr gestattet (s. auch S. 272). Eine Umschaltung des Steuerungsreglers beim Wechsel der Fahrtrichtung erfolgt durch die Fördermaschine selbsttätig, indem bei der Bewegungsumkehr der Maschine auch die Kapselpumpe D und somit die Flüssigkeit in entgegengesetzter Richtung umlaufen.

In Abb. 188 ist die bauliche Ausführung dieses Iversenschen hydraulischen Fahrtreglers veranschaulicht. Abweichend von der schematischen Darstellung gemäß Abb. 187 weist der Apparat neben einer größeren unteren Ölkammer b zwei durch eine Scheidewand voneinander getrennte mittlere Kammern d sowie eine obere Kammer c auf. Diese mit Öl angefüllten Räume stehen derart untereinander in Verbindung, daß die Kapselpumpe D die Flüssigkeit aus der einen, beispielsweise der linken mittleren Kammer d über das Rohr g ansaugt und sie in die rechte Kammer d drückt, wobei das in dem unteren Raume b aufgespeicherte Öl über ein Rückschlagventil in die linke Kammer d nachströmen kann. Von der rechten mittleren Kammer d gelangt das Öl dann durch den vom Schieber e bzw. von der Teufenkurvenscheibe C geregelten Drosselquerschnitt f in die obere Kammer c, um von hier aus schließlich nach b zurückzufließen. Entsprechend der von der jeweiligen Maschinengeschwindigkeit abhängigen Überströmgeschwindigkeit und der Größe des von der Förderkorbstellung gesteuerten Überströmquerschnittes f stellt sich in der rechten Kammer d ein gewisser Öldruck ein, der bei einer Abweichung von dem vorgeschriebenen Geschwindig-

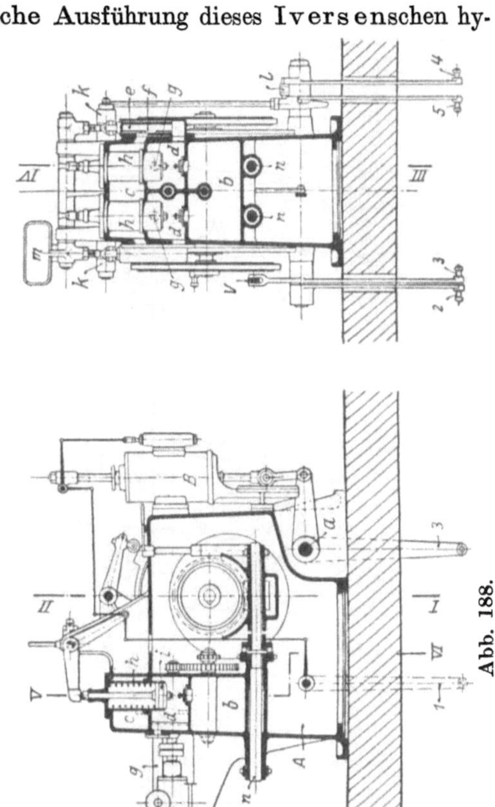

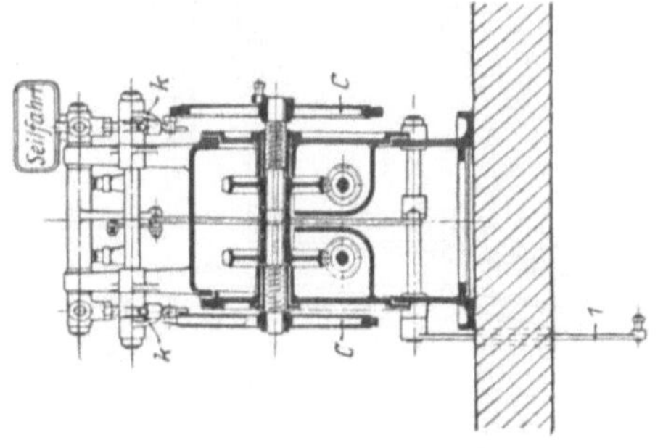

Abb. 188.

keitsverlauf den mit dieser Kammer in Verbindung stehenden federbelasteten Reglerkolben i bewegt und damit in der oben erwähnten Weise vermittels eines Gestänges auf den Schieber des Hilfsmotors B einwirkt. Bei einer Bewegungsumkehr der Fördermaschine wird das Öl durch die Umlaufpumpe D aus der rechten mittleren Kammer d angesaugt und in die gleichfalls mit einem (von der Teufenscheibenkurve C beeinflußten) Drosselquerschnitt versehene linke mittlere Kammer d gedrückt. Der die Regelbewegung bestimmende Flüssigkeitsdruck tritt dann also in der linken Ölkammer d auf und betätigt den entsprechenden federbelasteten Reglerkolben i und damit auch den Hilfsmotor B.

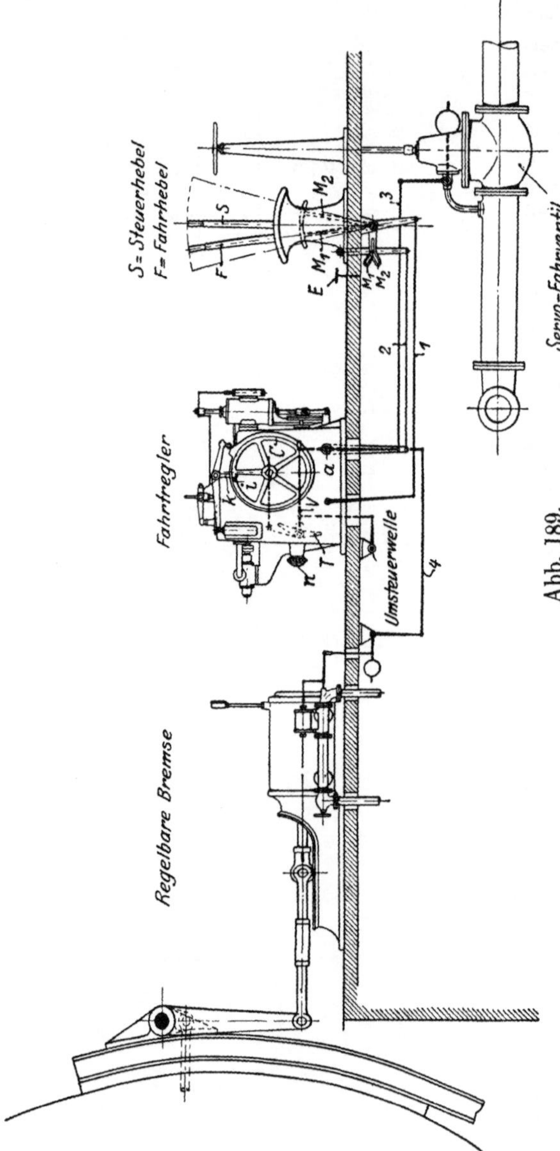

Abb. 189.

Die beiden Teufenscheibenkurven C, welche die Drosselschieber e der Überströmquerschnitte f steuern, sitzen an der vorderen bzw. hinteren Außenseite des Apparates und erhalten ihren Antrieb mittels eines Schneckenradgetriebes durch die Wellen n.

Die Abb. 189 veranschaulicht die Gesamtanordnung dieses hydraulischen Steuerungsreglers, in der im besonderen neben dem Steuerhebel S auch der für die Handbetätigung des Hilfsmotors bestimmte Fahrhebel F erkennbar ist.

Die Wirkungsweise dieses Steuerungsreglers ist im Zusammenhang kurz folgende. Zu Beginn des Förderzuges wird zunächst der Fahrhebel *F* nach vorn — und zwar sowohl für den Vorwärts- wie auch für den Rückwärtsgang der Maschine, also immer im gleichen Sinne — ausgelegt. Durch diese Hebelauslage wird der Hilfsmotor *B* (Abb. 188) in Tätigkeit gesetzt und die gegen Ende des voraufgegangenen Förderzuges eingerückte Bremse unter Vermittlung der Welle *a* (Abb. 188 und 189) sowie der Stange *4* wieder gelüftet, während das Fahr- oder Drosselventil für einen Dampfdurchtritt von etwa 1 vH geöffnet bleibt. Darauf wird nun der Steuerhebel *S* der Bewegungsrichtung der Fördermaschine entsprechend ausgelegt — für den Vorwärtsgang der Maschine beispielsweise nach links — und in den betreffenden (linken) winkelhebelartigen, auf seiner Achse lose aufsitzenden Mitnehmer M_1 (Abb. 189) eingeklinkt. Die durch die Steuerhebelauslage eingeleitete Bewegung der Umsteuerwelle hat zur Folge, daß der wagerechte Hebel *V* nach oben wandert, wobei ihre am linken Endpunkt befindliche Rolle an dem schräg stehenden Doppelhebel *T* entlang gleitet. Dadurch wird aber der Hebel *V* bei seinem Aufwärtsgange nach rechts gedrängt. Diese Seitwärtsbewegung des Hebels *V* wird zur Öffnung des Fahrventiles mittels des Gestänges *3* benutzt. Bei einer Steuerhebelauslage in der falschen Fahrtrichtung würde der Hebel *V* abwärts bewegt werden, und es würde somit das Fahrventil in seiner für das Anfahren der Fördermaschine ungeeigneten geringen Eröffnung verharren. Der Doppelhebel *T* wird mittels einer kleinen Kurbel durch die vom Förderkorbstande abhängige Teufenkurvenscheibe *C* derart verstellt, daß *T* nach Beendigung der Vorwärtsfahrt die entgegengesetzte schräge Lage einnimmt. Eine Eröffnung des Fahrventiles kann jetzt nur durch eine Steuerhebelauslage auf Rückwärtsgang der Maschine herbeigeführt werden, so daß hiermit gleichzeitig auch eine Anfahrsicherungsvorrichtung geschaffen ist. Durch die beim Fahrtbeginn erfolgte Einklinkung des Steuerhebels *S* in den Mitnehmer M_1 (Vorwärtsfahrt) bzw. M_2 (Rückwärtsfahrt) wird in ähnlicher Weise, wie bei der Reglereinwirkung nach Dubbel (S. 97, Abb. 105) erreicht, daß der Hilfsmotor *B* durch die Welle *a* und die Stange *2* bei einer stets gleichgerichteten Reglerbewegung sowohl für die Vorwärtsfahrt wie auch für den Rückwärtsgang der Maschine auf den Steuerhebel und so mittelbar durch einen besonderen — nicht eingezeichneten — Servomotor auf die Steuerung einwirken kann.

Tritt nun bei einer Überschreitung der vorgeschriebenen Fahrgeschwindigkeit infolge einer Veränderung des Flüssigkeitsdruckes in der Ölkammer *d* der Hilfsmotor in Tätigkeit, dann wird durch diesen zunächst die bei Fahrtbeginn durch den Steuerhebel *S* in die linke bzw. rechte Endlage ausgelegte Stange *2* nach der Mittelstellung zu verschoben und damit auch die Steuerung auf kleinere Frischdampffüllungen und — wenn erforderlich — auch auf Gegendampf eingestellt. Die Bremse wird aber hierbei nicht zur gleichen Zeit wirksam, sie wird vielmehr erst nach einer gewissen Verschiebung des Bremsschiebers, die wieder von der Größe der Überlappung abhängig ist, mit langsam zunehmendem Bremsdruck eingerückt. Da, wie wir gesehen haben, die Lage des Doppelhebels *T* sich mit zunehmendem Förderwege ändert, bis sie schließlich gegen Fahrtende in die entgegengesetzte Schräglage übergegangen ist, so wird auch das Fahrventil am Ende des Förderzuges bis auf einen Dampfdurchtritt von 1 vH geschlossen. Bei einem vorschriftsmäßigen Verlauf des Verzögerungsabschnittes bleibt der Steuerhebel *S* in seiner Endauslage bzw. gelangt wieder in diese zurück, weil ja die Regelbewegung zurückgeht. Das Einfahren der Förderkörbe in die Hängebank geschieht dann mit Hilfe des Fahrhebels *F*, der die Bremse mit einem geringen Bremsdruck einrückt, wodurch die Wirkung des in die Fördermaschine noch eintretenden, stark gedrosselten Frischdampfes bei völlig ausgelegter Steuerung bis zum Stillstand des oberen Korbes an der Hängebank beherrscht wird. Eine ähnliche Arbeitsweise erfolgt auch bei einem Umsetzen der Förderkörbe. Beim Überfahren des oberen Förderkorbes über die Hängebank dagegen wird die Bremse mit dem größten Bremsdruck ausgelöst. Desgleichen kann auch durch das Betätigen des Fußhebels *E* die Bremse jederzeit mit vollem Bremsdruck plötzlich eingerückt werden.

Für den Maschinenführer besteht aber während des ganzen Bewegungsvorganges der Fördermaschine die Möglichkeit, mittels des Fahrhebels *F* im Sinne einer Geschwindigkeitsverminderung von Hand aus einzugreifen.

Eine Umschaltung des Steuerungsreglers von der Güterförderung auf Seilfahrt geschieht dadurch, daß in den Ölumlauf neben dem den Überströmquerschnitt regelnden Schieber ein unveränderlicher kleinerer Drosselquerschnitt eingestellt wird, der eine Verringerung der höchsten Fahrgeschwindigkeit erzwingt. Die erfolgte Umschaltung des Apparates wird durch eine besondere sichtbare Tafel mit der Aufschrift „Seilfahrt“ erkennbar.

Einen wesentlichen technischen Fortschritt in der Entwicklung der hydraulischen Geschwindigkeitsregler stellt aber die aus dem Jahre 1913 stammende Bauart des Iversenschen Steuerungsreglers[1]) dar. Bei diesem Apparat wird der Steuerhebel während der ganzen Dauer des Förderzuges und ebenso auch bei einer jeden Geschwindigkeitsüberschreitung selbsttätig durch den Fahrtregler betätigt. Dem Maschinenführer bleibt aber immer die Möglichkeit, den Steuerhebel in jedem Augenblick und in jede zulässige Stellung — also auch in jene der vollen Gegendampfwirkung — von Hand aus auszulegen, wobei aber gefährliche Steuerhebelbewegungen des Maschinenführers durch den Fahrtregler stets unterbunden werden. Mit anderen Worten: der neuere Iversensche Fahrtregler überwacht den gesamten Förderzug — und zwar bei jeder Belastung —, indem er im Versagungsfalle des Maschinenführers oder bei sonst auftretender Gefahr sichernd und regelnd in den Gang der Dampffördermaschine eingreift. Er regelt hierbei nicht nur

[1]) „Atlas“ G. m. b. H., Berlin.

den Dampfverbrauch während dei Fahrt, sondern auch die Fördergeschwindigkeit gemäß dem vorher festgesetzten Bewegungsvorgang. Diese Regelung besteht darin, daß der Apparat während der Anfahrt die Frischdampffüllung bis zu einer für den Gleichlauf bestimmten wirtschaftlich günstigsten Füllung allmählich herabmindert und weiterhin auch noch bei einer Überschreitung der jeweils zulässigen Höchstgeschwindigkeit in irgendeinem Wegpunkte des Gleichlauf- und Verzögerungsabschnittes zunächst die Steuerung auf kleinere Frischdampfeinstellungen auslegt, die nötigenfalls bis zur Nullage und darüber hinaus auf Gegendampf geführt wird, und — falls auch diese Mittel noch nicht hinreichen — dann noch die regelbare Bremse mit zunehmendem Bremsdruck einrückt.

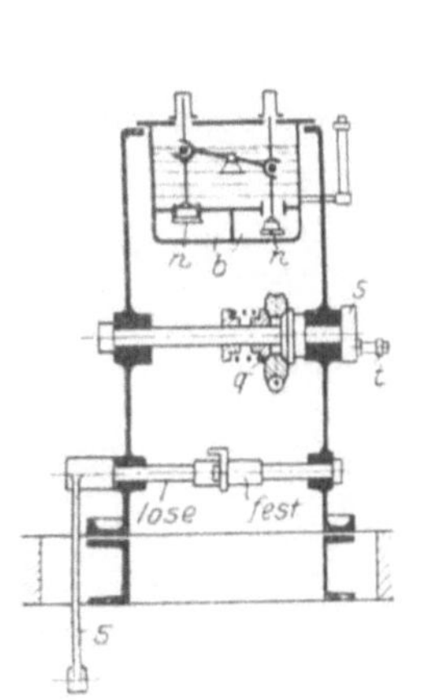

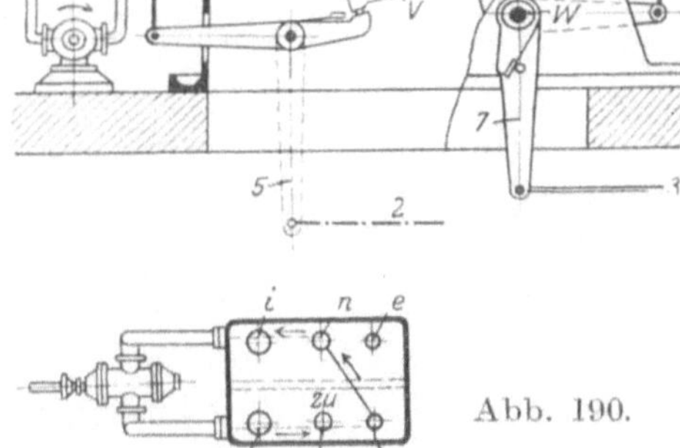

Abb. 190.

Sowie aber die Fahrgeschwindigkeit wieder das zulässige Maß erreicht hat, geht auch der Regler selbsttätig in seine Ausgangstellung zurück bzw. stellt er die Steuerung wiederum auf eine günstige wirtschaftliche Frischdampffüllung.

Die Abb. 190 und 191 veranschaulichen den neueren Iversenschen Fahrtregler. Die von der Fördermaschine angetriebene Ölumlaufpumpe *D* fördert die Flüssigkeit gemäß Abb. 190 in einer von der jeweiligen Maschinengeschwindigkeit abhängigen Überströmgeschwindigkeit nach der mit dem federbelasteten Reglerkolben *i* in Verbindung stehenden Druckkammer *b* des Fahrtreglers. Von hier aus strömt das Öl über den durch den Drosselschieber *e* gesteuerten Überströmquerschnitt *f* in den Füllraum *c* und geht, den Kreislauf beschließend, wieder zur Pumpe zurück. Bei einem vorschriftsmäßigen Verlauf des Bewegungsvorganges steigt nun der durch den Ölumlauf erzeugte Flüssigkeitsdruck in der Ölkammer *b* während des Anlaufabschnittes mit anwachsender Maschinengeschwindigkeit allmählich bis zu einer bestimmten Größe an, behält dann diesen Wert im Gleichlaufabschnitt bei und nimmt im Auslaufabschnitt wieder bis zu einem Höchstwert weiter zu. Durch dieses allmähliche Anwachsen des Flüssigkeitsdruckes im Verlaufe des Förderzuges wird nun eine Aufwärtsbewegung des Reglerkolbens *i* gegen dessen Federbelastung herbeigeführt, wodurch in leicht erkennbarer Weise durch das Reglergestänge *H* der Hilfsmotor *E* und somit auch die Reglerwelle *W* betätigt werden. Da-

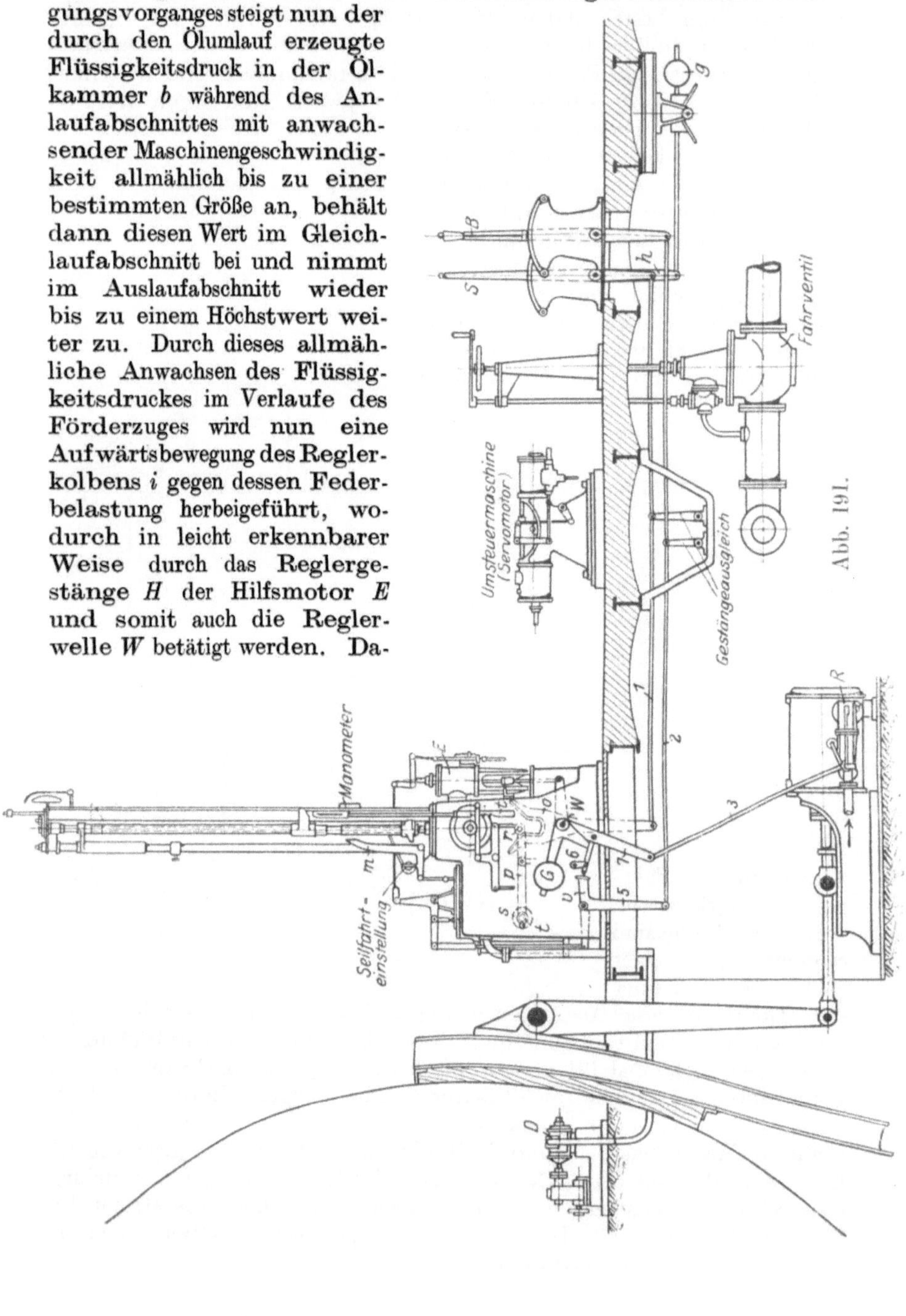

Abb. 191.

durch wird aber wiederum mittels der Stange *1* (Abb. 191) eine Verstellung des Steuerhebels *S* nach der Mittellage zu ausgelöst, die gegebenenfalls bis auf Gegendampf erweitert wird und daran anschließend auch noch das Gestänge *3* eine Einrückung der regelbaren Bremse zur Folge hat.

Zu Beginn des Förderzuges wird der Steuerhebel *S* (Abb. 191) zunächst auf die für das Anfahren der Fördermaschine erforderliche größte Frischdampffüllung ausgelegt. Der Überströmquerschnitt *f* des hydraulischen Geschwindigkeitsreglers (Abb. 190) ist hierbei völlig geöffnet, bleibt auch während der ganzen Dauer des Beschleunigungsabschnittes und ebenso auch im nachfolgenden Gleichlaufabschnitt offen, so daß ein freies, durch keine Beschleunigungkurve noch sonstwie gehemmtes Anfahren möglich ist. Mit anderen Worten: der Fahrtregler gestattet die Erreichung der zulässigen Höchstgeschwindigkeit in einer verhältnismäßig kurzen Zeit unter Einhaltung einer größtmöglichen gleichbleibenden Beschleunigung, wobei aber die Frischdampffüllung dem Anwachsen der Fördergeschwindigkeit gemäß bis zu dem für den Gleichlauf erforderlichen günstigen Geringstwert zwangläufig vermindert wird. Diese durch die Geschwindigkeitssteigerung bestimmte Füllungsverkleinerung wird dadurch erreicht, daß in Auswirkung der allmählich größer werdenden Maschinengeschwindigkeit ja auch die minutliche Umlaufzahl der Ölpumpe zunimmt, was wiederum bei unverändertem Überströmquerschnitt *f* ein Ansteigen des Flüssigkeitsdruckes in der Ölkammer *b* zur Folge hat. Dadurch wird aber der federbelastete Reglerkolben *i* nach aufwärts bewegt und demgemäß durch das Reglergestänge *H* auch der Hilfsmotor *E* betätigt, d. h. der Steuerhebel *S* wird allmählich nach der Mittellage zu auf kleinere Frischdampffüllungen eingestellt. Von wesentlicher Bedeutung ist hierbei auch die Anordnung einer abgestuft wirkenden Federbelastung des Reglerkolbens *i* durch die beiden Federn *k* und *g*. Diese den auftretenden Öldruck ausgleichenden Reglerfedern kommen während des Aufwärtsganges des Reglerkolbens nacheinander zur Einwirkung, dergestalt, daß sich zunächst die Feder *k* in einem verhältnismäßig kleinen Ausmaße bis zu dem Zeitpunkte dehnt, wo die zulässige Höchstgeschwindigkeit erreicht ist, daß aber bei einer Überschreitung der höchsten Geschwindigkeitsgrenze die Feder *k* gegen einen Anschlag anstößt, so daß erst jetzt die Dehnung der weicheren Feder *g* einsetzt. Die geringere Spannung der Feder *g* läßt aber eine weitere und auch schnellere Aufwärtsbewegung des Reglerkolbens zu, was wiederum ein schnelleres Zurücklegen des Steuerhebels in die Nullage und darüber hinaus bis zur halben Gegendampfstellung zur Folge hat. Recht anschaulich kommt die Auswirkung der abgestuften Federbelastung des Reglerkolbens in dem Schaubild 192 zum Ausdruck. Bei Fahrtbeginn hat der Steuerhebel *S* den größten Ausschlag *x* für die Anfahrfüllung (Abb. 192a). Mit zunehmender Fördergeschwindigkeit nimmt der Hebelausschlag gemäß Abb. 192b allmählich ab, bis er nach Erreichung der zulässigen Höchstgeschwindigkeit (Punkt *1* in Abb. 192b), d. h. zu Beginn des Gleichlaufabschnittes, dem Hube des

Reglerkolbens entsprechend auf die Größe x_1 zurückgegangen ist. Die allmähliche Verringerung des Hebelausschlages von x auf x_1 kennzeichnet also die Arbeitsweise des Fahrtreglers im Beschleunigungsabschnitt. Da aber, wie wir gesehen haben, der Überströmquerschnitt f auch im Gleichlaufabschnitt seine Größe unverändert beibehält, so arbeitet die Fördermaschine bei gleichbleibender Winkelgeschwindigkeit mit der eingestellten, wirtschaftlich günstigen Frischdampffüllung bis zum Beginn des Verzögerungsabschnittes weiter. Überschreitet dagegen in irgendeinem Wegpunkte die Fördergeschwindigkeit den zulässigen Wert, was insbesondere bei negativen Lasten der Fall ist, dann wird der Reglerkolben i (Abb. 190) infolge des weiter ansteigenden Öldruckes in der Kammer b noch mehr nach aufwärts bewegt, wobei nunmehr die weichere Belastungsfeder g zur Einwirkung kommt. Der Steuerhebel geht in die Nullage zurück und darüber hinaus bis zur

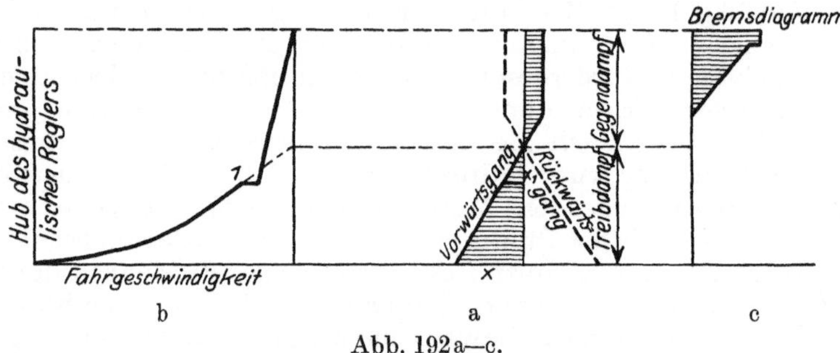

Abb. 192a—c.

halben Gegendampfstellung (vgl. Abb. 192a und 192b). Genügt diese Maßnahme für die Herabminderung der Fahrgeschwindigkeit nicht, dann erfolgt noch die Einrückung der regelbaren Bremse mit allmählich zunehmendem Bremsdruck (Abb. 192c).

Zu Beginn des Auslaufabschnittes setzt nun eine Regelung des bis dahin unverändert gebliebenen Überströmquerschnittes f ein, so zwar, daß die gewünschte Geschwindigkeitsabnahme durch eine allmähliche Verkleinerung des Überströmquerschnittes infolge Verstellens des durch die Teufenkurve m bzw. die untere Teufenzeigermutter l beeinflußten Drosselschiebers e erzwungen wird (Abb. 190). Die hierbei auftretende Drucksteigerung des Öles ruft nunmehr eine weitere Aufwärtsbewegung des Reglerkolbens hervor und führt dadurch eine Verlegung des Steuerhebels S in die halbe Gegendampfstellung sowie die Einrückung der regelbaren Bremse herbei. Die Form der Teufenkurve m ist derart gewählt, daß die Auslaufgeschwindigkeit in vorgeschriebener Weise bis auf etwa 1 m/sek an der Hängebank abnehmen muß.

Um nun auch eine Unabhängigkeit der Beschleunigungs- und Verzögerungswerte voneinander zu erzielen, die ja für einen günstigen Dampfverbrauch und ebenso auch für die Betriebssicherheit nach beiden Bewegungsrichtungen wichtig ist, ist der Fahrtregler als sog. „Doppelregler“ ausgebildet. Gemäß Abb. 190 werden hierzu die Öldruckkammer *b*, der Drosselschieber *e*, der Reglerkolben *i* sowie die Teufenkurve *m* und die Wandermutter *l* doppelt angeordnet. Der Ölumlauf von der Pumpe zum Fahrtregler und zurück wird dann vermittels zweier durch den Ölstrom gesteuerten Ventile *n* in der Weise umgeschaltet, daß sie den gemeinsamen Füllraum *c* selbsttätig von der jeweiligen Öldruckkammer *b* abschließen und ihn mit der anderen Druckkammer, also mit der Ansaugeseite der Umlaufpumpe, verbinden (siehe Grundriß der Abb. 190).

Einen nicht minder wichtigen Bestandteil der neueren Ausführungsart des Iversenschen Fahrtreglers bildet auch der als „Gabelsteuerung" bezeichnete Steuerungsantrieb. Durch diese Gabelsteuerung wird es ermöglicht, daß bei der Einwirkung des Reglerkolbens *i* bzw. des Hilfsmotors *E* (Abb. 190) eine zwangläufige Bewegung des Steuerhebels *S* über die Nullage hinaus bis etwa in die halbe Gegendampfstellung erzielt wird. Der besondere Vorteil dieser zwangläufigen Steuerhebelbewegung bis in die halbe Gegendampfstellung hinein ist vor allem darin zu erblicken, daß der sonst bei einer herbeigeführten Nullage des Steuerhebels in den Fördermaschinenzylindern noch verbleibende, aber der gewünschten Maschinenhemmung entgegenarbeitende Triebdampf entweichen und an seiner Stelle der die Bremskraft unterstützende Gegendampf voll zur Wirkung kommen kann. Dies bedeutet naturgemäß eine Vergrößerung der Verzögerung sowie eine Erhöhung der Betriebssicherheit.

Die Wirkungsweise der Gabelsteuerung beispielsweise für den Vorwärtsgang der Fördermaschine ergibt sich aus der Abb. 193.

Der gemäß Abb. 193a lose auf der — durch den Hilfsmotor *E* betätigten — Reglerwelle *W* aufsitzende Gabelhebel *o* steht mit seinem unteren Endpunkt durch die Stange *1* mit dem Steuerhebel *S* in fester Verbindung und dient mit seinen inneren gabelförmigen Seitenflächen zur Führung der im rechten Endpunkt der Stange *p* angebrachten Druckrolle *r*. Das linke Ende der Rollenstange *p* dagegen greift in dem auf der Schaltscheibe *s* befestigten Kurbelzapfen *t* an, so daß also durch eine Drehung der Schaltscheibe *s* um 180° der Kurbelzapfen *t* beispielsweise aus seiner linken Totlage in die rechte und damit auch die Rollenstange *p* bzw. die Druckrolle *r* von ihrer linken Endlage in die rechte übergeführt werden kann (vergleiche Abb. 193a und e.) Die Rollenstange *p* kann aber auch durch die senkrechte Lenkerstange *j* des auf der Reglerwelle *W* fest aufgekeilten und mit der Kolbenstange des Hilfsmotors *E* verbundenen Schwinghebels *u* um ihren linken Endpunkt, also um den Kurbelzapfen *t*, gedreht werden, wobei dann die Druckrolle *r* gegen eine der beiden inneren Seitenflächen des Gabelhebels *o* (in Abb. 193a beispielsweise gegen die linke Innenfläche) drückt. Dadurch wird aber eine Bewegung des lose auf der Reglerwelle *W* sitzenden Gabelhebels *o* um seinen Drehpunkt, mithin eine Betätigung des Steuerhebels *S* herbeigeführt.

Die Abb. 193a zeigt beispielsweise die Gabelsteuerung in der Stellung vor Beginn der Vorwärtsfahrt. Der Kolben des Hilfsmotors *E*

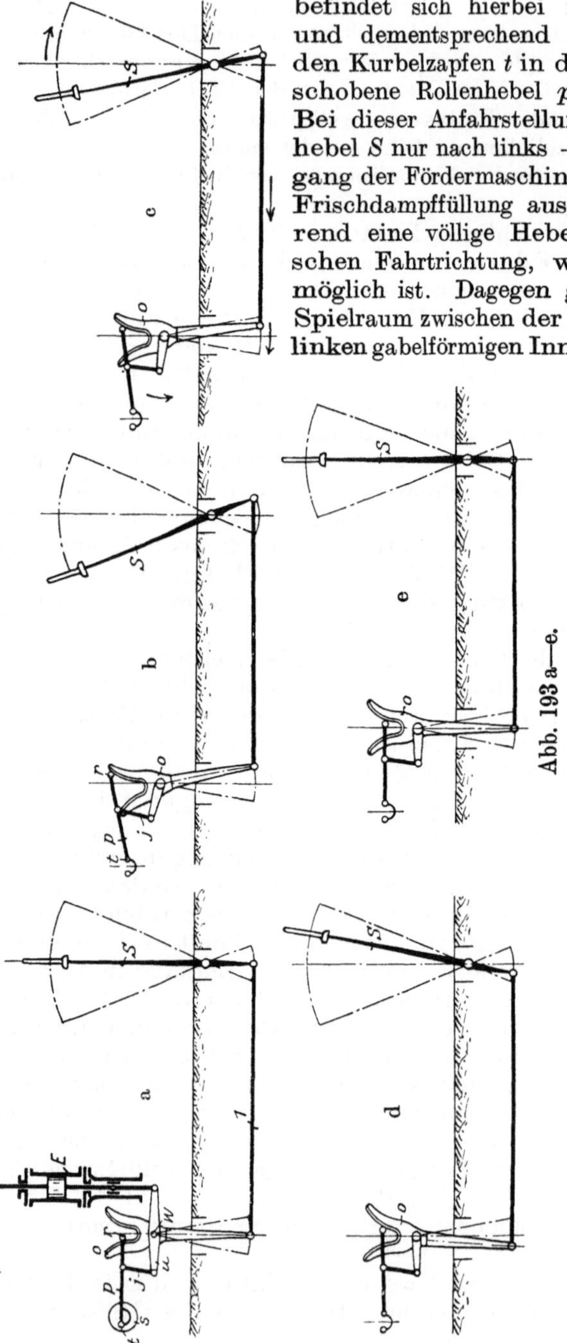

Abb. 193 a—e.

befindet sich hierbei in seiner Mittellage und dementsprechend ist auch der durch den Kurbelzapfen t in die linke Totlage verschobene Rollenhebel p wagerecht gestellt. Bei dieser Anfahrstellung kann der Steuerhebel S nur nach links — für den Vorwärtsgang der Fördermaschine — auf eine größere Frischdampffüllung ausgelegt werden, während eine völlige Hebelauslage in der falschen Fahrtrichtung, wie ersichtlich, nicht möglich ist. Dagegen gestattet ein kleiner Spielraum zwischen der Druckrolle r und der linken gabelförmigen Innenfläche eine für das Manövrieren erforderliche kurze Rückwärtsbewegung des Steuerhebels.

Fährt die Fördermaschine nun bei einer Steuerhebelauslage nach links an, dann wird die Rollenstange p sofort nach rechts bewegt, indem der Kurbelzapfen t während der ersten Umdrehung des Seilträgers aus der linken Totlage in die rechte gebracht wird (Abb. 193b). Dies geschieht von der Antriebswelle A der Teufenzeigerspindel aus unter Vermittlung der mit einem Anschlage versehenen Reibungskupplung q (Abb. 190). Gleichzeitig wird aber auch durch den Abwärtsgang der oberen Teufenzeigermutter vermittels der senkrechten Retardierstange Q in Abb. 190 der Kolben des Hilfsmotors E in seine tiefste und dadurch die Druckrolle r durch den mitbewegten Schwinghebel u bzw. die Lenkerstange j in ihre höchste Stellung gebracht, so daß die Druckrolle r bei völliger Steuerhebelauslage auf Vorwärtsgang der Maschine gemäß Abb. 193b das obere Ende der rechten gabelförmigen Innenfläche des Gabelhebels o berührt.

Mit ansteigender Maschinengeschwindigkeit im Beschleunigungsabschnitt wandert nun der Kolben des Hilfsmotors E allmählich nach oben, so daß unter Vermittlung des Schwinghebels u und der Lenkerstange j die Rollenstange p um ihren linken Drehpunkt t abwärts bewegt wird. Dadurch wandert aber auch die Rolle r nach unten und übt dabei auf die rechte gabelförmige Innenfläche des Gabelhebels o einen Druck im rechten Drehsinne aus, wodurch der Steuerhebel S allmählich auf kleinere Frischdampffüllungen eingestellt wird (Abb.193c). Wandert der Kolben des Hilfsmotors E bei einer Geschwindigkeitsüberschreitung im Gleichlauf- oder Auslaufabschnitt noch weiter aufwärts, dann bewegt sich auch der Gabelhebel o im rechten Drehsinne weiter und führt den Steuerhebel S bis in die Nullstellung zurück bzw. legt ihn bis auf die halbe Gegendampfstellung aus (Abb. 193d), wobei aber gleichzeitig, wie später gezeigt werden wird, auch die Bremse mit zunehmendem Bremsdruck eingerückt wird. Dem Maschinenführer ist es jedoch während der ganzen Dauer des Förderzuges möglich, die Steuerung von Hand aus ungehindert völlig auf Gegendampf einzustellen. Die Abb. 193e zeigt schließlich die Stellung der Gabelsteuerung nach beendigter Vorwärtsfahrt bzw. für den Beginn der Rückwärtsfahrt. Um den Fahrtregler nicht nur in verzögerndem Sinne, sondern jederzeit nach beiden Richtungen auf den Steuerhebel einwirken zu lassen, damit nicht nur nach jeder erfolgten Geschwindigkeitsabnahme ein Stillsetzen oder gar ein Rückwärtsgang der Maschine verhindert wird, sondern der Reglereingriff so lange selbsttätig zurückgeht, bis die Steuerung auf die erforderliche wirtschaftliche Frischdampffüllung wieder eingestellt ist, ist neben dem Steuerhebel S ein als Doppelhebel ausgebildeter besonderer Mitnehmer h (Abb. 191) angeordnet. Dieser, oben mit einer Anschlagplatte versehene Mitnehmer führt nach erfolgter Geschwindigkeitsverminderung stets eine Wiederauslage des eingeklinkten Steuerhebels dadurch herbei, daß er gezwungen wird, bei einem durch den Fahrtregler hervorgerufenen Zurücklegen des Steuerhebels nach der Mittelstellung bzw. auf Gegendampf zu diese Bewegung mitzumachen. Da aber andrerseits an dem unteren Endpunkt der Mitnehmerstange h das Gegengewicht g — bei den früheren Ausführungen eine gespannte Feder — angreift, so wird nach einer erfolgten Geschwindigkeitsabnahme bis auf das zulässige Maß sofort eine selbsttätige Vorwärtsbewegung des Steuerhebels wieder eingeleitet, oder anders ausgedrückt: bei einer zwangläufigen Zurücklegung des Steuerhebels durch den Fahrtregler nach der Mittellage zu bzw. auf Gegendampf ist der Mitnehmerhebel h stets bestrebt, den Steuerhebel wieder auf die erforderliche Vorwärtsstellung auszulegen. Der Steuerhebel wird somit während der ganzen Dauer des Förderzuges zur Einhaltung eines vorher festgelegten Geschwindigkeitsverlaufes nach beiden Fahrtrichtungen selbsttätig bewegt.

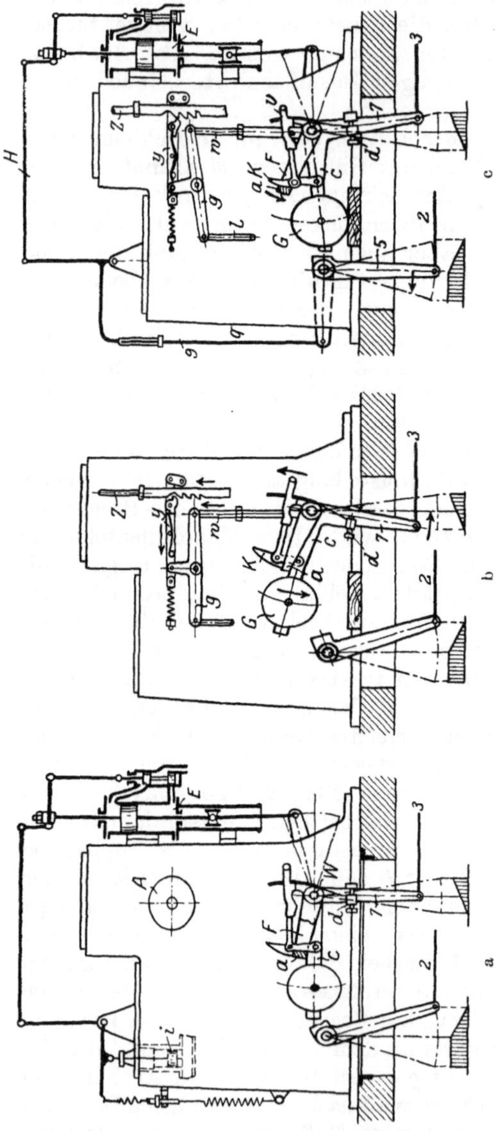

Abb. 194 a—c.

Das Einrücken der Bremse geschieht bei dem Iversenschen Fahrtregler sowohl selbsttätig durch den hydraulischen Geschwindigkeitsregler wie auch von Hand aus.

Bei einer vom Maschinenführer vorzunehmenden Betätigung der Bremse wird die Bewegung des Bremshebels B (Abb. 191) durch das feste Gestänge 2, 5, 6, 7 und 3 über den Fahrtregler nach dem Bremsdruckregler R geleitet und zwar derart, daß die Bremse bei einer völligen Hebelauslage gelöst, bei der senkrechten Nullstellung des Hebels B dagegen ganz angezogen ist. Die Größe des Bremsdruckes wird hierbei durch den Bremshebelausschlag bestimmt. Die selbsttätige Bremseinrükkung wiederum erfolgt durch den hydraulischen Geschwindigkeitsregler gemäß Abb. 194a unter Vermittlung des Hilfsmotors E, indem das Druckreglergestänge 3 bei einer Überschreitung der jeweils zulässigen Fördergeschwindigkeit — stets erst in der zweiten Hälfte des Servomotorhubes, d. h. nach herbeigeführter Einstellung des Steuerhebels auf die halbe Gegendampfstellung (siehe auch Abb. 192) — durch die vom Hilfsmotor bewegte

Reglerwelle W sowie den fest aufgekeilten Nasenhebel F, den lose aufsitzenden Gewichtshebel c mit Druckschraube d und den losen Hebel 7 betätigt wird.

Eine selbsttätige Auslösung der Bremse erfolgt weiterhin auch bei einem jeden Überfahren des oberen Förderkorbes über die Hängebank, indem bei einem Übertreiben des Korbes die sog. „Repetier-Endauslösung" durch die aufwärtsgehende Teufenzeigermutter unter Vermittlung einer die Bewegung vergrößernden Hebelübersetzung betätigt wird. Durch diese, dem Iversenschen Fahrtregler eigentümliche Endauslösungsvorrichtung, die gemäß Abb. 194b und 194c aus der gezahnten Stange Z sowie den Teilen y, g und w besteht, wird die Stütze v in Abb. 194c abgehoben und damit die Tragklinke k des Gewichtshebels c von der Nase des Hebels F zum Abgleiten gebracht. Dies bewirkt aber eine Auslösung des Bremsgewichtes G, wodurch unter Vermittlung der Druckschraube d, des Hebels 7 und der Stange 3 der Bremsdruckregler auf einen vollen Bremsdruck eingestellt wird. Der besondere Vorteil der „Repetier-Endauslösung" ist darin zu erblicken, daß die Bremse wiederholt — und zwar nach jedem Korbwege von 1—2 m — eingerückt wird. Die Stange Z trägt zu diesem Zwecke an ihrem unteren Ende einige Zähne (Abb. 194b und 194c), die nacheinander zur Einwirkung kommen und dadurch ein viermaliges Auslösen des Bremsgewichtes G, also ein viermaliges Anziehen der Bremse mit vollem Druck hervorrufen. Es bedarf wohl keiner weiteren Erklärung, daß ein diesen Endzweck voll erfüllender Apparat eine gute Sicherung des über die Hängebank hinausfahrenden Förderkorbes bedeuten muß. Das Lüften der Bremse geschieht in der Weise, daß nach eingetretener Ausklinkung des Bremsgewichtes G der entlastete Bremshebel B (Abb. 191) ganz zurückgelegt wird. Dadurch wird der Kolben des Hilfsmotors E vermittels des Bremsgestänges 2 sowie der Hebel 5, 9 und H (Abb. 194c) in seine höchste Lage gebracht, wobei die Tragklinke k des Gewichtshebels c wieder von selbst einschnappt. Bei einem Wiedervorlegen des Bremshebels B hebt der Hilfsmotor E das Bremsgewicht G wieder hoch. Das Lüften der Bremse erfolgt sonach immer vom Führerstande aus, desgleichen auch das jedesmalige Wiedereinschalten der Endauslösung in die Betriebsstellung. Die hierzu erforderlichen Maßnahmen werden in beiden Fällen automatisch beim Zurückfahren des zu hoch gezogenen Förderkorbes nach der Hängebank ausgeführt.

Für die Umstellung des Steuerungsreglers von der Güterförderung auf Seilfahrt ist lediglich das Auslegen einer besonderen Seilfahrttafel T (Abb. 190) erforderlich, wodurch auch der Fahrtregler auf die gewünschte genau einstellbare Seilfahrtgeschwindigkeit eingeschaltet wird.

Zum Schutze gegen eine unbefugte Inbetriebsetzung der Fördermaschine während der Betriebspausen weist der Fahrtregler schließlich noch eine Geheimvorrichtung auf, durch die mittels der Stange l in Abb. 194c eine Feststellung des Reglers herbeigeführt werden kann

Der gleichfalls auf einer hydraulischen Geschwindigkeitsvergleichung beruhende Fahrtregler von G. Schönfeld-Berlin läßt im Gegensatz zu dem Iversenschen Fahrtregler die Bewegung der Fördermaschine nicht auf eine besondere ventillose Ölumlaufpumpe einwirken. Gemäß den Ausführungen auf S. 217 (Abb. 184) wird hier vielmehr die Maschinenbewegung unmittelbar auf den in einem senkrecht stehenden Flüssigkeitszylinder befindlichen Druckkolben K übertragen. Ein weiterer wesentlicher Unterschied besteht auch darin, daß die Einwirkung der regelnden Tätigkeit des hydraulischen Geschwindigkeitsreglers nicht erst durch die Vermittlung eines besonderen Hilfsmotors, sondern unmittelbar auf die Steuerung und die regelbare Bremse erfolgt.

Die Abb. 195 und 196 veranschaulichen die ursprüngliche Ausführung des Schönfeldschen Fahrtreglers aus dem Jahre 1910. Wie die Darstellung in Abb. 195 erkennen läßt, wird der Druckkolben K durch die von der Fördermaschine angetriebene flachgängige Schraubenspindel b bewegt, wobei der Kolben K bei seinem Aufwärtsgange die über ihm befindliche Flüssigkeit unter Druck hält, bei seiner Abwärtsbewegung dagegen wieder auf die unterhalb des Kolbens ruhende Flüssigkeitssäule drückt. Um den abwechselnd unter- und oberhalb des Kolbens auftretenden Öldruck stets in gleicher Weise auf den Reglerkolben i

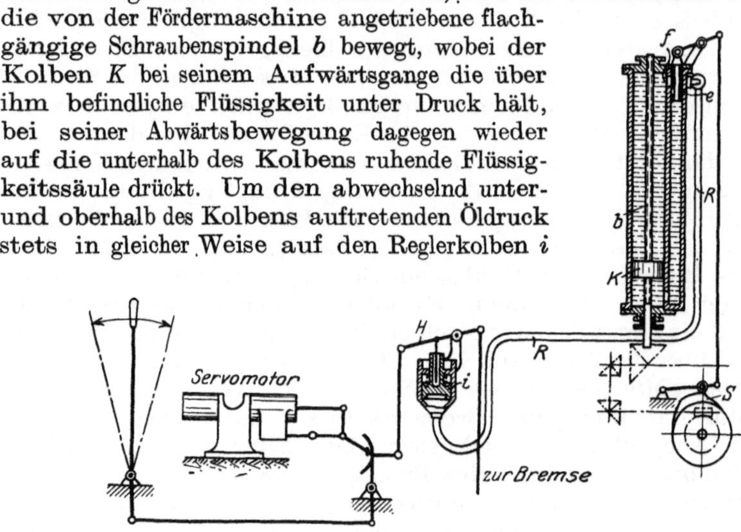

Abb. 195.

einwirken zu lassen, stehen die beiden Zylinderräume durch je eine mit Rückschlagventil versehene Leitung mit der zum Reglerkolben i führenden Rohrleitung R in Verbindung. Der den Überströmquerschnitt f regelnde Drosselschieber e erhält hierbei seinen Antrieb durch die Kurvenscheibe S, dergestalt, daß bei einem vorschriftsmäßigen Verlauf der Fahrgeschwindigkeit der im Flüssigkeitszylinder herrschende Öldruck stets eine gleichbleibende Größe hat, daß aber der Flüssigkeitsdruck sofort ansteigt, wenn beispielsweise die Geschwindigkeit des Kolbens (Fördermaschinengeschwindigkeit) größer wird als jene durch die Kurvenscheibe S bzw. den Überströmquerschnitt f (Förderkorbstellung) vorgeschriebene. Der ansteigende Flüssigkeitsdruck wird dann im Reglerzylinder in Bewegung umgesetzt, wobei der nach oben steigende Reglerkolben i diese Bewegung durch den Doppelhebel H auf das Servomotorgestänge der Steuerung und auf die regelbare Bremse überträgt. Dadurch wird zunächst die Frischdampffüllung berichtigt, gegebenenfalls Hemmdampf (Staudampf) eingestellt und schließlich noch die regelbare Bremse eingerückt. Bei einem Übertreiben des oberen Förderkorbes wird durch den vom Teufenzeiger betätigten Hebel L (Abb. 196) eine Auslösung des vollen Bremsdruckes herbeigeführt. Außerdem kann die Bremse mittels des Bremshebels jederzeit von Hand aus angezogen werden, ebenso kann auch der Steuerhebel stets im Sinne einer Kraftverminderung, also einer Geschwindigkeitsermäßigung, betätigt werden. Vermittels des in Abb. 196 angegebenen besonderen „Verstellhebels“ V ist es auch weiterhin möglich, die für die Seilfahrt erforderliche Einstellung des Drosselschiebers e (Abb. 195) zu bewirken, so daß der Fahrtregler auch bei einer Überschreitung der geringeren Seilfahrtgeschwindigkeit anspricht. Um schließlich zu Beginn eines jeden Förderzuges eine volle Steuerhebelauslage nach der

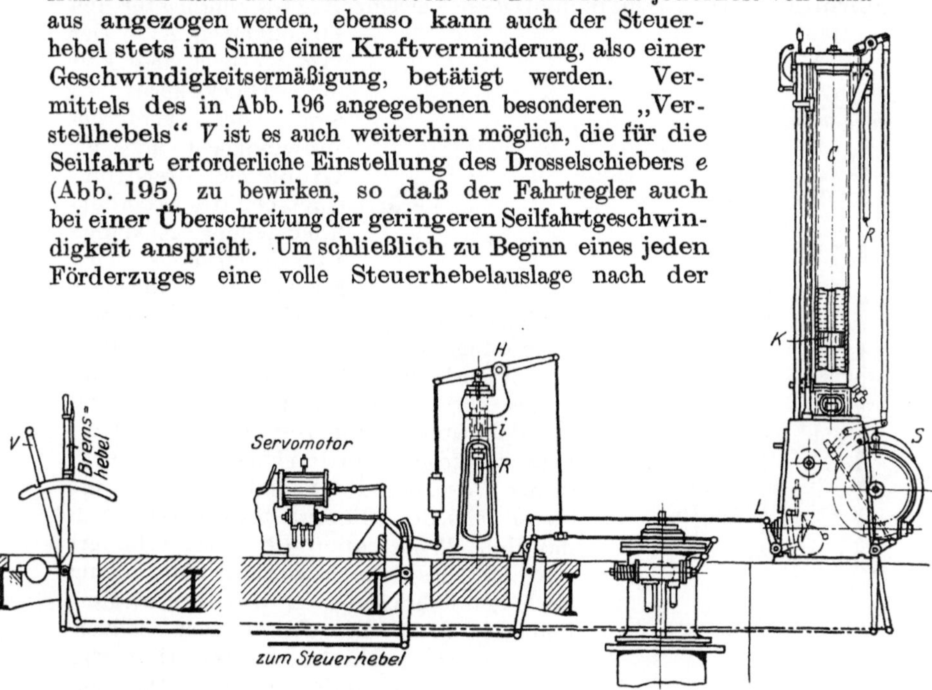

Abb. 196.

falschen Fahrtrichtung hin zu verhüten, ist der Fahrtregler noch mit einer von der Stellung der Förderkörbe abhängigen Hussmannschen Anfahrsicherungsvorrichtung versehen. In ähnlicher Weise, wie es die Darstellung in Abb. 158 auf S. 180 zeigt, weist hierbei die durch Schnecke und Schneckenrad angetriebene Kurvenscheibe S zwei Vorsprünge auf, die mit entsprechenden Anschlägen des Steuergestänges zusammen arbeiten.

Gegenüber der ursprünglichen Bauart des Schönfeldschen Fahrtreglers haben die neueren, auf dem gleichen Grundgedanken — der hydraulischen Geschwindigkeitsvergleichung — beruhenden Ausführungsarten eine wesentliche bauliche Verbesserung und Vervollständigung erfahren.

Die Abb. 197 zeigt den grundsätzlichen, Abb. 198 dagegen den allgemeinen Aufbau des neueren Fahrtreglers von Schönfeld.

Der auf einer senkrechten Schraubenspindel sitzende Druckkolben K wird mittels einer Zahnradübersetzung durch die Fördermaschine angetrieben. Der Kolben K wandert somit bei einem jeden Förderzuge in dem Flüssigkeitszylinder O auf bzw. ab und verdrängt dabei das Öl durch den Überströmquerschnitt f bzw. die Umführungsleitung U von der einen Kolbenseite nach der anderen (in Abb. 198 dient die Ölumführungsleitung U — Querschnitt a—b — gleichzeitig als Führung für den Druckkolben K). Der von der Geschwindigkeit des Druckkolbens K, also der Fördergeschwindigkeit, und der Größe des Überströmquerschnittes f (Förderkorbstellung) abhängige Flüssigkeitsdruck wird hierbei durch die mit beiden Zylinderseiten in Verbindung stehende Rohrleitung R auf den Reglerkolben i übertragen und durch dessen Federbelastung ausgeglichen. Die jeweils richtige Verbindung der Rohrleitung R mit der betreffenden Kolbenseite erfolgt durch den Umschaltschieber P in der Weise, daß der Schieber entweder die obere Seite des Flüssigkeitszylinders durch das Rohr M oder aber die untere Zylinderseite über das Rohr N für den Öldurchgang nach der Rohrleitung R bzw. den Reglerkolben i freigibt. Die Umschaltung des Kolbenschiebers geschieht hierbei selbsttätig durch den im Zylinder erzeugten Öldruck.

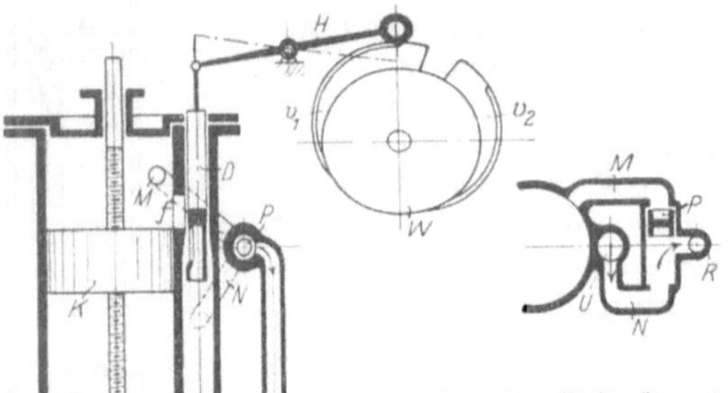

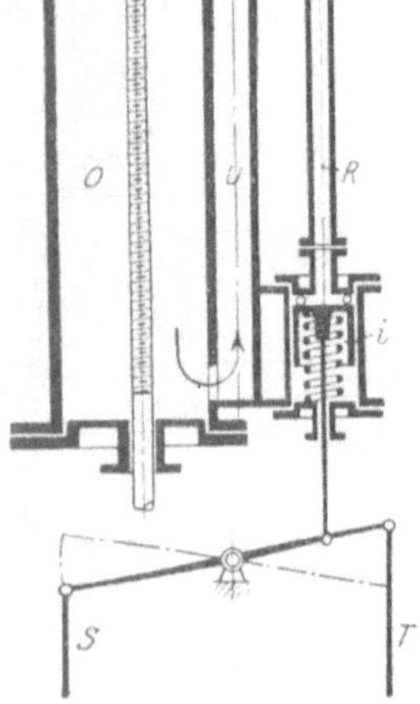

Abb. 197.

Die Verstellbewegung des den Überströmquerschnitt f regelnden Drosselschiebers e wird von der Teufenzeigerscheibe W mit ihren für den Beschleunigungs- und Verzögerungsabschnitt bestimmten, verschieden ausgebildeten Kurventeilen v_1 und v_2 abgeleitet, dergestalt, daß bei der Anfahrt der zunächst kleine Überströmquerschnitt f entsprechend dem Abgleiten der Rolle des Doppelhebels H von dem Kurventeile v_1 allmählich vergrößert wird, im Gleichlaufabschnitt seine Größe unverändert beibehält und im Auslaufabschnitt — unter dem Einfluß des Kurventeiles v_2 — wieder allmählich abnimmt. Der bei einer Überschreitung der zulässigen Fahrgeschwindigkeit in irgendeinem Wegpunkte des Förderzuges ansprechende Reglerkolben i überträgt seinen Ausschlag durch das Gestänge S (Abb. 197) auf die Steuerung sowie mittels des Gestänges T auf die regelbare Bremse, so zwar, daß in der ersten Hälfte des Reglerkolbenausschlages zunächst eine Verkleinerung der Frischdampffüllung herbeigeführt und in der zweiten Hälfte des

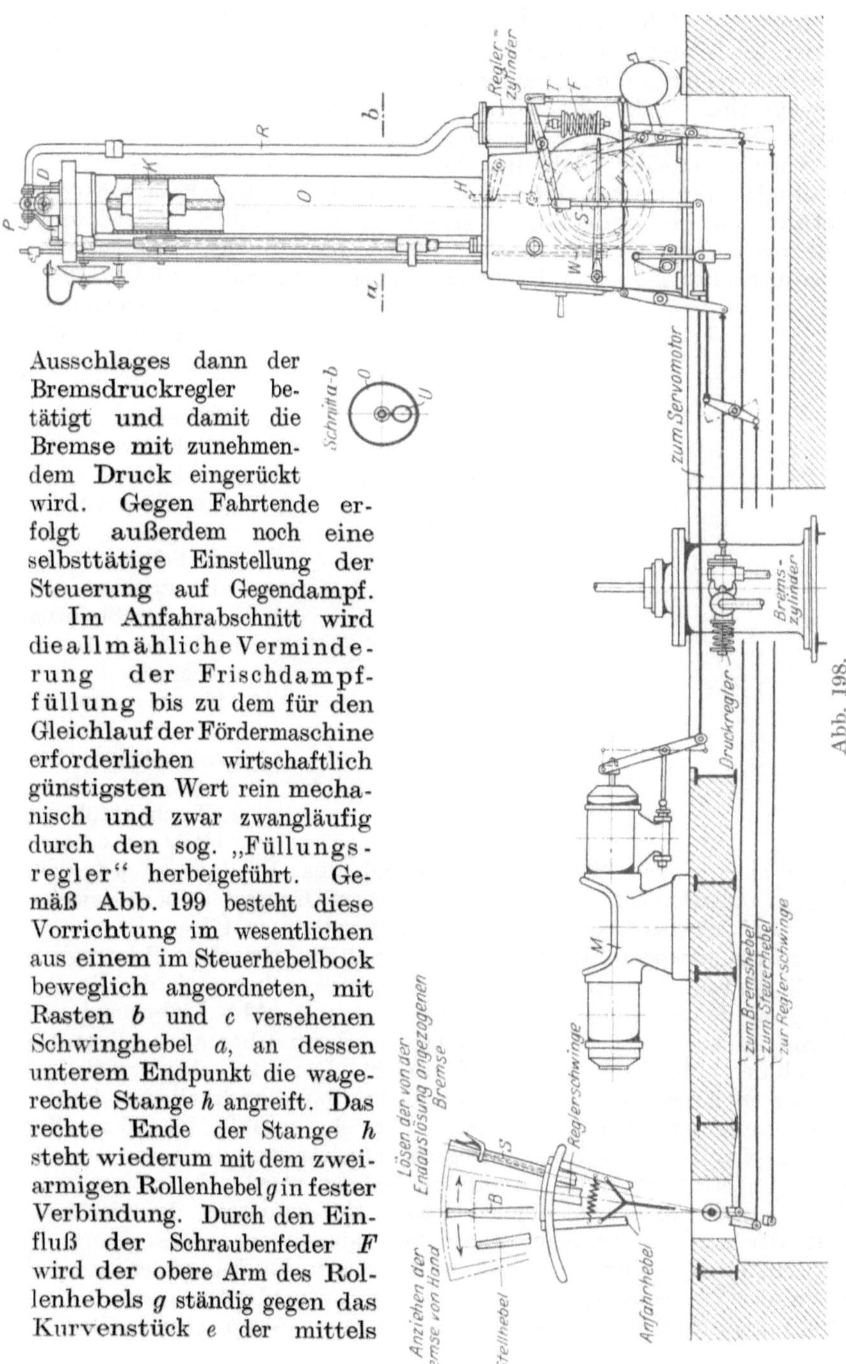

Abb. 198.

Ausschlages dann der Bremsdruckregler betätigt und damit die Bremse mit zunehmendem **Druck** eingerückt wird. Gegen Fahrtende erfolgt außerdem noch eine selbsttätige Einstellung der Steuerung auf Gegendampf.

Im Anfahrabschnitt wird die allmähliche Verminderung der Frischdampffüllung bis zu dem für den Gleichlauf der Fördermaschine erforderlichen wirtschaftlich günstigsten Wert rein mechanisch und zwar zwangläufig durch den sog. „Füllungsregler“ herbeigeführt. Gemäß Abb. 199 besteht diese Vorrichtung im wesentlichen aus einem im Steuerhebelbock beweglich angeordneten, mit Rasten *b* und *c* versehenen Schwinghebel *a*, an dessen unterem Endpunkt die wagerechte Stange *h* angreift. Das rechte Ende der Stange *h* steht wiederum mit dem zweiarmigen Rollenhebel *g* in fester Verbindung. Durch den Einfluß der Schraubenfeder *F* wird der obere Arm des Rollenhebels *g* ständig gegen das Kurvenstück *e* der mittels

Schnecke und Schneckenrad *d* durch die Teufenzeigerspindel angetriebenen Kurvenscheibe *W* angedrückt, so daß die Schwinge *a* während eines Förderzuges durch die Abhängigkeit von dem Kurventeil *e* zwangläufig bewegt wird. Klinkt sonach der Maschinenführer bei der eingezeichneten Lage des Schwinghebels *a* den ausgelegten Steuerhebel in die Rast *b* ein, so wird unmittelbar nach dem Anfahren der Fördermaschine die allmähliche Zurücknahme des Steuerhebels nach der Mittellage zu herbeigeführt, die Steuerung somit selbsttätig auf kleinere Frischdampffüllungen eingestellt und nach Erreichen des für den Gleichlauf bestimmten Geringstwertes in dieser Stellung festgehalten. Gegen Ende des Förderzuges wird dann der Steuerhebel—falls der Maschinenführer das Ausklinken versäumt — selbsttätig in die Mittellage zurückgeführt und die Schwinge *a* in die strichiert angedeutete Stellung gelegt, so daß nunmehr die Rast *c* für die entgegengesetzte Steuerhebelauslage bereit steht. Dem Maschinenführer bleibt es aber stets unbenommen, den Steuerhebel während des Förderzuges jederzeit wieder auszuklinken und ihn nach eigenem Ermessen, beispielsweise bei Seilfahrt oder negativen Belastungen, selbst zu führen.

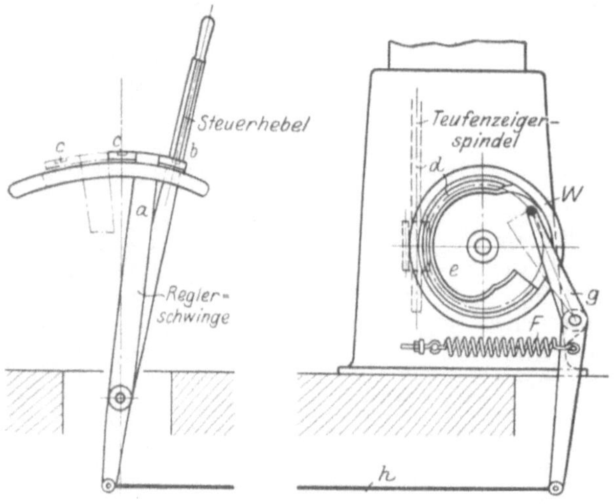

Abb. 199.

Einen wichtigen Bestandteil des Schönfeldschen Fahrtreglers stellt die sog. „Kulisse" dar. Das ist jener Maschinenteil, der die Betätigung des Servomotors *M* für die Steuerung (Abb. 198) einmal von Hand — vermittels des Steuerhebels — dann aber auch selbsttätig durch den hydraulischen Regler ermöglicht. Diese zwischen dem Servomotor *M* einerseits und dem Steuerhebel bzw. hydraulischen Regler andrerseits eingeschaltete Einrichtung besteht gemäß Abb. 200 aus der am Zapfen *2* des Hebels *3* beweglich aufgehängten Kulissenstange *1*, die vom Steuerhebel aus unmittelbar bedient werden kann, sowie aus dem auf der Kulissenstange gleitenden Kulissenstein, der wiederum mit der zum Servomotorgestänge führenden wagerechten Stange *4* verbunden ist. Außerdem greift an dem rechten Endpunkt der Stange *4* noch das Verbindungsgestänge *S* des auf- und abwärts schwingenden Reglerkolbenhebels *H* an, so daß also bei einem Ansprechen des Regler kolbens *i* (Abb. 197), d. h. bei seinem Abwärtsgange infolge einer Druckzunahme des Betriebsöles im Flüssigkeitszylinder, die Stange *4* (Abb. 200) hochgezogen wird. Der die Kulissenstange *1* tragende Hebel *3* ist auf der wagerechten Welle *6* befestigt, desgleichen auch der im oberen Deckel des Flüssigkeitszylinders untergebrachte und mit der Stange *8* verbundene Umschaltschieber *P*, womit eine Übertragung der durch den jeweiligen Öldruck hervorgerufenen Umstellbewegungen des Umschaltschiebers *P* auf die Welle *6* und demnach auch auf den Aufhängepunkt *2* der Kulissenstange *1* herbeigeführt wird. Die Kulissenstange *1* wird somit — entsprechend der jeweiligen Fahrtrichtung — abwechselnd die Lage *c—b* oder *c—a* einnehmen. Die gezeichnete Stellung *c—b* entspricht beispielsweise einer Lage der Kulissenstange *1* am Ende der Rückwärtsfahrt. Nach dem erneuten Anfahren der Maschine wandert die Kulissenstange dagegen sogleich in die Stellung *c—a*. Das am linken Ende der Welle *6* befestigte Reibungssegment *9* dient zur Unterstützung der Umschaltung, indem es sich vermittels einer Schraubenfederkraft in die Nute *10* der Kulissenscheibe *W* legt und dadurch die Kulisse in ihrer jeweiligen Lage festhält. Dies erfolgt auch dann, wenn der erforderliche Öldruck bei langsamer Fahrt der Fördermaschine ausbleibt. Überschreitet nun die Fahrgeschwindigkeit in irgendeinem Wegpunkte des Förderzuges den zulässigen Wert, so spricht in dem gleichen Augen-

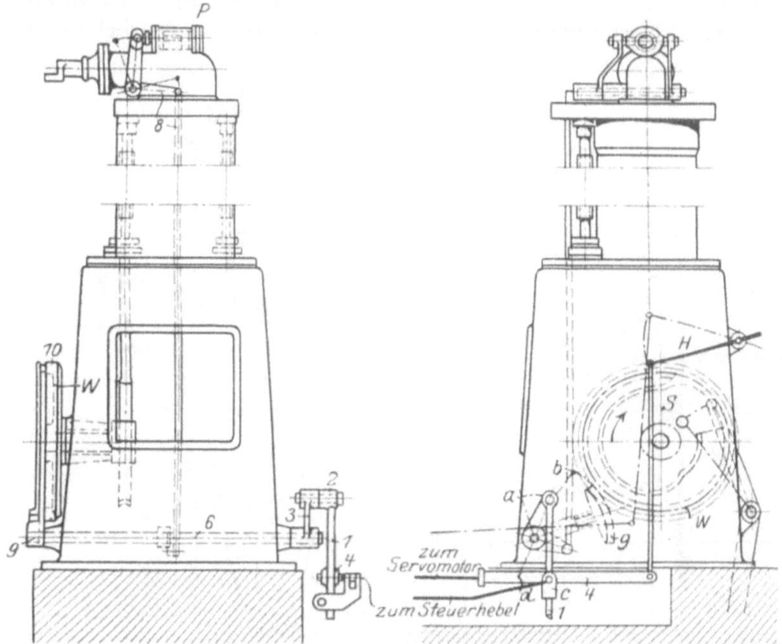

Abb. 200.

blick ja auch der hydraulische Regler an, und nunmehr wandert auch der Kulissenstein an der Kulissenstange *1* aufwärts und erzwingt dadurch eine Verminderung der Frischdampffüllung und gegebenenfalls eine Einstellung der Steuerung auf Gegendampf. Die Kulissenanordnung ermöglicht es dem Maschinenführer aber auch, die Steuerhebelführung jederzeit nach eigenem Ermessen zu handhaben, jedoch mit der Einschränkung, daß bei einer durch den Fahrtregler bereits eingeleiteten Wirkungsweise eine Betätigung von Hand aus nur im Sinne einer Verminderung der Kraftzufuhr — die erforderlichenfalls bis zu einem völligen Gegendampfgeben gesteigert werden kann — möglich ist. Erst

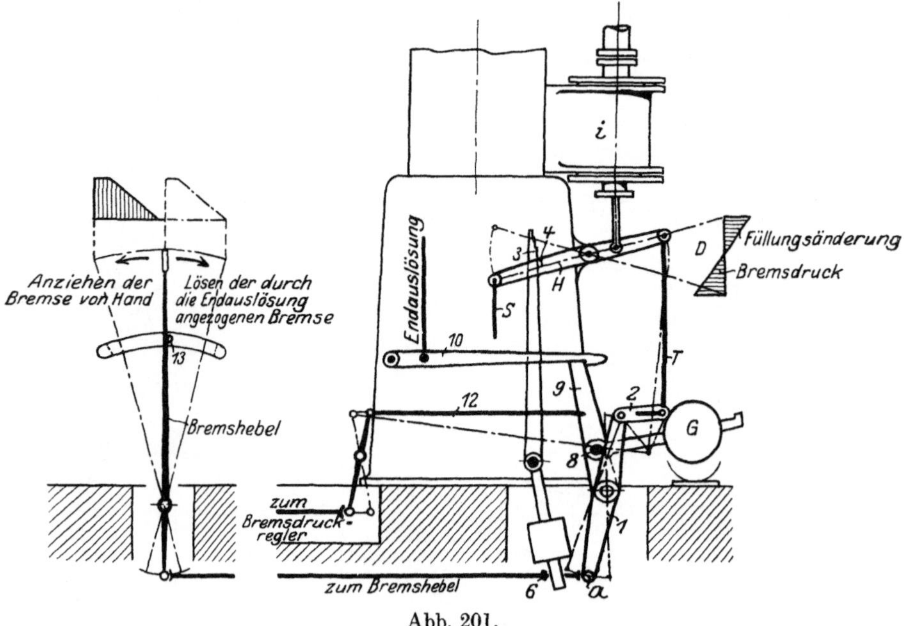

Abb. 201.

nach eingetretener Geschwindigkeitsermäßigung bzw. Rückgang des Reglergestänges *S* in seine Ausgangslage kann der Maschinenführer wieder durch seine Betätigung Triebdampf geben.

Die Einschaltung der Bremse erfolgt durch eine besondere „Kniehebelvorrichtung", dergestalt, daß der Bremsdruckregler sowohl von Hand aus wie auch selbsttätig entweder unter Vermittlung des hydraulischen Geschwindigkeitsreglers oder aber bei einem Übertreiben des oberen Förderkorbes in bekannter Weise durch eine Endauslösung betätigt werden kann. Die Abb. 201 veranschaulicht diese Vorrichtung. Sie besteht im wesentlichen aus dem im Punkte *8* des unteren Fahrtreglergehäuses beweglich verlagerten dreiarmigen gewichtsbelasteten Hebel *9*, der in seinem unteren Endpunkt den Doppelhebel *1* trägt und mit seinem oberen Arm durch den Ausrückhebel *10* der Endauslösungsvorrichtung festgehalten wird. Der Doppelhebel *1* wiederum steht einmal im Punkte *a* mit dem Bremshebel in unmittelbarer Verbindung, zum anderen ist die Lenkerstange *2* in seinem oberen Endpunkt angeschlossen, an deren rechtem Ende sowohl die zum Schwinghebel *H* des Reglerkolbens *i* führende Stange *T* wie auch das wagerechte Bremsdruckreglergestänge *12* angreifen.

Wie weiterhin auch aus Abb. 201 ersichtlich, werden bei einer Betätigung des Bremshebels von Hand aus die Hebelbewegungen durch das Gestänge *1*, *2*, *12* unmittelbar auf den Bremsdruckregler übertragen, desgleichen auch die Ausschläge des Reglerkolbens *i* bzw. des Reglerschwinghebels *H* durch die Hebelanordnung *T*, *2*, *12*, wobei hier aber infolge der besonderen Anordnung der Lenkerstange *2* der Reglerkolben *i* erst nach einem gewissen Ausschlage, d. h. nach herbeigeführter Nullage des Steuergestänges *S*, zur Wirkung kommen (siehe rechtes Diagramm *D* in Abb. 201). Übersteigt nun der vom hydraulischen Geschwindigkeitsregler eingestellte Bremsdruck eine bestimmte mittlere Größe — was im allgemeinen nur bei einer nicht ordnungsgemäßen Maschinenführung vorkommt —, dann wird die erhöhte Bremskraft aufrechterhalten. Dies geschieht dadurch, daß das obere, mit Zähnen versehene Ende der senkrechten Stange *3* sich vor die auf der Reglerschwinge *H* angeordneten Nase *4* legt, die Reglerschwinge also sperrt. Dadurch wird erreicht, daß beispielsweise bei einem Unfall oder kurzum bei einer führerlos gewordenen Fördermaschine diese stets unter dem Einfluß der Bremskraft bleibt, auch dann noch, wenn die Maschine bereits zum Stillstand gekommen ist. Auf diese Weise wird ein selbsttätiges Ingangsetzen der Fördermaschine oder ein unerwünschtes Rückwärtstreiben der Förderkörbe vermieden. Die Wiederausrückung der Bremse geschieht durch ein einfaches Anziehen des Bremshebels, wodurch der Anschlag *6* des wagerechten Bremshebelgestänges die senkrechte Stange *3* zurückdrückt und die Sperrung des Reglerschwinghebels *H* wieder aufhebt.

Die Kniehebelvorrichtung gibt auch jederzeit dem Maschinenführer noch die Möglichkeit, die jeweils vom hydraulischen Geschwindigkeitsregler eingestellte Bremskraft nach eigenem Ermessen zu verstärken und gegebenenfalls bis auf Volldruck zu erhöhen. Sie gestattet ihm aber nicht, die durch den Regler herbeigeführte Bremswirkung durch ein einfaches Zurücklegen des Bremshebels von sich aus wieder aufzuheben.

Bei einem Übertreiben des oberen Förderkorbes wird der Ausrückhebel *10* (Abb. 201) — beispielsweise durch die aufwärts wandernde Teufenzeigermutter — angehoben, so daß der dreiarmige Hebel *9* ausklinkt und infolge der Einwirkung seines Gewichtes *G* im rechten Drehsinn umschlägt. Dies hat aber eine Verschiebung des Bremsdruckreglergestänges *12* nach links und somit ein Anziehen der Bremse mit vollem Druck zur Folge. Der Bremshebel selbst wird hierbei nicht beeinflußt, er bleibt vielmehr in seiner Lage unverändert stehen. Soll dagegen die Endauslösung wieder aufgehoben, die Bremse also wieder gelüftet werden, so kann dies nur durch ein Auslegen des Bremshebels nach vorn erreicht werden, aber auch erst dann, wenn der Anschlagstift *13* aus dem Steuerhebelsegment herausgezogen worden ist (Abb. 201).

Die Umschaltung des Fahrtreglers von Güterförderung auf Seilfahrt geschieht vom Führerstande aus durch einen besonderen Stellhebel (Abb. 198). Dieser Hebel wird hierbei in eine für die Seilfahrt bestimmte Rast des Steuerhebelbockes eingeklinkt. Damit wird aber auch mittels eines besonderen Gestänges der Überströmquerschnitt f (Abb. 197) entsprechend der geringeren Seilfahrtgeschwindigkeit kleiner eingestellt. Die erfolgte Umstellung des Fahrtreglers auf Seilfahrt wird zudem noch durch ein am Fahrtreglergehäuse erscheinendes Schild angezeigt.

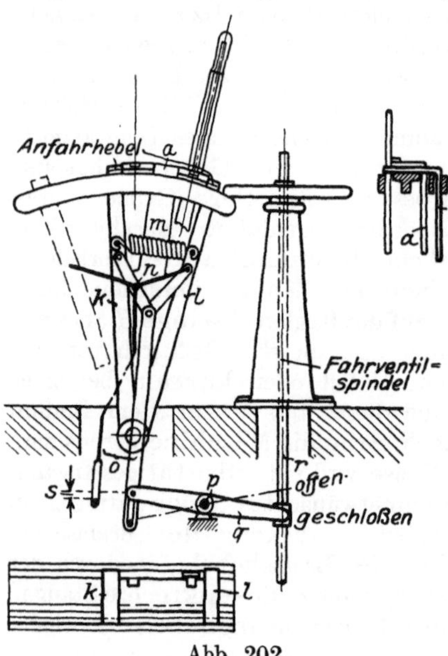

Abb. 202.

Zur Verhütung einer falschen Steuerhebelauslage beim Beginn eines jeden Förderzuges weist der Schönfeldsche Fahrtregler schließlich noch eine Anfahrsicherungsvorrichtung besonderer Art auf. Wie die Abb. 202 zeigt, sind zu diesem Zwecke auf der Steuerhebelwelle neben dem Schwinghebel a noch die lose aufsitzenden Anfahrhebel k und l angeordnet, deren obere Enden um einen Winkel von 90° umgebogen sind (siehe die Seitenansicht und auch die Grundrißdarstellung in der Abb. 202). Da die beiden Anfahrhebel außerdem unter dem steten Einfluß der Schraubenfeder m stehen, so lehnen sie sich seitlich an den Schwinghebel a an, müssen demnach auch dessen durch die Kurvenscheibe W (Abb. 199) eingeleiteten Bewegungen folgen. Gleichzeitig bilden sie auch noch mit ihren oberen abgebogenen Enden eine Begrenzung für den Steuerhebelausschlag. Die beiden Anfahrhebel k und l stehen aber auch durch das Kniehebelpaar n mit der an ihrem unteren Ende schleifenförmig ausgebildeten Stange o und — da diese wiederum an dem im Punkte p drehbar verlagerten Doppelhebel q angeschlossen ist — mit der Ventilspindel des Fahrventiles in Verbindung.

Soll also beispielsweise der Steuerhebel von der gezeichneten (Vorwärtsfahrt) rechten Schwinghebelstellung (Abb. 202) nach der entgegengesetzten, linken Seite ausgelegt werden, so kann das nur unter Zurückdrückung des Anfahrhebels k geschehen. Weil aber der Anfahrhebel l an der anderen Schwinghebelseite fest anliegt, so muß bei der Zurückführung des Hebels k zunächst die Schraubenfederkraft überwunden werden. Dadurch wird wiederum eine Streckung des Kniehebelpaares *n* hervorgerufen. Ist nun das Fahrventil — wie in der Abb. 202 angenommen — nur ein wenig geöffnet, so läßt das schleifenförmige Ende der aufwärtsgehenden Stange *o* diese Kniehebelbewegung und somit eine Steuerhebelauslage in der entgegengesetzten Fahrtrichtung ungehindert zu, aber — wie angedeutet — nur bei einer geringen Eröffnung des Fahrventiles. Dem Maschinenführer ist demnach die Möglichkeit gegeben, die Fördermaschine mit einer für das Manövrieren erforderlichen kleinen Geschwindigkeit zu fahren. Es ist ihm jedoch — wie leicht ersichtlich — hierbei nicht möglich, das Ventil über den Hubbetrag „*s*“ weiter zu öffnen, die Fördermaschine also mit voller Leistung arbeiten zu lassen. Ist andrerseits bei Fahrtbeginn das Fahrventil bereits mehr oder gar ganz geöffnet, so ist eine Streckung des Kniehebelpaares, also eine Steuerhebelauslage in der falschen Richtung, unmöglich. Es kann somit eine für das Manövrieren der Maschine erforderliche Steuerhebelauslage in der verkehrten Richtung stets nur bei einem gering geöffneten Fahrventil erfolgen, und dann auch nur nach Überwindung eines eingeschalteten Hemmittels, nämlich der Schraubenfederkraft.

6. Rückblick über die Sicherheits- und Regelvorrichtungen.

Die bisherige Entwicklung der Sicherheitsvorrichtungen zeigt den gewaltigen Aufschwung, den diese für die Sicherheit des Schachtförderbetriebes wie auch für die vorteilhafte Ausnutzung der Energie so überaus wichtigen Einrichtungen in den letzten Jahrzehnten erfahren haben. Sie zeigt uns den Fortschritt von den früher allgemein üblichen einfachen „auslösenden“ Sicherheitsapparaten, die bereits bei der geringsten Überschreitung der zulässigen Höchstgeschwindigkeit die Bremse sofort mit voller Bremswirkung zum Einfall brachten und dadurch die Maschine unter starken Erschütterungen plötzlich stillsetzten, über jene Sicherheitsvorrichtungen mit stetiger Einwirkung auf die Bremse sowie mit Einwirkung auf Steuerung und Bremse bis zu dem Aufbau der neuzeitigen, feinfühligen Steuerungs- oder Fahrtregler. Ursprünglich eine einfache Sicherung gegen eine unzulässige Geschwindigkeitsüberschreitung und gegen ein Übertreiben des oberen Förderkorbes stellt sie nunmehr eine Sicherheitseinrichtung dar, die eine unter allen Belastungsverhältnissen selbsttätige genaue und sichere Führung der Maschine verbunden mit einer weitgehenden wirtschaftlichen Ausnutzung des Dampfes ermöglicht. Aus einer dem damaligen Stande der Werkstatttechnik entsprechenden groben und daher ungenauen Bauweise entstand eine den Wert einer Sicherheitsvorrichtung stark beeinflussende einwandfreie bauliche und werkstattechnische Durchbildung.

Der an eine ideale Sicherheitsvorrichtung zu stellenden Forderung der möglichsten Innehaltung des für den Förderzug vorher theoretisch festgesetzten Bewegungsvorganges bei weitgehender Ausnutzung der Ausdehnungsfähigkeit des Dampfes werden im besonderen die neueren, auf der Grundlage des freibleibenden Anfahrens sowie des zwangläufigen Zusammenhanges zwischen Regler, Steuerung und Bremse aufgebauten Ausführungsarten der Fahrtregler gerecht. Unter Verwendung eines mechanischen Fliehkraftreglers oder eines hydraulischen Geschwindigkeitsreglers weisen sie mit ihrer unmittelbaren Wirkung oder unter Vorschaltung eines mechanischen Getriebes bzw. eines besonderen Hilfsmotors bereits einen hohen Grad der Vollkommenheit sowie ein durchaus zuverlässiges und wirtschaftliches Arbeiten auf. Im Wettbewerb mit den Fahrtreglern für die elektrisch angetriebenen Fördermaschinen haben sich bereits eine Reihe von Steuerungsreglern der Dampffördermaschinen, bei denen ja die Lösung der Frage einer selbsttätigen Fahrtregelung ungemein schwieriger ist, nunmehr auch ihren Platz erobert, und es ist deutlich wahrnehmbar, wie die noch heute vielfach im Betriebe befindlichen einfachen Sicherheitsapparate durch die neuzeitigen Fahrtregler allmählich mehr und mehr verdrängt werden. Und zweifellos sind sie für den Fortschritt im Bau von Dampffördermaschinen von allergrößter Bedeutung geworden.

Eine unerläßliche Voraussetzung für die sichere und wirtschaftliche Arbeitsweise des Fahrtreglers ist aber nicht nur eine allen berechtigten Ansprüchen genügende Bauart, es ist vor allem auch unbedingt erforderlich, daß der Apparat stets richtig eingestellt ist und ordnungsgemäß instand gehalten wird (beispielsweise muß das Betriebsöl der hydraulischen Fahrtregler stets die gleiche Zähigkeit aufweisen). Dies bedingt aber eine ständige Überwachung des Fahrtreglers sowie eine Überprüfung aller wichtigen Teile in bestimmten kurzen Zeitabschnitten, damit eingeschlichene oder allmählich sich entwickelnde Fehler im Interesse der Sicherheit und Wirtschaftlichkeit des Schachtförderbetriebes sofort beseitigt werden. Die von der Preußischen Seilfahrt-Kommission aufgestellten Leitsätze[1]) sehen darum auch eine halbjährige Prüfung der Fahrtregler durch einen Sachverständigen vor.

XII. Ausführungsbeispiele von Dampffördermaschinen.

Im Abschnitt II auf S. 2ff. sind bereits die verschiedenartigsten Ausführungsmöglichkeiten von Dampffördermaschinen eingehend erörtert worden. Es soll im Nachfolgenden noch die konstruktive Gesamtlösung dieser Maschinen an einigen ausgeführten Beispielen gezeigt werden.

1. Zwillingsmaschinen.

a) Ältere Zwillingsmaschine mit Kulissensteuerung.

Die Abb. 203 und 204 veranschaulichen eine Zwillingsmaschine älterer Bauart, bei der die Ein- und Auslaßventile seitlich am Zylinder

[1]) Die Verhandlungen und Untersuchungen der Preußischen Seilfahrt-Kommission. Sonderheft der Z. Berg-, Hütten-, Sal.-Wes. 1925. Berlin: Wilhelm Ernst & Sohn.

in einer Reihe angeordnet sind. Diese Maschine ist mit der Goochschen Kulissensteuerung versehen und für eine Flachseil-Treibscheibenförderung bestimmt (Treibscheibendurchmesser 3500 mm). Sie ist im Jahre 1902 von der früheren Maschinenbau A.G. „Union"-Essen für eine Nutzlast von 2400 kg, eine Teufe von 400 m und eine höchste Fahrgeschwindigkeit von 11 m/sek gebaut und auf der Zeche Crone bei Hörde i. W. aufgestellt worden. Der Durchmesser der beiden gleich großen Dampfzylinder beträgt 550 mm, der Kolbenhub 1000 mm. Ihre Umlaufzahl beläuft sich auf 60 in der Minute.

Der Grundriß Abb. 207 zeigt zwei voneinander unabhängige, selbständige Einzylindermaschinen, die bei einer Versetzung der Kurbeln um 90° auf die gleiche Kurbelwelle, nämlich die Treibschei-

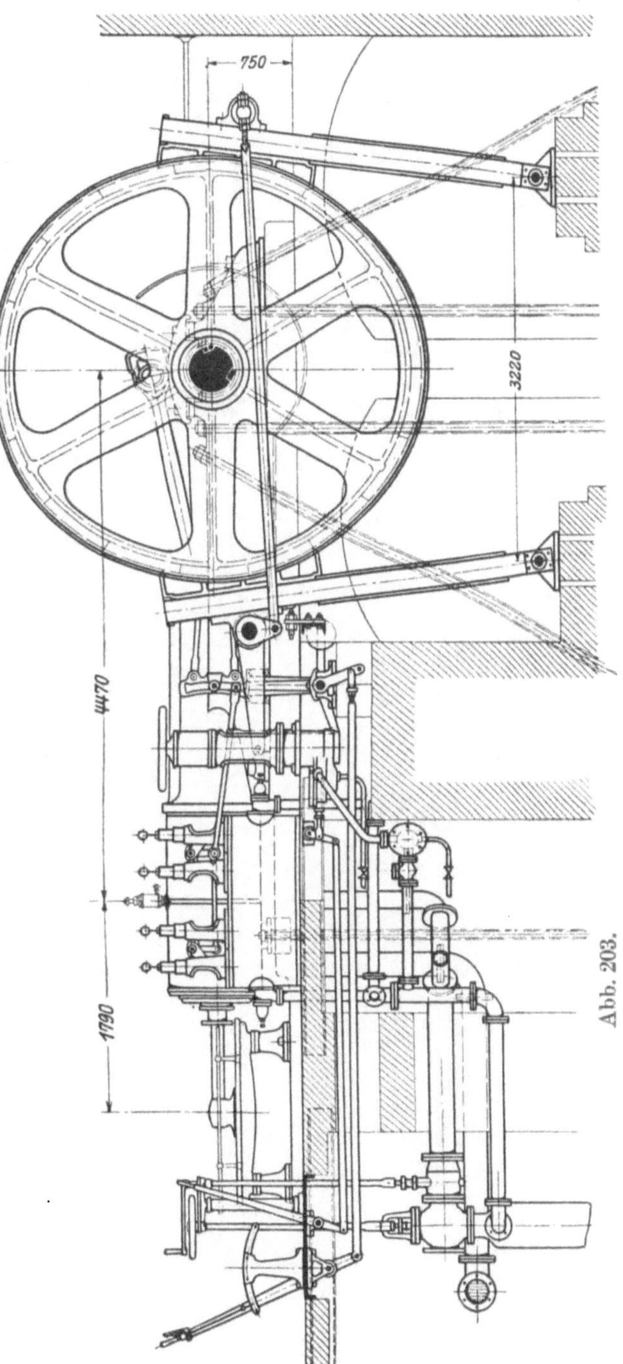

Abb. 203.

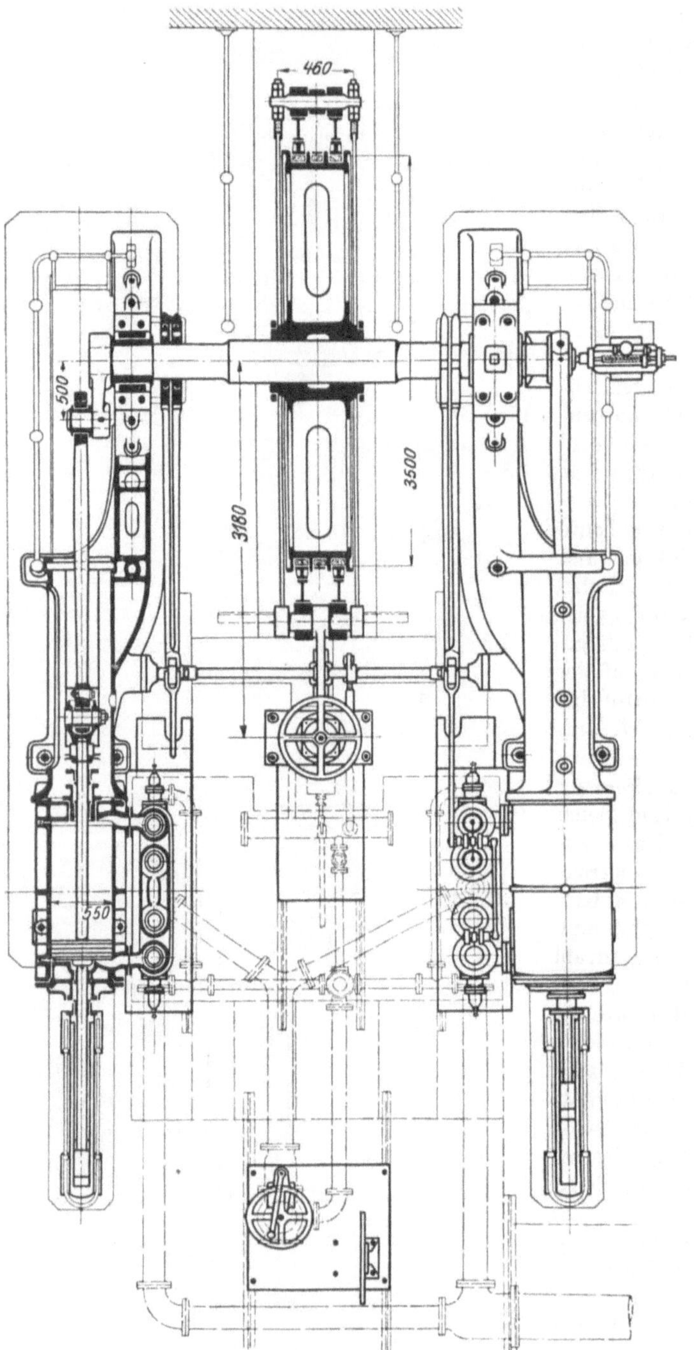

Abb. 204.

benwelle, arbeiten. Der der Maschine zufließende Dampfstrom verzweigt sich hinter dem Fahrventil nach zwei Richtungen, so daß jeder der beiden nebeneinander liegenden Zylinder unabhängig von dem anderen den gleichen Anteil Frischdampf erhält. Damit wird erreicht, daß bei ausgelegter Steuerung sofort nach dem Eröffnen des Fahrventiles die Bewegung der Maschine von einem der beiden Kolben eingeleitet wird und nunmehr beide Einzelmaschinen gemeinsam wie eine einzige Maschine zusammenarbeiten.

Die Dampffördermaschine ist weiterhin noch mit einer Dampfbremse und stehendem Bremszylinder ausgerüstet. Durch eine besondere Anzugsvorrichtung kann die Bremse auch von Hand aus bedient werden.

b) Ältere Zwillingsmaschine mit Nockensteuerung.

Die Abb. 205 und 206 zeigen die Ausführungsform einer älteren Zwillingsmaschine mit ebenfalls seitlich am Zylinder angeordneten Ventilen, jedoch mit Antrieb durch Nocken und schwingende Hebel. Sie ist für eine Treibscheibenförderung mit Rundseil bestimmt und von der Friedrich-Wilhelms-Hütte in Mülheim a. d. Ruhr gebaut worden Der Durchmesser der beiden nebeneinander liegenden, gleich großen Dampfzylinder beträgt 1050 mm. Die Maschine weist eine Dampfbremse mit liegendem Zylinder auf. Daneben ist aber auch noch eine Fallgewichtsbremse vorhanden, die durch einen Sicherheitsapparat ausgelöst werden kann, während die gleichzeitig mitbewegte Stange *d* die Drosselklappe für die Frischdampfzufuhr abschließt.

Besonders bemerkenswert ist bei dieser älteren Bauart die Anordnung des verhältnismäßig schweren und umfangreichen Maschinenrahmens für jede Maschinenseite zur Aufnahme des Zylinders, des Kurbellagers und der für die Führung der beiden Kreuzköpfe bestimmten Gleitbahnen. Man vergleiche diesen schweren Rahmen mit der leichteren Ausführung (siehe Abb. 207 und 208 bzw. 209 und 210) der heute mehr und mehr verwendeten „freischwebenden Maschinenrahmen in Bajonettform“ und einer Kreuzkopfrundführung an Stelle der früheren zweigleisigen Führung des Kreuzkopfes gemäß Abb. 206).

c) Neuere Zwillingsmaschinen mit Nockensteuerung.

Ein Beispiel der neueren Ausführungsart einer Zwillingsmaschine mit Nockensteuerung als Antriebsmaschine für die Zwecke der Hauptschachtförderung ist in Abb. 207 und 208 dargestellt. Sie ist von der Dinglerschen Maschinenfabrik A. G. in Zweibrücken-Pfalz im Jahre 1923 für den Eschweiler Bergwerksverein in Kohlscheid gebaut worden. Nach Art aller neuzeitlichen Ventilmaschinen sind bei dieser Dampffördermaschine die Einlaßventile oben auf den Zylinderenden, die Austrittsventile dagegen unter dem Zylinder angeordnet. Der Durchmesser der beiden Dampfzylinder beträgt 900 mm, der Kolbenhub 1800 mm,

Die Maschine ist dazu bestimmt, vermittels einer Treibscheibe von 6500 mm Seillaufdurchmesser bei einer Anfahrbeschleunigung von

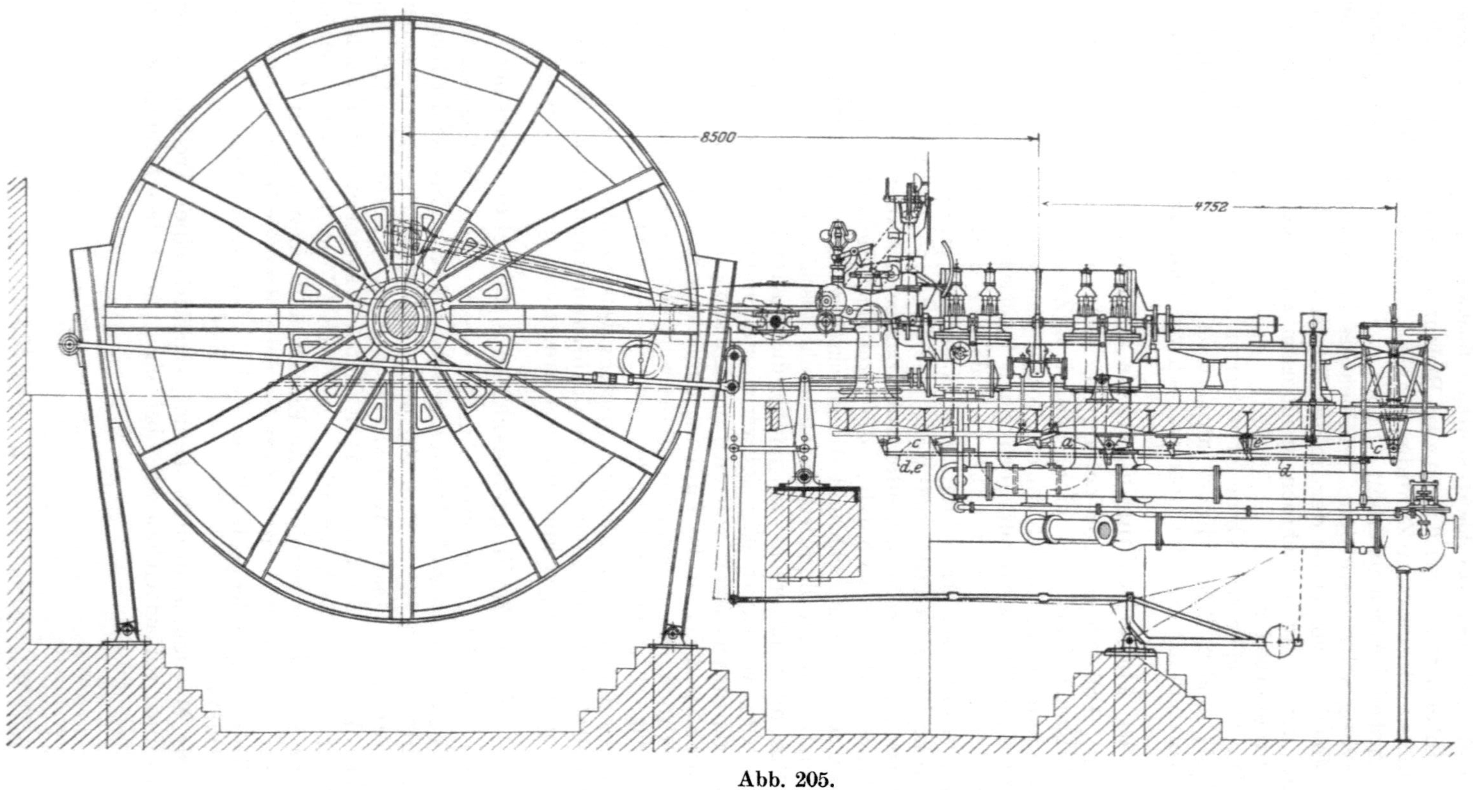

Abb. 205.

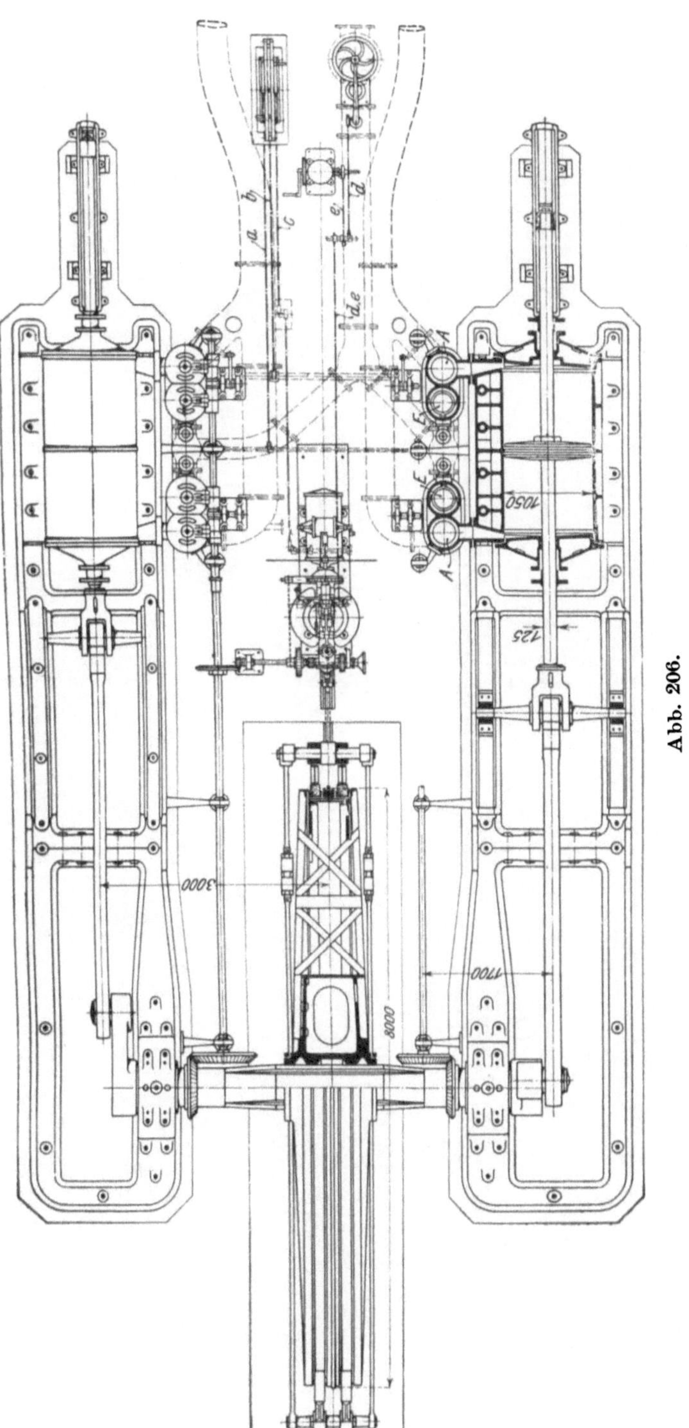

Abb. 206.

zur Dampfbremse
Fußhebel für Fallgewichtsbremse
Steuerhebel
Hauptabsperrventil
Bremshebel
Feststellbremse
Fallgewichtsbremse
Dampffüllung
Dampfbremse
Fahrregler

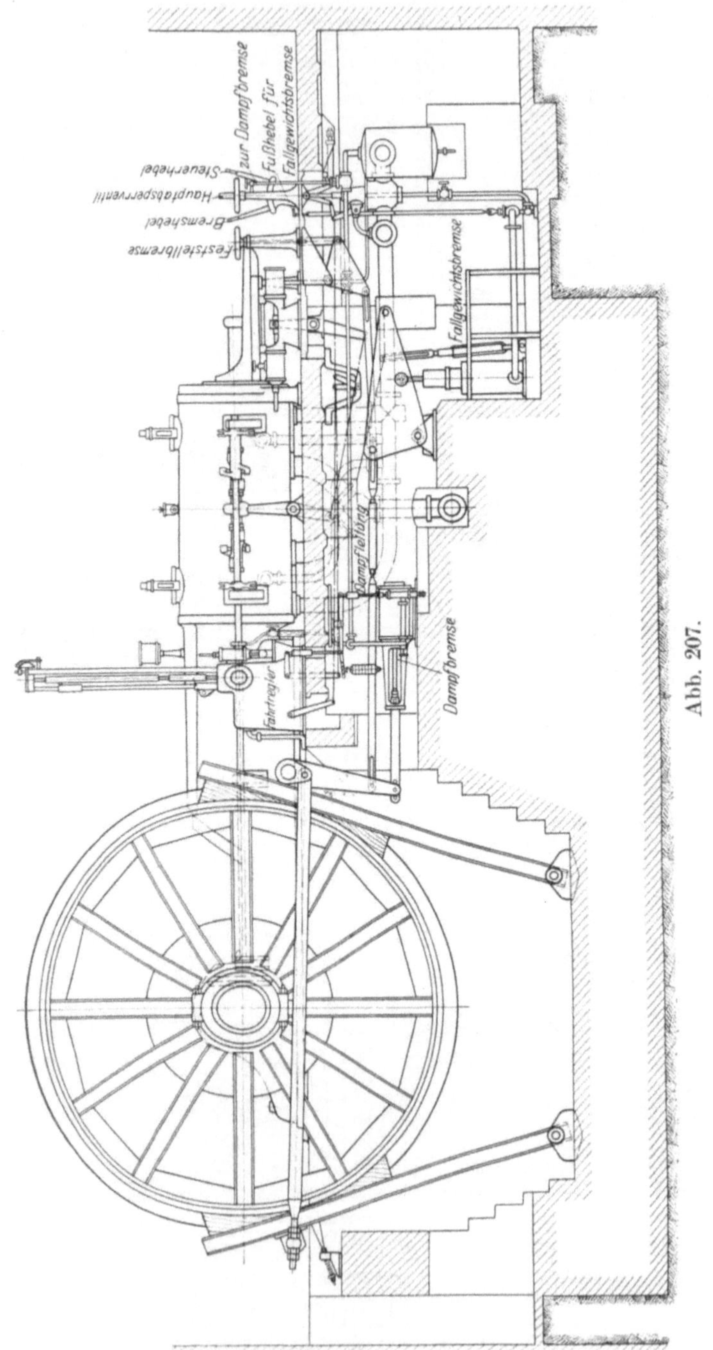

Abb. 207.

Wasserablaß
Umsteuerung
Bremse
Servoventil
Dampf brems.
z. Fahrregler
z. Umsteuerung-Servovent.
Stopf-
büchsen
z. Zylind.
Schmierpressen
zum Zylinder

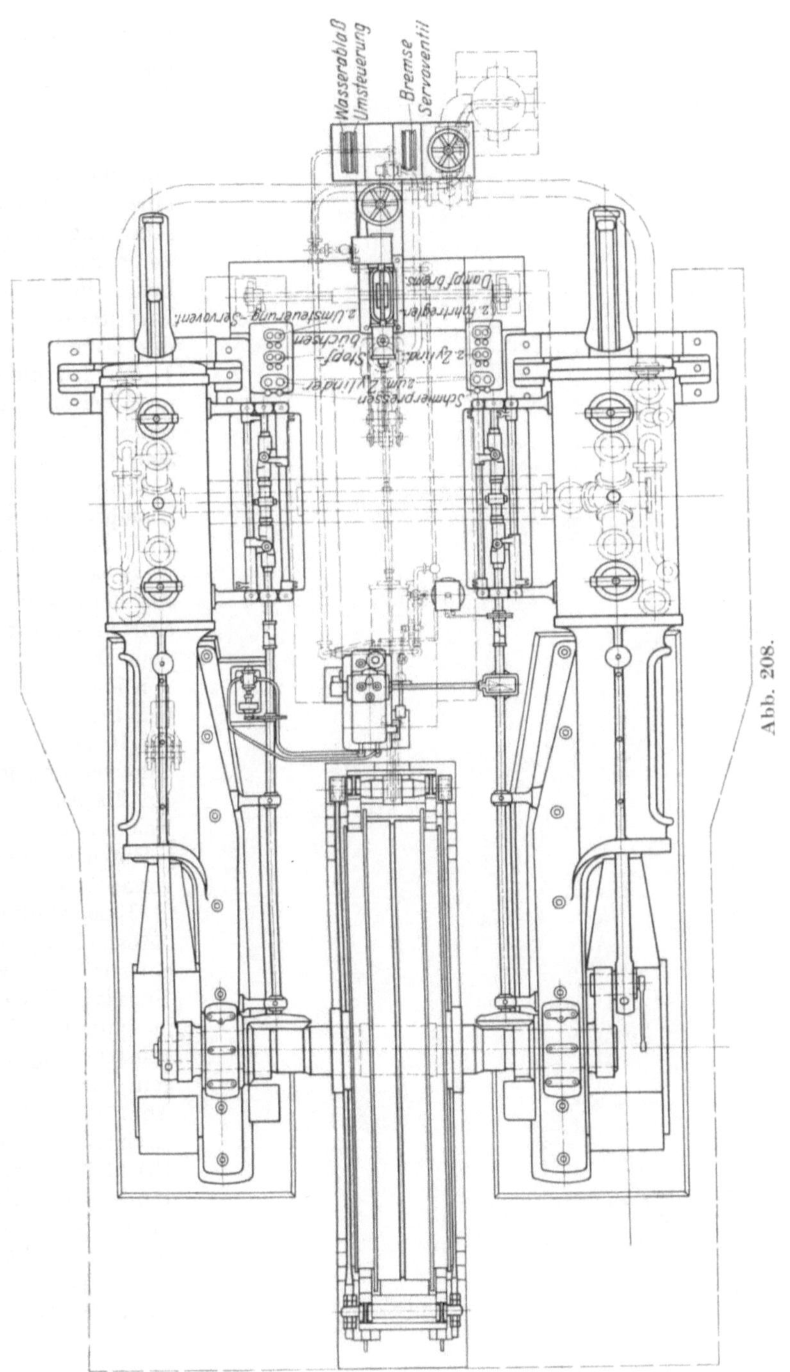

Abb. 208.

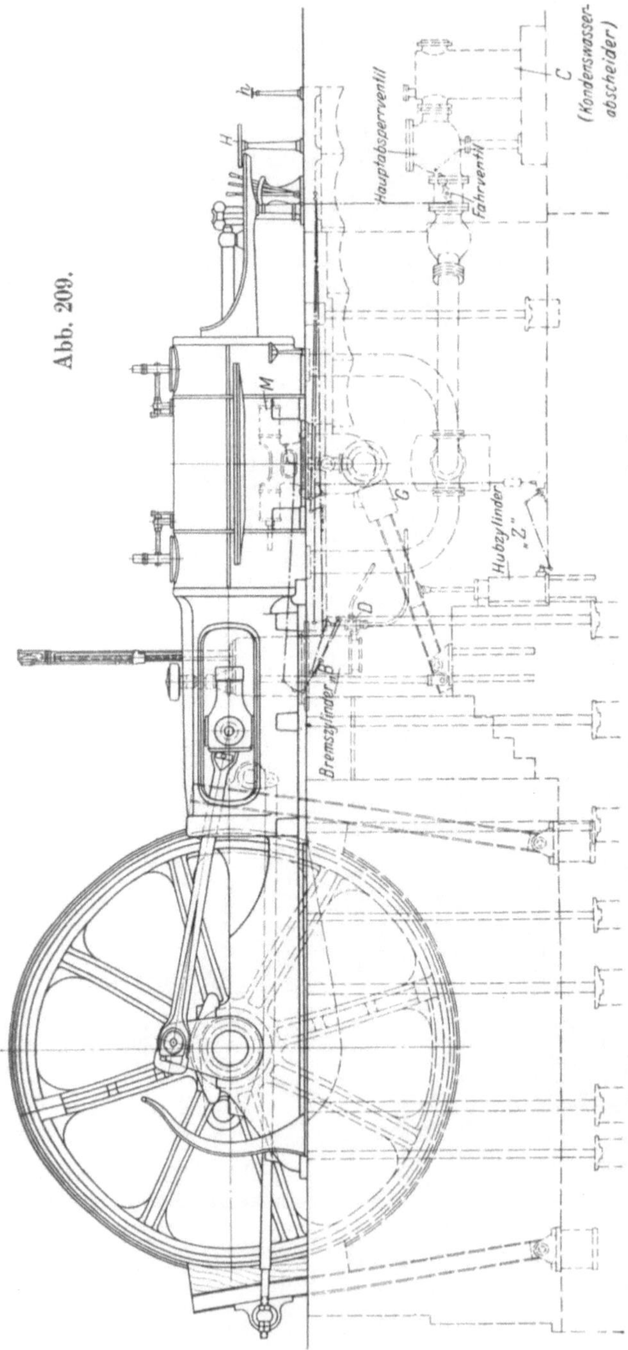

Abb. 209.

0,9 m/sek² bzw. einer Auslaufverzögerung von 1 m/sek² Lasten bis zu 5100 kg aus einer Teufe von 600 m mit einer Höchstgeschwindigkeit von 24 m/sek zu heben. Bei einer Eintrittsspannung des Dampfes von 11,5—12 at und einer Überhitzungstemperatur von 300° C hat die Maschine einen Dampfverbrauch von rund 13 kg je Schacht-PS-st. Als Förderseil ist ein Rundseil mit einem Durchmesser von 50 mm und einem Eigengewicht von 10,3 kg/m, als Unterseil dagegen ein Flachseil von gleichem Gewicht je laufenden Meter vorgesehen.

Eine ähnliche Ausführungsart einer neueren Zwillingsdampffördermaschine mit Nokkensteuerung zeigen auch die Abb. 209 und 210 (Hersteller: A. G.-Eisenhütte Prinz Rudolph, Dülmen i. W.). Die für eine Treibscheibenförderung — Treibscheiben-

Steuer- und Bremshebel sowie Handhebel z. Öffnen der Wasserablaßhähne
P
h
C
H
Hebel für das Fahrventil
Fahrschieber und Handhebel für die Fallgewichtsbremse
Servomotor „M"
Fahrtregler

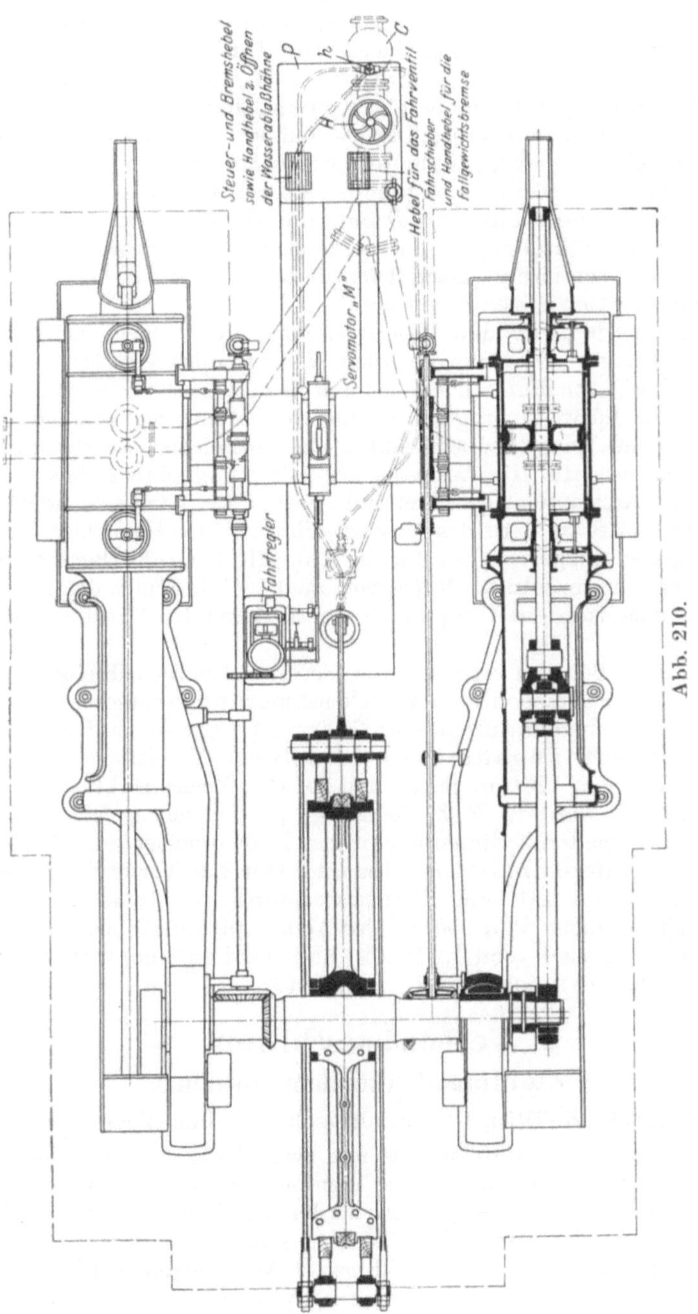

Abb. 210.

durchmesser 7000 mm — bestimmte Maschine, die in der gleichen Ausführung auch für eine Förderung mittels Trommeln (Trommeldurchmesser 7500 mm) Verwendung findet, wird für eine Nutzlast bis zu 6000 kg bei Fahrgeschwindigkeiten von 20—25 m/sek gebaut. Der Durchmesser der Heißdampfzylinder beträgt 1050 mm, der Kolbenhub 1800 mm.

Die Maschine ist mit einer Dampf- und einer Fallgewichtsbremse ausgerüstet, die unabhängig voneinander arbeiten können. Die Dampfbremse weist einen stehend angeordneten Bremszylinder *B* mit vorgeschaltetem Bremsdruckregler *D* auf, die durch einen besonderen Handhebel vom Führerstande aus zu betätigende Fallgewichtsbremse ist mit einem besonderen „Dampfhubzylinder“ *Z* für das Anheben des herabgefallenen Gewichtes *G* versehen.

Die als Standort für den Maschinenführer vorgesehene gußeiserne Platte *P* vereinigt in leicht zugänglicher Weise gemäß Abb. 209 und 210 auf der rechten Seite den Steuer- und den Bremshebel sowie den Handhebel für die Entwässerungseinrichtung der Maschine, während das Handrad *H* des Hauptabsperrventiles, der Hebel für das Fahrventil und der Handhebel für die Auslösung der Fallgewichtsbremse links vom Maschinenführerstande angeordnet sind. Ferner befinden sich unmittelbar hinter dem Standorte des Maschinenführers die Handräder *h* zur Betätigung der Absperrventile für die Dampfleitung der Bremse und die Umsteuerungsmaschine *M* (Servomotor). *C* bedeutet den in der Dampfzuleitung vor dem Hauptabsperrventil sitzenden Kondenswasserabscheider.

Ein weiteres Beispiel einer neueren, für eine Treibscheibenförderung bestimmte Zwillingsmaschine mit Nockensteuerung veranschaulicht die Abb. 211 (Treibscheibendurchmesser 7000 mm). Sie ist im Jahre 1925 von der Gutehoffnungshütte für eine mittlere Nutzlast von 5600 kg und eine Teufe von 1200 m gebaut und auf der Zeche Dahlbusch bei Essen aufgestellt worden. Z. Zt. fördert sie jedoch nur aus einer Teufe von 630 m. Die beiden Zylinder haben einen Durchmesser von 1050 mm, während der Kolbenhub 1800 mm beträgt. Der zur Verwendung kommende Frischdampf hat eine Eintrittsspannung von 12 atü und eine Heißdampftemperatur von 350° C. Der Abdampf verläßt die Maschine mit einem Gegendruck von 1,2 at. abs. und wird in einer nachgeschalteten Dampfturbine noch weiter ausgenutzt.

2. Verbundmaschinen.

a) Zwillings-Verbundmaschinen.

α) Liegende Zwillings-Verbundmaschine ohne Vorgelege.

Eine liegende Verbundmaschine mit zwei Zylindern in Zwillingsanordnung und mit unmittelbarem Trommelantrieb, wie sie als Antriebsmaschine bei der Hauptschachtförderung früher vereinzelt Anwendung gefunden hat, ist in Abb. 212 dargestellt. Sie ist von der A. G. Eisenhütte Prinz Rudolph in Dülmen i. W. gebaut worden. Der zunächst in den kleineren, den Hochdruckzylinder, eintretende Frisch-

Abb. 211.

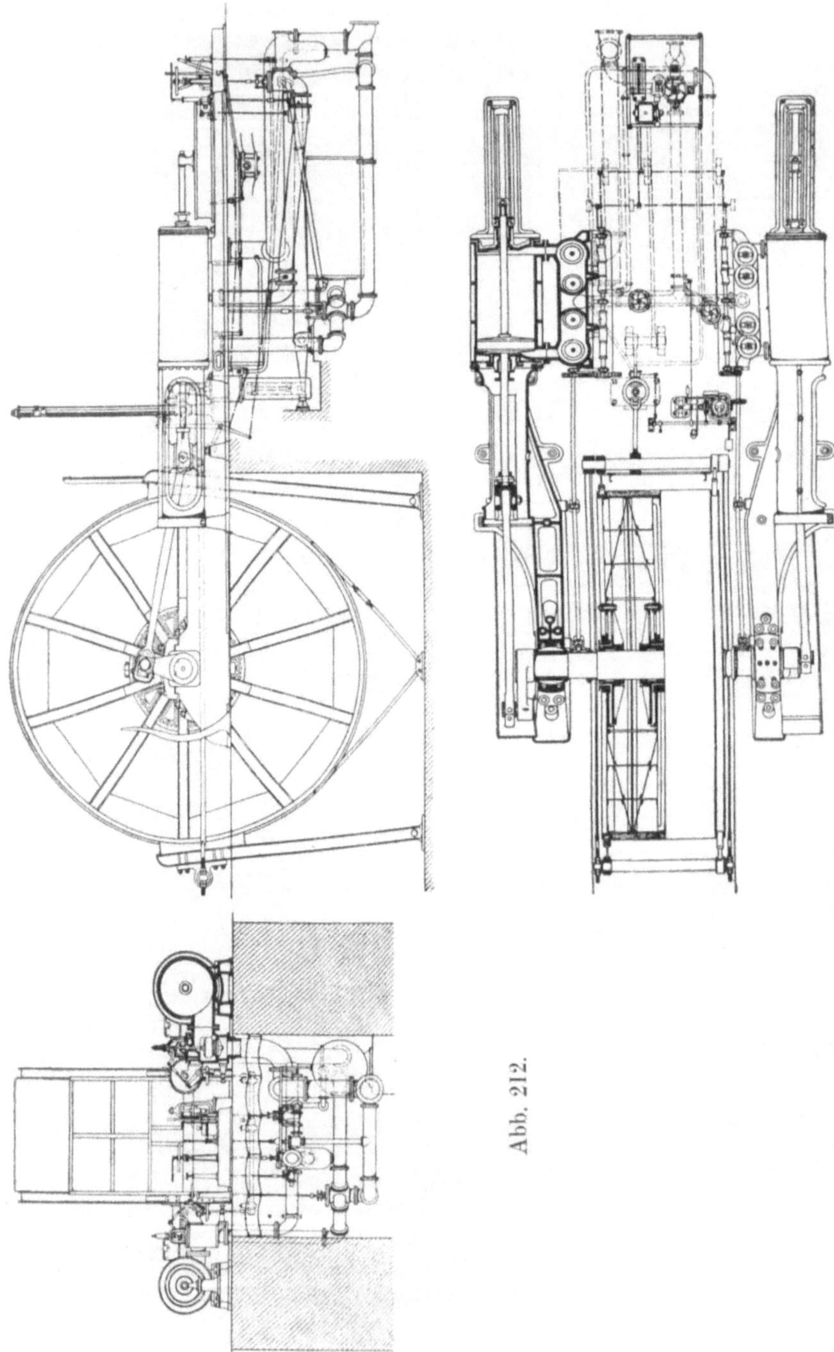

Abb. 212.

dampf dehnt sich hier arbeitleistend bis auf einen Druck von etwa 2 at aus und strömt dann über den „Aufnehmer" in den Niederdruckzylinder, wo er bis zur gewünschten Endspannung expandiert. Der Grundriß der Darstellung läßt erkennen, daß von der Frischdampfleitung zum Hochdruckzylinder noch ein mit besonderem Ventil versehenes Rohr nach dem Niederdruckzylinder abzweigt. Diese Anordnung ist, wie bereits auf S. 4 und 115 näher ausgeführt, für jene Fälle erforderlich, in denen der Hochdruckkolben beim Anfahren der Maschine sich in der Totlage befindet, so daß das Ingangsetzen durch den Niederdruckkolben allein getätigt werden muß. Für diese Fälle ist es nunmehr möglich, dem Niederdruckzylinder unmittelbar Frischdampf zuzuführen. Außerdem ist auch noch eine vom Führerstande aus zu bedienende Vorrichtung vorhanden, die eine Verminderung der Dampfspannung im Aufnehmer durch ein Ablassen des Dampfes herbeizuführen gestattet.

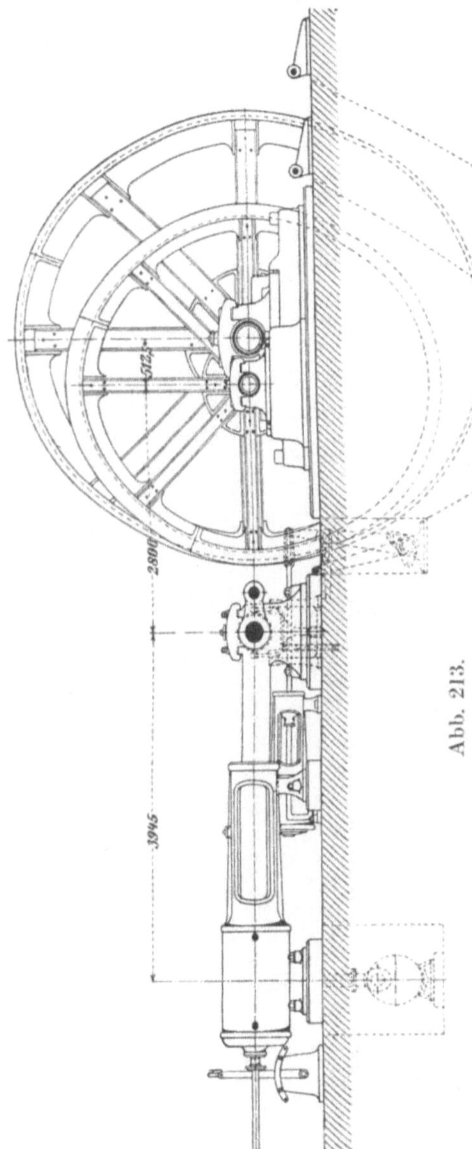

Abb. 213.

β) Liegende Zwillings-Verbundmaschine mit Vorgelege.

Die in Abb. 213 und 214 dargestellte liegende Zwillings-Verbundmaschine ist im Jahre 1897 von der früheren Königl. Hütte in Gleiwitz für eine Nutzlast von 2500kg, eine Teufe von 250 m und eine Fahrgeschwindigkeit von 4 m/sek gebaut worden. Bei einem Kolbenhube von 900 mm betragen die Durchmesser des Hochdruck- und des Niederdruckzylinders 500 bzw. 755 mm. Als Sonderheit ist die Anordnung einer kleineren Nebentrommel außer den beiden zylindrischen Fördertrommeln und ebenso auch das ausrückbare Vorgelege zu erwähnen. Die beiden größeren Trommeln dienen der normalen Güterförderung und der Seil-

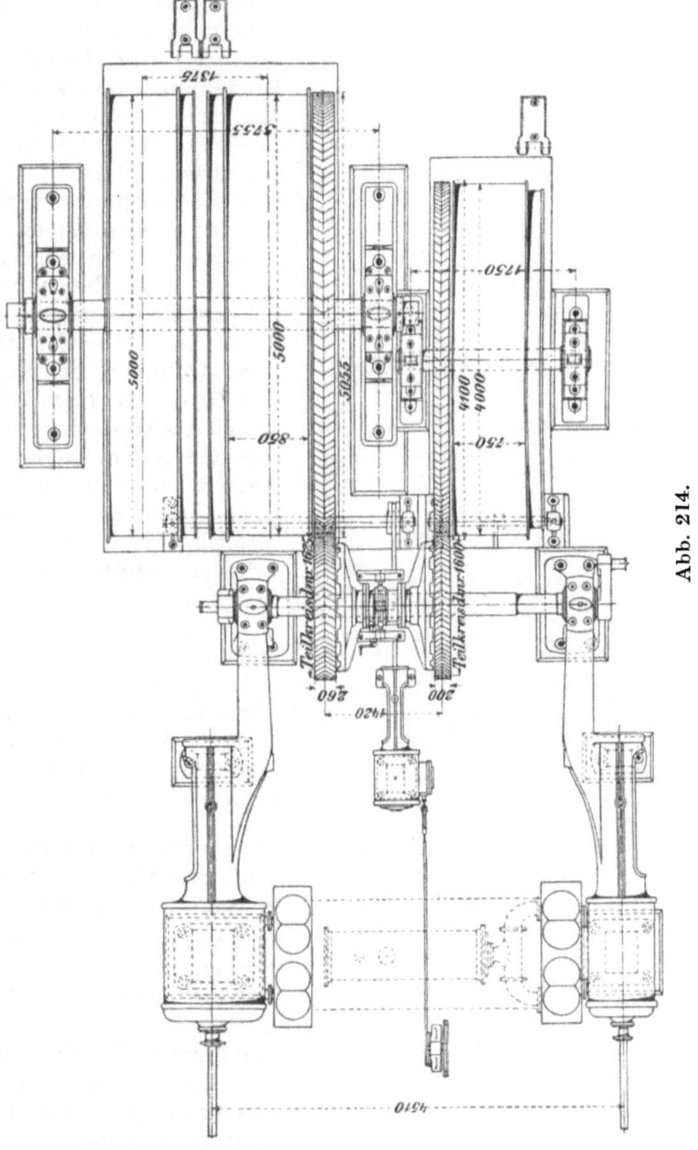

Abb. 214.

fahrt, während die Nebentrommel lediglich für das Einhängen von Grubenholz bestimmt ist. Der Betrieb geht in der Weise vor sich, daß die beiden Haupttrommeln durch die Vermittlung eines Zahnradvorgeleges von der Dampfmaschine in Bewegung gesetzt werden, während die Nebentrommel beim Einhängen der Grubenhölzer von der Maschine losgekuppelt wird. Die eingehängte Last wird dann mittels einer von Hand zu bedienenden Bremse in den Schacht hinuntergelassen. Für das Aufholen des Seiles wird die Nebentrommel durch Einschaltung des entsprechenden Zahnradvorgeleges mit der Maschine wieder verbunden.

γ) Stehende Zwillings-Verbundmaschine.

Die Abb. 215 zeigt die schematische Darstellung einer Zwillings-Verbundmaschine mit stehenden Zylindern, wie sie u. a. auf der Zeche Preußen bei Dortmund im Jahre 1898 zur Aufstellung gekommen ist. Diese für eine Teufe von 800 m bestimmte Verbundmaschine mit zweistufiger Dampfdehnung und in Zwillingsanordnung geschalteten Zylindern treibt zwei gleichlaufende hintereinander liegende Spiraltrommeln an, dergestalt, daß die Schubstange der beiden Kurbeltriebe zunächst an dem längeren Hebelarm je eines dreiarmigen Schwinghebels angreift. Von diesen an den Außenseiten der beiden Trommeln auf je einer kurzen Zwischenwelle *W* sitzenden dreiarmigen Schwinghebeln wird dann die Bewegung mittels kleinerer Hebelarme auf die eigentlichen Kurbeln der Trommelwellen weitergeleitet. Man erkennt leicht, daß diese Hebelanordnung, die ja für die Übertragung der senkrechten Dampfkolbenbewegung auf die hintereinander liegenden Trommeln unerläßlich ist, den Antrieb nicht nur verwickelt gestaltet, sondern auch wegen der in abwechselnder Richtung auftretenden Beanspruchung der einzelnen Teile wenig günstig ist. Der Stand des Maschinenführers ist bei dieser Maschine auf einer besonderen, hochgelegenen Bühne angeordnet, damit der Maschinist auch die Hängebank überschauen kann. Der Hochdruckzylinder hat einen Durchmesser von 820 mm, der Niederdruckzylinder einen solchen von 1150 mm. Das Eigengewicht der gesamten Maschinenanlage beträgt 325 t.

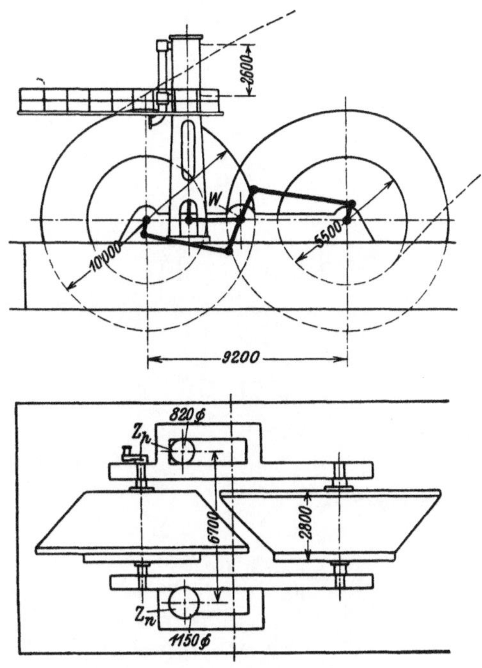

Abb. 215.

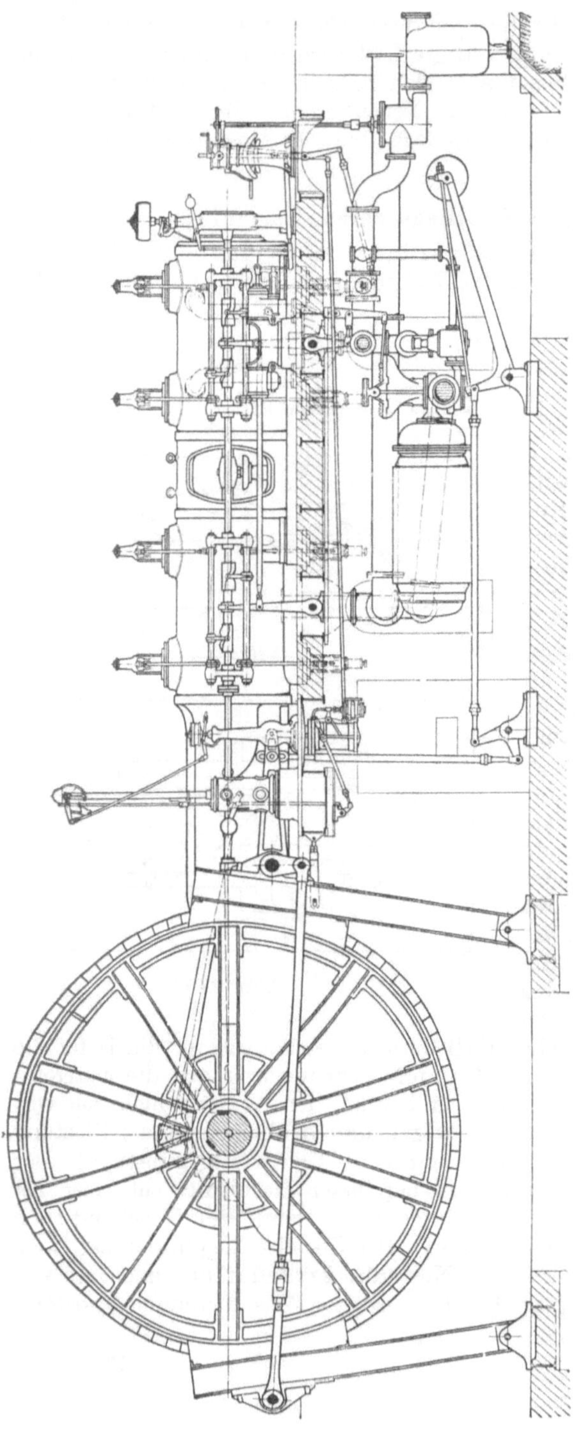

Abb. 216.

b) Zwillings-Reihenverbundmaschinen.

Die Bauart der einfachen Zwillings-Verbundmaschine mit nebeneinander liegendem Hochdruck- und Niederdruckzylinder kommt wegen der erheblichen, schon auf S. 4 und 115 erwähnten Betriebsschwierigkeiten für die Zwecke der Hauptschachtförderung heute nicht mehr in Betracht. Sie ist durch jene der Zwillings-Reihenverbundanordnung verdrängt worden.

Bei diesen Dampffördermaschinen, die namentlich bei Kondensationsbetrieb für größere Teufen und größere Lasten sowie bei höheren Dampfdrücken verwendet werden, greift an jeder der gegeneinander um 90° versetzten Kurbeln der gemeinsamen Kurbelwelle eine vollständige Verbundmaschine mit hintereinander geschaltetem Hoch-

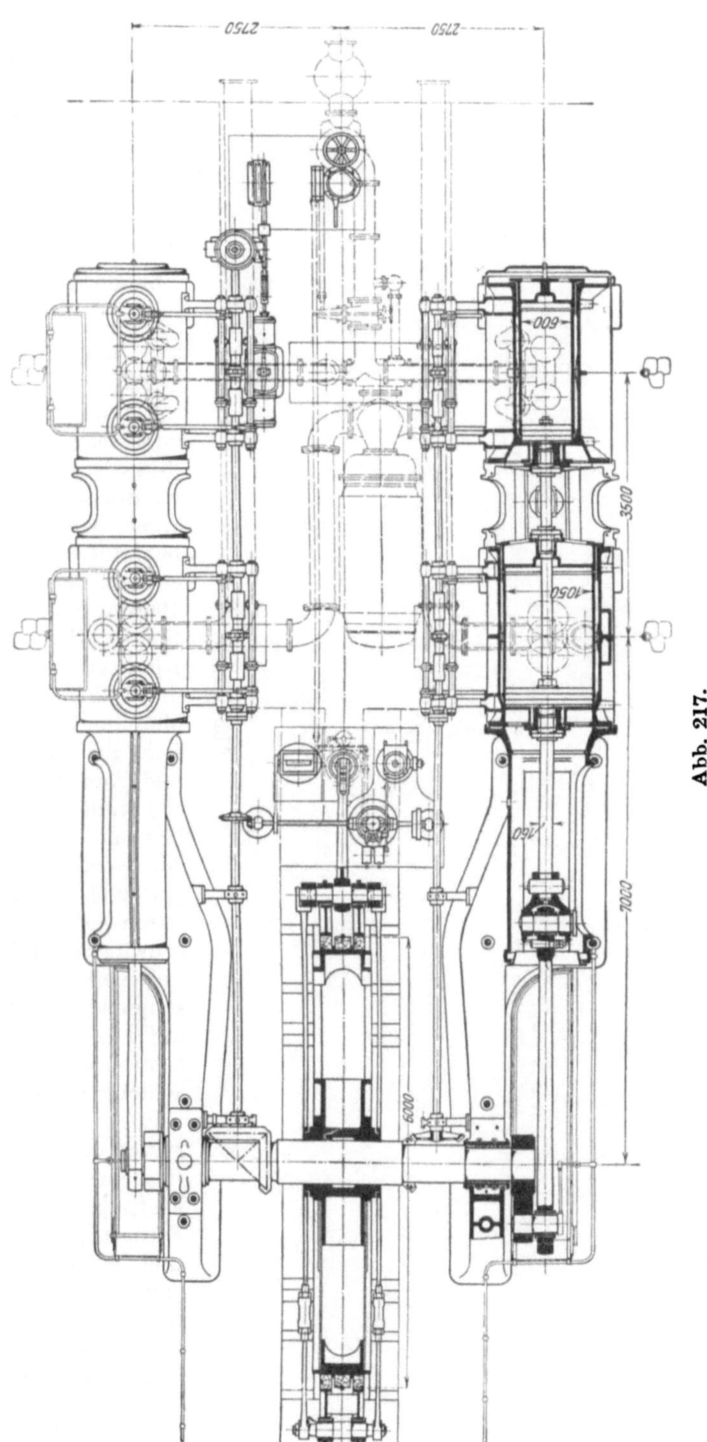

Abb. 217.

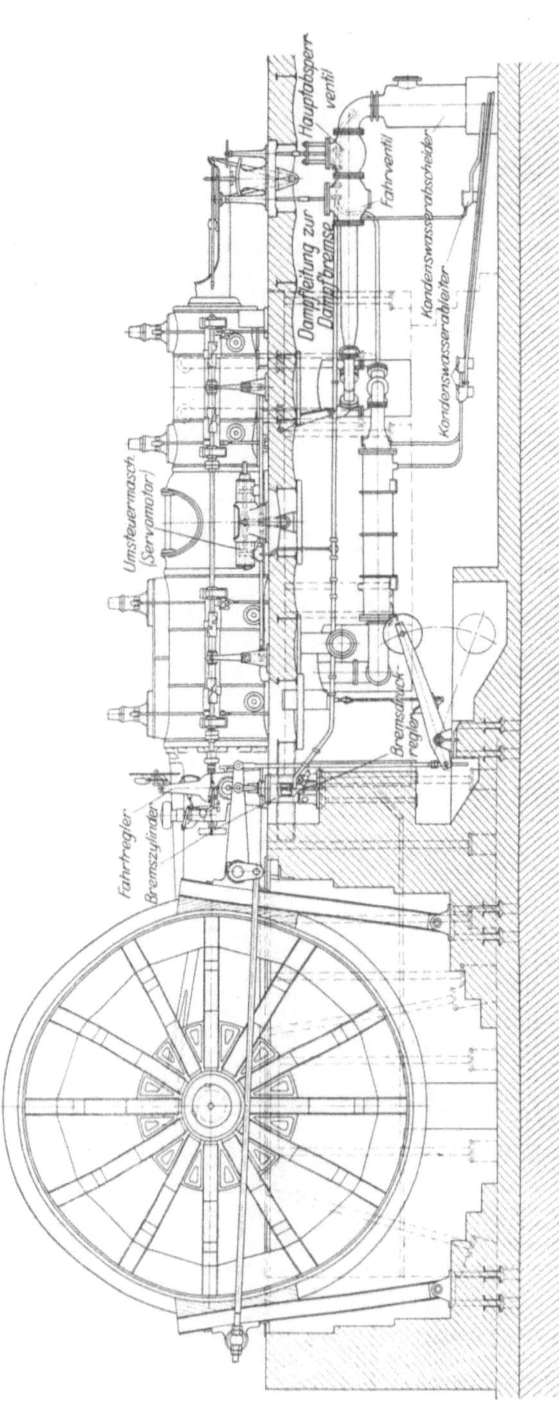

Abb. 218.

druck- und Niederdruckzylinder an, so daß diese Bauart insgesamt vier Zylinder aufweist.

α) Ältere Zwillings-Reihenverbundmaschine.

Die in Abb. 216 und 217 angegebene ältere Ausführungsart einer solchen Zwillings-Reihenverbundmaschine für eine Treibscheibenförderung ist etwa um das Jahr 1906 von der Gutehoffnungshütte gebaut worden. Bei dieser Maschine befinden sich die Einlaß- und Austrittsventile an den oberen bzw. unteren Enden der Zylinder und werden durch Nocken und schwingende Hebel gesteuert. Die Maschine ist mit dem auf S. 116 beschriebenen Stauschieber von Grunewald ausgerüstet und besitzt je einen Fliehkraftregler für die Steuerung (rechts) und für den Sicherheitsapparat (links).

Das den Hochdruck- und den

Niederdruckzylinder einer jeden Maschinenseite verbindende Zwischenstück, die sog. „Laterne", hat bei dieser älteren Bauart noch seitliche Öffnungen, die einen Zugang zu den Stopfbüchsen der Kolbenstange wie auch ein Herausnehmen des Niederdruckkolbens ermöglichen sollen. Bei den neueren Ausführungsarten der Zwillings-Reihenverbundmaschinen werden ausschließlich Laternen mit einer auf der Oberseite liegenden Öffnung eingebaut (siehe Abb. 218 und 219). Diese Ausführungsart der Laterne gestattet ein bequemes Herausheben des Niederdruckkolbens mittels eines Kranes.

β) Neuere Zwillings-Reihenverbundmaschinen.

Die Abb. 218 und 219 zeigen das Beispiel einer neueren Zwillings-Reihenverbundmaschine mit Nockensteuerung, wie

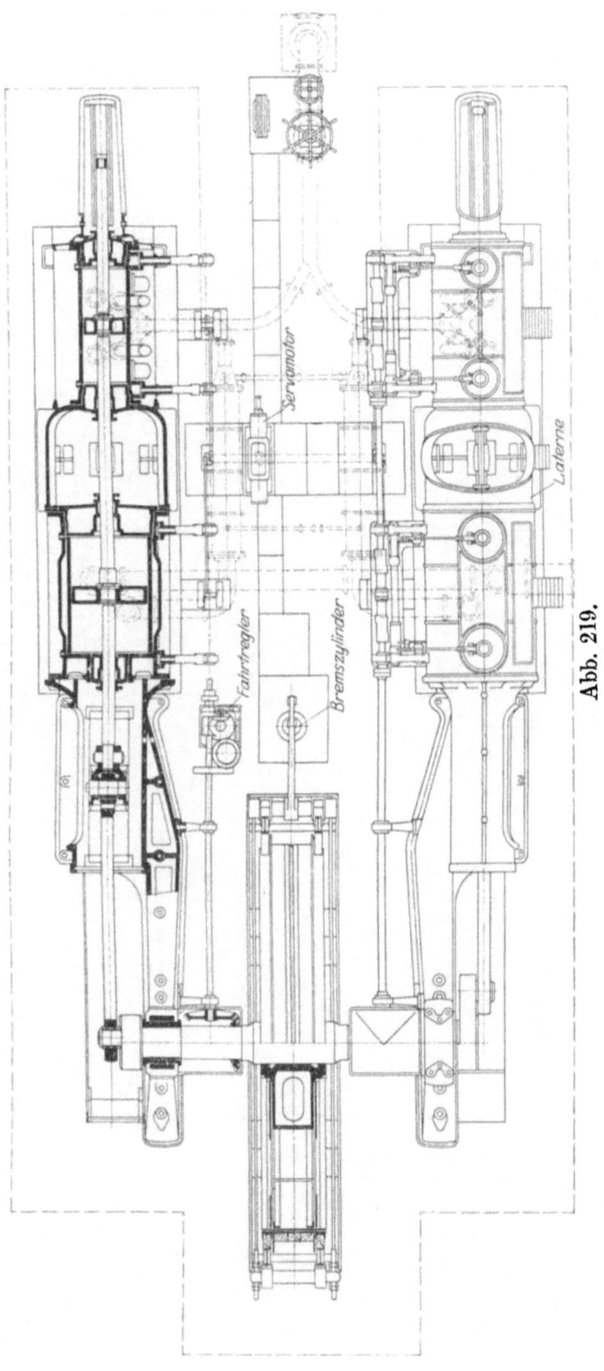

Abb. 219.

Abb. 220.

sie von der Friedrich Wilhelms-Hütte in Mühlheim-Ruhr im Jahre 1924 auf den Schachtanlagen Mathias Stinnes I und II in Karnap bei Essen zur Aufstellung gekommen ist. Diese mit einem neuzeitigenFahrtregler Bauart Friedrich Wilhelms-Hütte (vgl. S. 215) ausgerüstete Dampffördermaschine ist für die Förderung einer Nutzlast von 5600 kg aus einer Teufe bis zu 1300 m (derzeit erfolgt allerdings die Förderung nur aus einer Teufe von 650 m) bei einer höchsten Geschwindigkeit von 18 m/sek bestimmt. Verwendet wird eine Treibscheibe von 7000 mm und ein dreikantlitziges Förderseil von 62 mm Durchmesser mit einem Eigengewicht von 15,2 kg/m. Als Unterseil ist ein Flachseil von 180 mm Breite und 27 mm Dicke gewählt worden, dessen Eigengewicht sich ebenfalls auf 15,2 kg je lfd. Meter beläuft. Die beiden Hochdruckzylinder haben einen Durchmesser von 775 mm, die Niederdruckzylinder einen solchen von 1250 mm, während der Kolbenhub 1800 mm beträgt.

Die an eine Zentralkondensation (Unterdruck $\sim$ 80 vH) angeschlossene Maschine ist für eine Eintrittsspannung von 12 atü bei einer Überhitzungstemperatur von 325° C gebaut, arbeitet aber unter Berücksichtigung der örtlichen Betriebsverhältnisse z. Zt. nur mit einem Dampfdruck von 9—9,5 atü und einer Heißdampftemperatur von 250° C. Der hierfür gewährleistete Dampfverbrauch je Schacht-PS-st beträgt 10,5—11 kg bei Heißdampf und $\sim$ 12 kg bei Sattdampfbetrieb.

Eine gleich große Zwillings-Reihenverbundmaschine neuerer Bauart veranschaulicht die Abb. 220 (Hersteller Friedrich Wilhelms-Hütte). Sie ist für ähnliche Betriebsverhältnisse für die Zeche Graf Beust gebaut worden, fördert jedoch z. Zt. nur aus einer Teufe von 628 m. Der anläßlich eingehender Versuche des Dampfkessel-Überwachungs-Vereins der Zechen im Oberbergamtsbezirk Dortmund zu Essen-Ruhr im Mai 1925 ermittelte Dampfverbrauch belief sich bei Verwendung von Sattdampf von 9,9 atü auf 11,9 kg für die Schacht-PS-st, unterschritt also noch den gewährleisteten Dampfverbrauch von 12 kg je Schacht-PS-st.

XIII. Bauliche Einzelheiten der Dampffördermaschinen.

1. Der Dampfzylinder.

In die älteren, mit gesättigtem Wasserdampf arbeitenden Dampffördermaschinen wurden Zylinder eingebaut, die mit einer doppelten Wandung und einem dazwischen befindlichen Hohlraum versehen waren. Durch diesen Zwischenraum wurde nun Frischdampf hindurchgeleitet und so eine Zylinderbeheizung hergestellt. Der leitende Grundgedanke für diese Maßnahme ist in der Erkenntnis zu erblicken, daß während des Ausdehnungsabschnittes eine Dampfkondensation eintritt und das Niederschlagswasser dann den Innenraum des Zylinders durch Wiederverdampfung während des Ausströmungsabschnittes abkühlt. Der beim Hubwechsel in den gleichen Zylinderraum eintretende Frischdampf würde unter diesen Bedingungen naturgemäß sofort eine verlustbringende Kondensation erfahren. Durch die Mantelheizung wird nun die Kondensationsbildung im Zylinderinnern vermieden. Zur Entfernung des Niederschlagswassers aus dem Hohlraum sind in den Dampfmänteln Entwässerungseinrichtungen vorgesehen. Bei dem in neuerer Zeit fast ausschließlich zur Verwendung kommenden überhitzten Frischdampf besteht die Gefahr einer solchen Dampfkondensation im Zylinder nicht, so daß bei den mit Heißdampf betriebenen neuzeitigen Maschinen eine besondere Mantelheizung entbehrlich ist und meist auch fehlt (einige Ausführungsarten weisen eine Frischdampfbeheizung der Zylinderdeckel auf). Dagegen wird der Zylinder zum Schutz gegen eine Ausstrahlung der Dampfwärme mit Kieselgur gut isoliert.

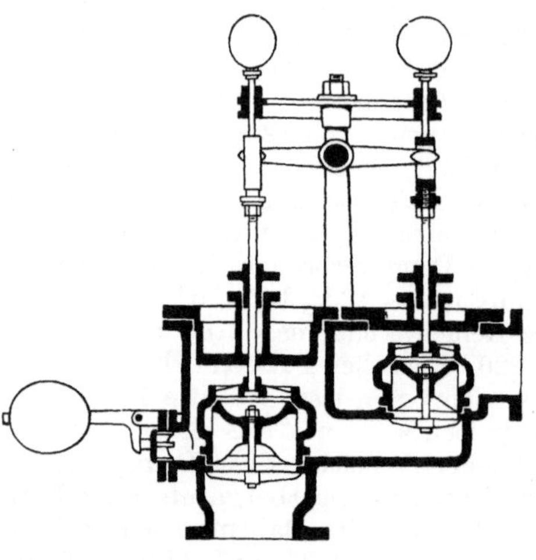
Abb. 221.

Es wurde schon wiederholt darauf hingewiesen, daß bei den älteren Dampffördermaschinen die Eintritts- und Auslaßventile zur Erzielung einer bequemen Zugänglichkeit und einer Erhöhung der Betriebssicherheit seitlich am Zylinder nebeneinander in besonderen Ventilkästen untergebracht sind, während bei der neueren Bauart der Dampffördermaschinen die Ventilanordnung in gleicher Weise wie bei den üblichen Betriebsmaschinen unmittelbar am Zylinderkörper in zentraler Lage erfolgt. Die Einlaßventile sitzen hierbei an den oberen, die Austrittsventile dagegen an den unteren Zylinderenden, um ein bequemes Abfließen des sich gegebenenfalls im Zylinder bildenden Niederschlagswassers zu erzielen. Die Abb. 221 veranschaulicht einen Schnitt durch einen seitlich am Zylinder angebauten Ventilkasten für das Eintritts- und Auslaßventil der einen Kolbenseite an einer älteren Dampffördermaschine. Für beide Ventile ist ein gemeinsamer Verbindungskanal zum Zylinderinnern vorhanden. Ersichtlich ist auch die Anordnung eines besonderen gewichtsbelasteten Sicherheitsventiles. In der Abb. 222 ist dagegen ein Querschnitt durch den Hochdruckzylinder einer neuzeitigen Zwillings-Reihenverbundmaschine mit zentraler Lage der Ventile unmittelbar am Zylinderkörper dargestellt (Erbauer: Friedrich Wilhelms-Hütte, Mühlheim-Ruhr). Man erkennt an dieser Abbildung den besonderen Vorteil des zentralen Ventileinbaues, bestehend in einem wesentlich kleineren „schädlichen Raume“ (5—6 vH gegenüber 12 bis 15 vH) und einer geringeren „schädlichen Oberfläche“. Beachtenswert ist auch die Anordnung der getrennten Kanäle für die Frischdampfzuführung und den Abzug des Abdampfes an Stelle des bei einer seitlichen Ventilanordnung vorhandenen gemeinsamen Eintritts- und Aus-

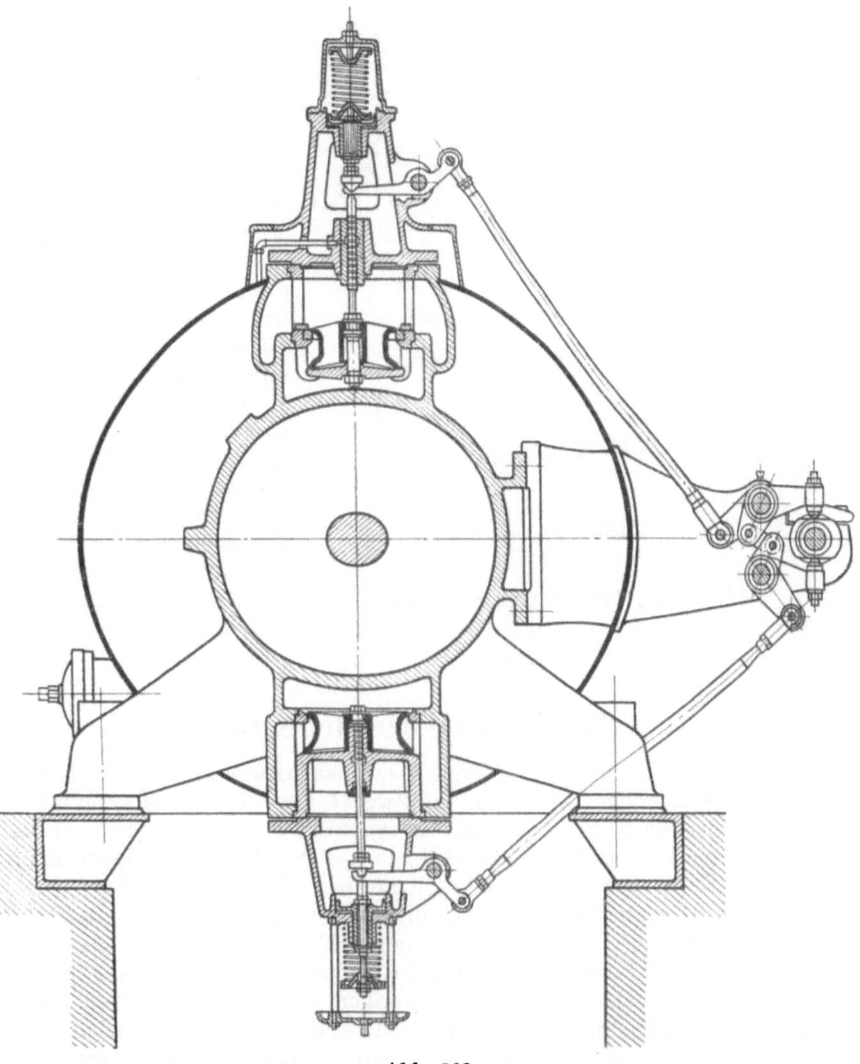

Abb. 222.

trittskanals. Durch diese Anordnung wird — wie wir bereits auf S. 14 gesehen haben — eine nicht unerhebliche Herabminderung der Dampfverluste erzielt.

Die Verwendung von hochüberhitztem Dampf erfordert wegen der vorhandenen hohen Temperaturen und der damit verbundenen bedeutenden Ausdehnung der einzelnen Teile der Maschine eine besonders gute bauliche Durchbildung der Zylinder. Die Abb. 223 veranschaulicht das Beispiel eines Heißdampfzylinders für Dampffördermaschinen in der Bauart der Friedrich Wilhelms-Hütte. Wie die Darstellung erkennen läßt, weist diese Bauart unter Einhaltung einer symmetrischen Form des Zylinders eine gute Verteilung des Baustoffes, vor allem aber auch eine freie Ausdehnungsmöglichkeit der Ventilgehäuse auf, indem die sonst üblichen angegossenen Zuführungskanäle durch gebogene, elastische, schmiedeeiserne Rohre — für jedes Einlaßventil ist eine besondere getrennte Zuleitung vorhanden — ersetzt sind. Eine solche Zylinderform hat nicht nur den Vorteil der baulichen Einfachheit, sie bietet auch eine weitgehende Gewähr gegen das Auftreten schädlicher Wärmerisse.

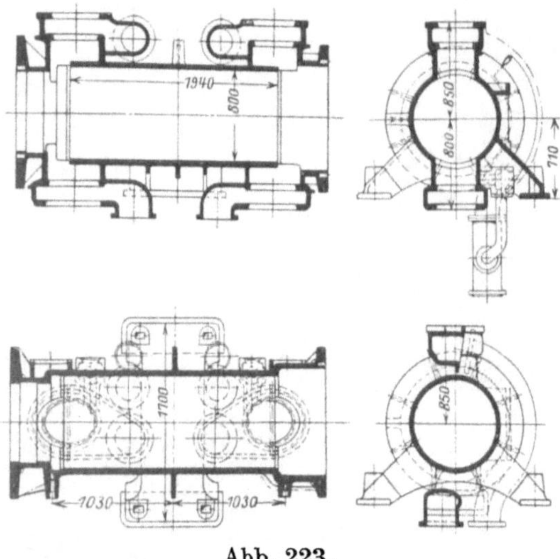

Abb. 223.

2. Die Ventile der Steuerung.

Wie bei fast allen neuzeitigen Ventilmaschinen kommen auch bei den Dampffördermaschinen für die Zwecke der Steuerung zweisitzige Rohrventile gemäß Position „*V*“ in Abb. 224 zur Verwendung. (Die Abb. 224 stellt einen Querschnitt durch den Niederdruckzylinder einer Zwillings-Reihenverbundmaschine der Firma Thyssen & Co. A. G., Mühlheim-Ruhr, dar.) Es sind dies gesteuerte, nahezu entlastete Doppelsitzventile (Hubventile), die im geschlossenen Zustande dem auf ihnen lastenden Dampf nur eine ganz schmale Druckfläche darbieten, während sich die Drücke auf den übrigen Teilen der Ventilwandung gegenseitig aufheben. Die Ventile sind daher leicht beweglich und beanspruchen demgemäß auch nur einen verhältnismäßig geringen Kraftaufwand für ihre Eröffnung. Der Querschnitt, der bei geöffnetem Ventil für den durchströmenden Dampf freigegeben wird, ist im allgemeinen für größere Dampfgeschwindigkeiten bemessen als bei den gewöhnlichen Betriebsmaschinen. Dies hat seinen Grund darin, daß einmal die Dauer des Gleichlaufabschnittes bei größter Fahrgeschwindigkeit ja nur gering ist, zum andern fallen die hierbei in Frage kommenden Frischdampffüllungen verhältnismäßig klein aus. Bezogen auf eine mittlere Kolbengeschwindigkeit von 3—3,5 m/sek bei größter Seilgeschwindigkeit (rund 20 m/sek) gelten als zulässige Dampfgeschwindigkeitswerte:

für den Hochdruck-Einlaß . . . . 50—60 m/sek,
für den Hochdruck-Auslaß . . . . 40—45 m/sek,
für den Niederdruck-Einlaß . . . 55—65 m/sek,
für den Niederdruck-Auslaß . . . 45—50 m/sek[1]).

Um nun zu verhüten, daß bei einem plötzlichen Zurücklegen der Steuerung in die Nullstellung oder bei einem Gegendampfgeben der im Zylinder befindliche Dampf einen zu hohen, schädlichen Kompressionsdruck erhält, sind auf jeder Zylinderseite noch besondere Sicherheitsventile vorgesehen. Von diesen Sicherheitsventilen, die ja bei geschlossenem Auslaßventil gegebenenfalls einen Teil des verdichteten Dampfes aus dem Zylinder entweichen lassen sollen, muß namentlich bei Dampfzylindern mit kleinen „schädlichen Räumen" ein ausreichend groß bemessener Durchströmquerschnitt verlangt werden, zum andern darf aber auch durch sie der „schädliche Raum" sowie die „schädliche Oberfläche" nicht nennenswert vergrößert werden. Man ist daher zu einer Ausbildung dieser Sicherheitsventile als sog. „Überströmventile" übergegangen.

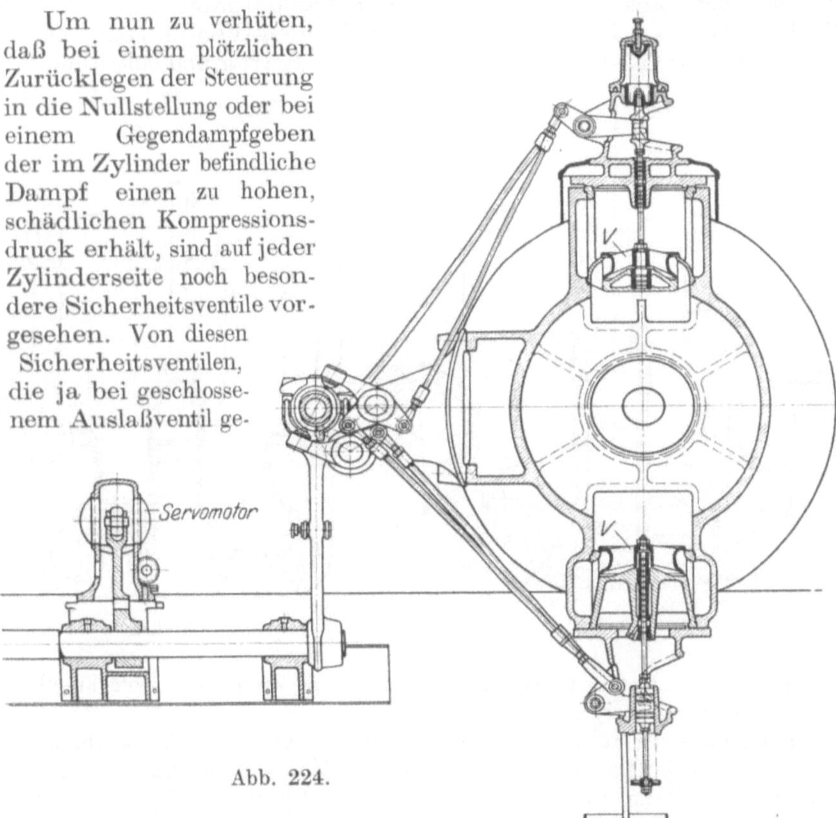

Abb. 224.

[1]) Hütte, 24. Auflage, II. Teil, S. 519.

Die Abb. 225 zeigt als Beispiel das Überströmventil von Strnad-Berlin. Einen wesentlichen Bestandteil dieser Einrichtung bildet der neben dem eigentlichen Ventilkörper *a* im Einlaßventil-Gehäuse angeordnete Steuerkolben *c*, der sowohl durch die Öffnung *d* mit dem Zylinderinnern wie auch in seiner oberen Fläche mit der Frischdampfleitung in ständiger Verbindung steht. Bei dem Anwachsen der Kompressionsspannung auf ein unzulässiges Maß, d. h. bei einer Überschreitung des unteren, auf den Steuerkolben wirkenden Kompressionsdruckes über den auf der oberen Kolbenseite lastenden Frischdampfdruck wird der Kolben daher angehoben. Er nimmt hierbei den Ventilkörper *a* mit, öffnet also das Einlaßventil um einen gewissen Betrag und läßt dadurch

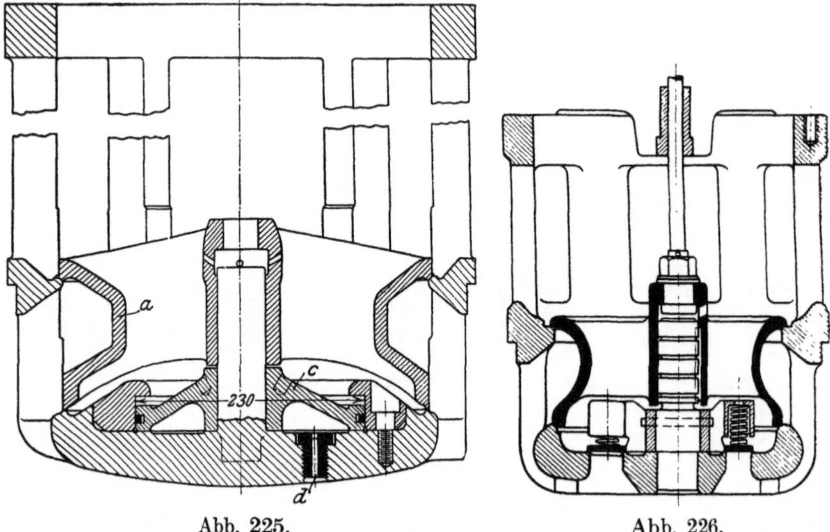

Abb. 225. Abb. 226.

einen Teil des Kompressionsdampfes aus dem Zylinder in die Frischdampfzuleitung übertreten.

Eine andere Ausführungsart eines Überströmventiles läßt die Abb. 226 (Bauart Gutehoffnungshütte) erkennen. Wie aus der Darstellung ersichtlich, sind im unteren Teile des Einlaßventilgehäuses mehrere kleine, federbelastete Tellerventile mit einem ausreichend groß bemessenen Gesamtumfang untergebracht, die nun bei einer Überschreitung des zulässigen Kompressionsdruckes einen Teil des im Zylinder eingeschlossenen Dampfes in die Frischdampfleitung zurückströmen lassen.

Man erkennt auch weiterhin, daß durch den Einbau derartiger Überströmventile nicht nur ausreichend große und günstig gelegene Überströmquerschnitte vom Zylinderinnern zur Frischdampfleitung erzielt werden, es wird durch diese Anordnung vor allem auch der „schädliche Raum“ und die „schädliche Oberfläche“ nur unwesentlich vergrößert.

3. Das Fahrventil.

Über die Bedeutung der Anordnung eines besonderen, in die Hauptdampfleitung zur Fördermaschine neben dem Hauptabsperrventil eingeschalteten Absperrteiles als Fahr- oder Drosselventil ist bereits auf S. 121ff. eingehend berichtet worden. Im nachfolgenden sei noch einiges über die bauliche Gestaltung dieses Absperrteiles angeführt.

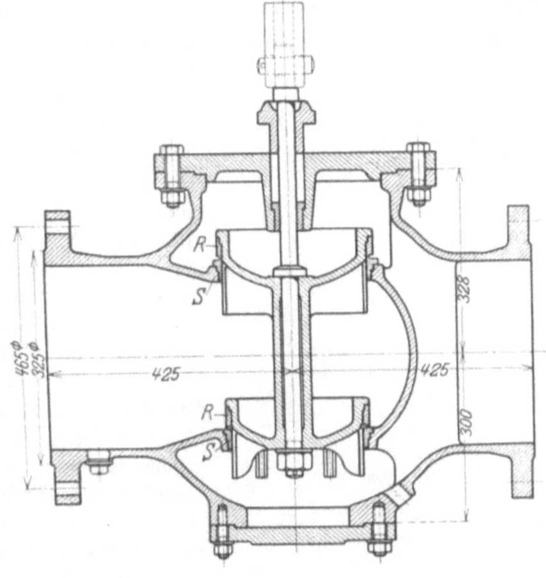

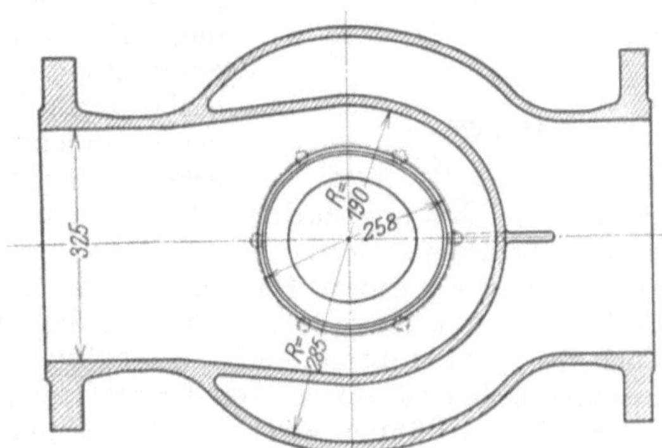

Abb. 227.

In vielen Fällen wird das von Hand gesteuerte, nahezu entlastete zweisitzige Hubventil in der Form der Glocken- oder Rohrventile als Fahrventil verwendet. Der besondere Vorteil dieser Bauart besteht, wie des öfteren bereits hervorgehoben, in einer leichten Beweglichkeit sowie in dem verhältnismäßig geringen Kraftbedarf für die Ventilbetätigung. Andrerseits liegt aber der Nachteil vor, daß sie bei einem Auftreten starker Temperaturschwankungen im Ventilgehäuse zu Formveränderungen neigen, die wiederum leicht ein Undichtwerden des Ventiles herbeiführen. Erschwerend ist hierbei ihre besondere Ausbildung als ,,entlastetes" Ventil, weil sie in geschlossenem Zustande dem das Abschließen des Ventilkörpers unterstützenden Dampfdruck ja nur eine kleine Ringfläche als wirksame Belastungsfläche darbieten. Von einem Fahrventil muß aber neben einer leichten Beweglichkeit insbesondere ein gutes Dichthalten des eigentlichen Abschlußteiles verlangt werden.

Die Erfüllung dieser Bedingung hat nun zu verschiedenen Sonderbauarten des Fahrventiles geführt.

Die Abb. 227 zeigt zunächst ein Fahrventil in der Ausführung der Demag (Deutsche Maschinenfabrik A. G., Duisburg). Wie die Darstellung erkennen läßt, handelt es sich hierbei um ein zweisitziges, entlastetes Hubventil, das baulich besonders gut durchgebildet ist. Das Ventilgehäuse wie auch der Ventilkörper bestehen aus Stahlguß, und außerdem weist der Ventilkörper noch besondere Abschlußringe R aus nicht rostendem Nickelstahl auf. Zur Vermeidung eines Anfressens der Sitzflächen wird der gleiche Baustoff auch für den unteren und oberen Ventilsitz S verwendet.

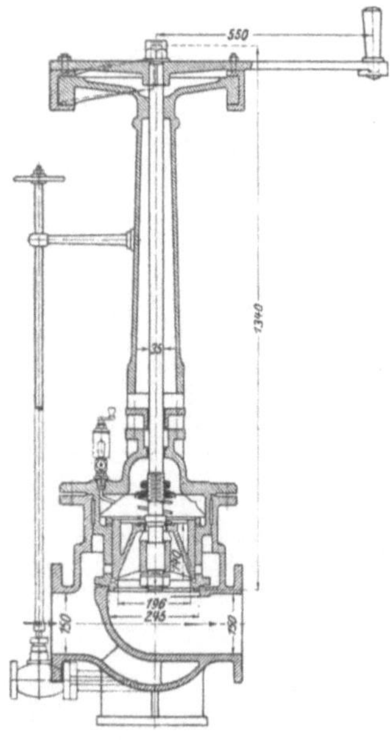

Abb. 228.

In der Abb. 228 ist das Fahrventil von Strnad-Berlin veranschaulicht. Es besteht im wesentlichen in der Anordnung eines an sich nicht entlasteten Ventilkörpers, der aber kurz vor seinem für die Ventileröffnung erforderlichen Aufwärtsgange durch die Anhubbewegung nahezu entlastet und dadurch leicht beweglich wird. Der Absperrteil stellt ein einsitziges Ventil dar, das mit einem im Ventilgehäuse leicht eingepaßten Kolbenschieber verbunden ist und in geschlossenem Zustande den Zuströmraum (links) gegen den Abströmraum (rechts) abschließt. Über dem Kolbenschieber kommt der Frischdampfdruck zur Einwirkung, indem dieser den nicht entlasteten Abschlußteil dichtend auf seinen Sitz drückt. Soll nun das Fahrventil geöffnet werden, so wird zunächst durch die aufwärtsgehende, gegen den eigentlichen Absperrteil leicht bewegliche Ventilspindel ein kleineres Spindelventil angehoben und dadurch der Raum oberhalb des nicht entlasteten Abschlußteiles mit dem unteren Raum verbunden. Damit wird aber zwischen diesen beiden Räumen ein Druckausgleich herbeigeführt, so daß bei einem weiteren Aufwärtsgange der Spindel der nunmehr völlig entlastete Abschlußteil leicht angehoben werden kann. Diese Entlastung bleibt auch noch nach der Eröffnung des Ventiles bestehen, da ja die beiden Räume weiterhin in Verbindung stehen. Die Aufgabe des Kolbenschiebers besteht hierbei lediglich darin, einen kleinen, leicht vom Dampf zu entleerenden — also zu entlastenden — Raum von dem Frischdampfraum abzusondern.

Ein weiteres Beispiel eines Fahrventiles besonderer Bauart ist das bereits mehrfach erwähnte Servoventil von Iversen-Berlin[1]). Gemäß Abb. 229 weist auch dieses Ventil als eigentlichen Absperrteil einen

[1]) „Atlas", G. m. b. H., Berlin.

mit dem Steuer- oder Hilfskolben *k* verbundenen, nicht entlasteten Ventilkörper *v* auf. Der über dem Hilfskolben *k* befindliche Raum *a* bildet hierbei den sog. Steuerraum, indem er einerseits mit dem Frischdampfraum durch die Öffnung *o*, zum andern durch eine steuerbare Öffnung *s* und eine anschließende kleine Rohrleitung mit dem Abströmrohr — siehe mittlere Gesamtdarstellung — in Verbindung steht. Die Öffnung *s* wird durch einen von Hand aus zu bedienenden Absperrhahn, die zum Frischdampfraum führende Öffnung *o* dagegen selbsttätig durch den gegen die feststehende Ventilspindel beweglichen Kolben *k* gesteuert. Wird nun beispielsweise die Öffnung *s* durch den Hahn geschlossen, dann stellt sich im Steuerraum *a* Frischdampfdruck ein. Der Steuer-

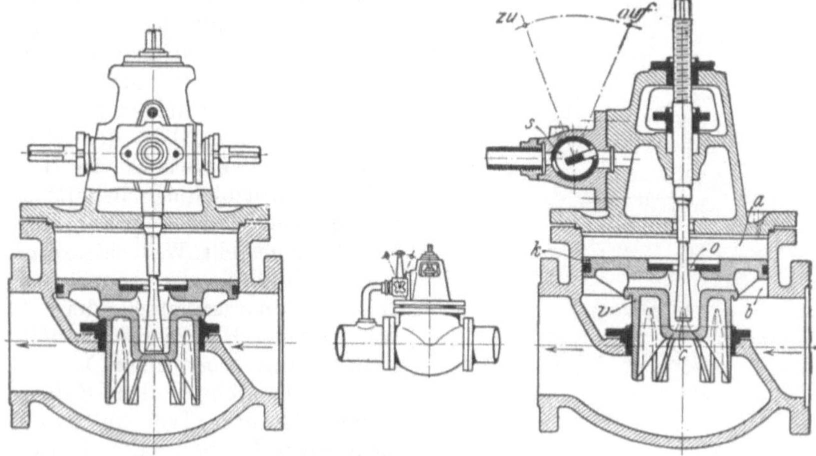

Abb. 229.

kolben *k* wird, weil ja der von unten wirkende Gesamtdruck kleiner ist als der im Steuerraum herrschende, nunmehr abwärts bewegt, und der Ventilkörper wird dadurch fest auf seinen Sitz gedrückt (siehe Abb. 229, linke Darstellung). Soll das Ventil dagegen geöffnet werden, so ist die Öffnung *s* durch den leicht von Hand zu betätigenden Absperrhahn für das Abströmen des im Steuerraum befindlichen Dampfes freizugeben. Dadurch wird aber ein Übergewicht des unter dem Steuerkolben herrschenden Frischdampfdruckes gegenüber dem Dampfdruck oberhalb des Kolbens herbeigeführt, der Ventilkörper also aufwärts bewegt. Da hierbei der über dem Kolben sich einstellende Druck des dauernd den Steuerraum hindurchströmenden Dampfes von der Größe der Öffnung *s*, also von der Einstellung des Absperrhahnes, abhängig ist, so entspricht auch jeder Hahnstellung eine bestimmte Ventilöffnung. Das Iversensche Servofahrventil gestattet somit trotz der Verwendung eines nicht entlasteten, gut abdichtenden Ventilkörpers eine vom Hebelausschlag des Absperrhahnes abhängige, äußerst feinstufige und eine nur geringe Verstellkraft erforderliche Regelung der Frischdampfzufuhr zur Fördermaschine.

Die Abb. 230 veranschaulicht schließlich das „Heißdampf-Fahrventil" der Eisenhütte Prinz Rudolph in Dülmen i.W. Bei dieser Bauart ist an Stelle eines Hubventiles ein entlasteter Kolbenschieber *K* angeordnet, dessen Abdichtung gegen das stählerne Ventilgehäuse durch selbstspannende, nach außen federnde Kolbenringe *R* erfolgt. In seinem unteren Teile ist das Fahrventil derart ausgebildet, daß mit ihm bei einem guten Dichthalten des eigentlichen Abschlußteiles jede gewünschte Dampfdrosselung, also eine weitgehende Manövrierfähigkeit, erzielt werden kann.

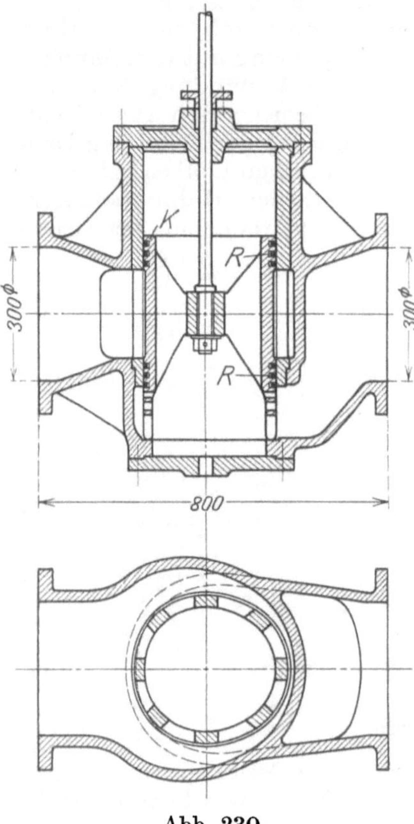

Abb. 230.

In der Abb. 231 ist der Einbau des Fahrventiles in die Frischdampfzuleitung unmittelbar hinter dem Hauptabsperrventil dargestellt. Weiterhin zeigt die Abbildung die Anordnung des Kondenswasserabscheiders *W* vor dem Hauptabsperrventil, ferner den Servomotor *M* als Umsteuermaschine, den Fahrtregler *F* (Bauart „Iversen"), den stehenden Bremszylinder *B* der Dampfbremse mit vorgeschaltetem Bremsdruckregler *D* sowie das Gestänge der Fallgewichtsbremse und den Steuer-, Brems- und Fahrventilhebel.

XIV. Dampfverbrauch der Fördermaschinen.

Die bereits mehrfach hervorgehobenen eigenartigen Betriebsbedingungen, unter denen die Hauptschachtfördermaschinen arbeiten, bringen es auch hier mit sich, daß der auf die Leistungseinheit bezogene Dampfverbrauch erheblich größer ist als jener der gewöhnlichen, eine längere Zeit hindurch ununterbrochen und mit gleicher Winkelgeschwindigkeit laufenden Betriebsdampfmaschinen gleicher Größe. Im besonderen aber waren es die älteren Dampffördermaschinen des vorigen Jahrhunderts, die oft ganz ungeheuerliche Dampfverbrauchszahlen, nämlich solche von 50 kg, 100 kg und selbst noch darüber hinaus für die Schacht-PS-st aufwiesen. Die Ursache jener, als ein unvermeidliches Übel angesehenen Erscheinung war nicht nur in dem zeitweisen, durch

Fahrventil-hebel
Bremshebel
Steuerhebel
(Servomotor)
Umsteuer-Maschine „M"
Rückführung
Hauptabsperrventil
Wasserabscheider „W"
Heißdampf-Drosselventil (Fahrventil)
Gestängeausgleich
Fahrregler „F"
Bremsdruckregler „D"
Bremszylind. „B"
Rundlaufpumpe

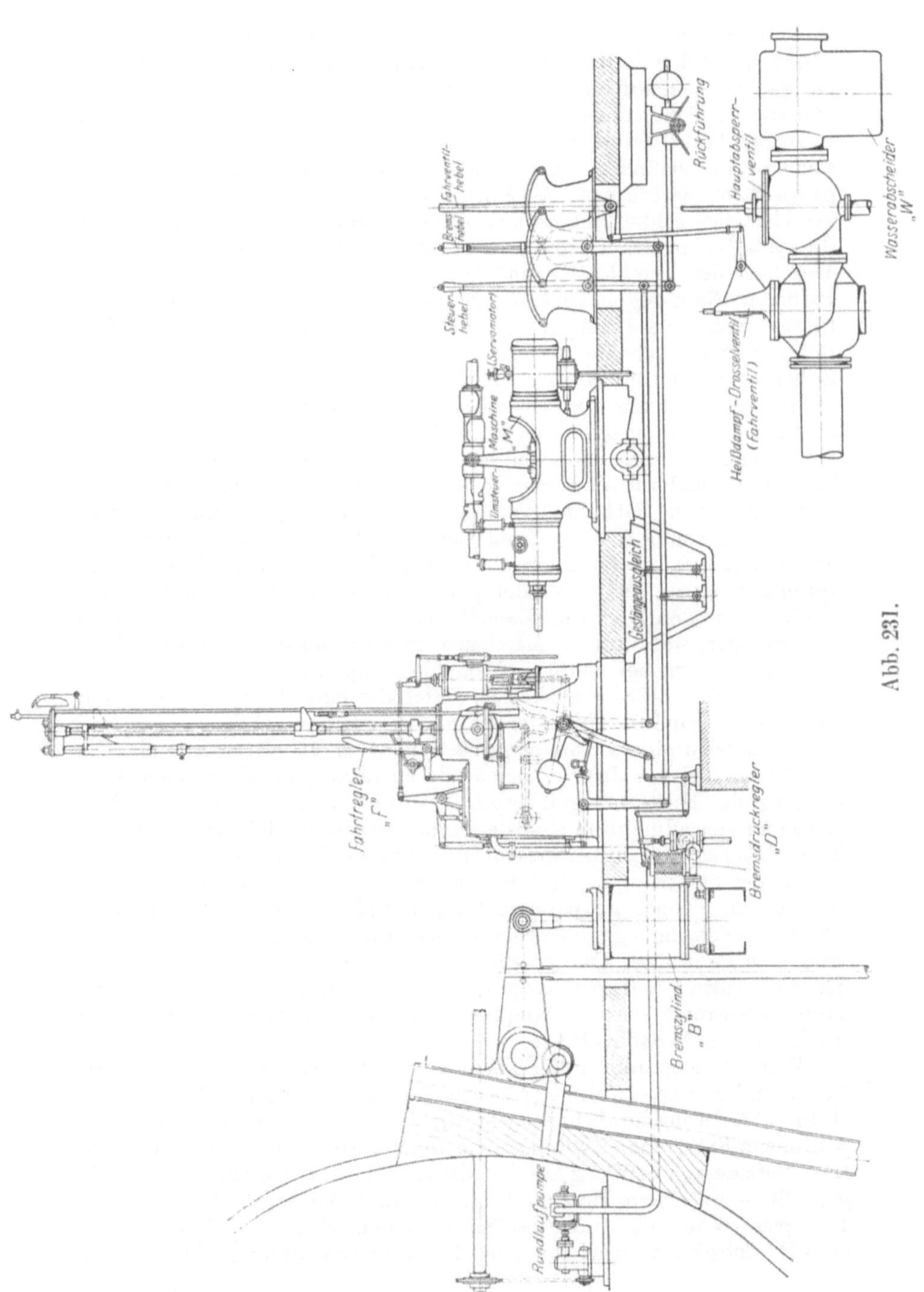

Abb. 231.

mehr oder weniger große Förderpausen unterbrochenen Arbeiten der Maschine mit den dadurch bedingten Abkühlungsverlusten zu erblicken, sie war vor allem auf eine unzweckmäßige und wenig gut durchgebildete Bauart der Fördermaschine mit Schiebersteuerung oder mit seitlich liegenden Ventilkästen verbunden mit einer Anordnung von Kulissensteuerungen, weiterhin aber auch auf die Verwendung von niedrig gespanntem Sattdampf (5—8 at) ohne Verbundwirkung und ohne Kondensation, schließlich auch auf die künstliche Drosselung des Frischdampfes bei unveränderter großer Füllung für die Einstellung und Regelung der Triebkräfte auf kleinere Maschinenmomente zurückzuführen. Noch gegen Ende der 90er Jahre gehörte es zu den Seltenheiten, wenn eine Dampffördermaschine weniger als 30 kg Dampf je Schacht-PS-st verbrauchte, in den meisten Fällen schwankte diese Zahl zwischen 30 und 50 kg je Leistungseinheit. So hatte beispielsweise die im Jahre 1875 auf der Grube Gouley des Eschweiler Bergwerksvereins zur Aufstellung gekommene Zwillings-Auspuffmaschine mit Schiebersteuerung für eine Nutzlast von 2400 kg und eine Teufe von 530 m bei einem Zylinderdurchmesser von 650 mm und einem Kolbenhub von 1300 mm einen Sattdampfverbrauch von 40 kg je Schacht-PS-st (Eintrittsspannung 8 atü). Zusammenfassend kann gesagt werden, daß die ersten, mit gesättigtem Wasserdampf von niedriger Eintrittsspannung sowie mit Vollfüllung und Auspuff des Abdampfes ins Freie arbeitenden Zwillings-Dampffördermaschinen 50—150 kg Dampf verbrauchten, während die Maschinen der 90er Jahre für mittlere Eintrittsspannungen bei mäßiger Dampfdehnung mit 30—50 kg Frischdampf je Schacht-PS-st auskamen. Durch die Einführung der einfachen Zwillings-Verbundmaschine gegen Ende des vorigen Jahrhunderts wurde dann weiterhin eine Dampfersparnis von etwa 10 vH. erzielt.

Mit der um die Jahrhundertwende einsetzenden allgemeinen Veredelung der Fördermaschinentechnik erfuhr auch die Dampffördermaschine eine allmählich sich steigernde gute bauliche und thermische Durchbildung, die sich im wesentlichen auf das Gebiet der Zylinderbauarten, der Steuerungen und Regeleinrichtungen sowie auch auf die Verwendung höher gespannten Frischdampfes (10—13 at), höherer Dampfüberhitzung, gegebenenfalls auch auf eine gute Kondensation und eine zweistufige Dampfdehnung erstreckte. Die dadurch erzielte Energieersparnis zeitigte beispielsweise bei den Fördermaschinen mit Nockensteuerung schon Dampfverbrauchszahlen von 25, vereinzelt auch 20 kg je Schacht-PS-st.

Einen Wendepunkt in der Entwicklung des Dampffördermaschinenbaues im Hinblick auf einen sparsamen Dampfverbrauch bildet aber das Jahr 1906. In diesem Jahre brachte die Friedrich Wilhelms-Hütte, Mühlheim-Ruhr, eine Zwillings-Reihenverbundmaschine für eine mittlere Nutzlast von 5600 kg auf den Markt, die — auf Zeche Werne aufgestellt — bei einem Betriebsdruck von 12,5 atü schwach überhitzten Dampfes ($\sim 200^0$ C) und Anschluß an einen Zentralkondensator mit 80 vH Unterdruck eine für jene Zeit überaus günstige Energieverbrauchszahl von nur 11,73 kg für die Schacht-PS-st bei einer flotten Förderung ergab (im Mittel 31,2 Züge in der Stunde bei einer Teufe von 738,5 m)[1]). Seitdem sind in der Dampffördermaschinentechnik weitere wesentliche technische Fortschritte erzielt und Verbesserungen wirtschaftlicher Natur eingeführt worden, namentlich aber in Rücksicht auf die Regelung der Maschine sowie auf ihre gute thermische und werkstattechnische Durchbildung, so daß nunmehr die Dampffördermaschine einen hohen Grad technischer Vollkommenheit erreicht hat und ein durchaus wirtschaftliches Arbeiten aufweist. Die neueren Dampffördermaschinen zeigen jetzt Dampfverbrauchszahlen bis hinab zu 10,5 kg je Leistungseinheit, die unter besonders günstigen betrieblichen Verhältnissen sogar noch unterschritten werden. So gewährleistet beispielsweise die Friedrich Wilhelms-Hütte für die im Jahre 1924 erbaute, in Abb. 218 und 219 dargestellte Zwillings-Reihenverbundmaschine bei einer Eintrittsspannung des auf 250° C überhitzten Dampfes von 9—9,5 atü und Kondensationsbetrieb (Zentralkondensator mit ∾80 vH Unterdruck) einen Dampfverbrauch von rund 11 kg je Schacht-PS-st.

Die nachstehend auf Seite 278 und 279 aufgeführte Zusammenstellung der durchschnittlichen Dampfverbrauchszahlen gibt ein lehrreiches Bild über die gewaltigen technischen und wirtschaftlichen Fortschritte, die seit dem Einsetzen der Entwicklung der Dampffördermaschine zu Beginn des Jahrhunderts in bezug auf die Energieersparnis erzielt worden sind.

Für die in der Zusammenstellung zuletzt aufgeführte Maschine wird bei Verwendung von überhitztem Dampf von 250° C und einer Eintrittsspannung von 9—9,5 atü sogar ein Dampfverbrauch von nur 10,5—11 kg für die Schacht-PS-st gewährleistet.

Wenn auch die einzelnen Energieverbrauchszahlen ohne nähere Berücksichtigung der gesamten Förderverhältnisse wie Ausbau des Schachtes, Ausbildung der Führungsstraßen, Schachtreibung, Fahrgeschwindigkeit, Verhältnis der Sturzpausen zur Förderzeit, Umsetzen der Maschine, verschiedene Teufen — beispielsweise hat ein und dieselbe Maschine bei geringeren Teufen einen wesentlich höheren Dampfverbrauch je Leistungseinheit als bei größeren Förderwegen — nicht schlechthin miteinander verglichen werden können und auch die Anpassungsfrage der Fördermaschine an die jeweiligen Betriebsverhältnisse nicht außer acht gelassen werden darf, so zeigt die nachstehend aufgeführte Zusammenstellung immerhin doch eindeutig die in den letzten beiden Jahrzehnten erzielten gewaltigen, bis zu 50 vH und mehr betragenden Energieersparnisse. Bedenkt man, daß der auf die Leistungseinheit entfallende Dampfverbrauch einen wesentlichen Einfluß auf die Förderkosten je Tonne geförderter Nutzlast und damit auch auf die Selbstkosten eines Bergbaubetriebes hat, so wird die große Bedeutung des Strebens nach einer möglichsten Herabminderung des Energieverbrauches erst voll verständlich. In diesem Zusammenhange sei noch darauf hingewiesen, daß aus den oben angeführten Gründen eine vorherige

[1]) Glückauf 1907, S. 33.

Maschinenart	p atü	Dampfart	Teufe in m	Jahr der Erbauung
1. Zwillingsmaschine mit Treibscheibe (4,5 m ∅) und Auspuff (teilweise Abdampfverwertung für Speisewasservorwärmung).	7,3	Sattdampf	607,0	1909
2. Zwillingsmaschine mit zylindrischen Trommeln (7,5 m ∅) Abdampfverwertung in Abdampfturbine.	7,3	Heißdampf 250° C	451,5	1909
3. Zwillingsmaschine mit Treibscheibe und Abdampfverwertung.	9,5	Heißdampf 253° C	412,0	1915
4. Zwillingsmaschine mit Treibscheibe (6,5 m ∅) und Abdampfverwertung.	11,5 — 12	Heißdampf 300° C	600,0	1923
5. Zwillings-Reihenverbundmaschine mit Treibscheibe von 7 m Durchmesser und Auspuff (Abdampfverwertung in Abdampfturbinen). Förderkorb mit 3 Böden. Zweimaliges Umsetzen.	7,2	Sattdampf	554,0	1909
6. Zwillings-Reihenverbundmaschine mit Trommel (8 m ∅) und Zentralkondensationsbetrieb (87,6 v. H. Unterdruck).	10,9	Heißdampf 200° C	603,0	1908
7. Zwillings-Reihenverbundmaschine mit Zentralkondensation (85 v. H. Unterdruck) mit Treibscheibe (8 m ∅).	12,5	Heißdampf ∼ 200° C	738,5	1906
8. Zwillings-Reihenverbundmaschine mit Treibscheibe und Zentralkondensation (85 v. H. Unterdruck).	7,65	Sattdampf	562,2	1912
9. Zwillings-Reihenverbundmaschine mit Treibscheibe (7 m ∅) und Zentralkondensation (∼ 87 v. H. Unterdruck).	9,9	Sattdampf	631,0	1924

Mittlere Nutzlast je Zug	Mittlere Zugzahl je Std.	Mittlere Schachtleistung PS	Dampfverbrauch je Schacht-PS-st	Bemerkungen
3272	12,6	92,6	27,8 (ohne Abzug für die Speisewasservorwärmung durch den Abdampf)	Gemessen vom Versuchsausschuß. Mitt. Forsch.-Arb. H. 110 und 111, V. d. I. Berlin: Jul. Springer 1911.
4400	31,26	230,11	15,6	Gemessen vom Dampfkessel-überwachungsverein Essen, August 1919
4765	30,0	223,3	12,68	Glückauf 1915, H. 32.
5100	—	—	13,0	—
3159	30,0	194,4	23 (ohne Abzug für die Abdampfleistung der Turbine)	Wie unter 1.
4535	11,8	119,2	24, 1	Wie unter 1.
5166	31,2	440,0	11,73	Glückauf 1907, S. 33.
4990	41,5	431,2	11,6	Glückauf 1913, H. 34.
5412	19,4	246,0	11,76	Gemessen vom Dampfkessel-überwachungsverein Essen, Mai 1925.

Festlegung und Gewährleistung einer bestimmten Energieverbrauchszahl für die Leistungseinheit sehr gewagt erscheint, namentlich aber dann, wenn die augenblicklichen Abbauverhältnisse nicht jenen entsprechen, für welche die Dampffördermaschine gebaut ist, wie es beispielsweise bei zunächst kleineren Teufen oder Abweichungen von der normalen Anzahl der Förderzüge und von der Größe der Nutzlast vorliegt. Eine derartige Übernahme einer Leistungsgarantie zeigt fraglos die hohe Entwicklungsstufe der Dampffördermaschine.

Die Ermittlung des Dampfverbrauches für die Schacht-PS-st kann sowohl mittels eines Dampfmessers wie auch durch Kondensatmessungen erfolgen. Für eine überschlägige Feststellung des Energieverbrauches genügen schon die jeweils aufgenommenen Dampfdruckdiagramme, wobei aber auf die getrennte Behandlung des Anfahr- und des Gleichlaufabschnittes zu achten ist. Bedeutet nun F_1 die mittlere Füllung während des Anfahr- und F_2 jene des Gleichlaufabschnittes bei einer bestimmten Dampfeintrittsspannung und bei einem bestimmten Enddruck der Dampfverdichtung, bezeichnet ferner g_1 das spezifische Gewicht des eintretenden Frischdampfes und g_2 jenes des im schädlichen Raume x verdichteten Dampfes, dann ergibt sich der Dampfverbrauch G für eine Seite des Zylinders vom Durchmesser D (in m) und Kolbenhub s (in m) bei einer Hubzahl von Z_1 im Anfahr- und Z_2 im Gleichlaufabschnitt zu:

$$G = \frac{\pi \cdot D^2}{4} s \cdot (F_1 \cdot g_1 - x \cdot g_2) \cdot Z_1 + \frac{\pi \cdot D^2}{4} s \cdot (F_2 \cdot g_1 - x \cdot g_2) \cdot Z_2 .$$

Hat beispielsweise eine Zwillings-Dampffördermaschine für eine Nutzlast von 6000 kg und eine Teufe von 600 m einen Zylinderdurchmesser von 1000 mm und einen Kolbenhub von 1900 mm, ist ferner während der Zeit der starken Inanspruchnahme die mittlere Füllung im Anfahrabschnitt $F_1 = 88$ vH und im Gleichlaufabschnitt $F_2 = 28$ vH bei einer Eintrittsspannung des Frischdampfes von 7 atü und einem Verdichtungsenddruck $k_1 = 3{,}6$ atü bzw. $k_2 = 3{,}5$ atü, dann bestimmt sich bei einem schädlichen Raum $x = 5$ vH und einer Hubzahl $Z_1 = 4$ bzw. $Z_2 = 14$ der Energieverbrauch wie folgt:

Das spezifische Gewicht g_1 des eintretenden Frischdampfes von 7 atü = 8 at abs. beträgt 4,07 kg/m³ und bei einem angenommenen Trockendampfgewicht von 95 vH, d. h. bei einer Dampfnässe von

5 vH: $g_1 = \frac{4{,}07}{0{,}95} = 4{,}28$ kg/m³. Für den im schädlichen Raum

$x = 5$ vH auf 3,5 atü = 4,5 at abs. verdichteten Dampf ist das spezifische Gewicht $g_2 = 2{,}37$ kg/m³.

Der Dampfverbrauch bestimmt sich somit zu:

$$G = 0{,}7854 \cdot 1{,}9\,(0{,}88 \cdot 4{,}28 - 0{,}05 \cdot 2{,}37)$$

$$\cdot\, 4 + 0{,}7854 \cdot 1{,}9\,(0{,}28 \cdot 4{,}28 - 0{,}05 \cdot 2{,}37) \cdot 14 \sim 44{,}5 \text{ kg}.$$

Wird durch eine gleichgerichte Berechnung der Dampfverbrauch auch für die anderen Zylinderseiten der Zwillingsdampffördermaschine ermittelt, beispielsweise ebenfalls zu je 44,5 kg, dann ist der gesamte Energieverbrauch während eines Förderzuges $4 \cdot 44{,}5 = 178$ kg. Unter Berücksichtigung des Dampfverbrauches für die Bremse und die Umsteuerung sowie für auftretende Verluste (Undichtigkeits-, Niederschlags-, Drosselverluste), die insgesamt zu 11—18 vH, im Mittel also etwa zu 15 vH angenommen werden können, beträgt sonach der Gesamtverbrauch je Förderzug $178 + 178 \cdot 0{,}15 \sim 205$ kg Dampf oder beispielsweise bei 20 Förderzügen in der Stunde $20 \cdot 205 = 4100$ kg/st.

Bei einer angenommenen Maschinenleistung von

$$\frac{\text{Nutzlast} \cdot \text{Teufe} \cdot \text{stdl. Zugzahl}}{60 \cdot 60 \cdot 75} = \frac{6000 \cdot 600 \cdot 20}{3600 \cdot 75} = 267 \text{ Schacht-PS-st}$$

ergibt sich dann ein Dampfverbrauch für die Schacht-PS-st von

$$\frac{4100}{267} = 15{,}4 \text{ kg.}$$

Die Frage, ob der reinen Zwillings- oder der Zwillings-Reihenverbundmaschine als Dampffördermaschine der Vorzug zu geben sei, ist nicht ohne weiteres zu beantworten. Sie kann nur von Fall zu Fall entschieden werden, weil hierbei neben den Kosten für die Anschaffung, Unterhaltung und Abschreibung sowie außer den Dampfverbrauchskosten stets die gesamte Energie- und Wärmewirtschaft der in Betracht kommenden Zeche zu berücksichtigen ist. Grundsätzlich ist aber festzustellen, daß hinsichtlich der baulichen und thermischen Durchbildung keine der beiden Maschinenarten der andern mehr nachsteht. Maßgebend für ihre jeweilige Verwendung wird vielmehr im allgemeinen die Frage des Abdampfweges sein, d. h. ob Auspuffbetrieb mit Verwendung des Abdampfes zu Heizzwecken oder in einer Abdampfturbine bzw. in einer Zweidruckturbine gewählt, oder ob die Maschine an eine Zentralkondensation — mit einem Unterdruck von im allgemeinen 70—80 vH — angeschlossen wird. Bei Auspuffbetrieb und Abdampfverwertung steht die baulich wesentlich einfachere und daher billigere Zwillingsfördermaschine hinsichtlich des Energieverbrauches der Zwillings-Reihenverbundmaschine nicht mehr nach. Bei Kondensationsbetrieb dagegen ist die Zwillings-Reihenverbundmaschine mit einer Ersparnis von etwa 10—15 vH bei Sattdampf und 5—10 vH bei überhitztem Dampf — bezogen auf die Leistungseinheit — der reinen Zwillingsmaschine überlegen.

Literaturverzeichnis.

1. Allgemeines.

A. Bücher.

Aumund, Hebe- und Förderanlagen. 1. Bd. Allgemeine Anordnung und Verwendung. 2. A. Berlin: Julius Springer 1926. — 2. Bd. Anordnung und Verwendung für Sonderzwecke. 2. A. Berlin: Julius Springer 1926.

Dubbel, Die Steuerungen der Dampfmaschinen. 3. A. Berlin: Julius Springer 1923.

Entwicklung des Niederrheinisch-Westfälischen Steinkohlenbergbaues. Westfälisches Sammelwerk. Bd. 5. Berlin: Julius Springer 1902.

Heise und Herbst, Lehrbuch der Bergbaukunde. 2 Bde. Berlin: Julius Springer 1923.

Hütte, des Ingenieurs Taschenbuch. 25. A. Berlin: W. Ernst u. Sohn 1926.

v. Hauer, Die Fördermaschinen der Bergwerke. 3. A. Leipzig: A. Felix 1885.

Hoffmann, Lehrbuch der Bergwerksmaschinen. Berlin: Julius Springer 1926.

Möhrle, Fördermittel bei der Schachtförderung. Kattowitz: Phönix-Verlag Siwinna 1911.

Schellewald, Dynamik, Regelung und Dampfverbrauch der Dampffördermaschine. Berlin: Julius Springer 1918.

K. Schulte, Die Wirtschaftlichkeit des Maschinenbetriebes im Bergbau. Kattowitz: Gebr. Böhm 1914.

Taschenbuch für Berg- und Hüttenleute, herausgegeben von Kögler. Berlin: Wilh. Ernst u. Sohn 1924.

C. Volk, Geräte und Maschinen zur bergmännischen Förderung. Leipzig: A. Felix Verlag 1901.

B. Zeitschriftenaufsätze.

Baum, Reisebericht, darin einiges über amerikanische Maschinen. Glückauf 1908, S. 333.

Barnes, „Colliery winding engines". Betrachtungen über Dampffördermaschinen. Iron Coal Trades Rev. 19. 1. 1923, S. 75/6.

Barnes, „Colliery winding engines". Allgemeine Betrachtungen über Dampffördermaschinen. Coll. Guard. 26. 1. 1923, S. 253/54.

Bobbert, Untersuchung an elektrisch und mit Dampf betriebenen Fördermaschinen. Z. V. d. I. 1912, S. 1456.

Divis, Fördermaschine für 1300 m Teufe u. 2000 kg Nutzlast, Annaschacht in Przibram. Z. Bergb.-Betr. L. 1915, S. 305/17.

Dombrowski, Beiträge zur Untersuchung der Fördermaschinen. Mont. Rdsch. 1925, S. 137/399.

Dubbel, Neuere Bergwerksmaschinen schlesischer Werke. V. d. I. 1897, S. 1241, 1378.

Deichmann, Neue Fördermaschinenanlagen der kgl. Berginspektion IX zu Friedrichsthal b. Saarbrücken. Glückauf 1902, S. 345.

Drews, Der gegenwärtige Stand des Fördermaschinenbaues mit besonderer Berücksichtigung des elektr. Antriebes. V. d. I. 1909, S. 162ff.

Föge, „Wirtschaftliche Verbesserungen an Dampffördermaschinen". Kali 1915, S. 87.

Gröger und Ulbricht, Das Anlaufen der Fördermaschinen aus jeder Korbstellung. V. d. I. 1897, S. 974.

Gerkrath, „Neuere Fördermaschinen". Fördertechn. 1910, H. 6, S. 18; H. 8, S. 186.

C. Hold, Die Füllungsregelung bei Dampffördermaschinen. Glückauf 1925, S. 1372.

v. Hummel, Die Turm-Dampfförderanlage auf der Zeche Neumühl. Glückauf 1916, S. 977.

Hussmann, Die Sicherheit von Hauptfördermaschinen gegen Betriebsunfälle. Glückauf 1926, S. 301—4.

Herbst und Schönfeld, Abhandlungen über einzelne Fragen der Seilfahrt. Z. Berg-, Hütten-, Sal.-Wes. 1925, S. 638.
Hoffmann, Untersuchungen an Dampffördermaschinen. V. d. I. 1904, S. 149, 192, 256.
Hoffmann, Maschinenwirtschaft in Bergwerken. V. d. I. 1909, S. 50.
Landgräber, Moderne Schachtförderung im Bergbau. Fördertechn. 1925, S. 170.
Lebon, „Maschine d'extraction“. Rev. Ind. min. 1923, S. 105.
Lubscher, „Brennstoffersparnis im Fördermaschinenbetrieb“. Fördertechn. 16. 4. 1920, S. 77—79, 87—89.
Macka, „Die Bestimmung des minimalen Drehmomentes einer Zwillingsdampffördermaschine“. Bergbau u. Hütte 1918, S. 232/246.
Moldenhauer, Wirtschaftliche Förderung aus großen Teufen. Glückauf 1911, S. 1948.
Moltram, Untersuchung einer Dampffördermaschine. Coll. Guard. 17. 6. 1921, S. 1733/34.
Pilling, „Steam winding-engines and accumulators“ (Beschreibung der auf einer engl. Grube ausgf. Dampffördermaschinenanlage in Verbindung mit Dampfspeicher). Trans. Eng. Inst. Bd. 71, T. 1, S. 63/87. 1926; Coll. Guard. Bd. 131, S. 427.
Rottenbacher, „Umbau einer Fördermaschine“. Mont. Rdsch. 15. 1. 1915, S. 34/5.
Schulte, „Dampfkraft im Bergbau“. V. d. I. 1926, S. 692/96.
Schultze, „Wirtschaftlichkeit des Maschinenbetriebes im Bergbau“. Berg- u. Hüttenm. Rdsch. 20. 12. 1913, S. 71—77; 5. 1. 1914, S. 85—89, 99—103.
Tomson, „Förderanlagen für große Teufen“. Glückauf 1898, S. 445ff.
Trog, „Die Entwicklung der Schachtförderung“. Kohle u. Erz 1925, Sp. 1567.
Wallichs, „Die Berechnung der Hauptschachtfördermasch.“ Fördertechn. 1912, S. 25/49/97.
Wallichs, Dampffördermaschine oder elektr. Fördermaschine? V. d. I. 1907, I, S. 1.
Wilson, „Die größte Fördermaschine der Welt“. Power 18. 1. 1921.
Wedekind, „Neue Wege in der Schachtförderung“. Fördertechn. 1925, S. 26.
Wintermeyer, „Die neuesten Bestrebungen zur Erhöhung der Wirtschaftlichkeit des Schachtförderbetriebes“. Bergbau 1920, S. 229, 254.
Versuchsausschuß, „Untersuchungen an elektrischen und mit Dampf betriebenen Fördermasch.“ Glückauf 1911, H. 42—52.
„Die Gleichstrom-Dampffördermaschine“. Z. V. d. I. 1911, S. 524/701/871.

2. Steuerungen.

A. Bücher.

W. v. Chrzanowski, Die Geschwindigkeitsregelung der Dampffördermaschinen. Dülmen: Horstmannsche Buchdruckerei 1910.
Dubbel, Die Steuerungen der Dampfmaschinen. Berlin: Julius Springer 1923.
Hoffmann, Lehrbuch der Bergwerksmaschinen, Kraft und Arbeitsmaschinen. Berlin: Julius Springer 1926.

B. Zeitschriftenaufsätze.

Bestehorn, Die Form der Steuerungsnocken. V. d. I. 1919, S. 263.
Dampfkesselüberwachungsverein d. Oberamtsbez. Dortmund, Neuerungen im Dampfkessel- und Maschinenbetrieb (Ventilverschleppung). Glückauf 1907, S. 195.
Ehrlich, Freifall oder Zwangsschluß bei Fördermaschinen-Ventilsteuerungen? Glückauf 1902, S. 949.
Förster, Hilfsdampfzylinder für Umkehrmaschinen. Dingler 1920, S. 1.
Hartmann, Einige Bemerkungen über Fördermaschinensteuerungen. Glückauf 1898, S. 165.
Hartmann, Bewegungsverhältnisse unrunder Scheiben. V. d. I. 1905, S. 1581 u. 1624.

Hold, Die Füllungsregelung bei Dampffördermaschinen. Glückauf 1925, S. 1372.
Laudin, Die Massenwirkung bei Fördermaschinen (Richtersteuerung). Glückauf 1903, S. 878.
Müller, Regulierung der Dampffördermaschinen und Umbau älterer Dampfförderanlagen. Glückauf 1906, S. 558.
Schulte, Zwillings-Tandem-Fördermaschine der Zeche Scharnhorst (Knaggensteuerung). Glückauf 1900, S. 557.
Stapenhorst, Steuerhebel Patent Benninghaus für Fördermaschinen, D.R.P. 80866. Glückauf 1899, S. 317.
Wallichs, Entwicklung der Nockenformen. V. d. I. 1911, S. 2002 u. 2054.
— Die Füllungsregelung bei Dampffördermaschinen. Glückauf 1925, S. 1372.
Fördermaschine mit Präzisions-Regulatorsteuerung. Glückauf 1909, S. 558.
Versuche und Verbesserungen beim Bergwerksbetrieb in Preußen während des Jahres 1901 (Leistungsversuch an Fördermaschinen). Z. Berg-, Hütten-, Sal.-Wes. 1902, S. 391.
Versuche und Verbesserungen beim Bergwerksbetrieb in Preußen während des Jahres 1903 (Vorrichtung zur leichteren Handhabung des Steuerhebels bei Fördermaschinen). Z. Berg-, Hütten-, Sal.-Wes. 1904, S. 309.

3. Bremsen.

Zeitschriftenaufsätze.

Bagge, Lastdruckbremsen an Fördermaschinen. Z. V. d. I. 1888, S. 267.
Baum, Neuerungen in der Verwendung der Elektrizität beim Fördermaschinenbetriebe (Auslösung der Fördermaschinenbremse auf elektrischem Wege). Glückauf 1902, S. 169.
Bengel, Verfahren zur Berechnung der Klotzbremsen. Dingler 1920, S. 3—4.
Blau, Selbsttätige Bremsen bei neueren Lasthebe- und Fördermaschinen. Bergbau u. Hütte 1918, S. 9.
Breitfeld und Danek, „Bremsdruckregler“. Öst. Z. Bergb.- u. Hütt.-Wes. 1911, S. 421.
Brown, Boveri u. Cie., Bremsung von Seil und Führungsscheiben. D.R.P. 246533. Glückauf 1912, S. 976.
Brown, Boveri u. Cie., Retardierapparat für Fördermaschinen. D.R.P. 283328.
Chambers, Das Bremsen schnellaufender Fördermaschinen. Coll. Guard. 105, S. 121.
Cramer, Automatische Seilbremsen. D.R.P. 229488.
Elink-Schuurmann, Die Freifallsicherheitsbremse. Fördertechn. 1916, S. 105.
Klein, Versuche über Reibungsziffer. Glückauf 1903, S. 387; Z. V. d. I. 1903, S. 1083; Forsch.-Arb. d. V. d. Ing. H. 10.
Lowski, Neuerungen im maschinellen Betrieb von Bergwerksanlagen über Tage. Z. V. d. I. 1921, S. 839.
Settnik, Dampfbremse mit veränderlichem Bremsdruck. Z. V. d. I. 1907, S. 275.
Siemens-Schuckert Bremsvorrichtung für Fördermaschinen. D.R.P. 289989.
Teiwes, Bremsen an Fördermaschinen. Kohle u. Erz 1906, Nr. 18—20.
Wallichs, Die neuere Entwicklung der Fördermaschinenantriebe und der Sicherheitsvorrichtungen (Bremsdruckregler von Iversen, Grüter-Thyssen und Schönfeld). Z. V. d. I. 1911, S. 2002.
Wallichs, Desgl. (Seilbremse von Thyssen). Z. V. d. I. 1911, S. 2054.
New all round band bracke (Beschreibung einer Bandbremse). Iron Coal Trades Rev. 1922, S. 712.

4. Sicherheitsvorrichtungen.

A. Bücher.

Förster, „Sicherheitsapparate von Fördermaschinen“. Kattowitz: Gebr. Böhm Verlag 1912.
W. Heilmann, „Untersuchungen an Sicherheitsapparaten und Fahrtreglern an elektrischen und Dampffördermaschinen mit besonderer Berücksichtigung der Seilbeanspruchung“. Dissertation Berlin 1925.

B. Zeitschriftenaufsätze.

Baumann, Sicherheitsvorrichtungen an Fördermaschinen. Vortrag gehalten im oberschl. Bezirksverein. V. d. I. 1896, S. 1060.

Block, Overwind prevention. Coll. Guard. 1925, S. 1002/3.

Budie, Sicherheitsvorrichtung für Fördermaschinen. V. d. I. 1899, S. 1100.

Dubbel, Kritik neuer Stau-, Regel- und Sicherheitsvorrichtungen an Fördermaschinen. V. d. I. 1909, S. 752.

Förster, Sicherheitsapparate an Fördermaschinen. Mitt. Oberschlesisch. Bez.-V. d. I. 1911, H. 1—4.

Förster, Sicherheitsvorrichtungen von Dampffördermaschinen von Grunewald. Vortrag gehalten im oberschl. Bezirksverein d. V. d. I. V. d. I. 1912, S. 1516.

Förster, Grunewalds Sicherheitsvorrichtung für Fördermaschinen. Iron Coal Trades Rev. 1885, S. 828.

Ficke, Sicherheitsvorrichtung für Fördermaschinen. D.R.P. 259562.

Grunewald, Stau- und Regelvorrichtungen bei Dampffördermaschinen. V. d. I. 1907, S. 1736/1770.

Grunewald, Versuche und Neuerungen bei Frischdampf und Abdampfanlagen auf Bergwerken. Vortrag geh. im Aachener Bezirksverein dtsch. Ing. (Sicherheitsvorrichtung von Grunewald.) V. d. I. 1910, S. 725.

Hoffmann, Zur Kritik neuerer Sicherheitsapparate. Glückauf 1907, S. 181.

Hoffmann, Sicherheitsvorrichtung für Fördermaschinen. D.R.P. 259661.

Hoffmann, Regelungs- und Sicherheitsvorrichtung für Dampffördermaschinen, Patent Koch-Herne. Glückauf 1907, S. 709.

Haller, Geschwindigkeitsregler für Fördermaschinen System Schutz. Glückauf 1910, S. 278.

H. Herbst, Ergebnisse der Verhandlungen der Preuß. Seilfahrtkommission. Glückauf 1925, S. 33/209.

Iversen, Neuere Sicherheitsvorrichtungen für Dampffördermaschinen. V. d. I. 1907, S. 1565.

Iversen, Sicherheitsvorrichtung für Fördermaschinen. D.R.P. 285361.

Isselburger Hütte, D.R.P. 208350 Sicherheitsvorrichtung für Fördermaschinen. V. d. I. 1909, S. 1947.

Isselburger Hütte, Regelungs- und Sicherheitsvorrichtung für Fördermaschinen. D.R.P. 301560.

Ilgner, Sicherheitsvorrichtung für Förderanlagen. D.R.P. 287184.

Jilinsky, Beschreibung des Apparates von Schimitzek. Öst. Z. Berg- u. Hüttenwes. 1904, S. 669.

Jüngst, Notizen, gesammelt auf einer im Sommer 1899 ausgeführten Studienreise d. Frankreich (Sicherheitsapparat von Reumeaux). Z. Berg-, Hütten-, Sal.-Wes. 1901, S. 459.

Karlik-Witte, Der Sicherheitsapparat für Fördermaschinen Patent Karlik-Witte. Glückauf 1903, S. 901.

Koch, Regelungs- und Sicherheitsvorrichtung für Fördermaschinen. D.R.P. 283257.

Kruse, Anfahrvorrichtung für Fördermaschinen. Fördertechn. 1913, S. 113.

Kuhn, Mitteilungen über den Römerschen Patent-Sicherheitsapparat für Fördermaschinen. Glückauf 1896, S. 616.

Lohmann, Sicherheitseinrichtung an Fördermaschinen. D.R.P. 428274.

Mellin, Über Sicherheitsapparate an Fördermaschinen. Z. Berg-, Hütten-, Sal.-Wes. 1898, S. 85/246.

Mellin, Über den Müllerschen Sicherheitsapparat für Fördermaschinen. Z. Berg-, Hütten-, Sal.-Wes. 1898, S. 246.

Metcalfe, Safety devises applied in winding. Coll. Guard. 4. 6. 1920, S. 1572/4.

Ritson and Grassham, Notes on devises to prevent overwinding. Coll. Guard. 1925, S. 821/2.

v. Rossum, Zusammenstellung der neueren Literatur über die Sicherung der Seilfahrt (Buch). Aachen: Aachener Verlag u. Druckereiges. 1914.

Schönfeld, Allgemeine Grundlagen im Aufbau der Sicherheitsvorrichtungen f. Dampffördermaschinen. Kohle u. Erz 27. 3. 1922, S. 97—104.

Schönfeld, Kraftschlüssig wirkendes Kulissengestänge f. Sicherheitsvorrichtungen von Fördermasch. D.R.P. 427291.

Schönfeld, Seilfahrteinstellung an Sicherheitsvorrichtungen für Fördermaschinen. D. R.P. 393582.

Schlüter, Sicherung von Förderbetrieben durch besondere Vorrichtungen. V. d. I. 1902, S. 1240.

Schlüter, Sicherung des Förderbetriebes durch besondere Apparate. Glückauf 1902, S. 444/547.

Strnad, Sicherheitsvorrichtung gegen verkehrtes Auslegen des Steuerhebels von Fördermaschinen. Glückauf 1912, S. 115.

Terbeck, Fördermaschinen-Sperreinrichtung auf Zeche Rhein-Preußen. Glückauf 1913, S. 565.

Terbeck, Sperreinrichtung für Fördermaschinen bei Seilfahrt. V. d. I. 1913, S. 675.

Wallichs, Die neuere Entwicklung der Fördermaschinenantriebe und der Sicherheitsvorrichtungen. V. d. I. 1911, S. 2002 u. 2054.

Wallichs, Die neuere Entwicklung der Fördermaschinenantriebe und der Sicherheitsvorrichtungen (Nachtrag). V. d. I. 1912, S. 599.

Wallichs, Anfahr-Sicherheitsvorrichtung für Dampffördermaschinen. V. d. I. 1907, S. 105.

Wallichs und Bischop, Sicherheitsvorrichtung für Fördermasch. D.R.P. 259562.

Wintermeyer, Sicherheitsvorrichtungen für Dampffördermaschinen. Kohle u. Erz 1912, S. 433—454.

Wintermeyer, Fortschritte im Bau von Sicherheits- und Regelvorrichtungen für Dampffördermaschinen. Glückauf 1917, S. 137/158.

Wintermeyer, Anfahrregler für Dampffördermaschinen. Bergbau 1912, S. 573/575

Witte, Die graphische Darstellung des Ganges der Fördermaschine und die Benutzung derselben zum Bau eines Sicherheitsapparates. Glückauf 1902, S. 25.

Bericht der Preußischen Seilfahrtkommission. Z. Berg-, Hütten-, Sal.-Wes. 1905, S. 53.

Bericht der Preußischen Seilfahrtkommission. Glückauf 1905, S. 554.

Bericht der Preußischen Seilfahrtkommission. Z. Berg-, Hütten-, Sal.-Wes. 1907, S. 632.

Bericht der Preußischen Seilfahrtkommission. Z. Berg-, Hütten-, Sal.-Wes. 1921, Sonderheft.

Bericht der Preußischen Seilfahrtkommission. Z. Berg-, Hütten-, Sal.-Wes. 1925, Sonderheft.

Versuche und Verbesserungen beim Bergwerksbetrieb in Preußen während des Jahres 1899 (Patent Brucksch). Z. Berg-, Hütten-, Sal.-Wes. 1900, S. 145—146.

Versuche und Verbesserungen beim Bergwerksbetriebe während des Jahres 1901 (Sicherheitsapparat von Karlik Witte). Z. Berg-, Hütten-, Sal.-Wes. 1902, S. 373.

Desgl. während des Jahres 1903 (Schimitzekscher Sicherheitsapparat). Z. Berg-, Hütten-, Sal.-Wes. 1904, S. 328.

The perfex winding-engine controller (Übertreibvorrichtung). Iron Coal Trades Rev. 1913, S. 90.

5. Fahrtregler.

A. Bücher.

Heilmann, Untersuchungen an Sicherheitsapparaten und Fahrtreglern an elektrischen und Dampffördermaschinen mit besonderer Berücksichtigung der Seilbeanspruchung. Dissertation Berlin 1925.

B. Zeitschriftenaufsätze.

Hoffmann, Aufgaben und Entwicklung der Fahrtregler der Dampffördermaschinen. V. d. I. 1922, S. 173/207/226/456.

Hoffmann, Die Fahrtregler der Dampffördermaschinen. V. d. I. 1924, S. 1214 bis 1218.

Hoffmann, Die Fahrtregler und die Bremsen im Rahmen der von der Pr. Seilfahrtkommission aufgestellten Leitsätze. Glückauf 1925, S. 1013/1045.

Nalbach, Die neue Bauart des Fahrtreglers mit umgekehrtem Steuerdaumen für Dampffördermaschinen. Glückauf 1926, S. 396.

Schönfeld, Selbsttätige Geschwindigkeitsregelung an Dampffördermaschinen. Glückauf 1912, S. 300.

Schönfeld, Darstellung der Bauart und der Wirkungsweise des Schönfeldschen Fahrtreglers. Kali 1921, S. 333.

Schönfeld, Erwiderung zum Artikel von Dr. Hoffmann. V. d. I. 1923, S. 356,

Schönfeld, Sicherung des Dampffördermaschinenbetriebes. Kohle u. Erz 1926, S. 486/537.

Wintermeyer, Sicherheitsvorrichtungen für Dampffördermaschinen mit mech. Regelung (Beschreibg. und Besprechg. der verschiedenen Bauarten von Fahrtreglern). Kohle u. Erz 1912, Sp. 433/454.

Wintermeyer, Sicherheitsvorrichtungen für Dampffördermaschinen mit hydraulischer Regelung (Entwicklung dieser Vorrichtungen, Besprechung der Bauarten von Schwarzenauer, Schönfeld und Iversen). Dingler 1912, S. 325, 347.

Die Verhandlungen und Untersuchungen der Preußischen Seilfahrtkommission. Z. Berg-, Hütten-, Sal.-Wes. 1925, Sonderheft.

6. Dampfverbrauch.

A. Bücher.

Schellewald, Dynamik, Regelung und Dampfverbrauch der Dampffördermaschinen. Berlin: Julius Springer 1918.

B. Zeitschriftenaufsätze.

Dampfkessel-Überwachungsverein des Oberbergamtsbezirkes Dortmund, Über Dampffördermaschinen. Glückauf 1906, S. 632—639.

Dampfkessel-Überwachungsverein des Oberbergamtsbezirkes Dortmund, Untersuchung einer Dampffördermaschine sowie einer damit verbundenen Abdampf-Turbogeneratoranlage auf Zeche Prosper II. Glückauf 1909, S. 1413.

Dampfkessel-Überwachungsverein des Oberbergamtsbezirkes Dortmund, Abnahmeversuch einer Dampffördermaschine. Glückauf 1912, S. 269.

Dampfkessel-Überwachungsverein des Oberbergamtsbezirkes Dortmund, Untersuchungen eines Ventilators und einer Dampffördermaschine. Glückauf 1913, S. 133.

Dampfkessel-Überwachungsverein des Oberbergamtsbezirkes Dortmund, Ermittlung des Dampfverbrauches einer Fördermaschine mit Zwillingsanordnung. Glückauf 1915, S. 773.

Grunewald, Mittel zur Verminderung des Dampfverbrauches. Glückauf 1908, S. 1633.

Janzen, „Beitrag zur Bestimmung des Energieverbrauches von Fördermaschinen“. Glückauf 1910, S. 389 u. 1626.

Lütschen, Abdampfheizung als Dampfersparnis bei der Fördermaschine. Z. V. d. I. 1919, S. 956 u. 1180.

Lütschen, Vorrichtung zum Ausnutzen des Abdampfes einer Fördermaschine. D.R.P. 309846.

Moritz, Einfluß des Gegendampfgebens auf den Dampfverbrauch. Glückauf 1908, S. 1460.

Schapira, Die Verwertung des Abdampfes in Bergwerksbetrieben. Z. Bergbaul. Betriebs-Leiter 1917, S. 165, 177, 215, 231.

Scharf, Wirtschaftliche Erzeugung von Dampf und Kraft im Kalibergbau. Glückauf 1908, S. 441, 481, 517 u. 1006.

Schulte, Untersuchung einer Abdampfturbinenanlage auf der Zeche v. d. Heydt bei Herne. Glückauf 1911, S. 1371.

Wallichs, Die neuere Entwicklung der Fördermaschinenantriebe und der Sicherheitsvorrichtungen. Z. V. d. I. 1911, S. 2060.

Dampfverbrauch einer Zwillings-Tandemfördermaschine auf Zeche Werne (Rundschau). Z. V. d. I. 1907, S. 77.

Über Compound-Fördermaschinen, deren Betriebs- und Dampfkonsumverhältnisse. Glückauf 1900, S. 93.

Sachverzeichnis.

Die Drahtseilbahnen (Schwebebahnen) einschließlich der Kabelkrane und Elektrohängebahnen. Von Prof. Dipl.-Ing. **P. Stephan.** Vierte, verbesserte Auflage. Mit 664 Textabbildungen und 3 Tafeln. XII, 572 Seiten. 1926. Gebunden RM 33.—

Die Förderung von Massengütern. Von Dipl.-Ing. **Georg von Hanffstengel,** a. o. Professor an der Technischen Hochschule zu Berlin.

Erster Band: **Bau und Berechnung der stetig arbeitenden Förderer.** Dritte, umgearbeitete und vermehrte Auflage. Mit 531 Textfiguren. VIII, 306 Seiten. 1921. Manuldruck 1922. Gebunden RM 11.—

Zweiter Band, 1. Teil: **Bahnen** (Wagen für Massengüter, Wagenkipper, Zweischienige Bahnen, Hängebahnen). Dritte, vollständig umgearbeitete Auflage. Mit 555 Textabbildungen. VIII, 348 Seiten. 1926. Gebunden RM 24.—

Der zweite Band, 2. Teil, wird sich mit Kranen (einschließlich Kabelkranen) und solchen Anlagen befassen, die aus Kranen und anderen Fördermitteln zusammengesetzt sind.

Billig Verladen und Fördern. Die maßgebenden Gesichtspunkte für die Schaffung von Neuanlagen nebst Beschreibung und Beurteilung der bestehenden Verlade- und Fördermittel unter besonderer Berücksichtigung ihrer Wirtschaftlichkeit. Von Dipl.-Ing. **Georg v. Hanffstengel,** a. o. Professor an der Technischen Hochschule zu Berlin. Dritte, neubearbeitete Auflage. Mit 190 Textabbildungen. VIII, 178 Seiten. 1926. RM 6.—

Die Drahtseile als Schachtförderseile. Von Dr.-Ing. **Alfred Wyszomirski.** Mit 30 Textabbildungen. IV, 94 Seiten. 1920. RM 3.—

Berechnung elektrischer Förderanlagen. Von Dipl.-Ing. **E. G. Weyhausen** und Dipl.-Ing. **P. Mettgenberg.** Mit 39 Textfiguren. IV, 90 Seiten. 1920. RM 3.—

Ⓦ **Lastenbewegung.** Bauarten, Betrieb, Wirtschaftlichkeit der Lasthebemaschinen. Leichtfaßlich dargestellt von Ing. **Josef Schoenecker.** Mit 245 Abbildungen im Text. Nach Zeichnungen des Verfassers. 166 Seiten. 1926. RM 5.70

Die Steuerungen der Dampfmaschinen. Von Prof. **Heinrich Dubbel,** Ingenieur. Dritte, umgearbeitete und erweiterte Auflage. Mit 515 Textabbildungen. V, 394 Seiten. 1923. Gebunden RM 10.—

Geometrie und Maßbestimmung der Kulissensteuerungen. Ein Lehrbuch für den Selbstunterricht mit zahlreichen Übungsaufgaben und 20 Tafeln. Von Geh. Hofrat Prof. **R. Graßmann,** Karlsruhe. Zweite, unveränderte Auflage. IV, 140 Seiten. Erscheint Anfang 1927.

Dynamik, Regelung und Dampfverbrauch der Dampffördermaschine. Von Dr.-Ing. **Max Schellewald.** Mit 28 Textfiguren. VI, 134 Seiten. 1918. RM 4.20

Die mit Ⓦ bezeichneten Werke sind im Verlage von Julius Springer in Wien erschienen.

Die Bodenbewegungen im Kohlenrevier und deren Einfluß auf die Tagesoberfläche. Von Ingenieur **A. H. Goldreich.** Mit 201 Figuren im Text. VIII, 308 Seiten. 1926.
RM 22.50; gebunden RM 24.—

Die Theorie der Bodensenkungen in Kohlengebieten mit besonderer Berücksichtigung der Eisenbahnsenkungen des Ostrau-Karwiner Steinkohlenrevieres. Von Ingenieur **A. H. Goldreich.** Mit 132 Textfiguren. VI, 260 Seiten. 1913. RM 10.—

Tiefbohrwesen, Förderverfahren und Elektrotechnik in der Erdölindustrie. Von Dipl.-Ing. **L. Steiner,** Berlin. Mit 223 Textabbildungen. X, 340 Seiten. 1926. Gebunden RM 27.—

Verfahren und Einrichtungen zum Tiefbohren. Kurze Übersicht über das Gebiet der Tiefbohrtechnik. Von Ingenieur **Paul Stein.** Zweite, gänzlich umgearbeitete Auflage. Mit 20 Textfiguren und 1 Tafel. IV, 33 Seiten. 1913. RM 1.20

Die wissenschaftlichen Grundlagen der nassen Erzaufbereitung. Von Dipl.-Bergingenieur **Josef Finkey,** a. o. Professor der Aufbereitungskunde an der Montan. Hochschule in Sopron. Aus dem ungarischen Manuskript übersetzt von Dipl.-Bergingenieur **Johann Pocsubay,** Assistent an der Montan-Hochschule in Sopron. Mit 44 Textabbildungen und 31 Tabellen. VI, 288 Seiten. 1924. RM 10.—; gebunden RM 11.—

Der Flotations-Prozeß. Von **C. Bruchhold,** gepr. Bergingenieur. Mit 96 Textabbildungen. VIII, 288 Seiten. Erscheint Anfang 1927.

Anleitung zur Bestimmung von Mineralien. Von **N. M. Fedorowski,** Professor an der Bergakademie in Moskau. Übersetzung der letzten (zweiten) russischen Auflage. Mit 15 Textabbildungen. VIII, 136 Seiten. 1926. RM 7.50

Das Sprengluftverfahren. Von Bergassessor **Leopold Lisse.** Mit 108 Textabbildungen. VII, 109 Seiten. 1924. RM 5.—

Ⓦ **Berg- und Hüttenmännisches Jahrbuch der Montanistischen Hochschule in Leoben.** Schriftleitung: Prof. Dr. **Hans Fleißner,** Prof. Dr. **Wilh. Petrascheck,** Oberbergrat Ing. **Ludwig Sterba.** Erscheint vierteljährlich. Umfang des einzelnen Heftes etwa 40 Seiten.
Bezugspreis RM 21.60 jährlich; Preis des Einzelheftes RM 8.—

Die Mitglieder der Gesellschaft von Freunden der Leobener Hochschule sind berechtigt, das Berg- und Hüttenmännische Jahrbuch auf Grund vertraglicher Vereinbarungen zu einem um 25 % ermäßigten Vorzugspreis direkt vom Verlag zu beziehen.

Die mit Ⓦ bezeichneten Werke sind im Verlage von Julius Springer in Wien erschienen.